"十四五"职业教育国家规划教材

微课版

数控机床编程与操作

第二版

主　编　马雪峰　史东丽
副主编　王翠凤　刘金南
主　审　丁　岩　刘　江

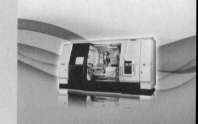

大连理工大学出版社

图书在版编目(CIP)数据

数控机床编程与操作 / 马雪峰，史东丽主编. -- 2 版. -- 大连 ：大连理工大学出版社，2019.9(2024.6 重印)
新世纪高职高专数控技术应用类课程规划教材
ISBN 978-7-5685-2329-5

Ⅰ. ①数… Ⅱ. ①马… ②史… Ⅲ. ①数控机床—程序设计—高等职业教育—教材②数控机床—操作—高等职业教育—教材 Ⅳ. ①TG659

中国版本图书馆 CIP 数据核字(2019)第 235167 号

大连理工大学出版社出版

地址:大连市软件园路 80 号 邮政编码:116023
发行:0411-84708842 邮购:0411-84708943 传真:0411-84701466
E-mail:dutp@dutp.cn URL:https://www.dutp.cn

沈阳市永鑫彩印厂印刷 大连理工大学出版社发行

幅面尺寸:185mm×260mm 印张:20.25 字数:491 千字
2014 年 7 月第 1 版 2019 年 9 月第 2 版
2024 年 6 月第 4 次印刷

责任编辑:刘 芸 责任校对:吴媛媛
封面设计:张 莹

ISBN 978-7-5685-2329-5 定 价:65.00 元

前　言

《数控机床编程与操作》(第二版)是在“十二五”职业教育国家规划教材《数控机床与操作》的基础上修订而成的，是“十四五”职业教育国家规划教材。

本教材面向先进制造业生产第一线、以服务先进制造技术为原则，紧密对接模具、数控产业制造岗位，服务机械制造与自动化、模具设计与制造等专业升级和数字化改造，以培养“懂工艺、会编程、能操作、精检测”的高素质技术技能型人才为目标，将企业岗位典型工作任务转化为学习任务，校企合作共同编写教材，突出模具、数控加工职业能力和知识，实现服务于模具、数控加工企业升级和技术变革趋势。本书是高等职业院校模具、数控专业的机械制造基础教材，也可供从事模具数控加工技术研究和应用的工程技术人员参考使用。

本教材全面贯彻党的二十大精神，落实立德树人根本任务，把爱国情怀与精益求精等课程思政内容融入任务目标，以企业生产中典型零件的数控车削加工、数控铣削加工、电火花加工和线切割加工等设备为载体，以典型工作任务为抓手，以典型零件的数控加工为主线，深入浅出地介绍了“数控工艺、数控编程、数控加工、质量检测与控制”机械加工全流程。本教材采用项目形式组织内容，并且在每个项目后安排了相应的同步训练，便于学生对本项目知识进行巩固和练习。

本教材探索图文并茂、形式多样的“纸质教材＋多媒体平台”新形态一体化教材，配有动画、仿真加工视频和实际加工视频、多媒体课件等教学资源，形象生动地展示了相关技能点和知识点。配套国家级精品资源共享课程“数控编程与加工技术”可在中国大学精品开放课程共享平台“爱课程”(http://www.icourses.cn/home)中浏览。

本教材由常州机电职业技术学院马雪峰、史东丽任主编；福建信息职业技术学院王翠凤教授、江阴职业技术学院刘金南任副主编；常州机电职业技术学院高建国、周徽、张德意、刘志生，中车戚墅堰机车有限公司机车制造公司张志成、周建江两位高级工程师参与了本教材的编写工作。具体编写分工如下：马雪峰编写项目一的任务一和四、项目二的任务一和四、项目三的任务一和四；史东丽编写项目四的任务四、项目五的任务三和四、项目六的任务三和四，并制作了教材中的全部微课；王翠凤编写项目四的任务二、项目五的任务二、项目六的任务二；刘金南编写项目一的任务二、项目二的任务二、项目三的任务二；高建国编写项目四的任务一、项目五的任务一、项目六的任务一；周微编写项目七的任务一、项目八的任务一；刘志生编写项目七的任务二和三、项目八的任务二和三；张德意编写项目七的任务四、项目八的任务四；张志成编写项目一的任务三、项目二的任务三；周建江编写项目三的任务三、项目四的任务三。全书由马雪峰负责统稿和定稿。齐齐哈尔二机床（集团）有限责任公司丁岩教授级高级工程师、常州机电职业技术学院刘江教授审阅了全书并提出了许多宝贵意见和建议，在此深表谢意！此外，中车戚墅堰机车车辆工艺研究所、常州创胜特尔数控设备有限公司、齐齐哈尔二机床（集团）有限责任公司和常州机电职业技术学院的各级领导对本教材的编写工作给予了大力支持与帮助，在此一并表示感谢！

在编写本教材的过程中，我们参考、引用和改编了国内外出版物中的相关资料以及网络资源，在此对这些资料的作者表示深深的谢意！请相关著作权人看到本教材后与出版社联系，出版社将按照相关的法律规定支付稿酬。

限于编者水平，本教材中仍可能出现疏漏之处，恳请读者批评指正。

编　者

所有意见和建议请发往：dutpgz@163.com
欢迎访问职教数字化服务平台：https://www.dutp.cn/sve/
联系电话：0411-84708979　84707424

目　录

资源列表

序号	资源名称	资源位置	序号	资源名称	资源位置
57	凸模数控仿真加工	第 145 页	85	G82 指令	第 217 页
58	数控铣削加工	第 147 页	86	G83 指令	第 218 页
59	数控仿真机床加工前的准备	第 153 页	87	G84 指令	第 218 页
60	数控铣床基本操作(回零、对刀)	第 156 页	88	刀具长度补偿	第 221 页
61	凸模仿真加工(西门子)	第 160 页	89	加工中心自动换刀	第 231 页
62	凸模仿真加工(发那科)	第 160 页	90	面铣刀对刀	第 236 页
63	平面凸模实际加工	第 160 页	91	面铣刀铣平面	第 236 页
64	认识百分表与万能角度尺	第 162 页	92	孔直径的测量	第 238 页
65	百分表应用(平口钳找正)	第 165 页	93	认识电火花加工	第 249 页
66	平面切入/切出路线设计	第 171 页	94	电火花加工工艺	第 250 页
67	平面凹模加工的下刀方法	第 172 页	95	电极选择	第 253 页
68	平面凹模工艺实施	第 174 页	96	电火花指令应用	第 260 页
69	极坐标指令的应用	第 177 页	97	平动数据处理	第 260 页
70	坐标系旋转指令应用	第 177 页	98	认识电火花加工机床	第 263 页
71	平面凹模仿真加工(发那科)	第 181 页	99	工具电极的装夹与校正	第 265 页
72	平面凹模仿真加工(西门子)	第 183 页	100	认识三坐标测量机	第 268 页
73	数控机床导轨	第 185 页	101	三坐标测量机操作	第 271 页
74	平面凹模的实际加工	第 192 页	102	花盘模的测量	第 273 页
75	深度测量	第 194 页	103	认识数控线切割机床	第 277 页
76	平面凹模的测量	第 197 页	104	数控线切割加工工艺	第 280 页
77	孔加工工艺	第 204 页	105	数控线切割编程方法	第 287 页
78	认识孔加工刀具	第 208 页	106	线切割工件的装夹与找正	第 294 页
79	孔盘模数控加工工艺实施	第 209 页	107	线切割穿丝与调试	第 296 页
80	孔加工指令应用	第 212 页	108	线切割机床操作	第 298 页
81	G73 指令	第 215 页	109	线切割程序校验	第 298 页
82	G74 指令	第 216 页	110	引导线的选择	第 302 页
83	G76 指令	第 216 页	111	认识光学仪器检测设备	第 306 页
84	G81 指令	第 217 页	112	光学仪器设备的操作	第 309 页

项目一
阶梯轴的数控车削加工

学习目标

1. 掌握阶梯轴的数控加工工艺的编制方法。
2. 根据数控加工工艺方案，编写数控加工程序。
3. 了解数控机床结构，掌握数控加工过程。
4. 理解测量原理，掌握测量工具的选用。

能力目标

1. 能制定阶梯轴加工方案，会选用刀具，能计算切削三要素。
2. 能利用相关编程指令，完成数控各工序的编程。
3. 能利用数控仿真机床和真实机床，完成阶梯轴零件的加工。
4. 根据图纸技术要求，测量并评估工件的加工质量。

思政目标

1. 依托我国在数控领域国家战略、发展成果、伟大成就等内容，激发学生爱国主义情怀和学习热情，弘扬社会主义核心价值观。

2. 培养学生守规矩、讲原则的意识，做任何事都应该遵守国家法律法规、行业法规和职业标准。

3. 引导学生遵守职业规范，深刻理解职业岗位要求，遵循职业标准，树立安全意识。

4. 培养一丝不苟、精益求精的工匠精神，严谨细致的工作态度以及团队协作精神等。

RENWU DAORU 任务导入

现需生产图 1-1-1 所示的阶梯轴零件 1 件，试完成以下任务：

1. 阶梯轴的数控加工工艺编制。

2. 阶梯轴的数控加工程序编制。

3. 阶梯轴的数控加工。

4. 阶梯轴的数控测量与评估。

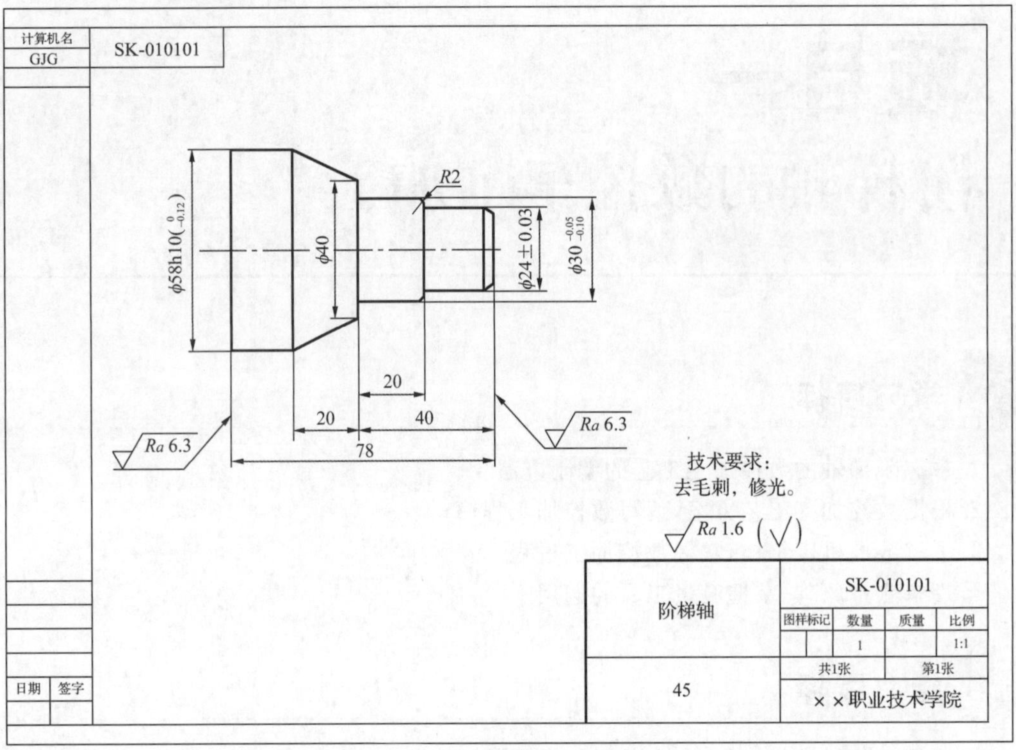

图 1-1-1　阶梯轴零件图

任务一　阶梯轴的数控加工工艺编制

学习目标

1. 掌握数控加工工艺的基础知识。
2. 理解数控加工工艺文件的作用。

能力目标

1. 选择可转位外圆车刀及对应的切削用量。
2. 填写工艺文件。
3. 能编写阶梯轴类零件数控车削工艺文件。

RENWU DAORU

任务导入

现需生产图 1-1-1 所示的阶梯轴零件 1 件，试完成以下工艺任务：

1. 选择可转位外圆车刀并填写数控加工刀具卡片。
2. 计算数控车削切削用量并填写数控加工工序卡片。

制造业的地位

ZHISHI PINGTAI

知识平台

1 生产过程介绍

机械制造的整个生产过程包括：原材料的运输和保管，生产的准备，毛坯的制造，零件的切削加工，部件和产品的装配、检验、油漆和包装等。因此，生产过程是指将原材料转变为成品的全过程。它是指原材料到成品之间各个相互联系的劳动过程的总和。

了解生产工艺过程

2 工艺过程介绍

在生产过程中，那些与原材料转变为产品直接相关的过程称为工艺过程，它包括毛坯制造、零件加工、热处理、质量检验和机器装配等，而为保证工艺过程正常进行所需要的刀具、夹具制造、机床调整、维修等则属于辅助过程。在工艺过程中，以机械加工方法按一定顺序逐步地改变毛坯形状、尺寸、相对位置和性能等，直至成为合格零件的过程称为机械加工工艺过程。

为了便于工艺规程的编制、执行和生产组织管理，需要把工艺过程划分为不同层次的单元：工序、安装、工位、工步和走刀。其中工序是工艺过程中的基本单元。零件的机械加工工艺过程由若干工序组成。在一道工序中可能包含一个或几个安装，每一个安装可能包含一个或几个工位，每一个工位可能包含一个或几个工步，每一个工步可能包含一个或几个走刀。

3 工艺规程介绍

机械加工工艺规程简称为工艺规程，是指导机械加工的主要技术文件。工艺规程是制造过程的纪律性文件，其中机械加工工艺规程包括工件加工工艺路线及所经过的车间和工段、各工序的内容及所采用的机床和工艺装备、工件的检验项目及检验方法、切削用量、工时定额及工人技术等级等。

工艺规程制定后，用表格的形式表现出来，数控加工常用的工艺卡片有机械加工工艺过程卡片、机械/数控加工工序卡片、数控加工刀具卡片等。

4 工艺过程分析

(1)外圆表面加工方案的选择

外圆表面加工方案的选择主要根据加工精度和表面粗糙度、典型表面的加工方案等。

(2)工序顺序的安排

在数控机床加工过程中，由于加工对象复杂多样，特别是轮廓曲线的形状及位置千变万化，加上材料、批量等多方面因素的影响，在确定具体零件的加工顺序时，应进行具体分析，区别对待，灵活处理，以确保加工顺序合理，从而达到质量优、效率高和成本低的目的。

确定数控车削加工顺序的常用原则有先粗后精、基面先行、先面后孔、先主后次、先近后远、内外交叉等。上述原则并不是一成不变的，对于某些特殊情况，需要采取灵活可变的方案。这些都有赖于工艺编制者实际加工经验的积累与学习。

(3)热处理工序的安排

热处理可以提高材料的力学性能，改善金属的切削性能以及消除残余应力。在拟订工艺路线时，应根据零件的技术要求和材料的性质，合理地安排热处理工序。热处理的方法有退火与正火、回火、时效处理、调质、淬火、渗碳淬火和渗氮等。

(4)辅助工序的安排

检验工序是主要的辅助工序，除每道工序由操作者自行检验外，在粗加工之后、精加工之前，零件转换车间时，以及重要工序之后和全部加工完毕、进库之前，一般都要安排检验工序。

除检验工序外，其他辅助工序有表面强化和去毛刺、倒棱、清洗、防锈等。正确地安排辅助工序是十分重要的。若安排不当或有遗漏，则会给后续工序和装配带来困难，甚至会影响产品的质量，应给予重视。

NENGLI PINGTAI 能力平台

超易切削钢丝

1 选择可转位外圆车刀

(1)刀片材料的选择

对于可转位刀片，要求具有较高的高温硬度，必要的强度、韧性、耐磨性、导热性、化学惰性以及可加工性等。目前，常用的刀片材料主要有硬质合金、涂层材料、陶瓷、立方氮化硼(CBN)和聚晶金刚石(PCD)。可转位刀片材料一般依据被加工材料的特性、被加工表面的精度和质量要求以及切削载荷的大小与形式，如连续切削或断续切削、有无冲击和振动等进行选择。

(2)刀片型号的选择

《切削刀具用可转位刀片型号表示规则》(GB/T 2076－2007)将车削刀片几何形状各构成要素按刀片形状、主切削刃、法后角、刀片精度(公差范围)、断屑槽与夹固方式、刀片尺寸(其内接圆与切削刃长度)、刀片厚度、刀尖圆弧半径、刃口处理、切削进给方向和制造商选择代号分别用9位代号表示，见表1-1-1，其中代号①～⑦是必需的，代号⑧和⑨在需要时添加。可转位刀片前9个代号为标准代号，除此之外，制造商还可以用补充代号⑩表示一

认识可转位外圆车刀刀片

个或两个刀片特征，以更好地描述其产品(如不同槽型)。该代号应用短横线“-”与标准代号隔开，并不得使用⑧和⑨位已用过的代号。

表 1-1-1　　可转位刀片一般表示规则

制式	①	②	③	④	⑤	⑥	⑦	⑧	⑨	-	⑩
公制	T	N	M	G	16	03	08	E	N	-	……
英制	T	N	M	G	3	2	2	E	N	-	……

①表示刀片形状的字母代号

最常用的车刀刀片形状为：三种菱形(代号 C、D、V)刀片，三角形(代号 T)刀片、正方形(代号 S)刀片、不等角六边形(代号 W)刀片和圆形(代号 R)刀片。

● 三种菱形(代号 C、V、D)刀片，C 刀片主要用于主偏角为 90°的外圆车刀；刀尖角为 35°的 V 刀片、刀尖角为 55°的 D 刀片主要用于曲面加工。

● 三角形(代号 T)刀片，用于主偏角为 60°、90°的外圆、端面、内孔车刀。

● 正方形(代号 S)刀片，刀尖强度大，散热面积大，用于主偏角为 45°、75°的外圆、端面、内孔、倒角车刀。

● 不等角六边形(代号 W)刀片，用于主偏角为 90°的外圆车刀。

● 圆形(代号 R)刀片，用于曲面加工。

刀片形状主要依据被加工工件的表面形状、切削方法、刀具寿命和刀片的转位次数等因素来选择，可以根据需要查相关手册。

②表示刀片法后角的字母代号

主切削刃法后角以 3°、5°、7°、15°、20°、25°、30°、0°、11°为标准值，分别由 A～G、N、P 各代号代表，不在此系列的以 O 作为代号。一般粗加工、半精加工可用 N 刀片；半精加工、精加工可用 C、P 刀片，也可用带断屑槽的 N 刀片；加工较硬铸铁、硬钢可用 N 刀片；加工不锈钢可用 C、P 刀片；加工铝合金可用 P、E 刀片等；加工弹性恢复性好的材料可选用较大一些的后角；一般镗孔可选用 C、P 刀片；大尺寸孔可选用 N 刀片。车刀的实际后角靠刀片安装倾斜形成。

③表示允许偏差等级的字母代号

刀片的精度有 A、C、E、F、G、H、J、K、L、M、N、U 等，其中 M 级是最常用的，是较经济低廉的，应优先选用。A 级到 J 级刀片经过研磨，精度较高。刀片精度要求较高时，常选用 G 级；小型精密刀具的刀片，可达 E 级或更高级别。

④表示夹固形式及有无断屑槽的字母代号

夹固形式及有无断屑槽的字母代号表示刀片上有无断屑槽(单面还是双面)，刀片有无安装孔，安装孔上有无倒角。

数控加工过程为全自动封闭加工，若切屑连续不断，则容易缠绕刀具或工件，刀具磨损或工件已加工表面被破坏，导致自动排屑困难。因此数控车削一般采用有断屑槽的可转位刀片，无断屑槽刀片主要用于加工铸铁或高硬材料等。

无安装孔刀片与刀具连接采用压板压紧式，该方式定位精度低，一般不采用，主要用于陶瓷刀片。安装孔带倒角的主要用于螺钉压紧式固定刀片，无倒角安装孔刀片采用杠杆压紧式或复合压紧式固定刀片。数控车削可转位刀片一般采用 G、M 的较多。

⑤表示刀片长度的数字代号

刀片的尺寸是用其内接圆直径或刃长来表示的。一般根据最大背吃刀量来选择，以常用C刀片为例，最大背吃刀量小于6.35 mm，常选用内接圆直径为12.7 mm的刀片。通常选刃长较长的，以满足用多种背吃刀量加工的要求，其综合成本较低。以C刀片内接圆直径为19.05 mm的刀片为例，它适用于背吃刀量为9.5～12.7 mm的加工。

在实际切削时，刀片不可以用到它的全长，而是用到其有效长度。确定有效长度时，应考虑主偏角、背吃刀量以及车刀的刃倾角的影响。有效长度L的计算公式为

$$L=\frac{a_p}{\sin\kappa_r\cos\lambda_s} \tag{1-1-1}$$

式中　a_p——背吃刀量；

κ_r——车刀的主偏角；

λ_s——车刀的刃倾角。

通常，粗车时取边长$\lambda=(1.2\sim1.5)L$；精车时取边长$\lambda=(3\sim4)L$。

⑥表示刀片厚度的数字代号

刀片厚度的选择主要考虑其强度。刀片越厚，可承受切削载荷越大。在满足强度的前提下，尽量选择厚度小的刀片。但一般的刀片生产厂家都按一定的刀片边长配一种或两种刀片厚度。因此，也可由厂家提供的产品样本按刀片边长（或内切圆直径）确定。

⑦表示刀尖角形式的字母或数字代号

刀尖角形式字母或数字代号（一般为刀尖圆弧半径），主切削刃与副切削刃连接处形成刀尖。为增强刀尖，将其倒圆，其公称半径称为刀尖圆弧半径r_ε。刀尖圆弧半径直接影响刀尖的强度及被加工零件的表面粗糙度。刀尖圆弧半径大，表面粗糙度值增大，切削力增大且易产生振动，切削性能变差，但刀刃强度增大，刀具前、后刀面磨损减少。通常在切削较小的精加工、细长轴加工、机床刚度较差的情况下，选用刀尖圆弧半径较小的；而在需要刀刃强度大、工件直径大的粗加工中，选用刀尖圆弧半径大的。刀尖圆弧半径r_ε的选择主要由进给量f按经验公式确定，一般宜选取进给量的2～3倍，也可以按表1-1-2选取。

表1-1-2　刀尖圆弧半径的选用

r_ε/mm	0.4	0.8	1.2	1.6
$f/(\text{mm}\cdot\text{r}^{-1})$	0.25～0.35	0.4～0.7	0.5～1.0	0.7～1.3

⑧表示切削刃截面形状的字母代号

表示切削刃截面形状的字母代号分为F、E、T、S、Q、P共6种。其中，F表示尖锐刀刃，E表示倒圆刀刃，T表示倒棱刀刃，S表示既倒棱又倒圆刀刃，Q表示双倒棱刀刃，P表示既双倒棱又倒圆刀刃。

⑨表示切削方向的字母代号

代号R表示右切刀片，代号L表示左切刀片，代号N表示既能右切也能左切的刀片。选择时主要考虑机床刀架是前置式还是后置式，前刀面是向上还是向下，主轴的旋转方向以及需要进给的方向等，左、右刀在不同的情况下会得到不同的结果，需引起注意。

⑩制造商代号

根据国家标准，该部分可以企业自定，株洲钻石该代号用于表示断屑槽。断屑槽的功能是使切屑适度卷曲并以适当长度碎断，以便及时排出。断屑槽参数可按被加工材料的性质

和切削条件进行选择。

(3)可转位外圆车刀的选择

可转位外圆车刀的型号一般由 9 个代号组成,分别表示压紧方式、刀片形状、刀具形式与主偏角、刀片后角、切削方向、刀尖高度、刀体宽度、刀具长度、切削刃长度。

①表示刀片压紧方式的字母代号

可转位刀片与外圆车刀有 4 种连接方式:杠杆压紧式(P)、复合压紧式(M)、螺钉压紧式(S)和压板压紧式(C)。

可转位外圆车刀的选择

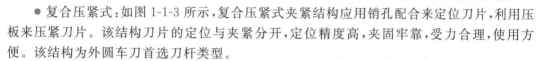

● 杠杆压紧式:如图 1-1-2 所示,杠杆压紧式夹紧结构应用杠杆原理对刀片进行夹紧。当旋紧锁紧螺钉时,通过杠杆产生夹紧力,从而将刀片定位在刀槽侧面上;当旋出锁紧螺钉时,刀片松开,半圆筒形弹簧片可保持刀垫位置不动。该结构定位精度高,夹固牢靠,受力合理,使用方便,但工艺性较差。

● 复合压紧式:如图 1-1-3 所示,复合压紧式夹紧结构应用销孔配合来定位刀片,利用压板来压紧刀片。该结构刀片的定位与夹紧分开,定位精度高,夹固牢靠,受力合理,使用方便。该结构为外圆车刀首选刀杆类型。

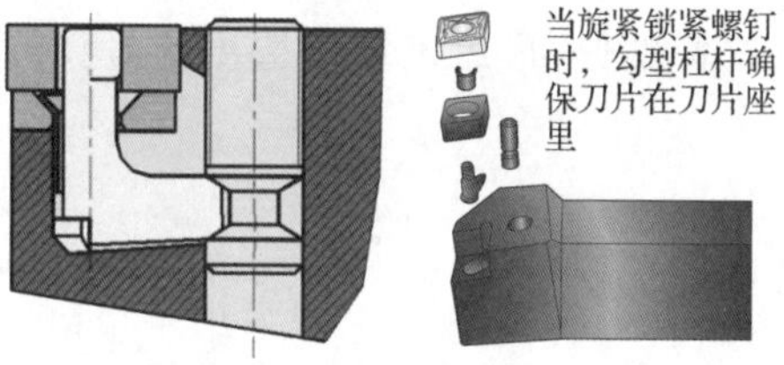
当旋紧锁紧螺钉时,勾型杠杆确保刀片在刀片座里
图 1-1-2　杠杆压紧式

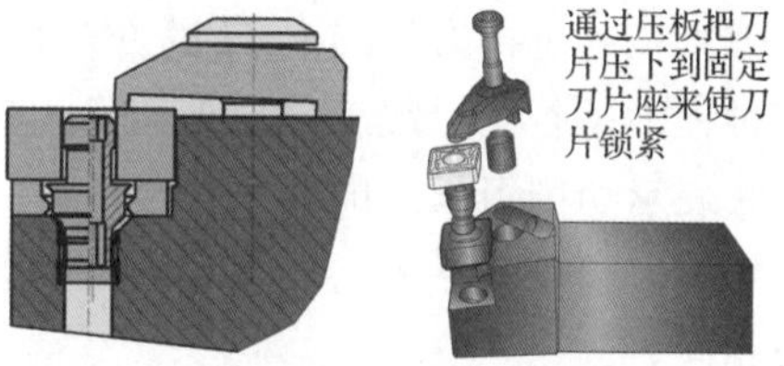
通过压板把刀片压下到固定刀片座来使刀片锁紧
图 1-1-3　复合压紧式

● 螺钉压紧式:如图 1-1-4 所示,螺钉压紧式直接通过中心螺钉与刀片上的锥孔配合来定位,同时利用中心螺钉来压紧刀片。该结构简单,压紧力较小,用于有倒角孔刀片。

● 压板压紧式:如图 1-1-5 所示,压板压紧式利用刀片侧面定位,压板压紧刀片。该结构较简单,定位精度较差,压紧可靠,用于无孔刀片。

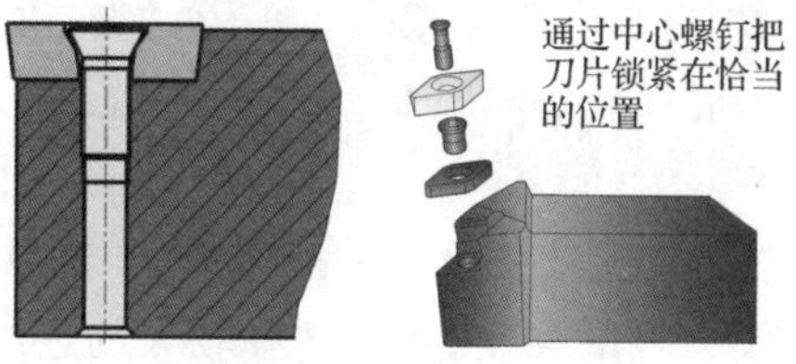
通过中心螺钉把刀片锁紧在恰当的位置
图 1-1-4　螺钉压紧式

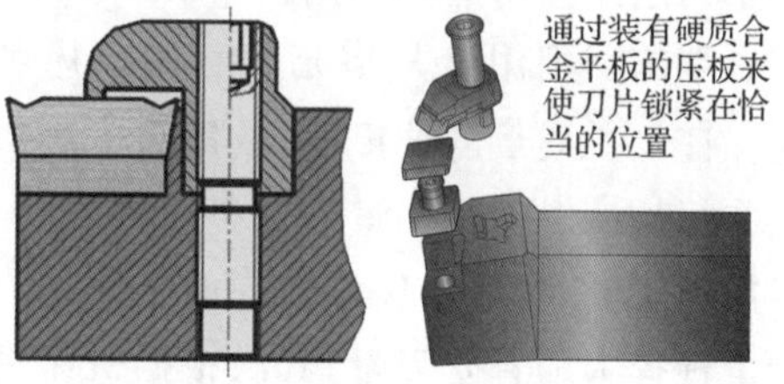
通过装有硬质合金平板的压板来使刀片锁紧在恰当的位置
图 1-1-5　压板压紧式

②表示刀片形状的字母代号

刀片形状代号(C)表示外圆车刀上可装刀片形状,其代号与所选可转位刀片相同。

③表示刀具形式与主偏角的字母代号

刀具形式与主偏角代号(L)表示刀具刀尖角与主偏角。在选择可转位车刀第一个代号刀片形状号时就必须考虑刀具刀尖角与主偏角值,所以此时只要按选择刀片时确定的值选用即可。

④表示刀片后角的字母代号

刀片后角代号(N)表示外圆车刀上可装刀片后角,其代号应与所选可转位刀片相同。

⑤表示切削方向的字母代号

切削方向代号(L)表示切削方向，在刀片代码中也有此代码，两者选择方法相同。

⑥表示刀尖高度的数字代号

刀尖高度代号表示刀尖至刀具底平面的距离值，有 12、16、20、25、32、40、50。刀尖高度一般要保证刀具安装在刀架上后，刀尖与工件中心线等高，通常车床的规格越大，刀尖高度越大。通常床身最大回转直径为 320 mm、360 mm、400 mm 的车床，刀尖高度选用 20 mm；床身最大回转直径为 500 mm、610 mm 的车床，刀尖高度选用 25 mm；床身最大回转直径为 630 mm 的车床，刀尖高度选用 32 mm。

⑦表示刀体宽度的数字代号

刀体宽度代号表示外圆车刀刀杆宽度，一般数控车床所选外圆车刀刀杆为正方形刀杆，也就是说刀体宽度与刀尖高度相同。

⑧表示刀具长度的字母代号

H、K、M、P、Q、R、S、T 分别表示刀具长度为 100 mm、125 mm、150 mm、170 mm、180 mm、200 mm、250 mm、300 mm。

刀具长度可按刀杆高度 H 的 6 倍估计，再选定标准值，最后确定所选用的刀具长度在加工过程中是否会引起工件与刀架发生碰撞。

⑨表示切削刃长度的数字代号

切削刃长度代号表示外圆车刀上可装刀片切削刃长，其代号应与所选可转位刀片切削刃长相同。

2 外圆车削切削用量的选用

切削用量的大小对切削力、切削功率、刀具磨损、加工质量、生产率和加工成本均有较大的影响。

全国技术能手——龙小平

外圆车削切削用量的选用

(1)切削用量的选择

①切削用量的选择原则

合理的切削用量是指充分利用机床和刀具的性能，并在保证加工质量的前提下，获得高生产率与低加工成本的切削用量。

②粗加工时切削用量的选择原则

粗加工时，要尽量保证较高的金属切除率和必要的刀具耐用度。一般来说，首先根据加工余量选择大的背吃刀量；其次根据机床进给系统及刀杆的强度、刚度选择较大的进给量；最后根据刀具耐用度确定合适的切削速度，并校核所选切削用量是否在机床功率所允许的范围内。

③精加工(半精加工)时切削用量的选择原则

精加工和半精加工时，由于要保证工件的加工质量，因此应首先根据粗加工后的加工余量选择较小的背吃刀量；其次根据已加工表面粗糙度要求选择较小的进给量；最后根据刀具耐用度尽可能选择较大的切削速度。

(2)车削加工切削用量的确定

①背吃刀量的选择

背吃刀量根据加工余量确定。粗加工时，尽量一次性走刀切除全部余量。当余量过大或工艺系统刚性不足时可分两次切除余量。当加工铸、锻件时,应尽量使背吃刀量大于硬皮层厚度,以保护刀尖。

第一次走刀 $a_{p1}=(2/3\sim3/4)A$

第二次走刀 $a_{p2}=(1/4\sim1/3)A$

式中,A 为单边余量,mm。

半精加工时,a_p 可取 0.5～2 mm;精加工时,a_p 可取 0.1～0.4 mm。

②进给量的选择

粗加工时,应在不超过刀具的刀片和刀杆的强度、不大于机床进给机构强度、不顶弯工件和不产生振动等条件下,选取一个最大的进给量。粗加工时,应根据工件材料、车刀导杆直径、工件直径和背吃刀量进行选取。

精加工与半精加工时,可根据加工表面粗糙度要求选取,同时考虑切削速度和刀尖圆弧半径,必要时还要对所选进给量参数进行强度校核,最后要根据机床说明书确定。

(3)主轴转速的确定

可转位车刀刀片是由专业厂家研究开发并生产的,具有合理的刀具几何参数,刀具不能被重磨。为了提高刀片的耐用度,厂家不断研发新的刀具材料并应用于刀片,因此,采用可转位车刀进行切削的切削用量选用值应远大于采用普通硬质合金的切削用量。

背吃刀量与进给量的选择与加工余量、工件表面质量等直接相关,而刀具材料对其影响相对较小;刀具材料的性质主要影响切削速度。切削速度确定后,可使用公式 $n=1\,000v_c/(\pi d)$ 计算主轴转速 n。

RENWU SHISHI 任务实施

1 零件图工艺的分析

该零件表面由圆柱、圆锥、端面等组成。尺寸标注完整,轮廓描述清楚。零件材料为 45 钢,无热处理和硬度要求。

该零件精度最高为 IT8 级,表面粗糙度值最大为 Ra 1.6 μm,一般的车削可以完成。

2 毛坯的确定

由于生产 1 件,因此为单件生产模式;零件尺寸较小,只需采用 CK7525 数控车床就可以完成零件加工;零件最大直径为 ϕ58 mm,所以选择 ϕ60 mm 棒料。因为 ϕ60 mm 棒料不能从数控车床主轴中通过,不采用长棒料加工完成再切断。考虑两端面都需要加工,各留 3 mm 余量,因此毛坯尺寸为 ϕ60 mm×84 mm。

3 装夹方案的确定

该零件可以通过三爪自定心卡盘装夹 ϕ58h10 外圆加工右端;可以通过三爪自定心卡盘装夹 ϕ30 mm 外圆加工左端。

由于 ϕ58 mm 外圆直径较大,零件长度不是很长,因此可以先夹持毛坯右端,加工零件左端(左端面与 ϕ58 mm 外圆),然后通过夹持 ϕ58 mm 外圆加工零件右端。

4 零件加工表面与加工方案的分析

零件加工表面可以分成以下表面:

(1)左端面、右端面

表面粗糙度为 Ra 6.3 μm,长度自由公差,其加工方案为:粗车→精车。

阶梯轴数控加工工艺实施

(2)ϕ58h10 外圆

表面粗糙度为 Ra 1.6 μm,外圆精度为 IT10 级,长度自由公差,其加工方案为:粗车→精车。

(3)右轮廓

表面粗糙度为 Ra 1.6 μm,最高精度为 IT8 级,其加工方案为:粗车→精车。

5 工序的分析

根据前面的分析,结合工序顺序确定原则(先粗后精、基面先行等),该零件的加工顺序为:粗车左端面→精车左端面→粗车 ϕ58 mm 外圆→精车 ϕ58 mm 外圆→掉头装夹→粗车右端面→精车右端面→粗车外轮廓→精车外轮廓。

根据被加工零件的外形和材料等条件,选用 CK7525 数控车床。

6 刀具的选择

该生产为单件生产模式,为了缩短换刀时间和降低加工成本,轮廓加工粗加工与精加工采用同一把刀,车端面与车外轮廓也采用同一把车刀。因此该零件加工只需要选用一把外圆车刀即可。

由于首选机床为平床身平导轨机床,轮廓从右向左加工,因此切削方向为向右;根据机床选择刀尖高度与刀体宽度,都为 25 mm;由于零件为轴类零件,各表面尺寸梯度不大,车刀切削外轮廓过程中基本不会与工件发生碰撞,因此根据刀尖高度的 6 倍,选择刀具长度为 150 mm。

根据上述分析,车削外轮廓时,可转位外圆车刀选择 MWLNR2525M08;选择可转位刀片 WNMG080404-PM,刀片牌号为 YBC252。

根据上述分析完成机械加工工艺过程卡片(表 1-1-3)和数控车削刀具卡片(表 1-1-4)的填写。

7 切削用量的选择

(1)主轴转速的选择

通过查阅相关手册,选择粗车外轮廓切削速度 $v_c=250$ m/min、精车切削速度 $v_c=350$ m/min;粗车采用恒转速切削,精车轮廓为了保证各曲面各部位表面粗糙度值相同,采用恒线速度切削。根据 $v_c=\pi dn/1\,000$,得出粗车主轴转速为 1 300 r/min,精车(ϕ58 mm 外圆与端面)主轴转速为 1 900 r/min,精车外轮廓采用恒线速度切削(不需要计算主轴转速)。

(2)进给量的选择

通过查阅相关手册,选择粗车进给量为 0.2 mm/r,精车端面进给量为 0.1 mm/r,精车外圆与轮廓进给量为 0.1 mm/r。

(3)背吃刀量的选择

左、右端面总余量为 3 mm,精车 $a_p=0.5$ mm,粗车 $a_p=2.5$ mm;ϕ58h10 外圆总余量(双边)为 2 mm,精车 $a_p=0.3$ mm,粗车 $a_p=0.7$ mm;轮廓粗车循环时 $a_p=3$ mm,精车 $a_p=0.3$ mm。

表 1-1-3

机械加工工艺过程卡片

××职业技术学院		机械加工工艺过程卡片			产品型号		零件图号	SK-010101	文件编号	
					产品名称		零件名称	阶梯轴	共1页	第1页
材料牌号	45	毛坯种类	圆钢	毛坯外形尺寸/mm	$\phi60\times84$	每毛坯件数	1	每台件数	1	备　注	

	部门	工序号	工序名称	工序内容	设备型号及名称	夹具编号及名称	切削工具编号及名称	辅助工具编号及名称	量具编号及名称	工时 准	工时 单
	机加工	10	车	粗车左端面	CK7525 数控车床	三爪自定心卡盘	WNMG080404-PM 可转位刀片	MWLNR2525M08 外圆车刀	0.02,0～150 mm Ⅰ型游标卡尺		
				精车左端面							
				粗车 $\phi58$ mm 外圆							
				精车 $\phi58$ mm 外圆							
				掉头装夹，粗车右端面							
				精车右端面							
				粗车外轮廓							
				精车外轮廓							
		20	去毛刺	去毛刺							
				清理							
		30	检测						0.02,0～150 mm Ⅰ型游标卡尺		
插图											
打印											
装订号											

										编制(日期)	校对(日期)	会签(日期)	标准(日期)	审核(日期)
标记	处数	更改文件号	签字	日期	标记	处数	更改文件号	签字	日期					

表 1-1-4　　数控车削刀具卡片

<table>
<tr><td colspan="3" rowspan="2">××职业技术学院</td><td colspan="3" rowspan="2">数控加工刀具卡片</td><td>产品型号</td><td colspan="2"></td><td>零件图号</td><td colspan="2">SK-010101</td></tr>
<tr><td>产品名称</td><td colspan="2"></td><td>零件名称</td><td colspan="2">阶梯轴</td></tr>
<tr><td>材料牌号</td><td colspan="2">45</td><td colspan="2">毛坯种类</td><td>圆钢</td><td>毛坯外形尺寸/mm</td><td colspan="2">$\phi60\times84$</td><td>备注</td><td colspan="2"></td></tr>
<tr><td>工序号</td><td>工序名称</td><td colspan="2">设备名称</td><td colspan="2">设备型号</td><td>程序编号</td><td>夹具代号</td><td>夹具名称</td><td>冷却液</td><td colspan="2">车间</td></tr>
<tr><td>10</td><td>车</td><td colspan="2">数控车床</td><td colspan="2">CK7525</td><td></td><td></td><td>三爪自定心卡盘</td><td></td><td colspan="2"></td></tr>
<tr><td rowspan="2">工步号</td><td rowspan="2">刀具号</td><td rowspan="2">刀具名称</td><td rowspan="2">刀具型号</td><td colspan="2">刀片</td><td rowspan="2">刀尖
半径/mm</td><td rowspan="2">刀柄型号</td><td colspan="2">刀具</td><td rowspan="2">补偿量/
mm</td><td rowspan="2">备注</td></tr>
<tr><td>型号</td><td>牌号</td><td>直径/mm</td><td>刀长/mm</td></tr>
<tr><td></td><td>T01</td><td>外圆车刀</td><td>MWLNR2525M08</td><td>WNMG080404-PM</td><td>YBC252</td><td>0.4</td><td></td><td></td><td></td><td></td><td></td></tr>
<tr><td></td><td></td><td></td><td></td><td></td><td></td><td></td><td></td><td></td><td></td><td></td><td></td></tr>
<tr><td></td><td></td><td></td><td></td><td></td><td></td><td></td><td></td><td></td><td></td><td></td><td></td></tr>
<tr><td></td><td></td><td></td><td></td><td></td><td></td><td></td><td></td><td></td><td></td><td></td><td></td></tr>
<tr><td></td><td></td><td></td><td></td><td></td><td></td><td></td><td></td><td></td><td></td><td></td><td></td></tr>
<tr><td></td><td></td><td></td><td></td><td></td><td></td><td></td><td></td><td></td><td></td><td></td><td></td></tr>
<tr><td></td><td></td><td></td><td></td><td></td><td></td><td></td><td></td><td></td><td></td><td></td><td></td></tr>
<tr><td>编制</td><td colspan="2"></td><td>审核</td><td colspan="2"></td><td colspan="2">批准</td><td colspan="2"></td><td>共 1 页</td><td>第 1 页</td></tr>
</table>

ZHISHI TUOZHAN

知识拓展

1 数控加工工序加工内容选择

虽然数控机床功能强大，但并非所有的加工内容都用数控机床来完成，只可能是对其中的一部分内容进行数控加工。因此，在对零件图纸分析的基础上，确定适合且需要进行数控加工的内容。在选择并做出决定时，应结合本单位的实际情况，立足于解决问题、攻克关键难关和提高生产率，充分发挥数控加工的优势。选择时，一般可按下列顺序考虑：

(1)通用机床无法加工的内容应作为首选内容。

(2)通用机床难以加工、质量难以保证的内容应作为重点选择内容。

(3)通用机床加工效率低、工人手工操作劳动强度大的内容，可在数控机床尚存在富余能力的基础上进行选择。

相比之下，下列加工内容则不宜选择数控加工：

(1)需要通过较长时间占机调整的加工内容。

(2)不能在一次安装中加工完成的其他零星部位。

2 刀具寿命与切削速度

可转位刀具寿命指可转位车刀一个切削刃从开始切削至最终不能进行正常切削的这段时间内刀片参与切削的时间之和。一方面，普通机床切削过程中，操作人员随时观察切削状态，刀具一旦不能正常切削，可以马上更换；而数控加工过程由机床控制，操作人员在零件的加工过程中很难观察到切削情况，一般只能通过加工完的工件来判断刀具磨损情况。另一方面，虽然可转位刀具可以通过更换切削刃或刀片快速调整刀具，但一般出于成本的考虑，不会选择高精度刀片，更换切削刃或刀片后还需对刀具参数进行微量调整。因此数控加工对刀具寿命的控制高于普通机床切削。数控加工刀具一般要保证刀具至少半班或一班更换一次。数控车削切削速度直接影响刀具寿命，切削速度越大，刀具寿命越短。

任务二 阶梯轴的数控加工程序编制

学习目标

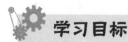

1. 掌握 FANUC 0i 和 SIEMENS 802D 数控系统编程的基础知识。
2. 掌握数控编程的相关基本指令。
3. 掌握基点及节点的概念和计算方法。

能力目标

1. 会用相关基本指令编程。

2. 会用 01 组 G 指令编制阶梯轴零件程序。

3. 会合理处理工件的公差尺寸。

RENWU DAORU 任务导入

现需生产图 1-1-1 所示的阶梯轴零件 1 件，试完成编制该零件的数控加工程序任务。

ZHISHI PINGTAI 知识平台

1 程序格式

数控程序格式

一个数控加工程序是由若干程序段组成的。程序段格式是指程序段中的字、字符和数据的安排形式。例如

N _ G _ X _ Z _ F _ S _ T _ M _ D _;

依次为程序段号、准备功能、坐标值、进给速度、主轴转速、刀具功能、辅助功能、程序段结束标记。

(1)字的功能

组成程序段的每一个字都有其特定的功能含义，以下是以 FANUC 0i 数控系统的规范为主来介绍的。

(2)顺序号字 N

顺序号字又称为程序段号或程序段序号。顺序号位于程序段之首，由顺序号字 N 和后续数字组成。一般可以省略。

(3)准备功能字 G

准备功能字的地址符是 G，又称为 G 功能或 G 指令，是用于建立机床或控制系统工作方式的一种指令。详见表 1-2-1。

G 指令分为模态和非模态两大类，模态 G 指令一经指定，直到同组 G 指令数出现为止一直有效。非模态 G 指令仅在所在的程序段中有效，故又称为一次性 G 指令。00 组为非模态指令。

表 1-2-1　　　　　　　　　　　　　　FANUC 0i G 指令含义

指令	分组	意义	指令	分组	意义
G00	01	定位(快速移动)	G50	00	机械坐标系选择/恒线速最高转速设定
G01		直线插补	G54～G59	12	选择工件坐标系
G02		圆弧插补(CW 顺时针)	G70	00	精加工循环
G03		圆弧插补(CCW 逆时针)	G71		内/外圆粗车循环
G04	00	暂停	G72		端面粗车循环
G20	06	英制输入	G73		封闭轮廓粗车循环
G21		米制输入	G74		端面钻孔循环
G27	00	返回检查参考点	G75		内径/外径切槽循环
G28	00	返回参考点	G76		复合螺纹切削循环(螺纹切削复合循环)
G32	01	简单螺纹加工	G90	01	内外圆单一车削循环
			G92		螺纹车削循环
G40	07	刀具半径补偿取消	G94		端面车削循环
G41		刀具半径左补偿	G98	10	每分钟进给速度
G42		刀具半径右补偿	G99	10	每转进给速度

(4)尺寸字

尺寸字用于确定机床上刀具运动终点的坐标位置。

①第一组 X、Y、Z、U、V、W、P、Q、R 用于确定终点的直线坐标尺寸。

②第二组 A、B、C、D、E 用于确定终点的角度坐标尺寸。

③第三组 I、J、K 用于确定圆弧轮廓的圆心相对于起点的坐标尺寸。在一些数控系统中,还可以用 P 指令暂停时间、用 R 指令指定圆弧的半径等。

(5)进给功能字 F

进给功能字的地址符是 F,又称为 F 功能或 F 指令,用于指定切削的进给速度。对于车床,F 可分为每分钟进给和主轴每转进给两种。

(6)主轴转速功能字 S

主轴转速功能字的地址符是 S,又称为 S 功能或 S 指令,用于指定主轴转速(r/min)。

(7)刀具功能字 T

刀具功能字的地址符是 T,又称为 T 功能或 T 指令,用于指定加工时所用刀具的编号。对于数控车床,其后的数字还作为指定刀具长度补偿和刀具半径补偿。

(8)辅助功能字 M

辅助功能字的地址符是 M,后续数字一般为 1～3 位正整数,又称为 M 功能或 M 指令,用于指定数控机床辅助装置的开关动作。见表 1-2-2。

表 1-2-2　　数控车床 M 指令的含义

指令	功能	说明	指令	功能	说明
M00	程序停止		M06	换刀	非模态
M01	选择性程序停止	非模态	M07	切削液开	
M02	程序结束		M08	切削液开	模态
M03	主轴正转		M09	切削液关	
M04	主轴反转	模态	M17	子程序结束	非模态
M05	主轴停		M30	程序结束复位	

2 程序结构三要素

程序号　　　O0001

程序段　　　T0101;

M03 S600;

G00 X20 Z5;

……

G00 X100;

Z100;

程序结束符　　M30;

说明:O×××× 中,×××× 是 4 位数字,导零可省略。如 10 号程序可以写为 O0010,其中 0010 中的"00"称为导零,也可写成 O10。

3 绝对坐标与相对坐标

绝对坐标系:所有坐标点的坐标值均从某一固定坐标原点计量的坐标系。

相对坐标系(增量坐标系):运动轨迹的终点坐标为相对于起点计量的坐标系。

绝对坐标程序　X __ Z __;

相对坐标程序　U __ W __;

混合坐标程序　X __ W __;或者 U __ Z __;

4 基本编程指令

(1)工件坐标系指令 G54～G59

对于卧式数控车床,工件坐标系原点通常设定在工件的右端面回转中心或夹具的合适位置上,以便于测量、计算。加工前,把工件坐标系的原点坐标,保存到与 G54 相对应的存储器中即可,编程时工件坐标系用 G54。如果把工件坐标系的原点坐标,保存到与 G55 相对应的存储器中,编程时工件坐标系用 G55。

选择工件坐标系指令:G54/G55/G56/G57/G58/G59

(2)英制与米制转换指令 G20/G21

G20 长度单位为英寸(inch);G21 长度单位为毫米(mm)。

英制与米制转换指定编程坐标尺寸、可编程零点偏置值、进给速度的单位,补偿数据的单位由机床参数设定,要注意查看机床使用说明书。

数控车削机床指令应用

建议将 G21 设成机床初始 G 指令。

(3)坐标平面选择指令 G17/G18/G19

G17:*XOY* 平面。

G18:*XOZ* 平面。

G19:*YOZ* 平面。

FANUC 数控车床系统中,把 G18 设定为默认值。

(4)分进给/转进给指令 G98/G99

G98:分进给(mm/min)。

G99:转进给(mm/r),一般设成初始 G 指令。

G99　F0.2 表示 0.2 mm/r。

G98　F100 表示 100 mm/min。

(5)S 主轴转速指令 G96、G50、G97

①恒线速控制指令 G96

G96 S150　表示切削点恒线速控制 150 m/min。

②控制最高转速指令 G50

G50 S2000;

G96 S120;

G01 X10;

G97 S200;

③取消恒线速度指令 G97

G97 S2000　表示取消后主轴转速为 2 000 r/min。

(6)进给暂停指令 G04

利用暂停指令,可以推迟下一程序段的执行,推迟时间为指令的时间。

G04 X __(单位:s);

G04 U __(单位:s);

G04 P __(单位:ms);

G04 U1.0;(暂停 1 s)

G04 P1000;(暂停 1 s)

注意:车削端面等需要刀具在加工表面短暂停留的场合。

(7)局部坐标系指令 G52

G52　Z __ X __　;　平移坐标

G52　　　　　;　取消

(8)快速点定位指令 G00

①功能:实现快速定位,采用点位控制方式,运动中无轨迹要求。

②格式:G00　X(U)__ Z(W)__;(进给速度由系统内部参数决定)

X、Z 为终点的绝对坐标值;

U、W 为终点的相对坐标值。

③说明:刀具在移动过程中不能切削工件,因此,该指令中不需要指定进给速度 F 指令且指定无效。G00 一直有效,直到被 G 功能组中其他指令(G01、G02、G03)取代为止。

(9)直线插补指令 G01

①功能:产生直线和斜线、倒角和倒圆弧。

②格式:G01 __ X(U)__ Z(W)__ F __;

G01 __ X(U)__ Z(W)__ (C)__ (R)__ F __;

01 组指令应用

③说明:产生直线时,X、Z 为终点的绝对坐标值,U、W 为终点的相对坐标值;倒角和倒圆弧时,X、Z 为两相邻直线交点的绝对坐标值,C 为倒角斜边长度,R 为倒圆弧半径,F 指定进给速度。

④G01 倒角控制功能:

G01 倒角控制功能可以在两相邻轨迹的程序段之间插入直线倒角或圆弧倒角。

G01　X(U)__ Z(W)__ C __;(直线倒角)

G01　X(U)__ Z(W)__ R __;(圆弧倒角)

式中,X、Z 值为在绝对指令时,是两相邻直线的交点,即假想拐角交点(G 点)的坐标值;如图 1-2-1 所示,U、W 值为在增量指令时,假想拐角交点相对于起始直线轨迹的始点 E 的移动距离;C 值是假想拐角交点(G 点)相对于倒角始点(F 点)的距离;R 值是倒圆弧的半径值。

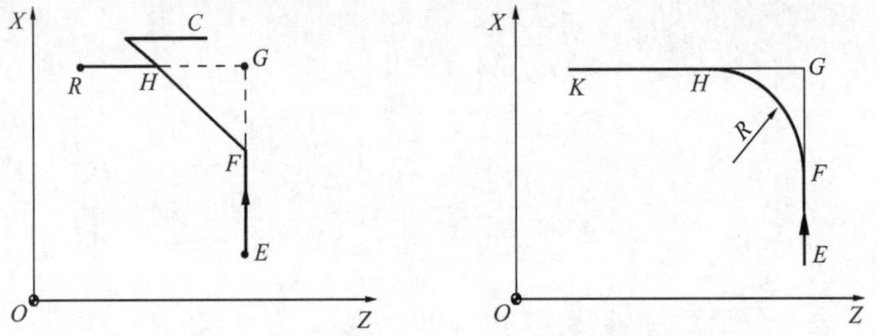

图 1-2-1　FANUC 0i Mate TC 倒角和倒圆

(10)圆弧插补指令 G02/G03

①功能:产生圆弧运动,如图 1-2-2 所示。

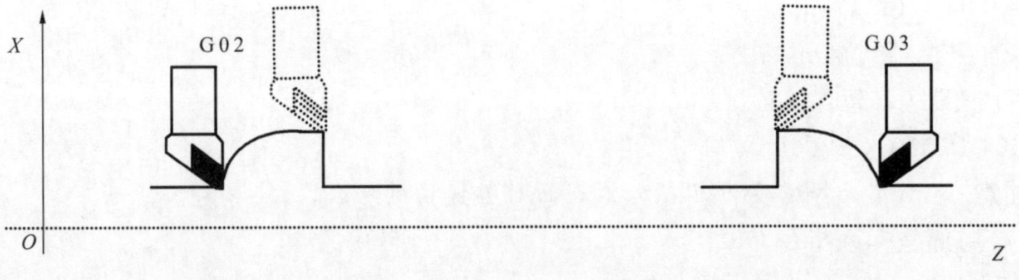

图 1-2-2　G02/G03 圆弧插补

G02:顺时针圆弧插补指令。

G03:逆时针圆弧插补指令。

②格式:G02/G03 X(U)__ Z(W)__ I __ K __ F __;

或者 G02/G03 X(U)__ Z(W)__ R __ F __;

X、Z 在绝对坐标系下为圆弧终点的坐标。

U、W 在相对坐标系下为圆弧终点相对于起点的距离。

I、K 表示圆弧的圆心相对于圆弧起点的增量坐标。

③说明：顺/逆圆弧的判别方法：从沿垂直于要加工圆弧所在平面的坐标轴由正方向向负方向看，顺时针方向为 G02，逆时针方向为 G03。

当一单节中同时出现 I、K 和 R 时，以 R 为优先，I、K 无效。I、K 值若为 0，则可省略不写。

圆弧切削后若再进行直线切削，则必须再转换为 G01 指令。

(11)内、外圆切削循环指令 G90

①功能：主要用于圆柱面和圆锥面的循环切削。

②格式：G90 X(U)__ Z(W)__ (R __)F __;

③说明：X、Z 为圆柱面切削终点坐标；U、W 为圆柱面切削终点相对于循环起点的增量坐标。

R 是其加工顺序，按 1、2、3、4、5、6 进行。如图 1-2-3 所示。

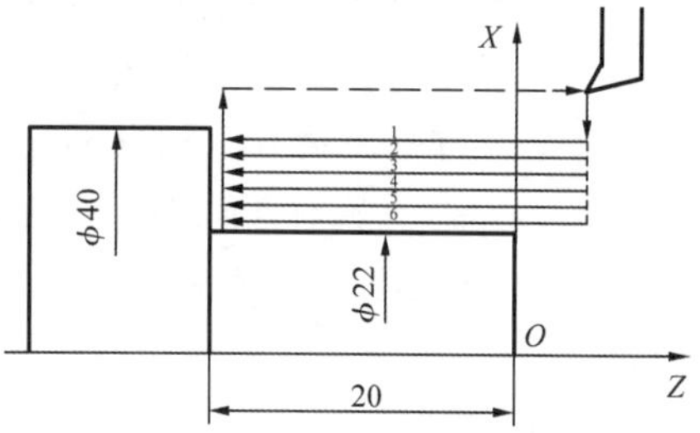

图 1-2-3　G90 外径车削

(12)内、外圆粗车循环指令 G71

①功能：圆柱毛坯料内、外圆粗车循环适用于单向递增或单向递减的零件加工。轴向粗车循环路线如图 1-2-4 所示。

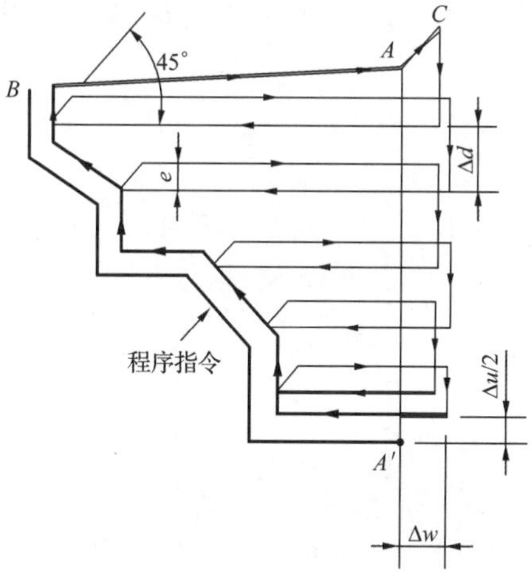

图 1-2-4　G71 轴向粗车循环路线

G71 指令应用

②格式：

G00 Xα Zβ;

G71 U(Δd) R(e);

G71 P(ns) Q(nf) U(Δu) W(Δw) F(f) S(s) T(t);

N(ns) ……;

……;

……;

……;

N(nf) ……;

③说明：

α、β——循环起点坐标；

Δd—— 每次吃刀深度(半径值)；

e——退刀量；

ns——精加工程序段的开始程序段号；

nf——精加工程序段的结束程序段号；

Δu——径向(X 轴方向)的精加工余量(直径值)；

Δw——轴向(Z 轴方向)的精加工余量；

f、s、t——粗切时的进给速度、主轴转速、刀具设定，精车的 f、s、t 在 ns～nf 的程序段中指定。

④注意事项：

G71 程序段本身不进行精加工，粗加工按后续程序段 ns～nf 给定的精加工编程轨迹，沿平行于 Z 轴方向进行。

G71 程序段不能省略除 F、S、T 以外的地址符。G71 程序段中的 F、S、T 只在循环时有效，精加工时处于 ns～nf 程序段之间的 F、S、T 有效。

循环中的第一个程序段(ns 段)必须包含 G00 或 G01 指令，即必须是直线或点定位运动，但不能有 Z 轴方向上的移动。

ns～nf 程序段中不能包含子程序。

(13)精加工循环指令 G70

①功能：由 G71、G72、G73 进行粗切削循环完成后，可用 G70 指令进行精加工循环，切除粗加工后留下的精加工余量。

②格式：

G00 X __ Z __；

G70 P(ns) Q(nf)；

NENGLI PINGTAI 能力平台

1 计算阶梯轴的基点坐标

(1)基点计算

在数控机床的手工编程中，当完成了工艺分析并确定了加工路线后，最关键的就是零件轮廓的基点计算。

基点计算

①基点：构成工件轮廓各几何元素(直线、圆弧、曲线等)的端点、交点或切点。

②节点：在参数编程或宏程序编程中，使用多个直线段或圆弧近似代替非圆曲线时，逼近曲线与理论轨迹的交点。

(2)尺寸公差计算

数控机床编程中，基点坐标的计算要考虑尺寸公差带中的极限偏差，以此来保证零件的尺寸精度。零件图上有配合尺寸和自由尺寸，它们都是有公差要求的，编程时一般取公差带的平均值。若尺寸公差为对

尺寸公差计算

称公差，则直接取当前尺寸为基点坐标；若为非对称公差，则公差等于上极限偏差减下极限偏差之差的平均值，编程基点坐标等于上极限尺寸减下极限尺寸之差除以 2 后得到的数值。

2 机床坐标系的建立

(1)建立数控机床的坐标系

①建立坐标系的基本原则

- 采用右手笛卡儿坐标系来对数控机床的坐标轴命名。如图 1-2-5 所示。
- 永远假定工件静止，刀具相对于工件移动或转动。
- 采用使刀具与工件之间距离增大的方向为该坐标轴的正方向，反之为负方向。

坐标系的建立

②数控机床坐标系的建立

确定机床坐标轴时，一般先确定 Z 轴，再确定 X 轴，最后根据右手直角笛卡儿坐标系来确定 Y 轴。

对于数控车床，Z 轴即机床主轴方向，刀具离开工件方向为 $+Z$。X 轴即轴的直径方向，并与导轨平行，刀具离开工件方向为 $+X$。如图 1-2-6 所示。

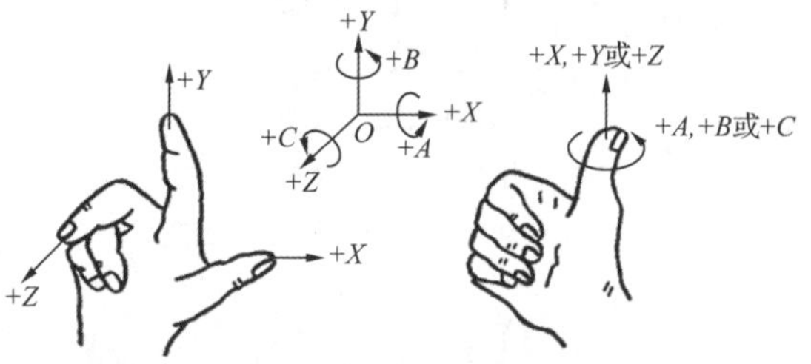

图 1-2-5　右手笛卡儿坐标系

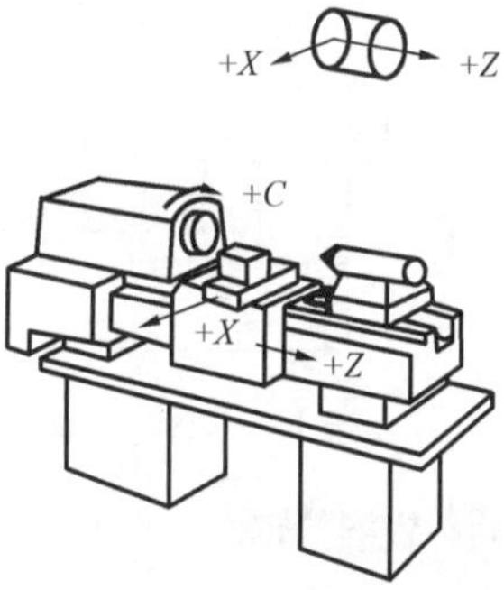

图 1-2-6　数控车床坐标系

(2)机床坐标系和工件坐标系

机床坐标系(M)：机床固有的坐标系。机床启动时，通常要进行机动或手动回参考点，以建立机床坐标系。

机床参考点(R)：机床坐标系上一个固定不变的极限点，是机床出厂时就设定好的。

机床原点(M)、机床参考点(R)构成数控机床机械有效行程。如图 1-2-7 所示。

工件坐标系(编程坐标系)原点(O)：编程人员用来定义工件形状和刀具相对于工件运动的坐标系。一般通过对刀获得工件坐标系。工件坐标系一旦建立便一直有效，直到被新的工件坐标系所取代。

对数控车床而言，工件坐标系原点一般选在工件轴线与工件的前端面、后端面、卡爪前端面的交点上，各轴的方向应与所使用的数控机床相应的坐标轴方向一致。如图 1-2-8 所示。

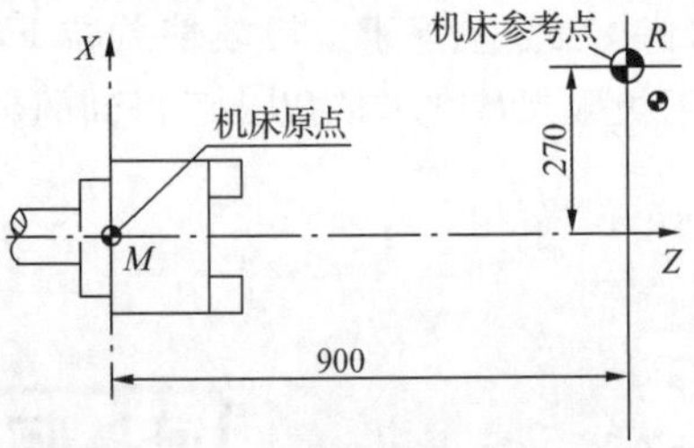

图 1-2-7　机床坐标系

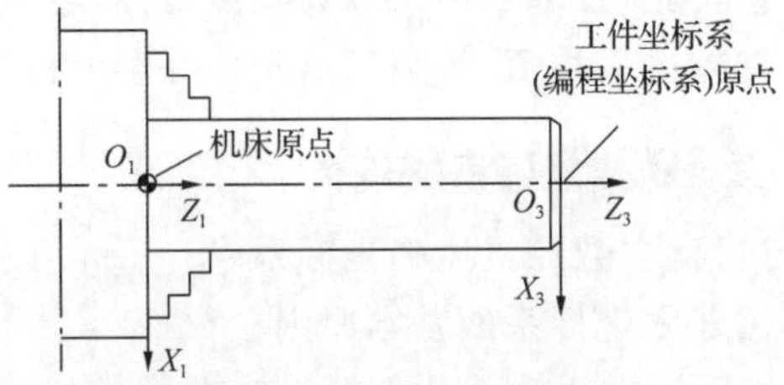

图 1-2-8　工件坐标系

RENWU SHISHI

任务实施

在满足工件质量要求的前提下，引导学生使用不同的加工指令，探索不同的编程方法。

1 FANUC 数控系统编程

阶梯轴加工路线如图 1-2-9、图 1-2-10 所示。

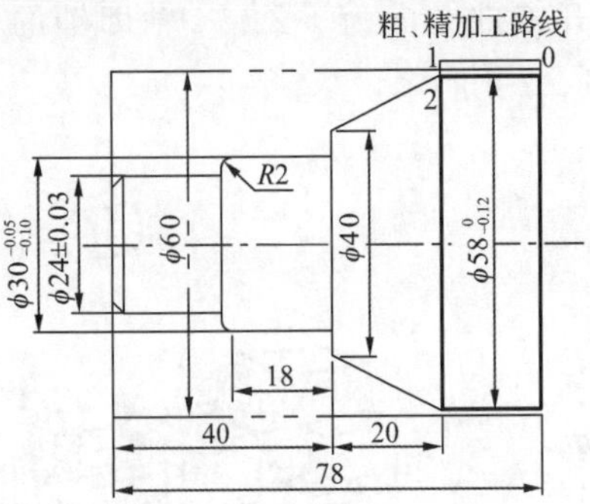

图 1-2-9　左端加工路线及基点

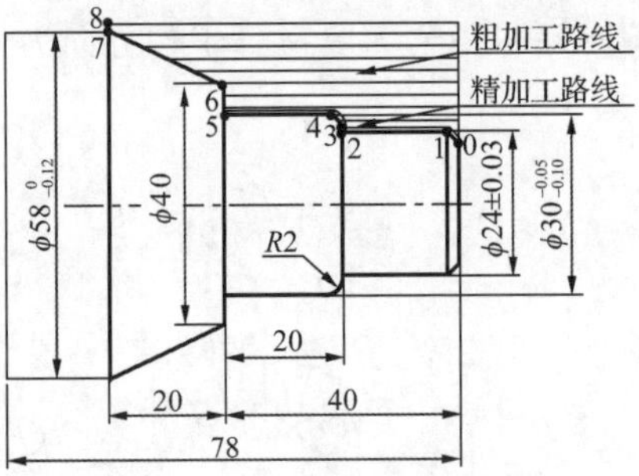

图 1-2-10　右端加工路线及基点

2 基点计算

以工件右端面的中心点为编程原点，基点值为绝对坐标编程值。对于带有对称公差的尺寸，需要按公差带的一半计算，如 $\phi58_{-0.12}^{\ 0}$ mm 即 $-0.12\div2=-0.06$ mm，所以，编程尺寸为 57.94 mm。又如，$\phi30_{-0.10}^{-0.05}$ mm，其公差中值为 $-0.05\div2=-0.025$ mm，则编程尺寸为 29.925 mm，见表 1-2-3 和表 1-2-4。

表 1-2-3　阶梯轴左端基点坐标值

基点	0	1
X 坐标值	57.94	57.94
Z 坐标值	0	−18

表 1-2-4　阶梯轴右端基点坐标值

基点	0	1	2	3	4	5	6	7	8
X 坐标值	20	24	24	25.925	29.925	29.925	40	57.94	60
Z 坐标值	0	−2	−20	−20	−22	−40	−40	−60	−60

3 加工过程

(1)粗、精车左端 $\phi58_{-0.12}^{\ 0}$ mm 端面、外径。

(2)掉头加工 $\phi 30^{+0.03}_{-0.03}$ mm 外圆、车右端面(控制总长),粗、精车右端面至尺寸。

左端加工路线如图 1-2-9 所示,手动车左端面后利用 G90 完成粗精车;右端加工路线如图 1-2-10 所示,手动车右端面后,先利用 G71 完成分层粗加工,再利用 G70 沿轮廓完成精加工,编程点按中间尺寸计算。具体加工程序见表 1-2-5。

表 1-2-5　　加工程序

程　序	说　明
O0001	左端加工程序
T0101;	换刀加刀具尺寸补偿
G99 G0 X65 Z2 M03 S800 F0.2;	刀架前置,快速定位至毛坯外(65,2),主轴正转 800 r/min,进给量为 0.2 mm/r
G01 Z0;	到工件端面
X−1;	车端面
G00 X65 Z2;	到起刀点
G90 X58.5 Z−18;	G90 粗加工,留余量 0.6 mm
G00 X100 Z100;	退刀,准备换刀
T0202;	换刀
G00 X65 Z2 M03 S800 F0.1;	快速定位至(65,2),进给量为 0.1 mm/r
G50 S2500;	主轴转速最高限制 2 500 r/min
G96 S120;	恒线速控制 120 m/min
G90 X57.94 Z−18;	G90 沿轮廓精加工
G97 S500;	取消恒线速控制
G0 X100 Z100;	退刀
M30;	主程序结束
O0002	右端加工程序
T0101;	换刀加刀具尺寸补偿
G99 G0 X60 Z2 M03 S800 F0.2;	刀架前置,快速定位至毛坯外(60,2),主轴正转 800 r/min,进给量为 0.2 mm/r
G01 Z0;	到工件端面
X−1;	车端面
G00 X60 Z2;	到起刀点
G71 U2 R0.5;	定义 G71,背吃刀量为 2 mm,退刀量为 0.5 mm
G71 P100 Q200 U0.5 W0.2;	轮廓起始段 N100,终结段 N200,半径方向余量为 0.3 mm,Z 方向余量为 0.2 mm
N100 G00 X20;	快速定位至轮廓起始位置,此时只能 X 方向单方向移动
G01 Z0;	直线插补至 0 点
X24 Z−2;	直线插补至 1 点
Z−20;	直线插补至 2 点
X25.925;	直线插补至 3 点
G03 X29.925 Z−22 R2;	圆弧插补至 4 点
G01 Z−40;	直线插补至 5 点

续表

程　序	说　明
X40；	直线插补至 6 点
X57.94 Z−60；	直线插补至 7 点
N200 X60；	直线插补至毛坯最大位置 8 点
G00 X100 Z100；	退刀，准备换刀
T0202；	换刀
G00 X65 Z2 M03 S800 F0.1；	快速定位至(65，2)，进给量为 0.1 mm/r
G50 S2500；	主轴转速最高限制 2 500 r/min
G96 S120；	恒线速控制 120 m/min
G70 P100 Q200；	G70 沿轮廓精加工
G97 S500；	取消恒线速控制
M30；	主程序结束

ZHISHI TUOZHAN 知识拓展

1 SIEMENS 802D 数控系统编程基础

SIEMENS 802D 程序名由 2～16 位字符构成，主程序名开头必须是两个字母，后面可以跟字母、数字或下划线，主程序后缀名为 .MPF，例如 ZL12 _. MPF。子程序除了以这种方式命名外，还可以单字母 L 开头，后面必须跟 1～15 个数字，例如 L12. SPF。子程序后缀名为. SPF。例如 ZL. SPF。

2 阶梯轴数控程序相关指令

(1)绝对尺寸/相对尺寸指令

①在 SIEMENS 802D 数控系统中用 G90 和 G91 指令来指定编程的坐标状态。G90 和 G91 指令分别对应绝对坐标和相对坐标，这两个指令是同组的模态指令。在坐标不同于 G90/G91 的设定时，可以在本程序段中通过 AC/IC 以绝对尺寸/相对尺寸方式进行设定。

格式：G90；　绝对尺寸

G91；　相对尺寸

X=AC(...)；　某轴以绝对尺寸输入，程序段方式

X=IC(...)；　某轴以相对尺寸输入，程序段方式

②运动轨迹多样，且视具体系统，在数控车床上最常见的是走折线：X、Z 两个轴先一起联动走斜线，再走行程较长轴余下的移动量，要特别注意刀具与工件间的干涉。为避免干涉，必要时可将程序拆成两段 G00 来编制。

(2)倒角控制指令 G01

倒角控制指令 G01 可以在两相邻轨迹的程序段之间插入直线倒角或圆弧倒角，如图 1-2-11 所示。

CHR=...：在拐角处的两段直线之间插入一段直线倒角，编程数值为倒角的直角边长。

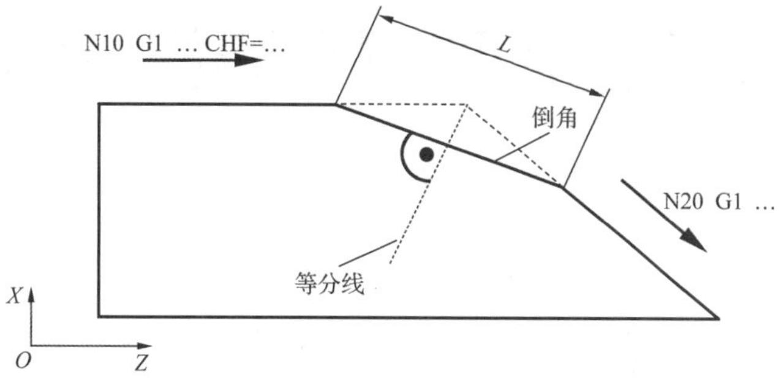

图 1-2-11 G01 倒角

CHF＝L：在拐角处的两段直线之间插入一段直线倒角，编程数值为倒角的斜边长度。

RND＝...：在拐角处的两段直线之间插入一个圆弧，并使它们的切线相连，编程数值为倒圆半径。例如

N10 G1 Z... CHF＝5； 倒角，5 mm

N20 X ... Z ...；

(3)刀具号指令 T

T 为刀具号指令。数控机床中用以选择所需刀具，在 SIEMENS 802D 数控系统中，一般直接用刀号表示所选择刀具，不写而默认的刀具补偿号为 D1，若所选刀具采用其他刀具补偿号，则跟在刀号后表示，如 T1D2。

(4)圆弧插补指令 G02、G03

格式：G02/G03 X __ Z __ CR＝__；终点、半径

G02/G03 X __ Z __ I __ K __；终点、圆心相对起点增量坐标

圆弧插补表示刀具以指定的速度进给，从当前位置沿圆弧走到终点。圆弧方向的判断方法是沿着第三轴(*Y* 轴反向)看圆弧插补平面(*ZOX* 平面 G18)，G02 指令顺时针圆弧、G03 指令逆时针圆弧。也可简单地理解为凸圆 G03、凹圆 G02。

3 编制阶梯轴零件的数控程序

左端加工路线如图 1-2-9 所示，手动车左端面后，利用 G00/G01 指令组合完成粗精车。右端加工路线如图 1-2-10 所示，手动车右端面后，先利用 CYCLE95 调用轮廓子程序，根据设定参数完成粗加工，再利用 CYCLE95 完成精加工，编程点按中间尺寸计算。具体加工程序见表 1-2-6。

表 1-2-6 加工程序

程 序	说 明
JTL __ ZD. MPF	左端粗、精加工程序名
G75 X0 Z0；	回固定点准备换刀
M4 S800 F0. 3；	刀架后置，主轴反转，转速为 800 r/min，进给量为 0. 3 mm/r
G90 G0 X58. 6 Z2 T1 D1；	粗加工换刀具 T1，快速定位工件尺寸 ϕ58h8 外留 0. 6 mm 余量
G01 Z0；	到工件端面
X－1；	车端面

程序	说明
G00 X58.6 Z2;	到起刀点
G01 Z－18;	直线插补至1点
G01 X65;	抬刀
G75 X0 Z0;	回固定点准备换刀
M05;	主轴停
M00;	程序停
M4 S800 F0.1;	刀架后置，主轴反转，精加工进给量为0.1 mm/r
G96 S120 LIMS＝2500;	精加工主轴恒线速
G90 G0 X57.94 Z2 T2 D1;	精加工换刀具T1，快速定位工件尺寸ϕ58h8外(57.94,2)
G01 Z－18;	直线插补至2点
G01 X65;	抬刀
G97 S500;	取消恒线速
G75 X0 Z0;	退到固定点
M30;	主程序结束
JTL _ YD.MPF	右端粗、精加工主程序名
G75 X0 Z0;	回固定点准备换刀
M4 S800 F0.3;	刀架后置，主轴反转，转速为800 r/min，进给量为0.3 mm/r
G90 G0 X60 Z2 T1 D1;	粗加工换刀具T1，快速定位到毛坯外一点(60,2)
CYCLE95;("JTZ",2, 0, 0.5, 0,0.2,0,0.1,1,0,01)	轮廓子程序JTZ.SPF，背吃刀量为2 mm，进给量为0.2 mm/r，加工轴向外轮廓粗加工
G75 X0 Z0;	回固定点准备换刀
M05;	主轴停
M00;	程序停
M4 S800 F0.1;	刀架后置，主轴反转，精加工进给量为0.1 mm/r
G96 S120 LIMS＝2500;	精加工主轴恒线速
G90 G0 X60 Z2 T2 D1;	精加工换刀具T1，快速定位到轮廓起点外(60,2)
G01 Z0;	到工件端面
X－1;	车端面
G00 X60 Z2;	到起刀点
CYCLE95;("JTZ",2, 0, 0.6, 0,0.2,0,0.1,5,0,01)	轮廓子程序JTZ.SPF，背吃刀量为2 mm，余量为0.6 mm，进给量为0.2 mm/r，加工轴向外轮廓精加工
G97 S500;	取消恒线速
G75 X0 Z0;	回固定点

续表

程序	说明
M30；	主程序结束
JTL.SPF	轮廓子程序名
G1 X20 Z0；	直线插补至 0 点
X24 Z−2；	直线插补至 1 点
Z−20；	直线插补至 2 点
X26；	直线插补至 3 点
G03 X29.925 Z−22 RND=2；	圆弧插补至 4 点
G01 Z−40；	直线插补至 5 点
X40；	直线插补至 6 点
X57.94 Z−60；	直线插补至 7 点
X60；	直线插补至毛坯最大位置 8 点
M17；	子程序结束，或用 RET

任务三 阶梯轴的数控加工

学习目标

1. 掌握数控机床的组成与类型。
2. 掌握数控车床的工作过程与工作原理。
3. 掌握数控车床面板的使用方法。
4. 掌握数控仿真软件的使用方法。

能力目标

1. 会根据加工零件选择机床。
2. 会操作配置了数控仿真软件的机床。
3. 会进行车床外圆车刀的对刀。

RENWU DAORU 任务导入

现需生产图 1-1-1 所示的阶梯轴零件 1 件，试完成该零件的数控加工任务。

ZHISHI PINGTAI

知识平台

推动制造业优化升级

认识数控机床

1 认识数控机床

(1)数控机床的定义

数控机床是一种装有程序控制系统的机床,该系统能够逻辑处理具有使用号码或其他符号编码指令规定的程序,即用几何信息控制刀具和工件间的相对运动(运动轨迹行程量控制),以及机床完成加工运动所必需的辅助工艺信息控制(机床运动开关量逻辑控制)。数控机床是机电一体化的典型产品,是集机床、计算机、电动机及其拖动、运动控制、检测等技术为一体的自动化设备。

(2)数控机床的组成

数控机床通常由程序载体、输入/输出装置、数控系统、伺服系统、机床本体等部分组成,如图 1-3-1 所示。

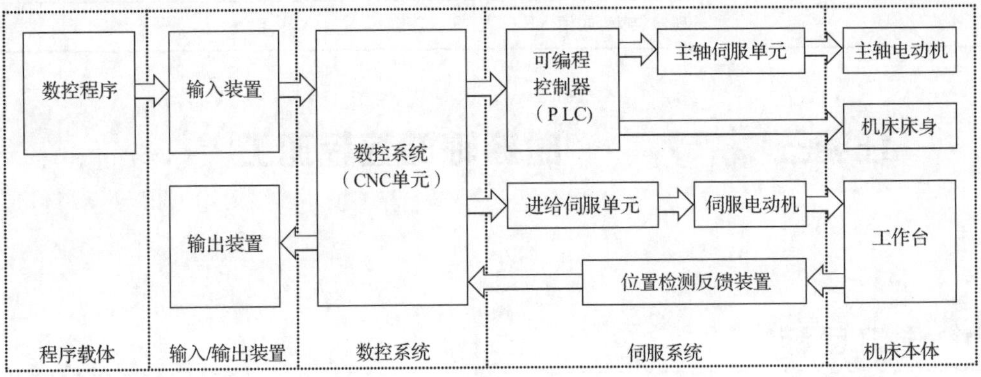

图 1-3-1 数控机床的组成

①程序载体

将编写好的数控程序用一定的格式和代码存储在信息载体上,通过输入装置将信息输入到数控系统中。数控机床采用操作面板上的按钮和键盘将加工信息直接输入,或通过串行口将在计算机上编写的加工程序输入数控系统。高级数控系统还可能包括一套编程机或 CAD/CAM 系统。

②输入/输出装置

输入装置将程序载体中的数控加工信息读入数控系统中。在数控机床产生初期,输入装置为穿孔纸带,后来发展成盒式磁带,再发展成键盘、磁盘等便携式硬件,现采用 MDI 方式通过操作面板直接输入,或通过 DNC 网络以串行通信的方式输入。

输出装置可为操作人员输出内部工作参数(如机床原始参数、故障诊断参数等),一般在机床刚工作时需输出这些参数并记录保存,待工作一段时间后,再将输出信号与原始资料进行比较,可帮助判断机床工作是否正常。

③数控系统

数控系统是数控机床实现自动加工的核心，由硬件和软件组成。硬件部分普遍采用通用计算机，包括 CPU、存储器、系统总线和输入/输出接口等。软件主要是主控制系统软件，根据读入的零件加工程序，通过译码、编译等信息预处理后，进行相应的轨迹插补运算，并通过与各坐标伺服系统位置、速度反馈信号比较，控制机床各个坐标轴的进给运动，同时协调各个辅助机构的动作，使机床有条不紊地按序工作。

④伺服系统

伺服系统接收来自数控系统的位置控制信息，将其转换成相应坐标轴的进给运动和精确定位运动，又称为随动系统、拖动系统或进给传动系统，其精度和响应特性将直接影响数控机床的加工精度、表面加工质量和生产率。

伺服系统包括主轴伺服和进给伺服两大单元。主轴伺服单元接收来自 PLC 的指令，经过功率放大后驱动主轴电动机转动。进给伺服单元接收数控系统的位移指令，经过功率放大后驱动进给电动机转动，驱动工作台移动，同时通过位置检测反馈装置完成反馈控制。

⑤机床本体

数控机床的机床本体与传统机床相似，由主轴传动装置、进给传动装置、床身、工作台以及辅助运动装置、液压气动系统、润滑系统、冷却装置等组成。但数控机床在整体布局、外观造型、传动系统、刀具系统的结构以及操作机构等方面都已发生了很大的变化，传动结构要求更为简单，在精度、刚度、抗震性、可靠性等方面要求更高，传动装置的间隙要求尽可能小，滑动面的摩擦系数更小，这些变化的目的是满足数控机床能适应精密加工和长时间连续工作的要求。

(3)数控机床的类型

数控机床是从普通机床的基础上发展起来的，各种类型的数控机床基本上起源于同类型的普通机床，可按运动方式和控制方式进行分类。

①按运动方式分类

● 点位控制系统：这类机床的控制特点是只控制机床运动部件从一坐标点到另一坐标点的精确定位，而在移动过程中不进行切削加工，对定位过程中的轨迹没有严格要求，各坐标轴之间的运动是不相关的。例如数控坐标镗床、数控钻床、数控冲床等。为了缩短移动时间和提高定位精度，一般先采用机床设定的最高进给速度进行定位运动，在接近终点坐标前进行分级或连续降速，以便低速趋近终点，从而减少运动部件的惯性过冲和因此引起的定位误差。如图 1-3-2(a)所示。

● 直线控制系统：这类机床的控制特点是既控制机床运动部件从一坐标点到另一坐标点的精确定位，又控制两点间的速度和轨迹，其轨迹是平行于机床各坐标轴的直线，或两轴同时移动构成的斜线。例如数控钻床、数控冲床、数控磨床等。其局限性是只能做简单的直线运动，不能实现任意的轮廓轨迹加工。如图 1-3-2(b)所示。

● 轮廓控制系统：这类机床也称为连续控制数控机床或多坐标联动数控机床，其控制特点是能够对两个或两个以上的坐标轴同时进行连续关联的控制，它不仅能精确控制起点和终点的坐标位置，而且能精确控制整个加工运动轨迹(每一点的速度、方向和位移量)，以满足零件轮廓表面的加工要求。这类机床的数控装置的功能是最齐全的，能够进行两坐标甚至多坐标联动控制，也能够进行点位和直线控制。除了少数专用的数控机床以外，现代数控机床都具有轮廓控制功能。如图 1-3-2(c)所示。

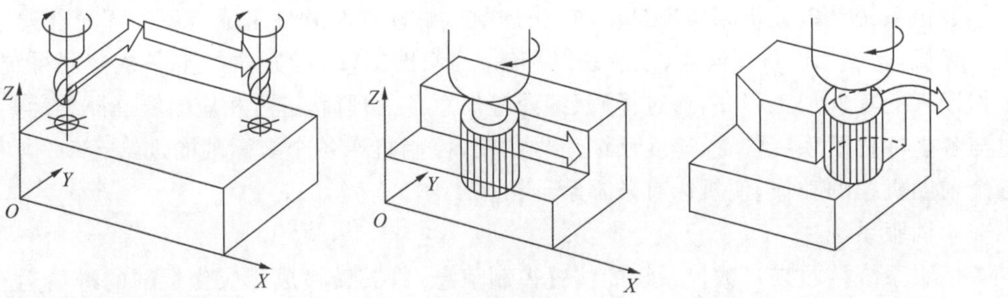

(a) 点位控制系统　(b) 直线控制系统　(c) 轮廓控制系统

图 1-3-2　按运动分类方式

②按控制方式分类

● 开环数控机床:这类机床控制系统内没有位置反馈元件,通常采用步进电动机作为执行机构。输入的数据经过数控系统的运算,发出单方向的脉冲指令,通过环形分配器和驱动电路,使步进电动机转过一个步距角,再经过传动机构带动工作台移动一个脉冲当量的距离。移动部件的移动速度和位移由输入脉冲的频率和脉冲个数决定的。开环系统结构简单、运行平稳、维修方便,但是进给传动链的误差不能进行校正补偿,所以控制精度较低。其系统框图如图 1-3-3 所示。

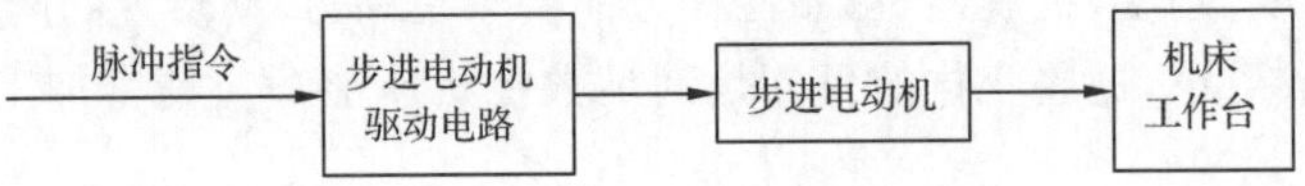

图 1-3-3　开环数控机床系统框图

● 半闭环数控机床:这类机床在伺服电动机端部或在传动丝杠端部安装角位移检测装置,通过检测电动机或丝杠的转角间接测量执行部件的实际位置或位移,然后反馈到数控系统中。半闭环系统能获得比开环系统更高的精度,但它的位移精度比闭环系统的要低。与闭环系统相比,其调试较为方便,易于实现系统的稳定性。其系统框图如图 1-3-4 所示。

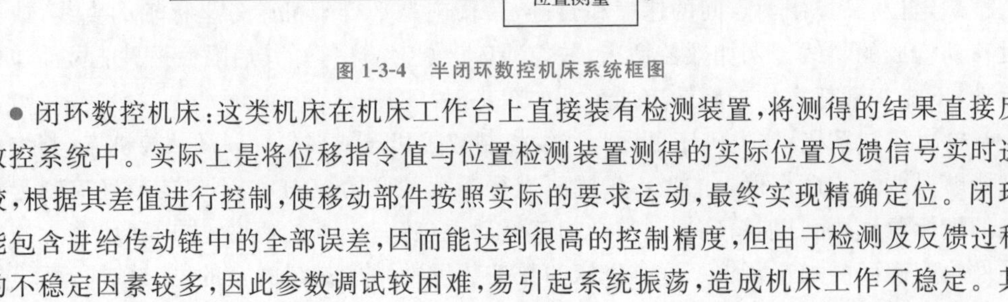

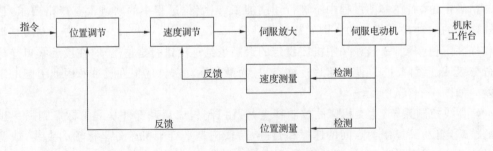

图 1-3-4　半闭环数控机床系统框图

● 闭环数控机床:这类机床在机床工作台上直接装有检测装置,将测得的结果直接反馈到数控系统中。实际上是将位移指令值与位置检测装置测得的实际位置反馈信号实时进行比较,根据其差值进行控制,使移动部件按照实际的要求运动,最终实现精确定位。闭环系统能包含进给传动链中的全部误差,因而能达到很高的控制精度,但由于检测及反馈过程包含的不稳定因素较多,因此参数调试较困难,易引起系统振荡,造成机床工作不稳定。其系统框图如图 1-3-5 所示。

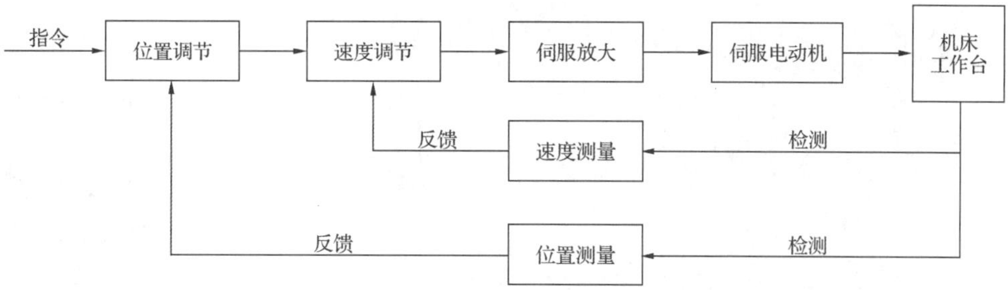

图 1-3-5　闭环数控机床系统框图

(4)数控车床的工作过程与原理

数控车床在加工工艺与加工表面形成方法上，与普通车床是基本相同的，最根本的区别在于它能够实现机床的自动化控制，将与加工零件有关的信息，包括工件与刀具相对运动轨迹的尺寸参数(进给执行部件的进给尺寸)、切削加工的工艺参数(主轴运动和进给运动的速度、切削深度等)，以及各种辅助操作(主轴变速、刀具更换、切削液开关、工件松紧等)等加工信息，按规定的形式组合成代码，再按一定的格式编写成加工程序，将加工程序通过程序载体输入数控系统中，由数控系统经过分析、处理后，发出各种与加工程序相对应的信号和指令，控制机床进行自动加工。

如图 1-3-6(a)所示为普通车床的传动系统，图 1-3-6(b)所示为数控车床的传动系统。从总体上看，数控车床没有脱离普通车床的结构形式，其主运动、进给运动的形式没变，但是改变了驱动方式，传动链简单明了，主传动和进给运动分工明确，没有了传统车床的进给箱和交换齿轮架，在 Z、X 两个方向由伺服电动机直接驱动滚珠丝杠运动，同时带动刀架移动，形成纵横方向的切削运动，从而实现了车床的进给运动。而主轴带动工件旋转形成了数控车床的主运动。

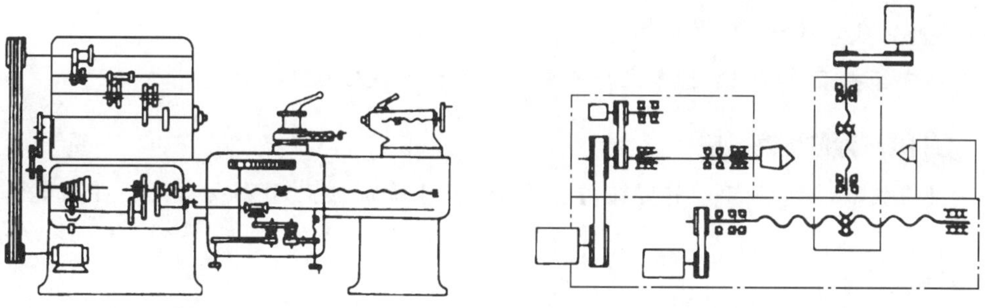

(a) 普通车床的传动系统　　(b) 数控车床的传动系统

图 1-3-6　普通车床与数控车床的对比

2 了解数控机床的功能

(1)数控系统操作面板与各键的功能

数控系统操作面板在视窗的右上角，其左侧为显示屏，右侧是编程面板。如图 1-3-7 所示。各键功能可以查阅相关数控机床操作手册。

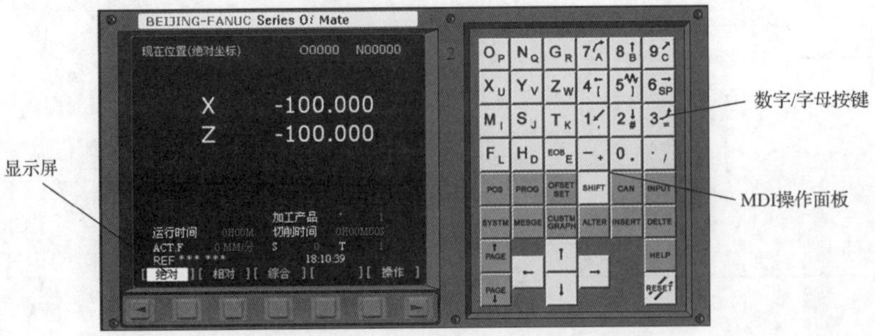

认识数控机床面板

图 1-3-7 FANUC 0i T 数控系统的操作面板

(2)数控车床操作面板按键及功能介绍

数控车床操作面板如图 1-3-8 所示。相关按键功能可查阅相关数控机床操作手册。

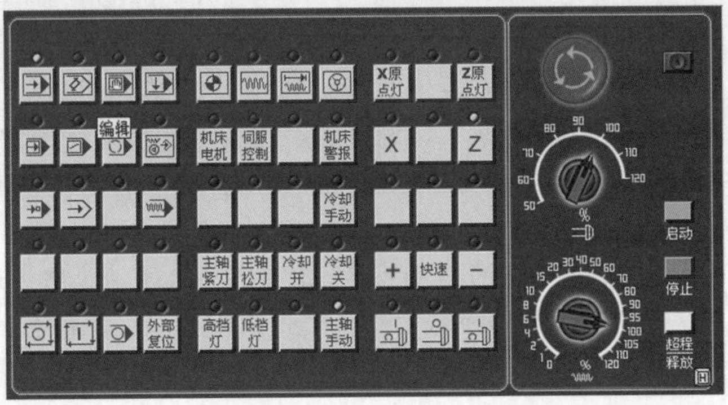

图 1-3-8 FANUC 0i T 数控车床的操作面板

NENGLI PINGTAI

能力平台

遵章守纪提示:学习《数控车床行业安全生产投入及法律法规制定》。

1 操作数控仿真车床

为减少失误,一般加工前先要在仿真数控机床上完成加工,正确无误后再在真实机床上加工。

(1)启动软件

①启动加密锁管理程序

单击"开始"→"程序"→"数控加工仿真系统"→"加密锁管理程序",启动加密锁程序,屏幕右下方的工具栏中将出现"▣"图标。

②运行数控加工仿真系统

- 单击"开始"→"程序"→"数控加工仿真系统"→"数控加工仿真系统",系统将弹出"用户登录"界面。
- 单击"快速登录"按钮进入数控加工仿真系统的操作界面或输入用户名和密码,再单击"登录"按钮,进入数控加工仿真系统。

(2)设置参数

①认识窗口

● 设置参数前，必须了解仿真软件的工作窗口。工作窗口分为标题栏区、菜单区、工具栏区、机床显示区、机床操作面板区和数控系统操作区。工具栏如图 1-3-9 所示。

图 1-3-9　工具栏

②系统设置

在使用仿真系统前必须根据机床实际情况进行系统设置，如回零参考点是选在卡盘底面中心还是选在回零参考点，整数是否要加小数点等。

③视图选项

在仿真软件操作过程中，可以通过工具栏上的“选项”按钮，进行仿真加速倍率、机床显示和开/关、零件显示方式等选项设置。

(3)选择机床

单击“选择机床”按钮，弹出“选择机床”界面，选中 FANUC 0i 数控系统，机床类型为车床，生产厂家为云南机床厂。单击“确定”按钮后弹出机床界面。

(4)定义毛坯

单击“定义毛坯”按钮，弹出“定义毛坯”界面，根据实际零件定义毛坯的名称、材料、直径等。

(5)装夹工件毛坯

单击“放置零件”按钮，弹出 “选择零件”界面，选择前面定义过的毛坯；在确定后则弹出“调整”窗口，可以左右调整工件的位置或进行翻转等操作；如不需要调整，直接单击“退出”按钮，机床装夹零件完成。

(6)安装刀具

单击“选择刀具”按钮，弹出“刀具选择”界面，根据实际加工需要选择相应的刀架号、刀片和刀柄，如图 1-3-10(a)所示。确定后机床刀架则显示如图 1-3-10(b)所示刀具情况。

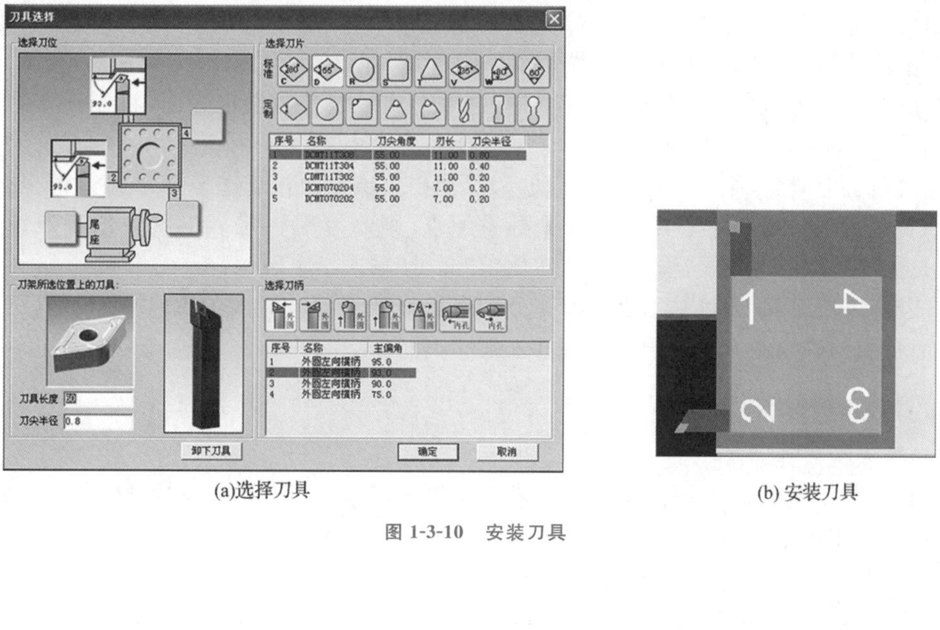

(a)选择刀具　　(b) 安装刀具

图 1-3-10　安装刀具

2 对刀与工件坐标系的建立

数控程序一般按工件坐标系编程，对刀的过程就是建立工件坐标系与机床坐标系之间关系的过程。对刀可采用试切法对刀或采用机外对刀仪对刀。下面将工件右端面中心点设为工件坐标系原点，如图 1-3-11 所示。

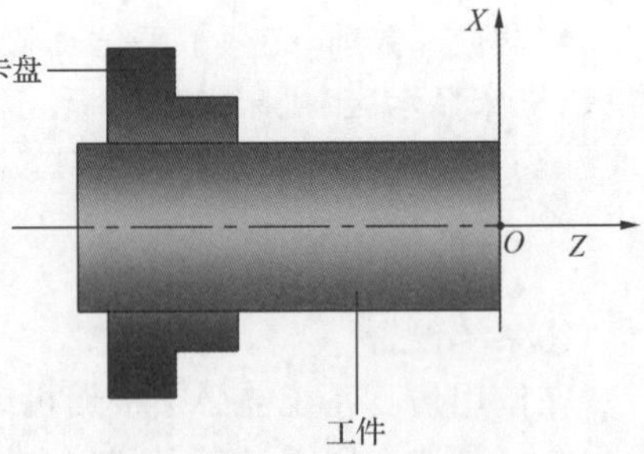

图 1-3-11　车削零件的工件坐标系原点

(1)G54～G59 设置工件坐标系

①用外圆车刀先试切一外圆，按 OFSET SET→ ◄ →[坐标系]，如选择 G54，输入“Xα”（α 为工件试切直径）、Z0，按[测量]工件零点坐标即存入 G54，程序直接调用如：G54 X60 Z50……如图 1-3-12 所示。

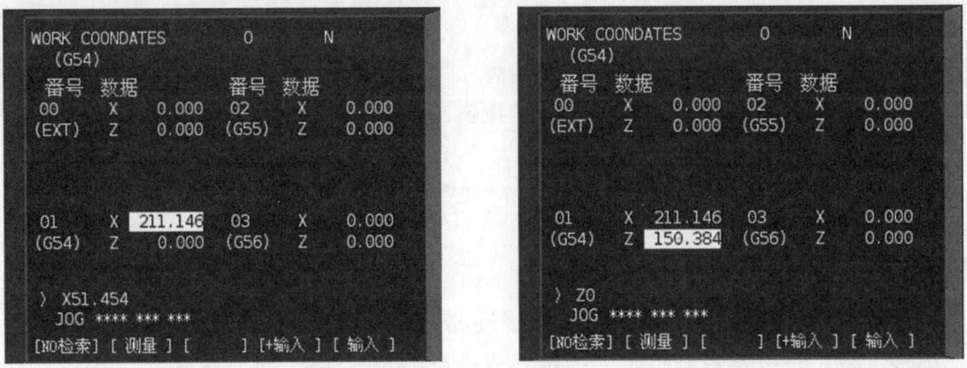

(a)　(b)

图 1-3-12　FANUC 0i Mate T 工件坐标系页面

②可用 G53 指令清除 G54～G59 工件坐标系。

(2)用试切法零点偏移设置工件零点

①机床进入“JOG”工作模式，即手动操作模式。

②用所选刀具试切工件外圆，保持 X 轴方向不动，刀具退出。单击“主轴停止”按钮，使主轴停止转动，单击菜单“测量/剖面图测量”，得到试切后的工件直径，记为 α。

③单击 MDI 键盘上的 OFSET SET 键，进入形状补偿参数设定界面，将光标移到相应的位置，输入“Xα”，按软键“测量”输入。

④试切工件端面，保持 Z 轴方向不动，刀具退出读出端面在工件坐标系中 Z 的坐标值，记为 β（此处以工件端面中心点为工件坐标系原点，则 β 为 0）。进入形状补偿参数设定界面，将光标移到相应的位置，输入“Zβ”，按软键“测量”输入指定区域。

⑤若有多把刀加工，可采用上述方法分别进行试切对刀。后面的刀具可以不真正切削工件，而是用精确控制方法接触一下工件外圆和端面。

3 程序的编辑与校验

(1)导入数控程序

①数控程序可以通过记事本或写字板等编辑软件输入并保存为文本格式（*.txt）文件，也可直接用系统的 MDI 键盘输入。

②单击数控操作面板上的模式开关，把模式置于编辑状态“PROG”，单击 MDI 键盘上的“EDIT”，CRT 界面转入编辑页面。再按软键“操作”，在弹出的下级子菜单中单击软键▶，单击软键“READ”，弹出如图 1-3-13 所示界面。

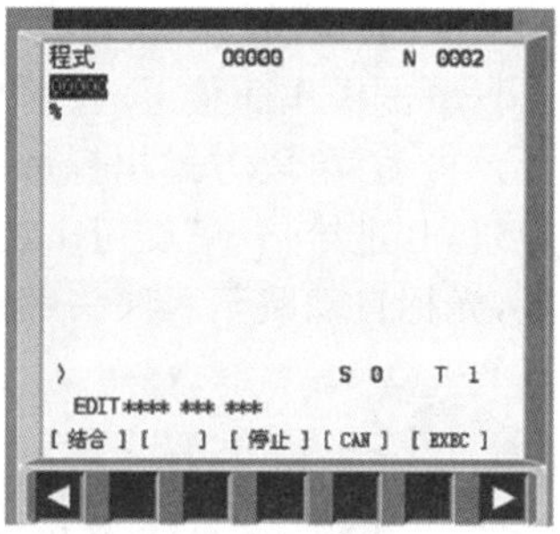

图 1-3-13 导入数控程序

③单击 MDI 键盘上的数字/字母键，输入“O×”(×为任意不超过 4 位的数字)，按软键“EXEC”；单击菜单“机床/DNC 传送”，在弹出的“选择程序”对话框中选择所需的 NC 程序，单击“打开”按钮，则数控程序被导入并显示在 CRT 界面上。

(2)建立新程序

①单击数控操作面板上的模式开关，使模式处于 EDIT 编辑状态，单击 MDI 键盘上的“PROG”，CRT 界面转入编辑页面。按软键“LIB”，现有的数控程序名列表显示在 CRT 界面上。

②如果采用系统的 MDI 面板输入程序，首先要新建一个程序，单击 MDI 键盘上的数字/字母键，输入“O×”(×为任意不超过 4 位的数字)，然后用键盘或鼠标输入对应的字母和数字，单击“INSET”键则新程序建立，CRT 界面上将显示一个空程序，可以通过 MDI 键盘开始程序输入。

(3)编辑数控程序

①在编辑状态下，选定了一个数控程序后，此程序将显示在 CRT 界面上，可对数控程序进行编辑操作。输入一段代码后，单击“INSERT”键则数据输入域中的内容将显示在 CRT 界面上，用回车换行键 EOB E 结束一行的输入后换行。

②移动光标：单击 ↑PAGE 和 ↓PAGE 键翻页，按方向键 ↑ ↓ ← → 移动光标。

③插入字符：先将光标移到所需位置，单击 MDI 键盘上的数字/字母键，将代码输入输入域中，单击“INSERT”键，把输入域的内容插入光标所在代码后面。

④删除输入域中的数据：单击“CAN”键删除输入域中的数据。

⑤删除字符：先将光标移到所需删除字符的位置，单击“DELETE”键，删除光标所在的代码。

⑥替换：先将光标移到所需替换字符的位置，将替换成的字符通过 MDI 键盘输入输入域中，单击“ALTER”键，把输入域的内容替代光标所在处的代码。

(4)保存数控程序

编辑好的数控程序可以导出并保存为一个文件以便于管理。此时已进入编辑状态，单击软键“操作”，在下级子菜单中单击软键“Punch”，在弹出的对话框中输入文件名，选择文件类型和保存路径，单击“保存”按钮。

4 自动加工

(1)自动/连续方式

首先检查机床是否回零，若未回零，先将机床回零；导入数控程序或自行编写一段程序结束后，在操作面板中的机床操作模式选择旋钮，使其指向(AUTO)，系统进入自动运行控制方式；单击操作面板上的“循环启动”按钮，程序开始执行。数控程序在运行过程中可根据需要暂停和重新运行。数控程序在运行时，单击“循环暂停”按钮，程序停止执行，单击“循环启动”按钮，程序从暂停位置开始执行。

(2)自动/单段方式

单击操作面板上的“单节”按钮 SBK,单击操作面板上的“循环启动”按钮,程序开始执行。自动/单段方式执行每一行程序均需单击一次“循环启动”按钮。可以通过“主轴倍率”旋钮和“进给倍率”旋钮来调节主轴转速和机床移动的速度。单击“RESET”键可将程序重置,光标自动跳至程序头部。

RENWU SHISHI 任务实施

遵循标准提示:学习《数控车工国家职业标准》、《数控车铣加工标准》(1+X 证书)。

1 加工前的准备工作

(1)选择机床:根据零件的加工特点,选择 FANUC 0i 系统、数控车床、平床身前置刀架。

(2)定义毛坯:根据工件的尺寸,定义毛坯长度为 150 mm,直径为 60 mm 的棒料。

(3)装夹工件:把毛坯棒料放置在数控车床三爪卡盘之间,夹紧卡盘。

数控机床加工前的准备

(4)安装刀具:根据加工方案选择相应刀具:菱形车刀 T01 用于粗车外圆各表面;菱形车刀 T02 用于精车外圆各表面。

各项准备工作完成,如图 1-3-14 示。

2 数控仿真加工

(1)开机,启动数控系统,数控机床回零,如图 1-3-15 所示。

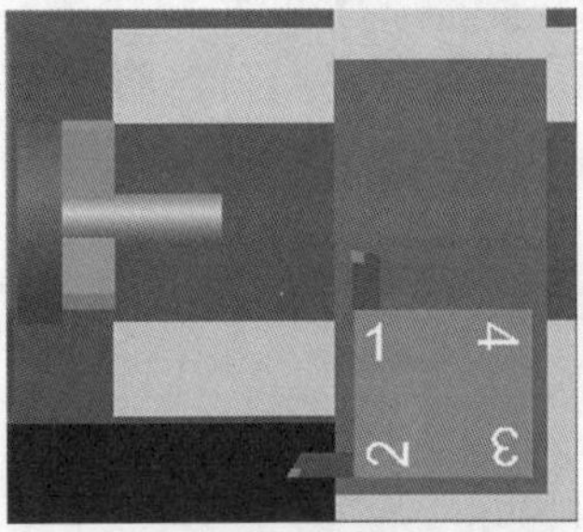

图 1-3-14　加工前的准备工作

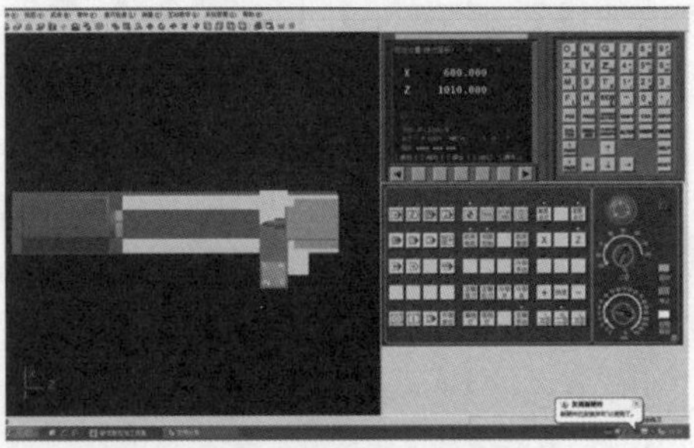

图 1-3-15　数控机床回零

(2)对刀,设置编程原点(又称为工件坐标系原点),如图 1-3-16 所示。

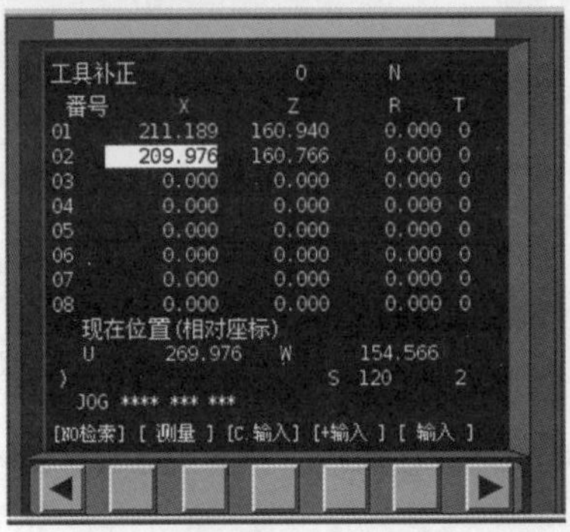

图 1-3-16　对刀

数控车床对刀

(3)输入程序,并校验修改,如图 1-3-17 所示。

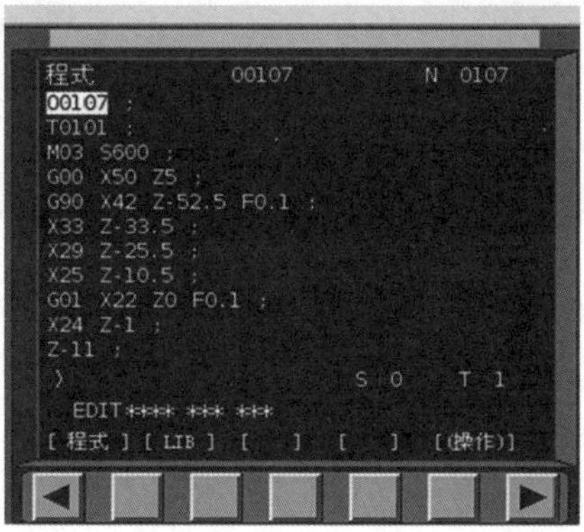

图 1-3-17 编程

阶梯轴程序输入
(发那科)

(4)首件试切,完成加工。如图 1-3-18 所示。

加工好的阶梯轴零件如图 1-3-19 所示。

阶梯轴仿真加工
(发那科)

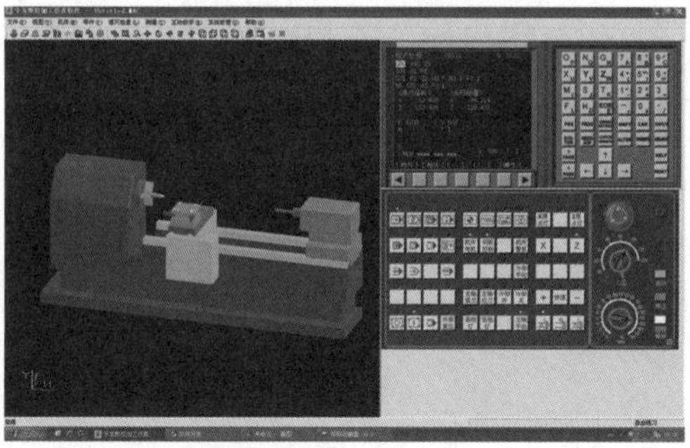

图 1-3-18 加工工件

图 1-3-19 加工好的阶梯轴零件

ZHISHI TUOZHAN 知识拓展

1 SIEMENS 802D 系统操作面板的认识

(1)系统操作面板与各键功能

SIEMENS 802D 系统的操作面板如图 1-3-20 所示。具体操作面板与各键功能参照操作手册。

(2)SIEMENS 802D 车床的操作面板

机床操作面板分为立式和卧式两种,如图 1-3-21 所示为立式操作面板,卧式面板按键的图标与其相同。机床操作面板位于窗口的右下侧,主要用于控制机床的运动和选择机床运行状态,由模式选择按钮、数控程序运行控制开关等多个部分组成,如置光标于键上,可单击鼠标左键,选择模式。

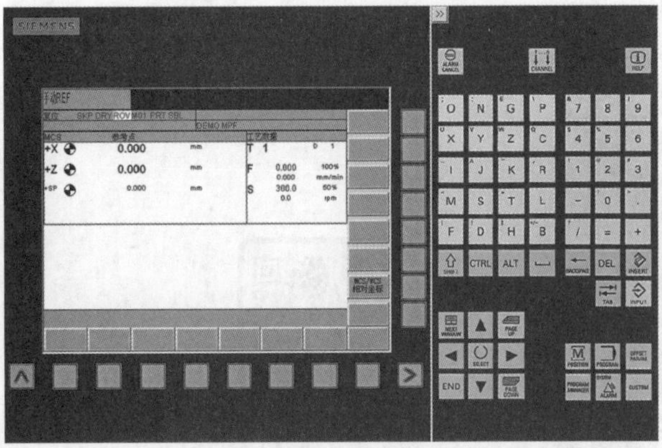

图 1-3-20　SIEMENS 802D 系统的操作面板

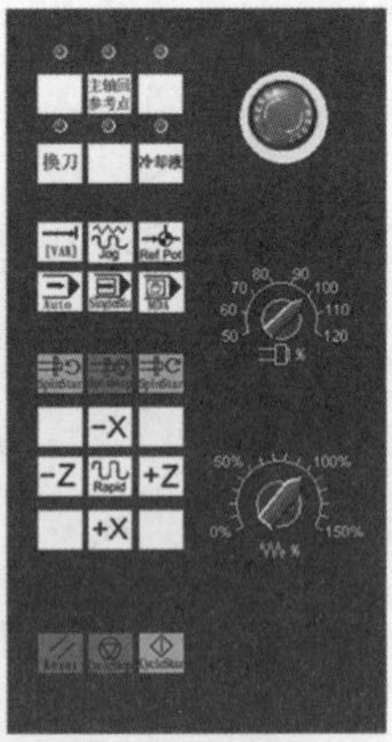

1-3-21　SIEMENS 802D 的立式操作面板

①输入/修改零点偏置值

功能：首先根据工件图纸确定程序原点，编辑程序。在手动模式下，用芯棒测量工件的原点，把工件原点的机床坐标值输入选择的工件坐标系 G54～G59。

②计算零点偏置值

在“JOG”模式下完成操作步骤：

- 单击 MDI 键盘上的“参数操作区域”键“OFF para”，切换到参数区。
- 单击“X”或“Z”选择轴向，单击软键“测量工件”，显示屏幕如图 1-3-22 所示，出现对话框用于测量零点偏置。
- 单击软键“计算”，工件零点偏置被存储；单击中断键“中断”退出窗口。

2 刀具安装与对刀操作

(1)输入刀具参数及刀具补偿参数

功能：刀具参数包括刀具几何参数、磨损量参数和刀具型号参数。

操作步骤如下：

①单击“OFFSET PARAM”→“刀具表”后，弹出刀具补偿参数窗口，如图 1-3-23 所示，显示所用的刀具清单。

②可通过光标键和翻页键选择所要的刀具。

③输入补偿参数：移动光标选择参数或直接输入数值。

④单击输入键“INPUT”确认，对于一些特殊刀具可以使用“扩展”键输入参数。

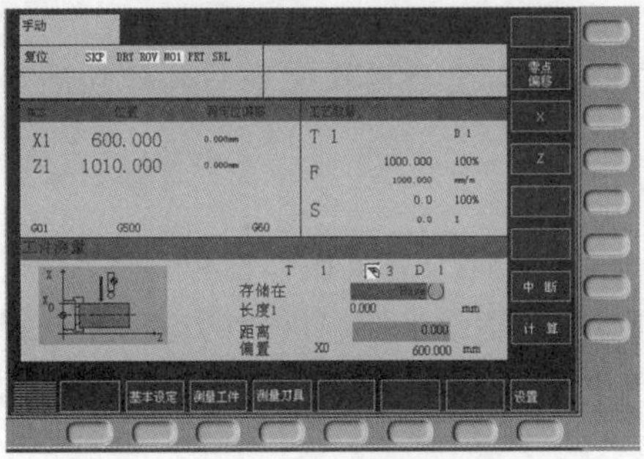

图 1-3-22　“X”轴零点偏置

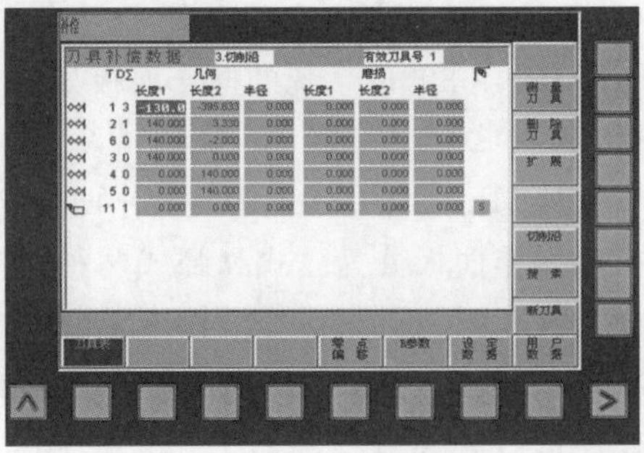

图 1-3-23　刀具清单

(2)建立新刀具

建立新刀具的操作步骤如下：

①单击“OFFSET PARAM”→“新刀具”，该功能下有两个菜单供使用，分别用于选择刀具类型，填入相应的刀具号，单击“确认”按钮。

②单击“确认”键，确认输入，在刀具清单中自动生成新刀具。

(3)确定刀具补偿(手动)

功能：利用此功能可以计算刀具未知的几何长度。

前提条件：换刀，在“JOG”方式下移动该刀具，使刀尖到达一个已知坐标值的机床位置或试切零件使刀具到工件表面。

操作步骤如下：

①单击“OFFSET PARAM”→“测量刀具”，弹出手动测量界面。

②单击“手动测量”键，弹出测量界面。

③试切工件外圆和端面，测量长度 1 和长度 2。

④单击“长度 1”，单击“存储位置”，输入测量直径，单击“设置长度 1”将直径偏移值存入。如图 1-3-24(a) 所示。

⑤单击“长度 2”输入“Z0”，单击“设置长度 2”将长度偏移值存入。如图 1-3-24(b)所示。

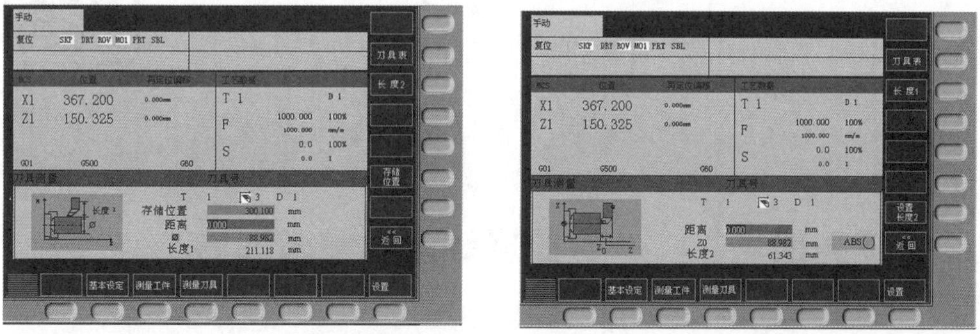

(a)输入“长度 1”偏移值　　(b)输入“长度 2”偏移值

图 1-3-24　输放偏移值

3 程序的操作

(1)输入新程序

功能：用 SIEMENS 802D 系统内部的编辑器直接输入程序。

操作步骤如下：

①在系统面板上单击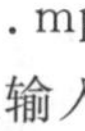，弹出程序管理界面。

②单击“新程序”键，在弹出的对话框中输入新的程序名称，在名称后输入扩展名(.mpf 或 .spf)，默认为 *.mpf 文件。

③单击“确认”键确认输入，弹出零件程序编辑界面，即可对新程序进行编辑。

④单击“中断”键，将关闭此对话框并到程序管理主界面。

注意：新程序名称开始的两个符号必须为字母，其后的符号可以使用字母、数字或下划线，最多为 16 个字符，不得使用分隔符。

(2)零件程序的编辑

功能:零件程序不处于执行状态时,可以进行编辑。

操作步骤如下:

①在程序管理主界面,单击 PM ,选择一个程序,单击软健"打开"或"INPUT",弹出如图 1-3-25 所示的程序编辑主界面,编辑选中的程序。在其他主界面上,单击 MDI 键盘上的"PROGRAM",也可进入编辑主界面,其中程序为以前载入的程序。

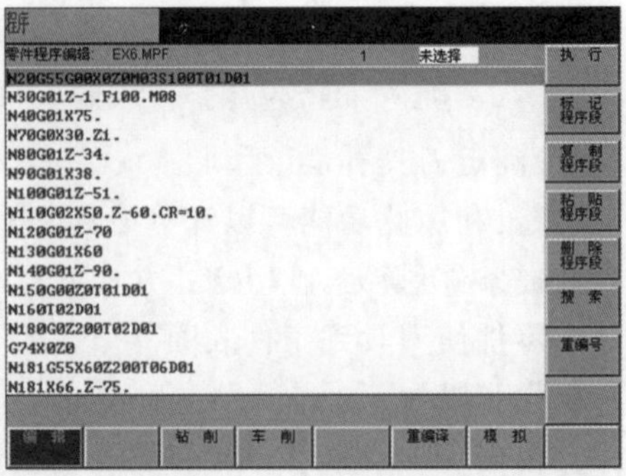

图 1-3-25 程序编辑主界面

②输入程序,程序立即被存储。

③单击软键"执行"来选择当前编辑程序为运行程序。

④单击软键"标记程序段",开始标记程序段,单击"复制程序段"或"删除程序段"或输入新的字符时将取消标记。

⑤单击软键"复制程序段",将当前选中的一段程序拷贝到剪切板。

⑥单击软键"粘贴程序段",将当前剪切板上的文本粘贴到当前的光标位置。

⑦单击软键"删除程序段",可以删除当前选择的程序段。

⑧单击软键"重编号"将重新编排行号。

阶梯轴仿真加工(西门子)

注意:若编辑的程序是当前正在执行的程序,则不能输入任何字符。

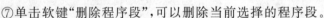

任务四 阶梯轴的测量与评估

学习目标

1. 掌握千分尺的类型、读数方法、使用方法及测量步骤。
2. 掌握使用游标卡尺、外径千分尺的注意事项及维护方法。
3. 掌握切削三要素的合理选用原则。
4. 掌握工件装夹方法的合理选择。

能力目标

1. 能正确使用量具测量零件的外径、内径及长度。
2. 能根据零件要求选用测量器具。
3. 能合理选择工件装夹的方法。
4. 会利用合理的切削三要素控制加工质量。

RENWU DAORU 任务导入

现需生产如图 1-1-1 所示阶梯轴零件 1 件，试完成该零件的测量和质量控制任务。

ZHISHI PINGTAI 知识平台

世界上最早的尺

1 游标卡尺

认识游标卡尺

游标卡尺是一种测量长度、内(外)径、深度的量具，如图 1-4-1 所示。游标卡尺由主尺(尺身)和附在主尺上能滑动的游标两部分构成。主尺一般以 mm 为单位，而游标上则有 10、20 或 50 个分格，根据分格的不同，游标卡尺可分为十分度游标卡尺、二十分度游标卡尺、五十分度游标卡尺等。游标卡尺的主尺和游标上有两副活动测量爪，分别是内测量爪和外测量爪，内测量爪通常用来测量内径，外测量爪通常用来测量长度和外径，如图 1-4-2 所示。

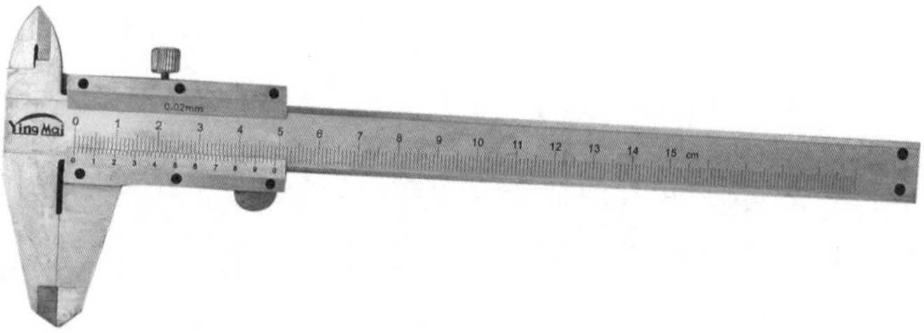

图 1-4-1 游标卡尺

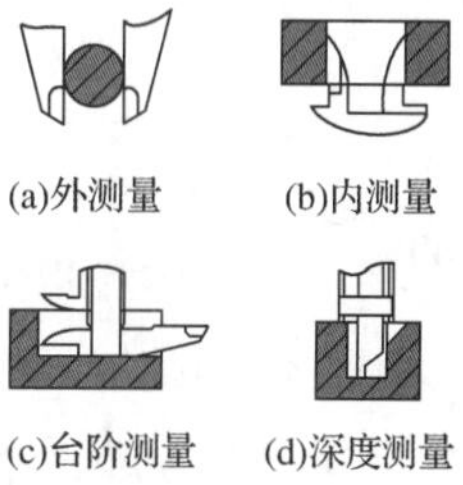

图 1-4-2 游标卡尺的测量范围

(1)游标卡尺的工作原理

游标原理是法国人 P. 韦尼埃于 1631 年提出的。游标卡尺是工业上常用的测量长度的仪器，其结构如图 1-4-3 所示。若从背面看，游标是一个整体。游标与尺身之间有一弹簧片(图 1-4-3 中未画出)，利用弹簧片的弹力使游标与尺身靠紧。游标上部有一锁定旋钮，可将游标固定在尺身上的任意位置。尺身和游标都有测量爪，利用内测量爪可以测量槽的宽度和孔的内径，利用外测量爪可以测量零件的厚度和孔的外径。深度尺与游标连在一起，可以测量槽和筒的深度。

主尺上的线距为 1 mm，游标上有 10 格，其线距为 0.9 mm。当两者的零刻线相重合时，若游标移动 0.1 mm，则它的第 1 根刻线与主尺的第 1 根刻线重合；若游标移动 0.2 mm，则它的第 2 根刻线与主尺的第 2 根刻线重合。以此类推，可从游标与主尺上刻线重合处读出量值的小数部分。如图 1-4-4(a)所示，主尺与游标线距的差值 0.1 mm 就是游标卡尺的最小读数值。同理，若它们的线距的差值为 0.05 mm 或 0.02 mm(游标尺上分别有 20 格或 50 格)，则其最小读数值分别为 0.05 mm 或 0.02 mm。

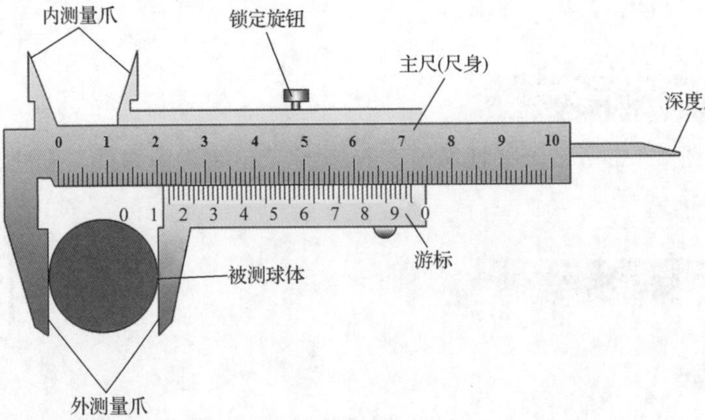

图 1-4-3　游标卡尺的结构

(2)游标卡尺的读数

游标卡尺的读数如图 1-4-4(b)所示。以精度为 0.02 mm 的精密游标卡尺为例，其读数方法可分三步：

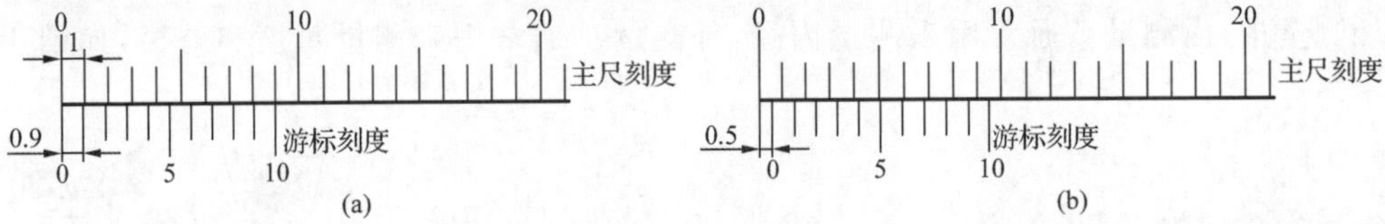

图 1-4-4　游标卡尺的读数原理

①根据游标零线以左的主尺上的最近刻度读出整毫米数。

②根据游标零线以右与主尺上的刻度对准的刻线数乘以 0.02 读出小数毫米数。

③将上面的整数和小数两部分加起来，即总尺寸。

(3)卡尺的分类

常见卡尺的分为普通游标卡尺、带表游标卡尺、电子数显游标卡尺三种。

(4)游标卡尺使用时的注意事项

游标卡尺是比较精密的量具，使用时应注意如下事项：

①测量前应把游标卡尺揩干净，检查游标卡尺的两个测量面和测量刃口是否平直无损，把两个测量爪紧密贴合时，应无明显的间隙，同时游标和主尺的零位刻线要相互对准。这个过程称为校对游标卡尺的零位。

②移动游标时，活动要自如，不应过松或过紧，更不能有晃动现象。用锁定旋钮固定游标时，游标卡尺的读数不应有所改变。在移动游标时，不要忘记松开锁定旋钮，亦不宜过松以免其掉落。

③当测量零件的外尺寸时：游标卡尺两测量面的连线应垂直于被测量表面，不能歪斜。测量时，可以轻轻摇动游标卡尺，放正垂直位置，如图 1-4-5(a)所示。否则，测量爪若在如图 1-4-5(b)所示的错误位置上，将使测量结果 a 比实际尺寸 b 要大。先把游标卡尺的活动测量爪张开，使其能自由地卡进工件，把零件贴靠在固定测量爪上，然后移动游标，用轻微的压力使活动测量爪接触零件。如游标卡尺带有微动装置，此时可拧紧微动装置上的固定螺钉，再转动调节螺母，使测量爪接触零件并读取尺寸。绝不可把卡尺的两个测量爪调节到接

近甚至小于所测尺寸，把游标卡尺强行移到零件上去。这样做会使测量爪变形，或使测量面过早磨损，使游标卡尺失去应有的精度。

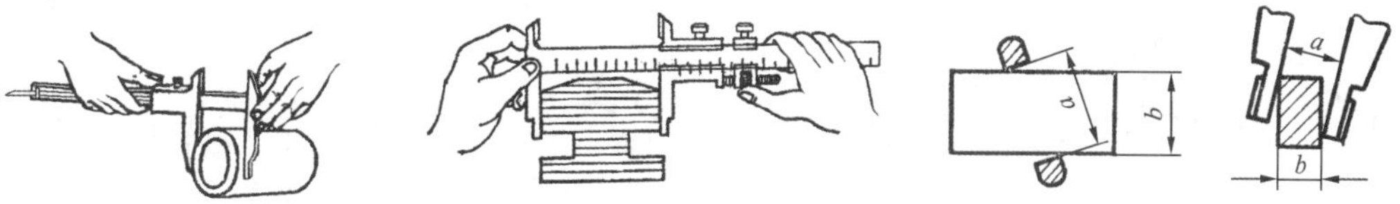

(a) 正确　　　　(b) 错误

图 1-4-5　测量外尺寸时正确与错误的位置

测量沟槽时，应使用测量爪的平面测量刃进行测量，尽量避免用端部测量刃和刃口形测量爪去测量外尺寸。而对于圆弧形沟槽尺寸，则应使用刃口形测量爪进行测量，不应使用平面形测量爪进行测量，如图 1-4-6 所示。

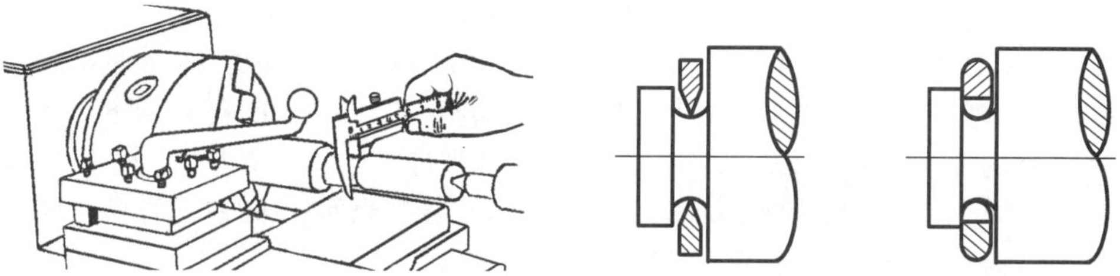

(a) 测量　　　　(b) 正确　　　　(c) 错误

图 1-4-6　测量沟槽时正确与错误的位置

测量沟槽宽度时，也要放正游标卡尺的位置，应使游标卡尺两测量爪的连线垂直于沟槽，不能歪斜，如图 1-4-7(a)所示；否则，量爪若在如图 1-4-7(b)所示的错误的位置上，也将使测量结果不准确(可能大也可能小)。

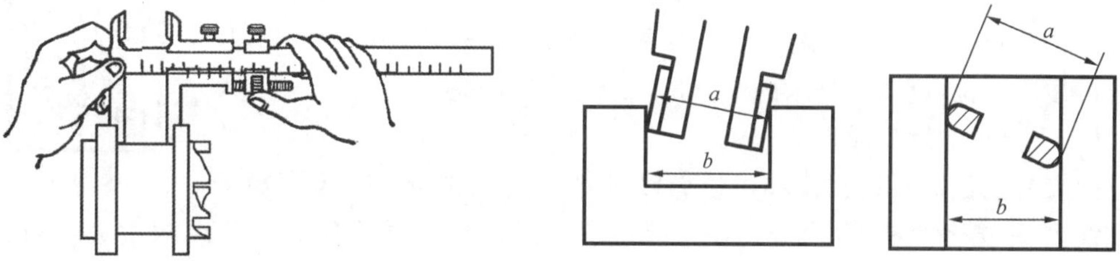

(a) 正确　　　　(b) 错误

图 1-4-7　测量沟槽宽度时正确与错误的位置

④如图 1-4-8 所示，当测量零件的内尺寸时，要使测量爪分开的距离小于所测内尺寸，进入零件内孔后，再慢慢张开并轻轻接触零件内表面，用锁定旋钮固定游标后，轻轻取出游标卡尺来读数。取出测量爪时，用力要均匀，并使游标卡尺沿着孔的中心线方向滑出，不可歪斜，以免使测量爪扭伤、变形和受到不必要的磨损，同时会使游标移动，影响测量精度。

测量时，两测量爪应在孔的直径上，不能偏歪。图 1-4-9 所示为带有刃口形测量爪和带有圆柱面形测量爪的游标卡尺，在测量内孔时正确的和错误的位置。当测量爪在错误的位置时，其测量结果 a 比实际孔径 D 小。

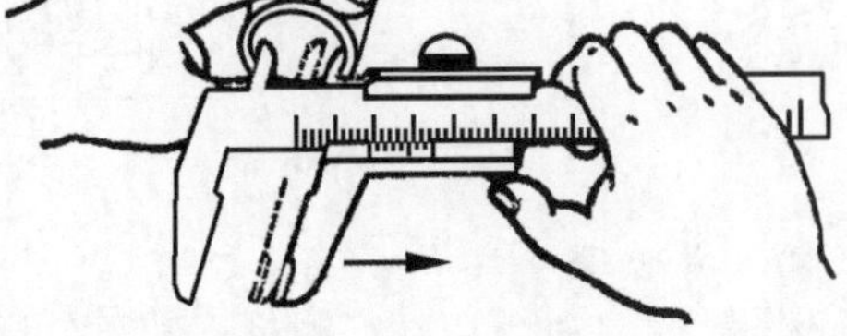

图 1-4-8　内孔的测量方法

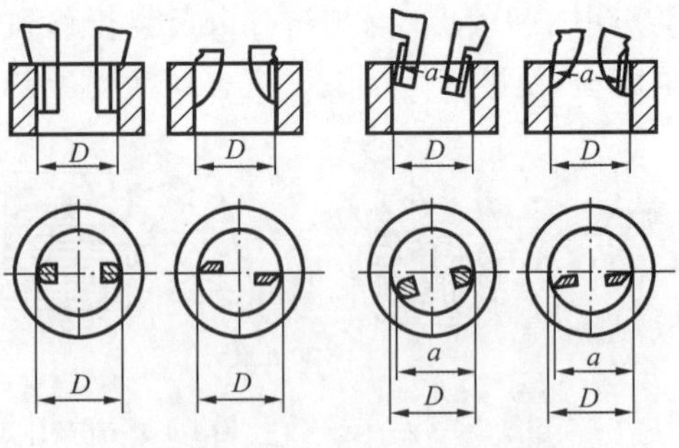

(a) 正确　(b) 错误

图 1-4-9 测量内孔时正确与错误的位置

⑤测量范围在 500 mm 以下的游标卡尺，测量爪厚度一般为 10 mm。但当测量爪磨损和修理后，其厚度就要小于 10 mm，读数时这个修正值也要考虑进去。

⑥用游标卡尺测量零件时，不允许过分地施加压力，所用压力应使两个测量爪刚好接触零件表面。测量压力过大，不但会使测量爪弯曲或磨损，且测量爪在压力作用下产生弹性变形，使测量得的尺寸不准确(外尺寸小于实际尺寸，内尺寸大于实际尺寸)。

在游标卡尺上读数时，应把游标卡尺水平拿着，朝着亮光的方向，使人的视线尽可能和游标卡尺的刻线表面垂直，以免由于视线的歪斜造成读数误差。

⑦为了获得正确的测量结果，可以多测量几次。即在零件同一截面上的不同方向进行测量。对于较长的零件，则应在全长的各个部位进行测量，以便获得一个比较正确的测量结果。

2 螺旋测微仪

螺旋测微仪又称百分尺、螺旋测微器、分厘卡，是一种利用螺旋传动原理制成的测量长度尺寸的精密量具。因螺旋测微仪可精确到 0.01 mm，且还能再估读一位，可读到毫米的千分位，故也称为千分尺。

螺旋测微仪

(1)千分尺的测量原理

读数装置包括固定套管和可以转动的微分筒两部分。固定套筒上纵刻线上、下方各刻有 25 个分度，一方刻度每隔 5 mm 刻线处有一个数字，表示毫米刻度的顺序，另一方是半毫米的刻度。微分筒的棱边作为整毫米的读数指示线。微分筒的圆周斜面上有 50 个等分分度。由于测微螺杆的螺距为 0.5 mm，因此微分筒旋转一周；测微螺杆则移动 0.5 mm，微分筒旋转一个分度(1/50 转)，测微螺杆则移动 0.01 mm，因此微分筒上刻度的分度为 0.01 mm。固定套筒上的纵刻线作为不足半毫米的小数部分的读数指示线。

(2)千分尺的分类

千分尺按用途可分为外测千分尺、内测千分尺、内径千分尺、测深千分尺、公法线千分尺、螺纹千分尺、杠杆千分尺和代表千分尺等。各种千分尺虽然用途和形状不一样，但其测量原理和基本结构大致相同。

(3)千分尺的组成

千分尺配有由微分杆和微分螺母组成的传动机构，具体由小砧、测微螺杆、固定刻度、可动刻度、旋钮、微调旋钮、框架等部分组成，如图 1-4-10 所示。

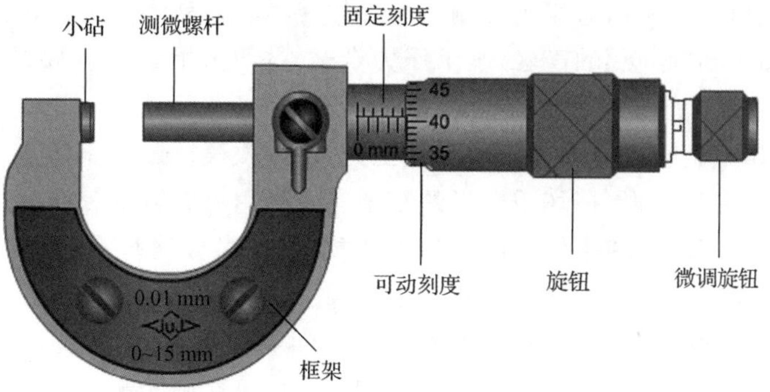

图 1-4-10　螺旋测微仪

(4)千分尺的使用

测量时,当小砧和测微螺杆并拢时,可动刻度的零点应恰好与固定刻度的零点重合,旋出测微螺杆,并使小砧和测微螺杆的面正好接触待测长度的两端,那么测微螺杆向右移动的距离就是所测的长度。这个距离的整毫米数由固定刻度上读出,小数部分则由可动刻度读出。

(5)千分尺的对零和读数

千分尺在读数以前,必须对好零位,才能方便地得到正确的测量结果。对零方法随测微螺杆与微分筒的连接方式而不同。

(6)千分尺的读数步骤

①对好零位,即当千分尺测量面良好接触后,微分筒棱边对准固定套管零刻线,固定套管上的纵刻线对准微分筒上的零刻线。

②利用测力装置使两测量面与工件接触。

③从固定套管上露出的刻度线读出被测尺寸的毫米整数和半毫米数,再从微分筒上由固定套管纵刻线所对准的刻度线读出被测尺寸的小数部分(百分之几毫米)。不足一个的数,即千分之几毫米用估读法确定。

④将整数和小数部分相加,即得测得的工件尺寸。

(7)千分尺的使用方法

千分尺使用得是否正确,对保持精密量具的精度和保证产品质量的影响很大,指导人员和实习的学生必须重视量具的正确使用,使测量技术精益求精,以便获得正确的测量结果,确保产品质量。

使用千分尺测量零件尺寸时,必须注意如下事项:

①使用前,应把千分尺的两个小砧表面揩干净,转动测力装置,使两个小砧表面接触(当测量上限大于 25 mm 时,在两个小砧表面之间放入校对量杆或相应尺寸的量块),接触面上应没有间隙和漏光现象,同时微分筒和固定套筒要对准零位。

②转动测力装置时,微分筒应能自由灵活地沿着固定套筒活动,没有任何轧卡和不灵活的现象。如有活动不灵活的现象,应送计量站及时检修。

③测量前,应把零件的被测量表面揩干净,以免有脏物存在时影响测量精度。绝对不允许用千分尺测量带有研磨剂的表面,以免损伤小砧表面,影响其精度。用千分尺测量表面粗糙的零件亦是错误的,这样易使小砧表面过早磨损。

④用千分尺测量零件时，应当手握测力装置的转帽来转动测微螺杆，使小砧表面保持标准的测量压力，即听到“嘎嘎”的声音，表示压力合适，并可开始读数。要避免因测量压力不等而产生测量误差。

绝对不允许用力旋转微分筒来增大测量压力，使测微螺杆过分压紧零件表面，致使精密螺纹因受力过大而发生变形，损坏千分尺的精度。有时用力旋转微分筒后，虽因微分筒与测微螺杆间的连接不牢固，对精密螺纹的损坏不严重，但是微分筒打滑后，千分尺的零位偏移了，就会造成质量事故。

⑤使用千分尺测量零件时，要使测微螺杆与零件被测量的尺寸方向一致。如测量外径时，测微螺杆要与零件的轴线垂直，不要歪斜。测量时，可在旋转测力装置的同时，轻轻地晃动尺架，使小砧表面与零件表面接触良好。

⑥用千分尺测量零件时，最好在零件上进行读数，放松后取出千分尺，这样可减少测砧面的磨损。如果必须取下读数，应用制动器锁紧测微螺杆后，再轻轻滑出零件。把千分尺当卡规使用是错误的，因这样做不但易使小砧表面过早磨损，甚至会使测微螺杆或尺架发生变形而失去精度。

⑦在读取千分尺上的测量数值时，要特别留心不要读错 0.5 mm。

⑧为了获得正确的测量结果，可在同一位置上再测量一次。尤其是测量圆柱形零件时，应在同一圆周的不同方向测量几次，检查零件外圆有没有圆度误差，再在全长的各个部位测量几次，检查零件外圆有没有圆柱度误差等。

⑨用单手使用外径千分尺时，如图 1-4-11(a)所示，可用大拇指和食指或中指捏住活动套筒，小指勾住尺架并压向手掌上，大拇指和食指转动测力装置就可测量。

用双手测量时，可按图 1-4-11(b)所示的方法进行。

值得提出的是几种使用外径百分尺的错误方法，例如用千分尺测量旋转运动中的工件，很容易使千分尺磨损，而且测量也不准确；又如贪图快一点得出读数，握着微分筒来回转，如图 1-4-12 所示等，这同碰撞一样，也会破坏千分尺的内部结构。

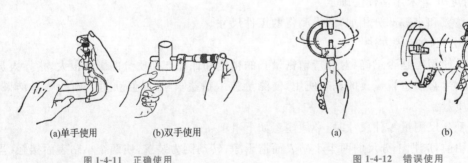

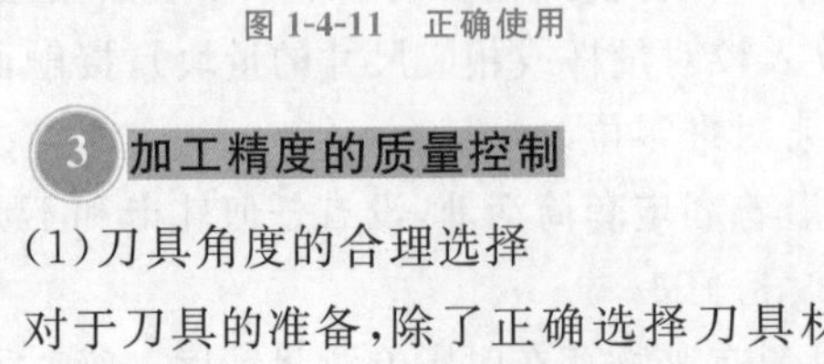

(a)单手使用　　(b)双手使用

图 1-4-11　正确使用

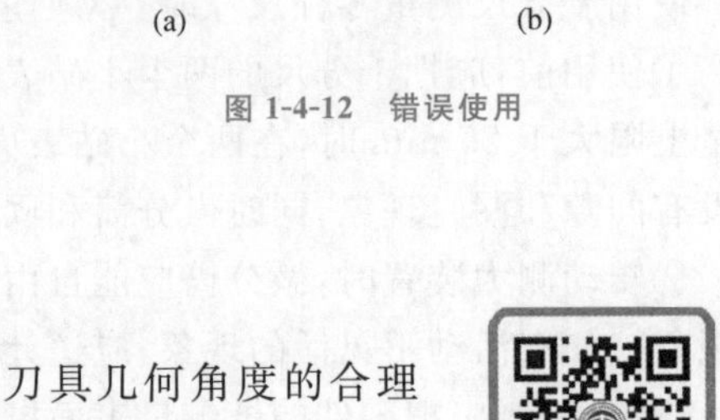

(a)　　(b)

图 1-4-12　错误使用

3 加工精度的质量控制

(1)刀具角度的合理选择

对于刀具的准备，除了正确选择刀具材料外，刀具几何角度的合理选择以及刀尖过渡形状的合理运用对提高加工质量十分重要。车刀的几何角度有主偏角、刀尖角、副偏角、刃倾角、前角、后角和副后角。主偏

加工精度质量控制

角影响刀尖强度和切削层断面形状，车削细长轴、薄壁套零件时，为了防止径向切削分力造成工件弯曲变形，主偏角应取大些（如 90°）；端面、台阶面车刀的主偏角宜取 93°左右；对于一般工件粗车，当主偏角为 75°时，刀具的强度和散热性能最好。刀尖角在螺纹车刀中是一个主要角度，作为成形刀具其尖角大小直接决定牙型，对于普通螺纹车刀，刃倾角为 10°时，其刀尖角为 59°16′，而刀尖圆弧半径越大的车刀加工出的表面越细化（表面粗糙度越小），刀具前、后角越大，刀具越锋利，表面越细化，但强度越差。

（2）利用合理的切削三要素控制加工质量

切削用量包括背吃刀量、进给速度和切削速度，又称为切削三要素。这三个参数的选择是否合适，将直接影响零件的加工精度和表面粗糙度。

数控车削加工中的切削用量包括背吃刀量 a_p、主轴转速 n 或切削速度 v_c（用于恒线速度切削）、进给速度或进给量 f。切削用量的选择原则是：粗车时要首先考虑选择尽可能大的背吃刀量 a_p。其次选择较大的进给量 f，最后确定一个合适的切削速度 v_c。精车时应选用较小（但不能太小）的背吃刀量 a_p 和进给量 f，同时依据刀具参数尽可能提高切削速度 v_c，以保证加工质量，提高生产率。

NENGLI PINGTAI 能力平台

计量器具的选择

正确、合理地选用计量量具对保证零件、产品质量，提高测量效率和降低费用具有重要意义。一般说来，计量器具的选择主要取决于被测工件的精度要求，在保证精度要求的前提下，也要考虑尺寸大小、结构形状、材料与被测表面的位置、加工的工艺条件、批量、生产方式和生产成本、使用的测量器具的精确度和经济性等因素。因此，选择量具是一个比较复杂的问题，要正确、合理地选用量具，必须根据实际情况进行具体分析。对批量大的工件，多选用专用器具；对单件小批工件，则多选用通用计量器具。

计量器具的选择

下面以保证测量精度为前提，并考虑经济、操作使用方便等问题，介绍一种选择量具的方法。

这种方法是当已知零件的公差时，根据公差与精度系数，计算出量具的测量方法极限误差，再选择量具，即

$$\Delta_{极限} = A\delta \tag{1-4-1}$$

式中 $\Delta_{极限}$——量具的测量方法极限误差。

A——精度系数；

δ——被测零件的公差。

精度系数 A 是经验数值，一般取 $\frac{1}{10} \sim \frac{1}{3}$。对于精度较高的零件，$A$ 取 $\frac{1}{3}$；对于精度较低的零件，A 取 $\frac{1}{10}$；对于一般精度的零件，A 取 $\frac{1}{5}$ 左右；对于特别高精度的零件，A 可取 $\frac{1}{2}$。

这种方法比较简单实用，但也比较粗糙。要想选得准确，就得不断实践，不断总结经验，

找出合适的精度系数值。

【例 1】 检验 $\phi130^{+1.7}_{0}$ mm 的孔

已知孔的公差 $\delta=1.7$ mm。制件较粗糙，取 $A=1/10$，$\Delta_{极限}=A\delta=1/10\times1.7=0.17$ mm。查相应表知 0.05 mm 的游标卡尺 $\Delta_{极限}=0.15$ mm，小于计算值，而且接近于计算值。因此选用它测量该制件比较合适。

【例 2】 检验 $\phi20^{\ 0}_{-0.014}$ mm 的轴

已知公差 $\delta=0.014$ mm，查公差等级表，知此轴为二级精度。精度较高，取 $A=1/3$，则 $\Delta_{极限}=A\delta=1/3\times0.014=0.0047$ mm。

查相应表知刻度值为 0.002 mm 的杠杆千分尺 $\Delta_{极限}=0.004$ mm，小于计算值，而且接近于计算值，因此选用它测量比较合适。

RENWU SHISHI

任务实施

1 零件加工中的测量

根据实际测量结果填写表 1-4-1。

表 1-4-1 阶梯轴测量结果记录单 mm

测量部位	尺寸	测量记录			平均值	测量结果
外径	$\phi24\pm0.03$					
	$\phi30^{-0.05}_{-0.10}$					
	$\phi58^{\ 0}_{-0.12}$					
长度	78					
	40					

2 刀具的合理选择

因阶梯轴的外表面为台阶轴，故车刀主偏角≥90°，主偏角选择 95°，副偏角选择 10°左右，刀尖角选择 80°，刀片形状代号为 W，刀具形式与主偏角代号为 L。

复合夹紧式刀片定位精度高、压紧可靠，一般情况下都选用此类夹紧方式。

精度与表面粗糙度要求中等，选用涂层刀片，刀片精度等级选择 M；工件材料为钢件，为塑性材料，数控加工过程需控制切屑，因此刀面应有断屑槽；为了提高刀片利用率，故选用双面有断屑槽；刀片后角为 0°。

由于粗车与半精车选用同一把刀，因此刀具按半精车选择，刀尖圆弧半径选 $R0.4$ mm，刀片长度为 8 mm、刀片厚度为 4 mm，断屑槽选择 PM。

由于首选机床为平床身平导轨机床，轮廓从右向左加工，因此切削方向为向右；根据机床选择刀尖高度与刀体宽度都为 25 mm；由于零件为轴类零件，各表面尺寸梯度不大，车刀切削外轮廓过程中基本不会与工件发生碰撞，因此根据刀尖高度的 6 倍，选择刀具长度为 150 mm。

根据上述分析，车削外轮廓时，可转位外圆车刀选择 MWLNR2525M08；选择可转位刀片 WNMG080404-PM，刀片牌号为 YBC252。

ZHISHI TUOZHAN

知识拓展

1 刀具材料的合理选择

在切削中，刀具材料一方面受到高压、高温和剧烈的摩擦作用，要求其硬度高、耐磨性和耐热性好；另一方面又要受到压力、冲击和振动，要求其强度与耐磨性较差。

常用的刀具材料有高速钢、硬质合金、陶瓷材料和超硬材料，高速钢的主要优点是易于刃磨且具有良好的强度和韧性，在车削中常用于螺纹车刀。应用普遍的硬质合金有 yg(钨钴类)和 yt(钨钛钴类)两类，其耐热温度为 800～1 000 ℃，比高速钢硬、耐磨、耐热得多，允许的切削速度比高速钢大 3～10 倍。

2 加工工艺的合理安排

工艺分析与工艺处理是对工件进行数控加工的前期准备工作，它必须在数控程序编制前完成，因为工艺方案确定之后，编程才有依据。如果工艺分析不全面，工艺处理不当，将可能造成数控加工的错误，直接影响加工的顺利进行，甚至出现废品。因此数控加工的编程人员首先要把数控加工的工艺问题考虑周全，再进行程序编制。

合理进行数控车削的工艺处理，是提高零件的加工质量和生产率的关键。因此应根据零件图纸对零件进行工艺分析，明确加工内容和技术要求，确定加工方式和加工路线，选择合适的刀具及切削用量等参数。

TONGBU XUNLIAN

同步训练

完成如图 1-5-1 所示零件的数控加工工艺任务。

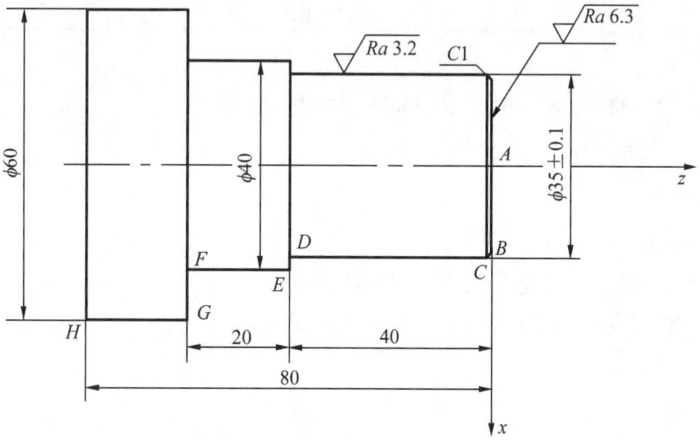

图 1-5-1 阶梯轴零件图

一、编制加工工艺

根据图 1-5-1 所示阶梯轴零件，完成以下问题：

1. 确定毛坯

根据生产类型、零件应用、型材规格，此次加工采用________毛坯，________装夹。

2. 选择定位基准，拟订工艺路线

(1)分析零件加工表面

加工面有：________、________、________、________。

(2)确定零件定位基准

粗基准为________________，精基准为________________。

(3)确定各表面加工方案(表 1-5-1)

表 1-5-1 阶梯轴各表面加工方案

序号	加工表面	精度等级	表面粗糙度要求	加工方案

(4)划分工序

因每月生产 1 000 件零件，属于________生产，故工序分________道工序。

(5)排列工序顺序(表 1-5-2)

表 1-5-2 阶梯轴工序顺序

工序号	工序内容
10	
20	
30	
40	
50	
60	

3. 选择刀具

数控车削阶梯轴所用的车刀的刀片型号是________________，刀杆型号是________________。所用的刀具分别为粗车________，精加工________。

4. 计算切削用量

(1)选择主轴转速

通过查阅相关手册，选择粗车外轮廓切削速度 $v_c=$________ m/min、精车切削速度 $v_c=$________ m/min；根据 $v_c=\pi dn/1\,000$，得出粗车主轴转速为________ r/min，精车主轴转速为________ r/min。

(2)选择进给量

通过查阅相关手册，选择粗车进给量为________ mm/r，选择精车端面进给量为________ mm/r，精车外圆与轮廓进给量为________ mm/r。

(3)选择背吃刀量

________端面总余量为________ mm，粗车 $a_p=$________ mm，精车 $a_p=$________ mm。

二、编制数控加工程序

(1)写出图 1-5-1 中的基点坐标(表 1-5-3)

表 1-5-3　　　　阶梯轴基点坐标

基点	A	B	C	D	E	F	G	H
X		33	35		40		60	
Z	0		−1	−40		−60		−80

(2)编写程序(表 1-5-4)

表 1-5-4　　　　阶梯轴参考程序

程序	说明
O0001	
T(　);	粗车外圆车刀
M03 S(　);	设定转速
G00 X65 Z2;	快速定位起刀点
G1 Z0 F(　);	移到右端面
X−1;	切端面
G00 X65 Z2;	到起刀点
G71 U(　) R(　);	外圆粗车
G71 P10 Q20 U0.5 W0.5 F0.3;	
N10 (　　) F(　);	A 点
(　　);	B 点
(　　);	C 点
(　　);	D 点
(　　);	E 点
(　　);	F 点
(　　);	G 点
N20 X80;	
G00 X100 Z100;	退刀
T(　　);	换精车刀
G00 X65 Z2;	到起刀点
G70 P(　) Q(　);	外圆精车
G00 X100 Z100;	退刀
M05;	主轴停转
M30;	程序结束

项目二
曲面轴的数控车削加工

学习目标

1.掌握曲面轴的数控加工工艺的编制方法。

2.根据数控加工工艺方案,编写数控加工程序。

3.了解数控工作原理,掌握数控机床工作过程。

4.掌握环规工作原理和加工精度的质量控制方法。

能力目标

1.能制定曲面轴加工方案,会选用刀具,能计算切削三要素。

2.能利用相关编程指令,完成数控各工序的编程。

3.能利用数控仿真机床和真实机床,完成曲面轴零件的加工。

4.能根据图纸技术要求,测量并评估工件的加工质量。

思政目标

1.培养吃苦耐劳、严谨细致的工作作风。

2.培养学生诚实守信的科学态度,能够诚实面对加工后的零件质量问题,直面加工中所犯的错误并及时改正。

3.增强安全意识,培养专注、负责的工作态度,精益求精的工匠精神。

4.增强对职业的认同感、责任感、荣誉感、使命感。

RENWU DAORU 任务导入

现需生产图 2-1-1 所示的曲面轴零件 1 件,试完成以下任务:

1.曲面轴的数控加工工艺编制。

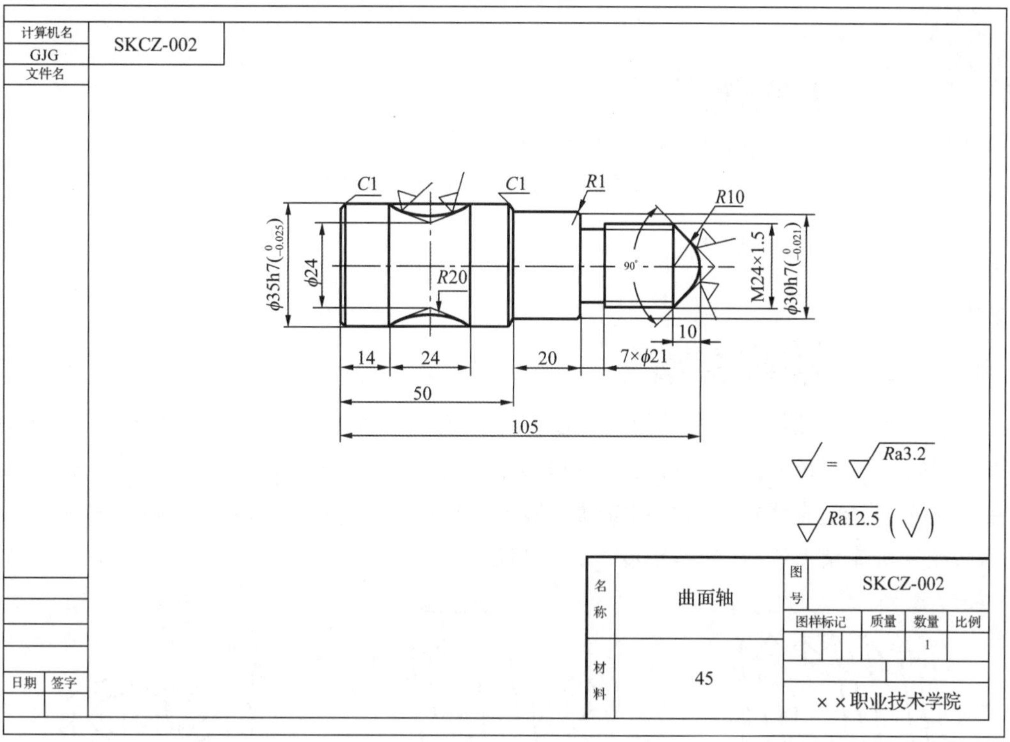

图 2-1-1　曲面轴零件图

2. 曲面轴的数控加工程序编制。

3. 曲面轴的数控加工。

4. 曲面轴的数控测量与评估。

任务一　曲面轴的数控加工工艺编制

学习目标

1. 掌握曲面轮廓、螺纹的加工工艺编制方法。
2. 熟练掌握螺纹的加工方法与刀具选择。
3. 熟练掌握轴类零件长度的加工方法。

能力目标

1. 会制定曲面轴零件的数控加工工艺。
2. 会计算螺纹的切削深度。
3. 能选择曲面轴零件的加工刀具。

RENWU DAORU 任务导入

现需生产图 2-1-1 所示的曲面轴零件 1 件，试完成以下工艺任务：

1. 会选择螺纹切削刀具并编写数控加工工艺文件。

2. 会设定螺纹加工的参数。

ZHISHI PINGTAI 知识平台

螺纹的车削是数控车床常见的加工任务。螺纹按牙型可分为三角形、梯形、矩形等，按螺纹在零件中的部位和形状可分为圆柱螺纹、锥螺纹、端面螺纹等，如图 2-1-2 所示。螺纹实际上是由刀具的直线运动和主轴按预先输入的比例转数同时运动而形成的。螺距(P)和尺寸精度受机床精度影响，牙型精度由刀具精度保证。

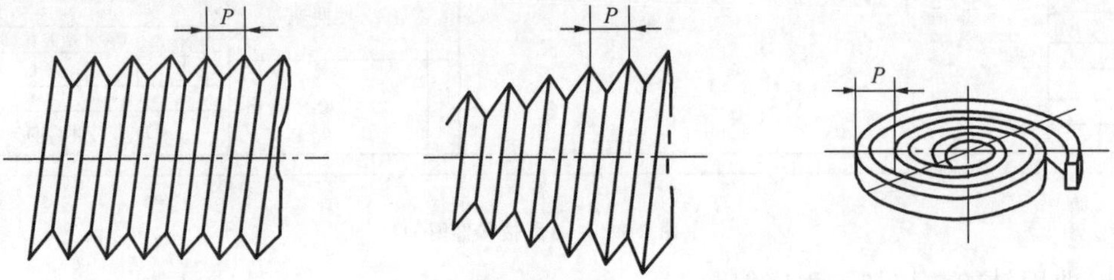

(a) 圆柱螺纹　　(b) 锥螺纹　　(c) 端面螺纹

图 2-1-2　常见螺纹的形状

1 螺纹标识

(1)普通螺纹(牙型角 60°)

根据《普通螺纹　公差》(GB/T 197—2018)，螺纹的标注格式为：

牙型代号 螺纹公称直径×螺距-螺纹公差带代号-旋合长度代号-旋向

例如：M24×3(P1.5)LH-5g6g-S 中：

M 为普通螺纹；粗牙螺纹可不标注螺距，如 M24；细牙螺纹必须标注螺距，如 M24×1.5。

24 为螺纹公称直径。

3(P1.5) 表示导程为 3 mm，螺距为 1.5 mm 的双线螺纹。

LH 为左旋螺纹，右旋螺纹无标记。

5g6g 表示中径和顶径的公差带代号，若二者相同，则只标注一个；英文字母小写表示是外螺纹，大写表示是内螺纹。

S 表示螺纹旋合长度，旋合长度分为长 L、中等 M 和短 S。当螺纹为中等旋合长度时，不用标注旋合长度代号。

(2)管螺纹

例如:55 非密封管螺纹 G1A 中:

G 为 55 非密封管螺纹,1 为尺寸代号,A 为外螺纹公差等级代号。

(3)锯齿形螺纹

例如:B40×7-7A 中:

B 为锯齿形螺纹,40 为公称直径,7 为导程,7A 为外螺纹公差带代号。

(4)梯形螺纹(牙型角为 30°)

例如:Tr 36 × 12(P6)- 7H 中:

Tr 为梯形螺纹;36 为螺纹公称直径;12(P6)表示导程为 12 mm,螺距为 6 mm 的双线螺纹;7H 为中径公差带代号,只标注中径。

2 螺纹加工工艺介绍

由于螺纹刀具是成形刀具,因此其刀刃与工件接触线较长,切削力较大。切削力过大会损坏刀具或在切削中引起震颤。在这种情况下,为避免切削力过大可采用斜进法,如图 2-1-3 所示。一般情况下,当螺距小于 1.5 mm 时可采用直进法,如图 2-1-4 所示。

螺纹加工工艺

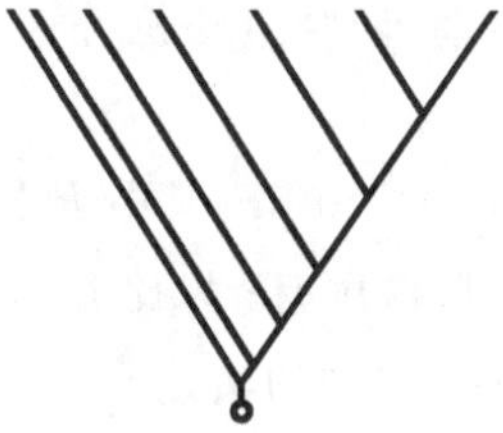

图 2-1-3 斜进法

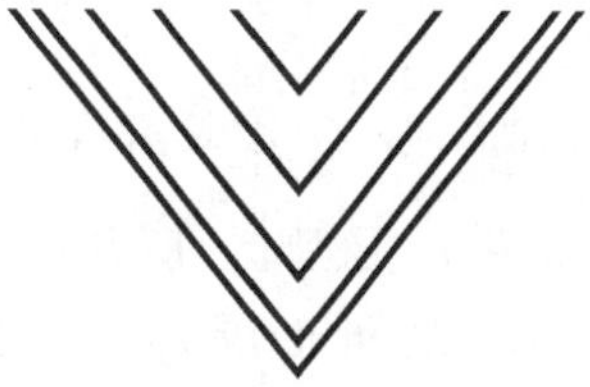

图 2-1-4 直进法

直进法与斜进法在数控车床编程中一般有相应的指令,也有的数控系统根据螺距的大小自动选择直进法或斜进法。

对于直进法,由于两侧刃同时工作,切削力较大,而且排屑困难,因此在切削时,两切削刃容易磨损。在切削螺距较大的螺纹时,由于切削深度较大,刀刃磨损较快,从而造成螺纹中径产生误差;但是其加工的牙型精度较高,因此一般多用于小螺距螺纹加工。由于其刀具移动切削均靠编程来完成,因此加工程序较长;由于刀刃容易磨损,因此加工中要做到勤测量。

对于斜进法,由于单侧刃加工,加工刀刃容易损伤和磨损,使加工的螺纹面不直,刀尖角发生变化,从而造成牙型精度较差。但刀具负载较小,排屑容易,刀刃加工工况较好,并且切削深度为递减式。因此,在螺纹精度要求不高的情况下,此加工方法更为方便,一般适用于大螺距螺纹加工。在加工较高精度的螺纹时,可采用两种加工完成,即先用斜进法进行粗车,然后用直进法进行精车。但要注意刀具起始点要准确,不然容易乱扣,造成零件报废。

3 螺纹加工数据处理

(1)数控车床加工螺纹的前提条件是主轴有位置测量装置,使主轴转速与进给同步,加工多头螺纹时通过主轴起始点偏移来实现。如图 2-1-5 所示。

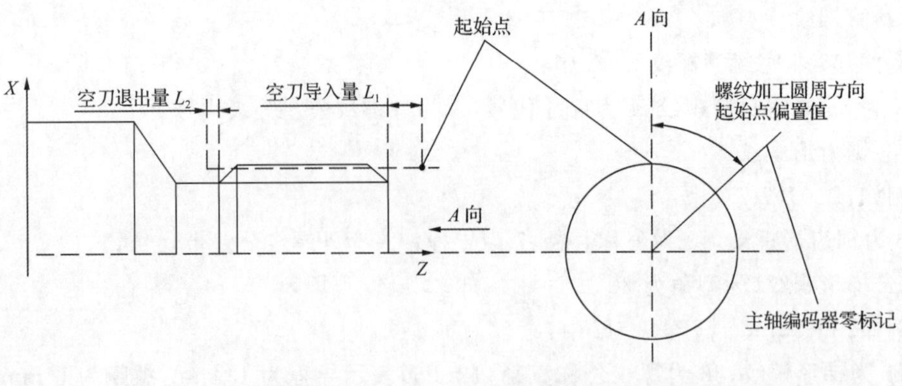

图 2-1-5　螺纹加工起始点偏移示意图

(2)车削螺纹时不能使用恒切削速度功能，因为车削时 X 轴的直径逐渐减小，若使用恒线切削速度使主轴回转，则工件转速会随当前加工的直径变化而变化，从而使导程 F 产生变动(因为导程的单位是 mm/r，会随转速而改变)，最终出现乱牙现象。

(3)为防止产生非定值导程螺纹，车削螺纹前后，需有适当的空刀导入量 L_1 和空刀退出量 L_2。数控车床的螺纹加工依靠伺服电动机转动带动滚珠丝杠，再驱动螺纹刀移动。伺服电动机由静止状态必须先加速再达到等速移动，在此段加速过程中所移动的距离会切削出非定值导程螺纹，应予以避开，此即空刀导入量。同理，伺服电动机等速回转后应先减速再达到静止，故应有空刀退出量。

L_1 和 L_2 因机床制造厂商而异，但相差不大。$L_1 \geqslant 2P$，$L_2 \geqslant 0.5P$，其中 P 为螺距。由以上公式所计算而得的 L_1 和 L_2 是理论上所需的最小引距，故实际应用上皆取比 L_1 与 L_2 略大之值。

(4)因数控机床系统和机械结构等原因，车削螺纹时主轴的转速有一定的限制，因厂商而异，编程时参照机床说明书。

(5)螺纹牙型高度(螺纹总切深)

螺纹牙型高度是指在螺纹牙型上，牙顶到牙底之间垂直于螺纹轴线的距离。如图 2-1-6 所示，它是车削时车刀总切入深度。

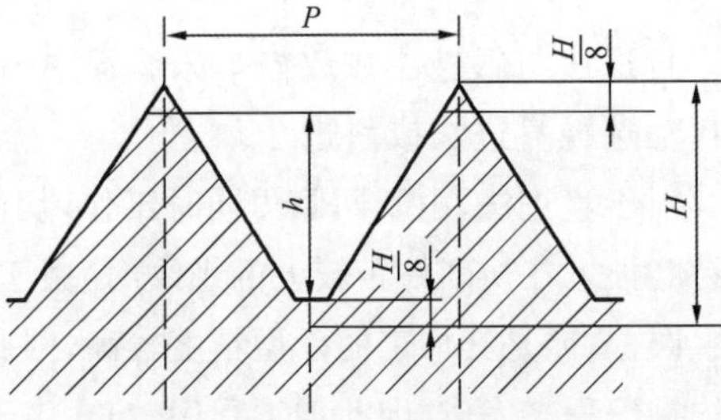

图 2-1-6　螺纹牙型高度

根据 GB/T 192～197 普通螺纹国家标准规定，普通螺纹的牙型理论高度 $H=0.866P$。实际加工时，由于螺纹车刀刀尖半径的影响，螺纹的实际切深有变化。《普通螺纹　基本尺寸》(GB/T 196－2003)规定，螺纹车刀可在牙底最小削平高度 $H/8$ 处削平或倒圆，则螺纹实际牙型高度为

$$h=H-2(H/8)=0.6495P \tag{2-1-1}$$

式中　H——螺纹原始三角形高度，$H=0.866P$；

　　　P——螺距。

(6)分段切削深度

如果螺纹牙型较深，螺距较大，可分几次进给。常用螺纹切削的切削次数与背吃刀量可

参考表 2-1-1 选取。

表 2-1-1 **常用螺纹切削的切削次数与背吃刀量** mm

米制螺纹								
螺距		1.0	1.5	2.0	2.5	3.0	3.5	4.0
牙深		0.649	0.974	1.299	1.624	1.949	2.273	2.598
背吃刀量及切削次数	1 次	0.7	0.8	0.9	1.0	1.2	1.5	1.5
	2 次	0.4	0.6	0.6	0.7	0.7	0.7	0.8
	3 次	0.2	0.4	0.6	0.6	0.6	0.6	0.6
	4 次		0.16	0.4	0.4	0.4	0.6	0.6
	5 次			0.1	0.4	0.4	0.4	0.4
	6 次				0.15	0.4	0.4	0.4
	7 次					0.2	0.2	0.4
	8 次						0.15	0.3
	9 次							0.2
英制螺纹								
牙/in		24 牙	18 牙	16 牙	14 牙	12 牙	10 牙	8 牙
牙深		0.678	0.904	1.016	1.162	1.355	1.626	2.033
背吃刀量及切削次数	1 次	0.8	0.8	0.8	0.8	0.9	1.0	1.2
	2 次	0.4	0.6	0.6	0.6	0.6	0.7	0.7
	3 次	0.16	0.3	0.5	0.5	0.6	0.6	0.6
	4 次		0.11	0.14	0.3	0.4	0.4	0.5
	5 次				0.13	0.21	0.4	0.5
	6 次						0.16	0.4
	7 次							0.17

NENGLI PINGTAI

能力平台

1 可转位螺纹刀片的命名

可转位螺纹刀片的名称由 8 个代号构成。

(1)表示切削方向的字母代号

R 表示右旋切削,用于切削右旋螺纹。一般螺纹都为右旋螺纹。

L 表示左旋切削,用于切削左旋螺纹。

螺纹车削刀具的选择

(2)表示刀片形状的字母代号

螺纹刀片一般都为三角形,所以常用代号为 T,非三角形刀片代号为 Z。

(3)表示刀片尺寸的数字代号

牙型角为 55°、60°及 ISO 的三角形螺纹刀片尺寸选用可以参见表 2-1-2。

表 2-1-2　　常用螺纹刀片尺寸　　mm

螺距	外螺纹			内螺纹		
	11	16	22	11	16	22
0.5		√		√	√	
0.75		√		√	√	
1.0		√		√	√	
1.25		√		√	√	
1.5		√		√	√	
1.75		√			√	
2.0		√			√	
2.5		√			√	
3.0		√			√	
3.5			√			√
4.0			√			√
4.5			√			√
5.0			√			√

(4)表示每个切削刃的齿数的数字代号

切削刃为 1 的刀片可以用于单头、多头螺纹车削，而多齿数刀片一般只能用于相应数量的多头螺纹车削。

(5)表示切削类型的字母代号

代号 W，用于外螺纹切削用刀片；代号 N，用于内螺纹切削用刀片。

(6)表示可切削螺纹螺距的数字或字母代号

数字代号表示螺纹刀片可以切削用的螺距，也只用该螺距的螺纹切削。此螺纹刀片具有修光刃。使用该类刀片，螺纹加工之前不需要在加工螺纹部分进行精加工，可以在螺纹加工时由修光刃来处理，使螺纹的顶径达到理想的尺寸，保证了加工完螺纹后不必去除毛刺，解决了螺纹加工中表面光洁度不好的缺点。

螺纹刀片可以加工的螺距具有一定范围，不是固定值。该类刀片适用范围广，但由于不具有修光刃，因此加工后螺纹光洁度不好，另外加工螺纹前需将螺纹顶径精加工到位。

(7)表示螺纹牙型的字母代号

该代号表示了螺纹牙型采用的标准，该值根据所加工螺纹标准选择。

(8)表示断屑槽的字母代号

一般公制螺纹该代号可以省略。

2 可转位螺纹车刀选择

可转位螺纹车刀由 7 个代号构成。

(1)表示压紧方式的字母代号

可转位螺纹车刀有 2 种压紧方式，压板压紧式和螺钉压紧式，2 种压紧方式特点与外圆车刀压紧方式相同。一般可转位螺纹车刀压紧方式选用螺

数控刀具活刀谱
——邹峰

钉压紧式。

(2)表示螺纹形式的字母代号

螺纹形式代号表示所加工螺纹形式：外螺纹为 W；内螺纹为 N。

(3)表示切削方向的字母代号

表示切削方向的字母代号中，R 表示右切，用于加工右旋螺纹；L 表示左切，用于加工左旋螺纹。

(4)表示刀尖高度的数字代号

对于可转位外螺纹车刀，该代号的选择与外圆车刀选择方法相同；对于可转位内螺纹车刀，该代号为“00”。

(5)表示刀体宽度的数字代号

对于可转位外螺纹车刀，该代号的选择与外圆车刀选择方法相同；对于可转位内螺纹车刀，该代号表示刀杆直径。

(6)表示刀杆长度的字母代号

对于可转位外螺纹车刀，该代号的选择与外圆车刀选择方法相同；对于可转位内螺纹车刀，该代号选择时，长杆长度＞装夹长度＋螺纹加工深度。

(7)表示刀片尺寸的数字代号

刀片尺寸的数字代号应与所选刀片代号相同。

RENWU SHISHI

任务实施

1 分析图纸、定义毛坯

从零件图(图 2-1-1)所知，零件部分表面的表面粗糙度要求为 *Ra* 3.2 μm，零件须经过粗、精加工两个阶段。根据零件的最大直径、总长尺寸等要求，考虑留有足够的加工余量，选用 ϕ40 mm×110 mm 的 45 钢毛坯件。

曲面轴数控加工工艺实施

2 选择机床

根据现有设备情况，选用 CK7525 数控车床，配有 FANUC 0i T 数控系统，如图 2-1-7 所示。

3 确定工序

(1)备料：圆钢(45 钢)ϕ40 mm×110 mm。

(2)车削右端部分，从右到左车端面及外圆，保证总长 105 mm，外圆留 0.5 mm(半径)精加工余量，精加工至图纸尺寸。切槽，车螺纹 M24×1.5 mm。

(3)车削左端部分，掉头，从左到右车端面及外圆，留 0.5 mm(半径)精加工余量，精加工至图纸尺寸。

(4)钳工去毛刺。

(5)检验。

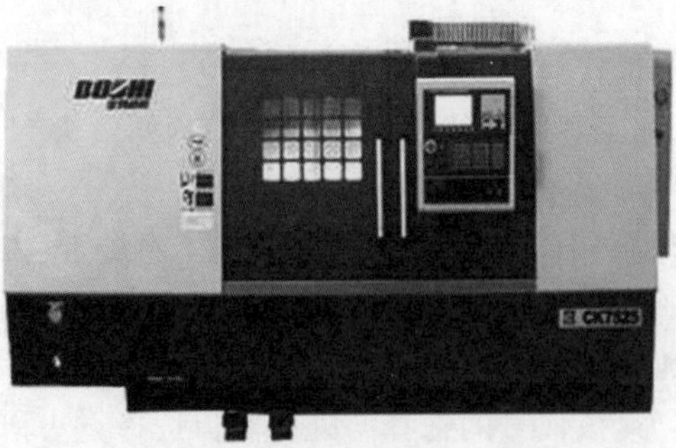

图 2-1-7　CK7525 数控车床

4 确定工装

用三爪自定心卡盘夹持 ϕ40 mm 外圆，使零件伸出卡盘 60 mm，零件经一次装夹完成粗、精加工，最后切断。

5 选用刀具

根据加工要求，选用四把刀具：T01 为 55°粗车刀；T02 为 93°外圆精车刀；T03 为可转位切槽刀，刀宽为 4 mm(刀位点设置在左刀尖处)；T04 为可转位螺纹车刀。

把上述刀具在自动换刀导架上安装好，对好刀，将各自的刀偏值通过机床面板输入对应的刀具偏移参数中。

6 切削用量

根据刀具样本及通用表格，适当调整确定主轴转速、背吃刀量及进给量。

7 填写工艺过程卡片和工序卡片

曲面轴的机械加工工艺过程卡片见表 2-1-3，工序卡片见表 2-1-4、表 2-1-5。

表 2-1-3　　　　曲面轴的机械加工工艺过程卡片

<table>
<tr><td colspan="2" rowspan="2">××职业技术学院</td><td colspan="2" rowspan="2">机械加工工艺过程卡片</td><td colspan="2">零件图号</td><td colspan="2">SKCZ-002</td><td colspan="4">第 1 页</td></tr>
<tr><td colspan="2">零件名称</td><td colspan="2">曲面轴</td><td colspan="4">共 1 页</td></tr>
<tr><td>材料牌号</td><td>45 钢</td><td>毛坯种类</td><td>型材(圆棒料)</td><td>毛坯外形尺寸/mm</td><td>φ40×110</td><td>每毛坯可制件数</td><td>1</td><td>每台件数</td><td>10</td><td>备注</td><td></td></tr>
<tr><td>工序号</td><td>工序名称</td><td colspan="3">工序内容</td><td>车间</td><td colspan="3">设备型号及名称</td><td colspan="3">工艺装备</td></tr>
<tr><td>1</td><td>备料</td><td colspan="3">锯圆钢 φ40 mm×110 mm</td><td>准备</td><td colspan="3">锯床 G5025</td><td colspan="3"></td></tr>
<tr><td>2</td><td>车削右端部分</td><td colspan="3">三爪卡盘装夹 φ35h7；车右端面，保证总长 105 mm；车外轮廓；车槽；车螺纹</td><td>机械加工</td><td colspan="3">CK7525 数控车床</td><td colspan="3">三爪卡盘</td></tr>
<tr><td>3</td><td>车削左端部分</td><td colspan="3">三爪卡盘加铜皮后装夹 φ30h7 毛坯外圆，工件外露 55 mm；车左端面；粗车外圆至 φ35.5 mm，长 52 mm；倒角 C1；精车外圆至 φ35h7</td><td>机械加工</td><td colspan="3">CK7525 数控车床</td><td colspan="3">三爪卡盘</td></tr>
<tr><td>4</td><td>钳工去毛刺</td><td colspan="3">钳工用锉刀去毛刺</td><td>机械加工</td><td colspan="3">CK7525 数控车床</td><td colspan="3"></td></tr>
<tr><td>5</td><td>检验</td><td colspan="3">按图样要求检验，清理，涂油入库</td><td>机械加工</td><td colspan="3">CK7525 数控车床</td><td colspan="3"></td></tr>
</table>

表 2-1-4　　第 2 道工序的工序卡片

工序号	工序名称	设备名称	设备型号	程序编号	夹具名称	冷却液	车间
2	车削右端部分	数控车床	CK7525	01	三爪卡盘		机械加工
工步号	工步内容	刀具	量检具	主轴转速 n/(r·min^{-1})	切削速度 v_c/(m·min^{-1})	进给量 f/(mm·r^{-1})	背吃刀量 a_p/mm
1	三爪卡盘装夹 ϕ40 mm；车右端面，保证总长 105 mm	可转位外圆车刀	0～150 mm 游标卡尺	400	57	0.4	2.5
2	粗车外轮廓	可转位外圆车刀	0～150 mm 游标卡尺		160	0.4	7.25
3	精车外轮廓	可转位外圆车刀	0～150 mm 游标卡尺		190	0.25	0.25
4	车退刀槽	可转位切槽刀	0～150 mm 游标卡尺	800	180	0.08	
5	车螺纹	外螺纹车刀	M24×1.5 mm 普通螺纹环规	400	100	2	

表 2-1-5　　第 3 道工序的工序卡片

工序号	工序名称	设备名称	设备型号	程序编号	夹具名称		车间
3	车削左端部分	数控车床	CK7525	02	三爪卡盘		机械加工
工步号	工步内容	刀具	量检具	主轴转速 n/(r·min^{-1})	切削速度 v_c/(m·min^{-1})	进给量 f/(mm·r^{-1})	背吃刀量 a_p/mm
1	三爪卡盘装夹用铜皮包好的 ϕ30h7 外圆，工件外露 55 mm；车左端面	可转位外圆车刀	0～150 mm 游标卡尺	400	57	0.2	2.5
2	粗车外圆至 ϕ35.5 mm，长 52 mm	可转位外圆车刀	0～150 mm 游标卡尺		160	0.2	2.25
3	精车外圆至 ϕ35h7	可转位外圆车刀	0～150 mm 游标卡尺		190	0.1	0.25

8 填写刀具卡片

曲面轴的数控加工刀具卡片见表 2-1-6。

表 2-1-6　　曲面轴的数控加工刀具卡片

××职业技术学院				零件名称	曲面轴	零件号	SK002
数控加工刀具卡片				程序号		编制	
工序号	刀具号	刀具名称	刀具型号	刀具规格	刀片型号	刀片牌号	刀具圆弧半径/mm
1	T01	可转位外圆车刀	PDJNR2525M11	55°	DNMG150608-PM	YBC152	0.4
2	T02	可转位外圆车刀	MCLNL2525M12	93°	CNMM160612-PR	GC4035	1.2
3	T03	可转位切槽刀	QEHD2525R13	宽 4 mm	ZTHD0504-MG	YGB302	
4	T04	可转位螺纹车刀	CWR2525M16	60°	RT16.01W-2.00GM	YBG201	0.4

9 刀具路线

(1)右端加工路线如图 2-1-8 所示。

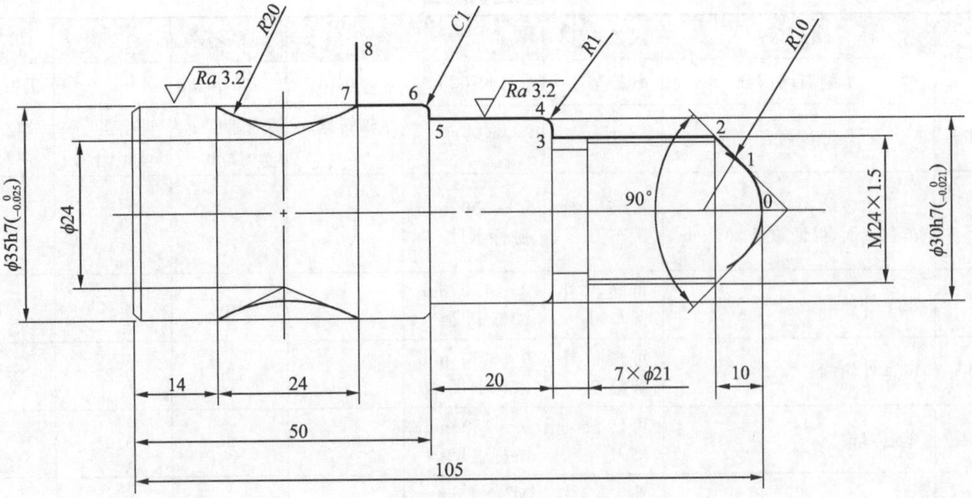

图 2-1-8　右端加工路线

(2)左端加工路线如图 2-1-9 所示。

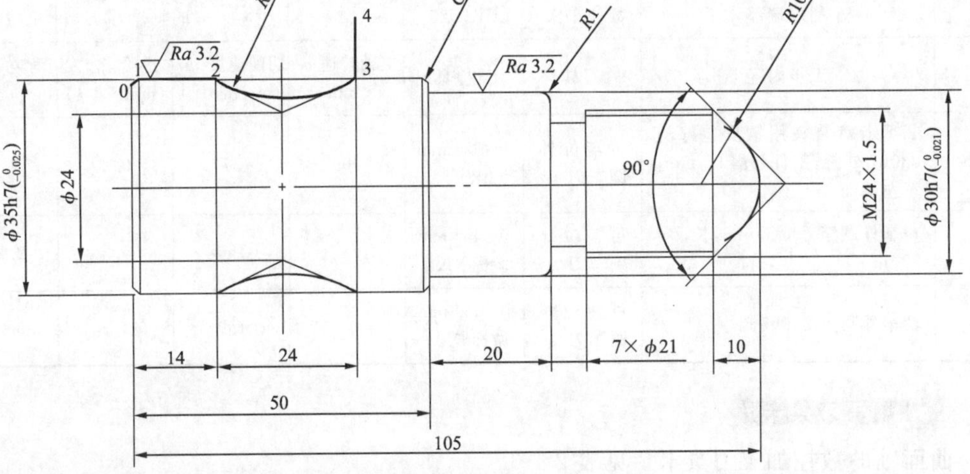

图 2-1-9　左端加工路线

ZHISHI TUOZHAN ≫≫ 知识拓展

1 工序的划分

对于工件加工顺序，一般按照图 2-1-10 所示顺序来完成。

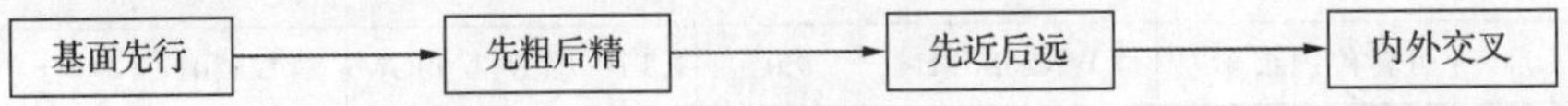

图 2-1-10　工序顺序的安排

2 进给路线的确定

进给路线是指刀具在加工过程中相对于工件的运动轨迹，也称为走刀路线。它既包括切削加工的路线，又包括刀具切入、切出的空行程。它不但包括了工步的内容，也反映了工步的顺序，是编写程序的依据之一。因此，以图形的方式表示进给路线，可为编程带来很大的方便。

（1）粗加工进给路线的确定

粗加工进给路线如图 2-1-11 所示。图 2-1-11(a)所示阶梯式最常用；图 2-1-11(b)所示斜进式要求计算准确，容易过切；图 2-1-11(c)所示轮廓式空刀量多，效率低。阶梯式切削进给路线如图 2-1-12 所示。

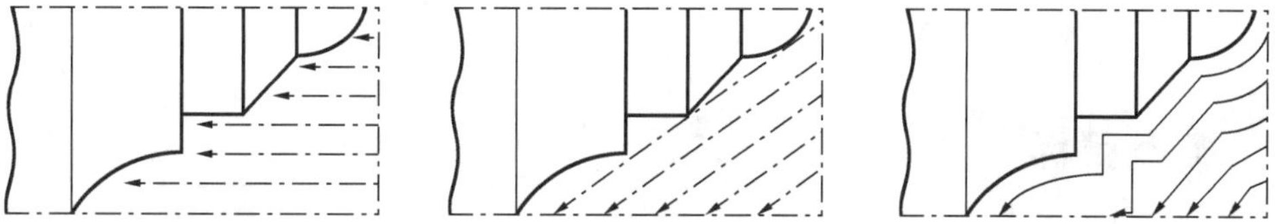

(a) 阶梯式　　(b) 斜进式　　(c) 轮廓式

图 2-1-11　粗加工进给路线

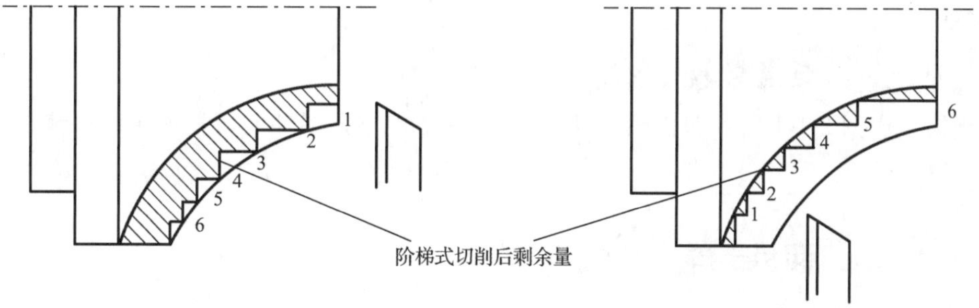

(a)外轮廓的加工　　(b)内轮廓的加工

图 2-1-12　阶梯式切削进给路线

（2）精加工进给路线的确定

各部位精度要求一致的进给路线，在多刀进行精加工时，最后一刀要连续加工，并且要合理确定进、退刀位置。尽量不要在光滑连接的轮廓上安排切入和切出或换刀及停顿，以免因切削力变化造成弹性变形，产生表面划伤、形状突变或滞留刀痕的缺陷。

3 加工余量的选择

加工余量是指毛坯实际尺寸与零件图纸尺寸之差。通常零件的加工要经过粗、精加工才能达到图纸要求，因此，零件总的加工余量应等于各工序加工余量之和。在选择加工余量时，要考虑以下因素：

（1）零件的大小。

（2）零件在热处理后要发生变形，因此，这类零件要适当增大加工余量。

（3）加工方法、装夹方式和工艺装备的刚性，也会引起零件的变形，所以也要考虑加工余量。

任务二 曲面轴的数控加工程序编制

学习目标

1. 掌握刀具半径补偿指令。
2. 掌握轮廓粗车、封闭轮廓、端面切削循环编程指令。
3. 掌握螺纹数控编程指令。

能力目标

1. 会用螺纹指令编程。
2. 会用 G72/G73/G75 指令编制曲面轴零件加工程序。

RENWU DAORU 任务导入

现需生产图 2-1-1 所示曲面轴零件 1 件，试完成编制该零件的数控加工程序编制。

ZHISHI PINGTAI 知识平台

1 刀具半径补偿指令 G40、G41、G42

(1)原因

在车床上，刀具半径补偿又称为刀尖圆弧半径补偿，简称刀具半径补偿。实际使用的刀具在切削加工中，为了提高刀尖强度，减小加工表面粗糙度，通常将刀尖磨成圆弧过渡刃。因此，实际上真正的刀尖是不存在的，这里所说的刀尖只是“假想刀尖”。有时实际加工点与理想加工点不符，产生偏差，故需要刀具半径补偿。

刀具半径补偿指令

在加工内、外圆柱面或端面时，切削点就是刀位点 A 或 B，而点 A 或点 B 与数控系统控制的假想刀尖点 C 在同一圆柱面上或同一端面上，刀尖圆弧 R 不影响加工尺寸、形状，因此可以不使用刀具半径补偿。如图 2-2-1 所示。

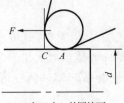

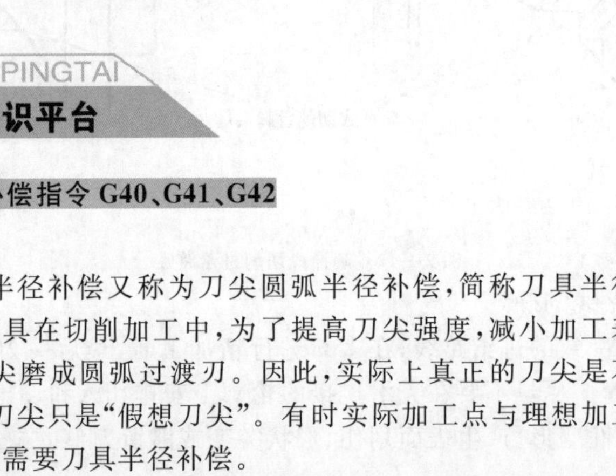

(a) 加工内、外圆柱面　　(b) 加工端面

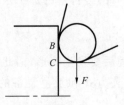

图 2-2-1　不使用刀具半径补偿的情况

如图 2-2-2 所示，在加工锥面或圆弧时，由于切削点不再是点 A 或点 B 而变成了 $\overset{\frown}{AB}$ 内的某一点，与假想刀尖点 C 的切削结果不同，因此会造成过切或欠切，使用刀具半径补偿功能 G41、G42 才能消除这种误差。

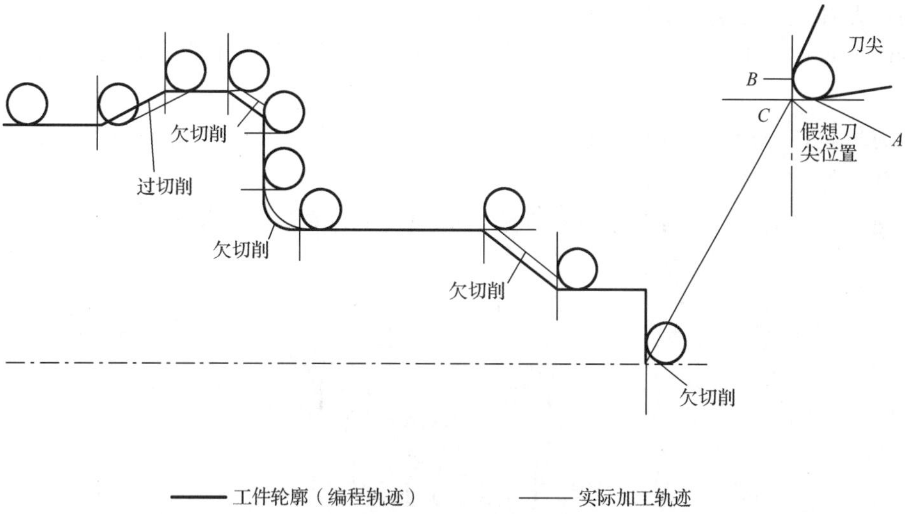

图 2-2-2　刀尖圆弧与过切和欠切现象

(2)功能

G41 为刀具半径左补偿，简称左刀具补偿。G42 为刀具半径右补偿，简称右刀具补偿。假设工件不动，沿着刀具运动方向看，刀具位于工件左侧的补偿为刀具半径左补偿，刀具位于工件右侧的补偿为刀具半径右补偿。如图 2-2-3 所示。

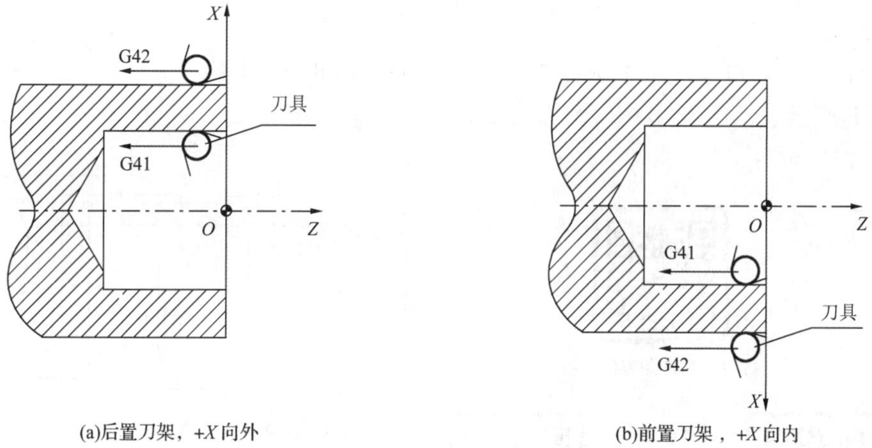

(a)后置刀架，+X 向外　　(b)前置刀架，+X 向内

图 2-2-3　刀具半径补偿偏置方向

(3)指令格式

G41/G42 G00/G01 X __ Z __ D __;(刀具补偿建立)

G40　　G00/G01 X __ Z __;(刀具补偿取消)

其中：

①XZ：终点坐标。

②D：刀具半径补偿寄存器地址，后跟两位数字表示补偿寄存器号，补偿值由 CRT/MDI 面板输入其中。

(4)说明

使用刀具半径补偿指令的注意事项如下：

①G41、G42、G40 指令必须和 G00 或 G01 指令一起使用，而不能与 G02 或 G03 指令一起使用。

②刀具半径补偿必须在轮廓加工之前建立，在轮廓结束后取消，防止出现误切或接刀痕迹而损坏工件。如图 2-2-4 所示。

③建立或取消刀具半径补偿的移动距离必须大于刀具半径补偿值。

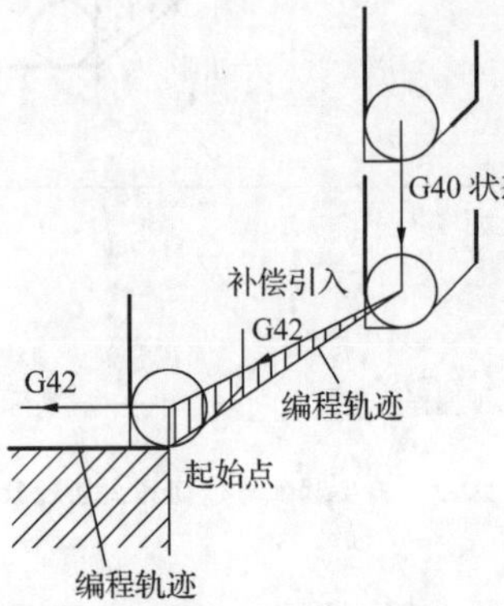

图 2-2-4　刀具半径补偿建立在轮廓之外

2　端面粗车循环指令 G72

(1)功能

端面粗车循环指令适用于圆柱棒料毛坯端面方向粗车，从外径方向往轴心方向车削。如图 2-2-5 所示。

G72、G73 循环指令

G72 循环指令（仿真）　　G73 循环指令（仿真）

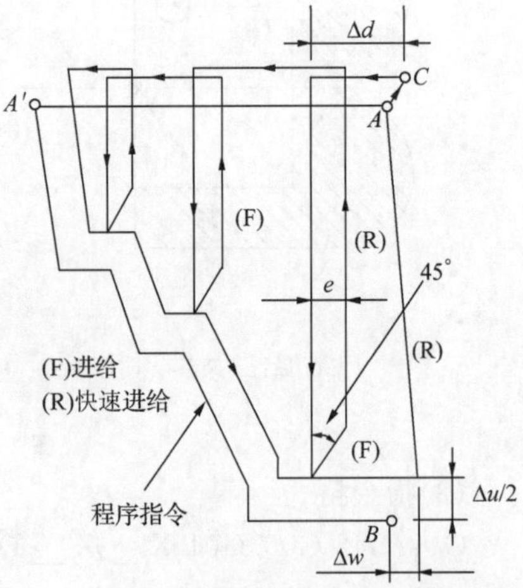

图 2-2-5　G72 端面粗车循环路线

(2)指令格式

G00 Xα Zβ;

G72 U(Δd) R(e);

G72 P(ns) Q(nf) U(Δu) W(Δw) F(f) S(s) T(t);

(3)参数说明

①α、β、Δd、e、ns、nf、Δu、Δw、f、s、t 的含义与 G71 相同。

②ns 程序段中含有 G00、G01 指令,不能含有 X 轴运动指令。

3 封闭轮廓粗车循环指令 G73

(1)功能

封闭轮廓粗车循环指令适用于一些锻件、铸件等毛坯与工件轮廓形状基本接近的粗车。如图 2-2-6 所示。

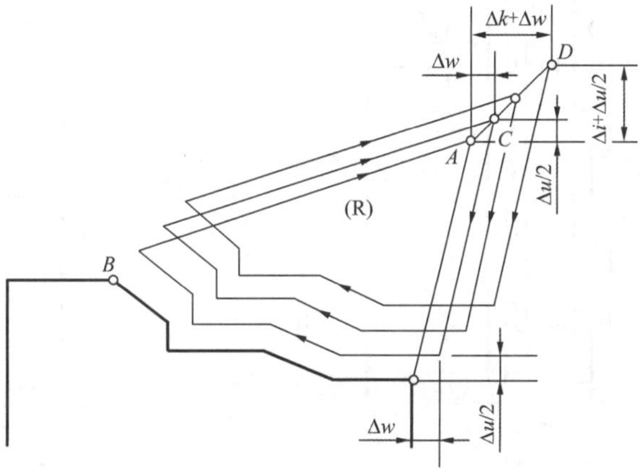

图 2-2-6 G73 封闭轮廓粗车循环路线

(2)指令格式

G00 Xα Zβ;

G73 U(Δi) W(Δk) R(d);

G73 P(ns) Q(nf) U(Δu) W(Δw) F(f) S(s) T(t);

(3)参数说明

Δi——X 方向总余量,半径值指定,为模态值;计算公式为 $\frac{毛坯直径-工件最小直径}{2}-1$(减 1 是为了少走一次空刀);

Δk——Z 方向总余量,为模态值,可以为 0;

d——分层次数,此值与粗切重复次数相同,为模态值,$d=\Delta i/\alpha_p$;

其他含义同 G71。

4 切槽(钻孔)循环指令 G75

(1)功能

G75 指令称为内孔、外圆沟槽复合循环指令,实现内孔、外圆切槽的断屑加工,主要用于加工深槽、宽槽和均布槽。G75 指令段内部参数如图 2-2-7 所示。

(2)指令格式

G0 Xα1 Zβ1;(快速定位起点)

G75 RΔe;(径向退刀量(半径值 mm))

G75 Xα2 Zβ2 PΔi QΔk RΔw F_;

(3)参数说明

α2、β2——槽底坐标

Δi——进刀量,半径值,μm。

Δk——Z 向移动一个刀宽(略小),μm。

Δw——槽底 Z 向退刀量,单位为 μm。建议省略,以免断刀。

(4)应用举例

完成图 2-2-8 所示的切槽。

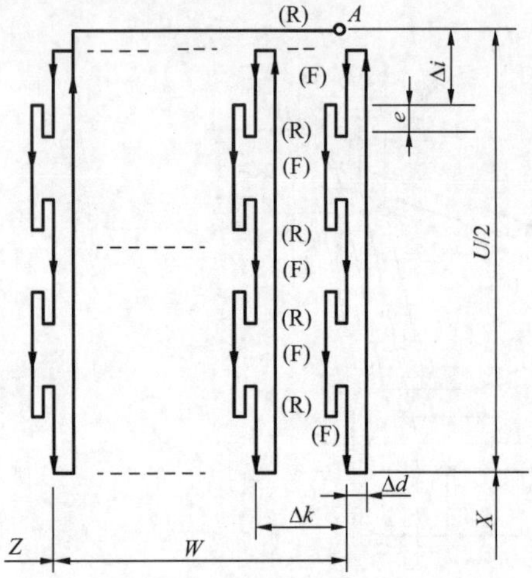

图 2-2-7　G75 指令段内部参数

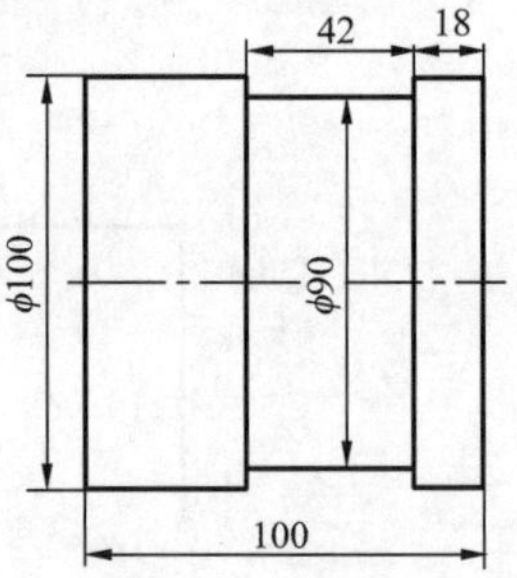

图 2-2-8　切槽

```
T0101;                  切槽刀,刀宽 4 mm
M3 S800;
G0 X105. Z-60.;         定位到加工起点
G75 R2.;                退刀量 2mm
G75 X90. Z-18 P3000 Q3000 R0 F0.1;
G0 X100.;
M05;
M30;
```

注:切断

```
G75 R1.0;
G75 X-1.0 P5000 F0.2;
```

5 简单螺纹加工指令 G32

(1)功能

简单螺纹加工指令适用于简单等螺距螺纹切削,可加工多头、单头、多头直螺纹、锥螺纹。

（2）指令格式

G32 X(U)＿ Z(W)＿ F＿ Q＿；

（3）参数说明

X(U)、Z(W)——终点坐标；

F——螺纹导程，mm；

Q——螺纹起始角。

6 螺纹切削单一固定循环指令 G92

（1）功能

螺纹切削单一固定循环指令 G92 用于螺纹加工，可切削圆柱螺纹、圆锥螺纹。其循环路线与单一形状固定循环基本相同。如图 2-2-9 所示，在循环路线中，除螺纹车削为进给运动外，其余均为快速运动。

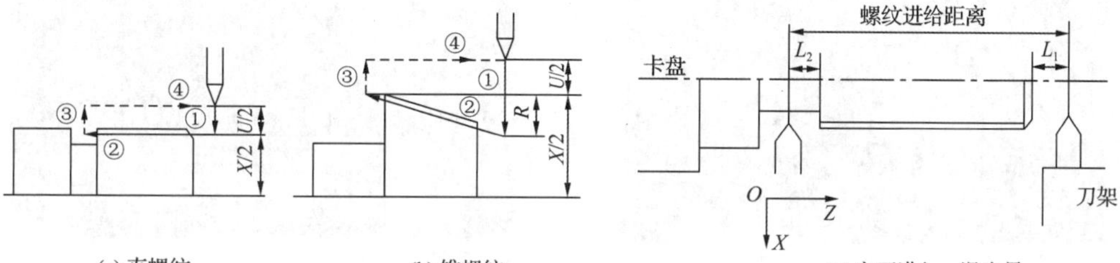

图 2-2-9　G92 螺纹切削循环路线

（2）指令格式

直螺纹　G92 X(U)＿ Z(W)＿ F＿ Q＿；

锥螺纹　G92 X(U)＿ Z(W)＿ R＿ F＿；

螺纹切削单一循环指令 G92

（3）参数说明

X(U)、Z(W)——螺纹终点坐标；

R——锥螺纹起始点与终点的半径差；当 X 方向切削起始点坐标小于切削终点坐标时，R 为负，反之为正，判断方法同 G90；

F——螺纹导程；

Q——螺纹起始角。

由于数控机床伺服系统的滞后，在主轴加/减速过程中，会在螺纹切削起始点和终点产生不正确的导程，因此，设定螺纹的空刀导入/导出量。常用螺纹切削的切削次数与背吃刀量见表 2-1-1。

NENGLI PINGTAI

能力平台

生产型数控机床在加工前要输入数控程序并校验，准确无误后才可以加工。

1 建立并编辑程序

（1）建立新程序

在“EDIT”工作模式下，按“PROG”键，弹出如图 2-2-10(a)所示界面，按 LIB 对应软键，输入“00111”，按“INSERT”键，建立新程序。

(2)输入并编辑程序

按“PROG”键，进入程序编辑界面，通过编程面板输入程序。在输入过程中，可以采用替换、删除等编辑模式完成程序的输入。

2 校验程序

程序输入完成后，按“RESET”键，保证程序从头开始。按“机床锁住”按钮，按“图形”键，按“循环启动”键，开始程序图形的显示，从而检查刀具的轨迹。若程序出现错误，则机床会报警显示出错信息。如图 2-2-10(b)所示。

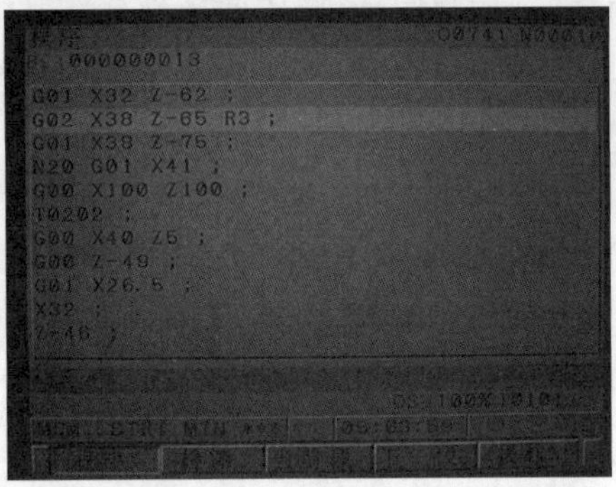

(a)建立新程序

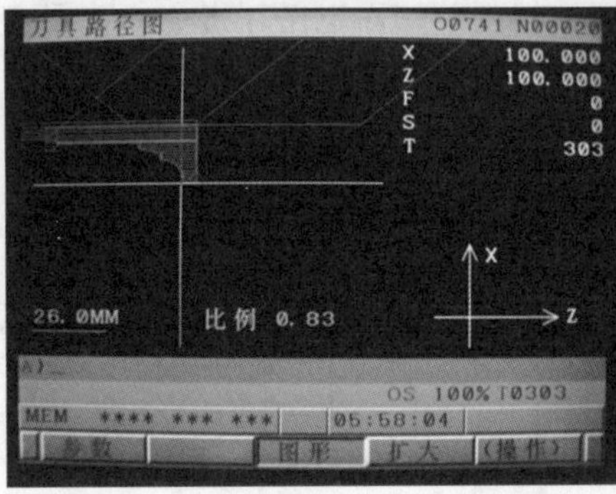

(b)校验程序

图 2-2-10　程序输入与校验界面

RENWU SHISHI 任务实施

1 计算曲面轴的基点坐标

数控机床的手工编程中，在完成工艺分析和确定加工路线后，最关键的就是零件轮廓的基点计算。

(1)曲面轴左端加工基点坐标

曲面轴左端加工路线如图 2-1-9 所示。以工件左端面的中心点为编程原点，基点值为绝对尺寸编程值。对于带有公差的尺寸，取中间值。曲面轴左端基点坐标见表 2-2-1。

表 2-2-1　曲面轴左端基点坐标

基点	0	1	2	3	4
X 坐标值	32.987 5	34.987 5	34.987 5	34.987 5	40
Z 坐标值	0	−1	−14	−38	−38

(2)曲面轴右端加工基点坐标

曲面轴右端加工路线如图 2-1-8 所示。以工件右端面的中心点为编程原点，基点值为绝对尺寸编程值。对于带有公差的尺寸，取中间值。曲面轴右端基点坐标见表 2-2-2。

表 2-2-2　　曲面轴右端基点坐标

基点	0	1	2	3	4	5	6	7	8
X 坐标值	0	14.14	23.8	23.8	29.989 5	29.989 5	34.987 5	34.987 5	50
Z 坐标值	0	−2.93	−7.86	−35	−36	−55	−56	−80	−80

2 编制加工程序

根据前面编制的数控加工工艺，编写数控加工程序。数控加工程序单见表 2-2-3。

表 2-2-3　　数控加工程序单

程　序	说　明
O0001	左端加工程序
T0101；	换刀加刀具偏置值
M3 S800；	刀架前置，主轴正转，转速为 800 r/min
M8；	切削液开
G0 X40 Z5；	快速定位至毛坯外(40,5)
G1 Z0 F0.2；	移动到左端面
X−1；	切左端面
G0 X40 Z5	快速定位至毛坯外(40,5)
G73 U2.5 R3；	定义 G73，X 方向总余量为 3 mm，分 3 次切削
G73 P1 Q2 U0.5 W0.1 F0.2；	轮廓起始段 N1，终结段 N2，半径方向余量为 0.5 mm，Z 方向余量为 0.1 mm
N1 G1 X32.9875；	快速定位至轮廓起始位置，此时只能 X 单方向移动
G1 Z0；	直线插补至 0 点
X34.9875 Z−1；	直线插补至 1 点
Z−14；	直线插补至 2 点
G2 Z−38 R20；	圆弧插补至 3 点
N2 G1 X40；	直线插补至 4 点
G0 X100；	快速退刀至毛坯外 X100 处
Z100；	快速退刀至毛坯外 Z100 处
G97；	取消恒线速
T0202；	换刀加刀具尺寸补偿
G0 X40 Z5；	快速定位至毛坯外(40,5)
G50 S2000；	主轴转速最高限制 2 000 r/min
G96 S190；	恒线速控制 190 m/min
G70 P1 Q2 F0.1；	G70 沿轮廓精加工
G97；	取消恒线速
G0 X100；	X 方向退刀
Z100；	快速退刀至毛坯处 Z100 处
M9；	切削液关
M30；	主程序结束
O0002	右端加工程序

续表

程　序	说　明
T0101；	换刀加刀具尺寸补偿
M3 S800；	刀架前置，主轴正转，转速为 800 r/min
M8；	冷却液开
G0 X40 Z5；	快速定位至毛坯外(40,5)
G1 Z0 F0.2；	移动到左端面
X−1；	切左端面
G0 X40 Z5；	快速定位至毛坯外(40,5)
G71 U1 R1；	定义 G71，吃刀 1 mm，退刀量 1 mm
G71 P1 Q2 U0.5 W0.1 F0.2；	轮廓起始段 N1，终结段 N2，半径方向余量为 0.5 mm，*Z* 方向余量为 0.1 mm
N1 G1 X0；	快速定位至轮廓起始位置，此时只能 *X* 单方向移动
G1 Z0；	直线插补至 0 点
G3 X14.14 Z−10 R10；	圆弧插补至 1 点
G1 X27.8；	直线插补至 2 点
Z−35；	直线插补至 3 点
X29.9895 R1；	圆弧插补至 4 点
Z−55；	直线插补至 5 点
X34.9875 C1；	直线插补至 6 点
N2 G1 Z−80；	直线插补至 7 点
G97；	取消恒线速
T0202；	换刀加刀具偏置值
M3 S800；	刀架前置，主轴正转，转速为 800 r/min
M8；	冷却液开
G50 S2000；	主轴转速最高限制 2 000 r/min
G96 S190；	恒线速控制 190 m/min
G0 X40 Z5；	快速定位至(40,5)
G70 P1 Q2 F0.1；	G70 沿轮廓精加工
G97；	取消恒线速
G0 X100；	*X* 方向退刀
Z100；	*Z* 方向退刀
T0303；	换刀加刀具偏置值
M3 S800；	刀架前置，主轴正转，转速为 800 r/min
G0 X26 Z−32；	快速定位至(26,−32)
G75 R1；	定义 G75，径向退刀量 1 mm
G75 X21 Z−35 P2000 Q3000 F0.08；	槽底坐标(21,−35)，径向进刀量 2 mm，*Z* 方向移动 3 mm

续表

程　序	说　明
G0 X100；	X 方向退刀
Z100；	Z 方向退刀
T0404；	换刀加刀具偏置值
G0 X34 Z－3；	快速定位至(34,－3)
G92 X23.2 Z－30 F1.5；	第 1 刀螺纹终点坐标,导程为 1.5 mm
X22.7；	第 2 刀螺纹终点坐标
X22.3；	第 3 刀螺纹终点坐标
X22.05；	第 4 刀螺纹终点坐标
G0 X100；	X 方向退刀
Z100；	Z 方向退刀
M05；	主轴停止旋转
M30；	主程序结束

ZHISHI TUOZHAN

知识拓展

1 常用编程指令

SIEMENS 802D 数控铣床/加工程序循环指令可以参照编程手册。

2 曲面轴的 SIEMENS 802D 数控程序

左端加工路线如图 2-1-9 所示,手动车左端面后,利用 G00/G01 指令组合完成粗精车。右端加工路线如图 2-1-8 所示,手动车右端面后,先利用 CYCLE95 调用轮廓子程序,根据设定参数完成粗加工,再利用 CYCLE95 完成精加工,编程点按中间尺寸计算。数控加工程序单见表 2-2-4。

表 2-2-4　　数控加工程序单

程　序	说　明
%	右端
01.MPF	程序名
T01 D01；	换刀加刀具尺寸补偿
M3 S800；	主轴正转,转速为 800 r/min
M8；	冷却液开
G0 X40 Z5；	快速接近工件并给定循环起点
G96 S160 LIMS=1500；	恒线速控制，最高速设定
CYCLE95(“L1”,1,0.1,0.3,,0.2,0.1,0.2,1,,,0.5)；	定义 CYCLE95,背吃刀量为 1 mm
G97；	取消恒线速

续表

程　序	说　明
T01 D01;	换刀加刀具尺寸补偿
M3 S800;	主轴正转,转速为 800 r/min
M8;	冷却液开
G0 X40 Z5;	快速接近工件并给定循环起点
G96 S190 LIMS=2000;	恒线速控制 190 m/min 最高限制 2 000 r/min
CYCLE95("L1",1,0.1,0.3,,0.2,0.1,0.2,5,,,0.5);	定义 CYCLE95 沿轮廓精加工
G97;	取消恒线速
T02 D01;	刀宽 4 mm,换刀加刀具尺寸补偿
M3 S800;	主轴正转,转速为 800 r/min
G0 X26 Z−32;	快速接近工件
CYCLE93(21,−35,7,1.5,0,0,0,0,0,0,0,0.1,0.1,1,1,5);	切槽循环
G0 X100;	退刀
Z100;	退刀
T03 D01;	螺纹刀,换刀加刀具尺寸补偿
G0 X25 Z5;	快速接近工件并给定循环起点
CYCLE97(1.5, 0, 0, −30,24, 24, 5,1, 0.97, 0, 30, 0, 5, 2, 3,1);	螺纹切削循环
G0 X100;	退刀
M9;	冷却液关
M30;	程序结束
L1.SPF;	子程序
G0 X0;	
Z5;	
G1 Z0;	
G3 X14.14 Z−2.93 CR=10;	
G1 X24 Z−7.86;	
Z−35;	
X30 RND=1;	
Z−55;	
X35 CHR=1;	
Z−81;	
G1 X70;	
M17;	
%	左端
O2.MPF	程序名

续表

程　序	说　明
T01 D01；	换刀加刀具尺寸补偿
M3 S800；	主轴正转，转速为 800 r/min
M8；	冷却液开
G0 X40 Z5；	快速接近工件并给定循环起点
G96 S160 LIMS=1500；	最高速设定
CYCLE95("L2",1,0.1,0.3,,0.2,0.1,0.2,1,,,0.5)；	定义 CYCLE95
G97；	取消恒线速
T01 D01；	换刀加刀具尺寸补偿
M3 S800；	主轴正转，转速为 800 r/min
M8；	冷却液开
G0 X40 Z5；	快速接近工件并给定循环起点
G96 S190 LIMS=2000；	恒线速控制 190 m/min
CYCLE95("L2",1,0.1,0.3,,0.2,0.1,0.2,5,,,0.5)；	沿轮廓精加工
G97；	取消恒线速
G0 X100；	抬刀
M9；	冷却液关
M30；	主程序结束
L2.SPF	子程序名
G0 X33；	
Z5；	
G1 Z0；	
X35 Z−1；	
Z−14；	
G2 Z−38 CR=20；	
G1 X40；	
M17；	

任务三　曲面轴的数控加工

学习目标

1. 掌握数控机床的插补原理。
2. 掌握数控车床的加工过程。

3. 掌握生产型数控车床的操作面板。

能力目标

1. 会根据加工零件选择机床。
2. 会操作生产型数控车床。
3. 会根据数控机床插补原理判断插补误差。

RENWU DAORU 任务导入

现需生产图 2-1-1 所示曲面轴零件 1 件，试完成该零件的数控加工任务。

ZHISHI PINGTAI 知识平台

1 数控系统的插补原理

(1)概述

在数控加工中，一般已知运动轨迹的起点坐标、终点坐标和曲线方程，如何使切削加工运动沿着预定轨迹移动是要研究的问题。数控系统根据这些信息实时地计算出各个中间点的坐标，通常把这个过程称为插补。

数控插补原理

①插补模块在数控系统软件中的作用

插补模块是数控系统软件中一个极其重要的功能模块，其算法选择会影响数控系统的运动精度、运动速度和加工能力等。数控系统的工作过程如图 2-3-1 所示。

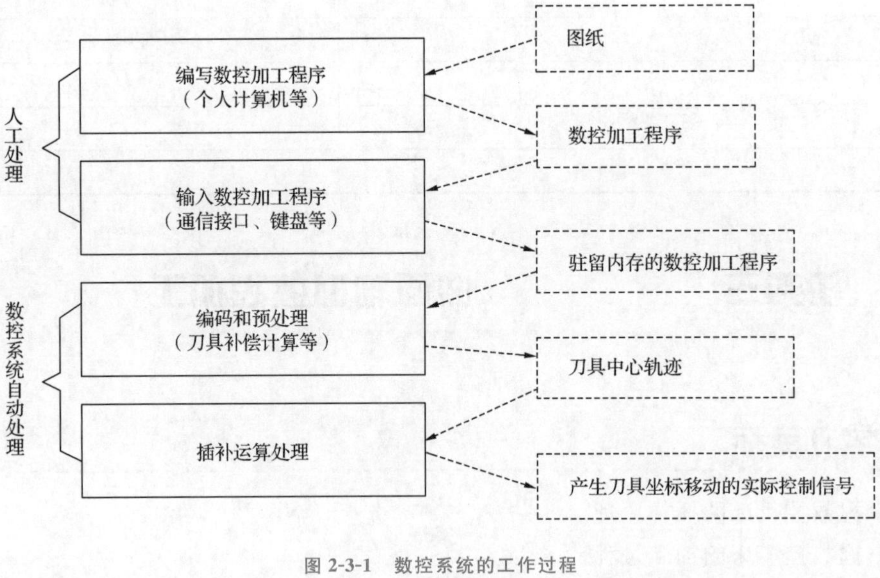

图 2-3-1　数控系统的工作过程

插补计算就是数控系统根据输入的基本数据(如直线的终点坐标,圆弧的起点、圆心、终点坐标,进给速度),通过计算将工件轮廓的形状描述出来,边计算边根据计算结果向各坐标发出进给指令。因此,插补实质上是根据有限的信息完成"数据点的密化"工作。

加工各种形状的零件轮廓时,必须控制刀具相对于工件以给定的速度沿指定的路径运动,即控制各坐标轴依某一规律协调运动,这一功能为插补功能。平面曲线的运动轨迹需要两个运动来协调;空间曲线或立体曲面则要求三个以上的坐标产生协调运动。

②数控机床的运动特点

- 在数控机床中,刀具的基本运动单位是脉冲当量,刀具沿各个坐标轴方向位移的大小只能是脉冲当量的整数倍。因此,数控机床的运动空间被离散化为一个网格区域,网格大小为一个脉冲当量,刀具只能运动到网格节点的位置。如图 2-3-2 所示。
- 在机床运动过程中,为了实现轮廓控制,数控系统必须根据零件轮廓的曲线形式和进给速度的要求实时计算介于轮廓起点和终点之间的所有折线端点(a_1、a_2、a_3……)的坐标,如图 2-3-3 所示。因此,在数控机床的加工过程中,刀具只能以折线的形式去逼近需要被加工的曲线轮廓,其实际运动轨迹是由一系列微小线段所组成的折线,而不是光滑的曲线。

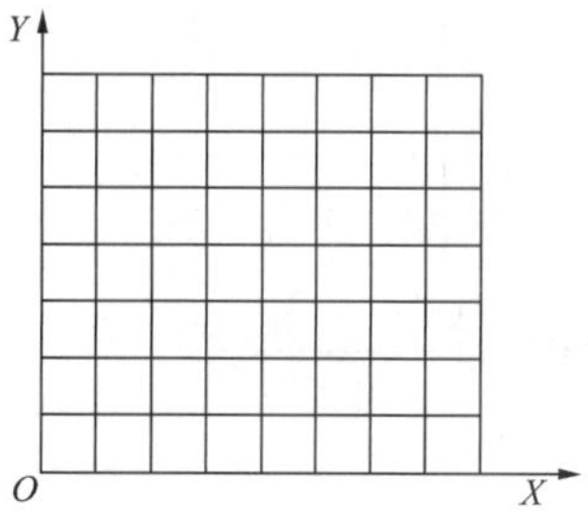

图 2-3-2 网格节点的位置

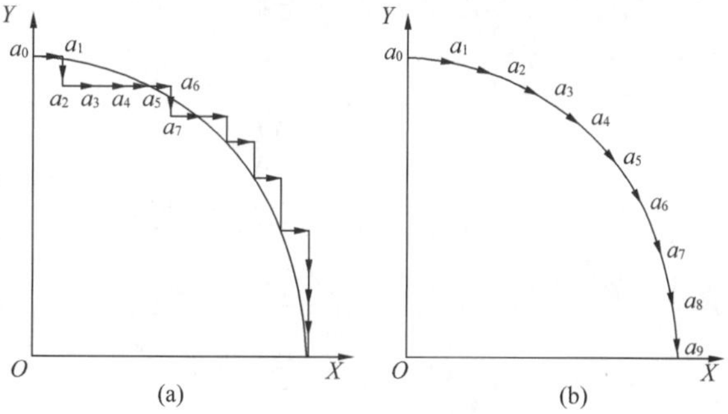

图 2-3-3 轮廓插补

(2)插补的种类

在 CNC 系统中,插补工作一般由软件完成。软件插补结构简单,灵活易变,可靠性好。

①插补运算可以采用数控系统硬件或数控系统软件来完成。

②直线和圆弧是构成零件轮廓的基本线型,所以绝大多数数控系统都具有直线插补和圆弧插补功能。这里将重点介绍直线插补和圆弧插补的计算方法。

③插补运算速度是影响刀具进给速度的重要因素。为缩短插补运算时间,在插补运算过程中,应尽量避免使用三角函数、乘、除以及开方等复杂运算。因此,插补运算一般都采用迭代算法。

④插补运算速度直接影响数控系统的运行速度,插补运算精度又直接影响数控系统的运行精度。插补速度和插补精度之间是相互制约、互相矛盾的,因此只能折中选择。

(3)插补算法

①脉冲增量插补算法:通过向各个运动轴分配驱动脉冲来控制机床坐标轴相互协调运动,从而加工出一定轮廓形状的算法。

- 每次插补运算后,在一个坐标轴(X、Y 或 Z 方向),最多产生一个单位脉冲形式的步进电动机控制信号,使该坐标轴最多产生一个单位的行程增量。每个单位脉冲所对应的坐标轴位移量称为脉冲当量，一般用δ或 BLU 来表示。

● 脉冲当量是脉冲分配的基本单位，它决定了数控系统的加工精度。

普通数控机床：δ=0.01 mm。

精密数控机床：δ=0.005 mm、0.002 5 mm 或 0.001 mm。

● 算法比较简单，通常只需要几次加法操作和移位操作就可以完成插补运算，因此容易用硬件来实现。

● 插补误差<δ；输出脉冲频率的上限取决于插补程序所用的时间。因此该算法适用于中等精度（δ=0.01 mm）和中等速度（1～4 m/min）的机床数控系统。

②数据采样插补算法：根据数控加工程序所要求的进给速度，按照插补周期的大小，先将零件轮廓曲线分割为一系列首尾相接的微小线段，然后输出这些微小线段所对应的位置增量数据，控制伺服系统实现坐标轴进给。

采用数据采样插补算法时，每调用一次插补程序，数控系统就计算出本插补周期内各个坐标轴的位置增量以及各个坐标轴的目标位置。随后伺服位置控制软件将把插补计算求得的坐标轴位置与采样获得的坐标轴实际位置进行比较以求得位置跟踪误差，然后根据当前位置跟踪误差计算出坐标轴的进给速度并输出给驱动装置，从而驱动移动部件向减小误差的方向运动。如图 2-3-4 所示。

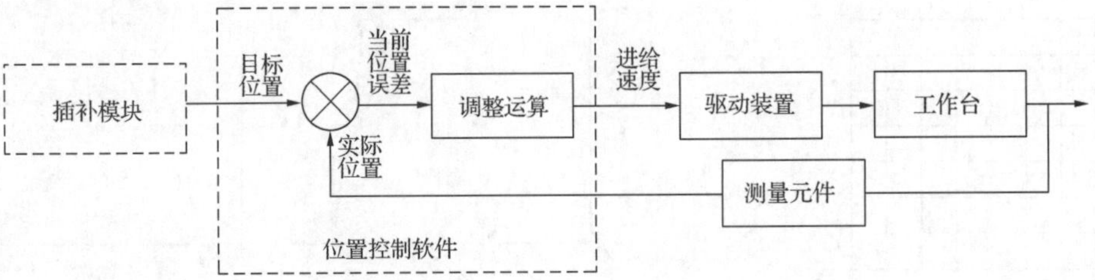

图 2-3-4　数据采样插补算法

综上所述，各类插补算法都存在着速度与精度之间的矛盾。为解决这个问题，人们提出了以下方案：

● 软件/硬件相配合的两级插补方案。在这种方案中，插补任务分成两步完成：首先，使用插补软件（采用数据采样法）将零件轮廓按插补周期（10～20 ms）分割成若干微小线段，这个过程称为粗插补；其次，使用硬件插补器对粗插补输出的微小线段做进一步的细分插补，形成一簇单位脉冲输出，这个过程称为精插补。

● 多个 CPU 的分布式处理方案。首先，将数控系统的全部功能划分为几个子功能模块，每个子功能模块配置一个独立的 CPU 来完成其相应功能；其次，通过系统软件来协调各个 CPU 之间的工作。

● 采用单台高性能微型计算机方案。

2 熟悉数控车床的机械结构

数控车床的机械结构一般包括主轴单元、滚珠丝杠副、回转刀架、滚动导轨副等部分，如图 2-3-5 所示。由于采用了高性能的无级变速主轴及伺服传动系统，因此数控机床的机械传动结构大为简化，大大缩短了传动链。

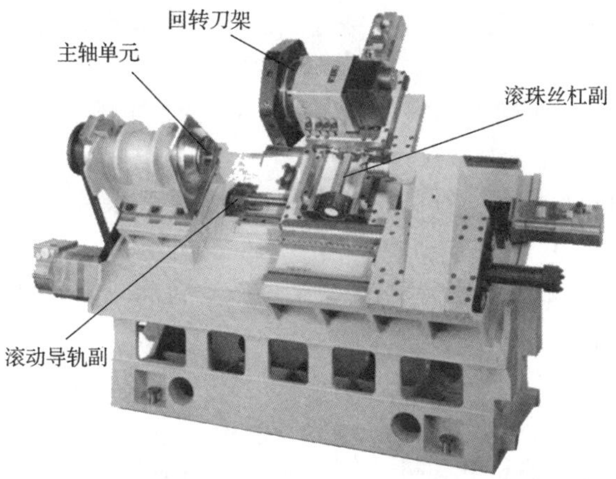

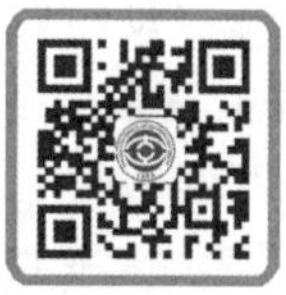

数控车床机械结构

图 2-3-5　数控车床的机械结构

（1）数控机床机械结构的特点

数控机床机械结构具有静刚度和动刚度高、抗振性好、灵敏度高、热变形小、自动化程度高、操作方便等特点。

（2）不同布局机床操作方便程度的影响

数控车床的布局方案如图 2-3-6 所示，图 2-3-6(a)所示为水平床身-水平滑板，床身工艺性好，便于导轨面的加工，下部空间小，故排屑困难，刀架水平放置加大了机床宽度方向的结构尺寸；图 2-3-6(b)所示为倾斜床身-倾斜滑板，排屑也较方便，中、小规格的数控车床其床身的倾斜度以 60°为宜；图 2-3-6(c)所示为水平床身-倾斜滑板，其工艺性好，宽度方向的尺寸小，且排屑方便，是卧式数控车床的最佳布局形式。

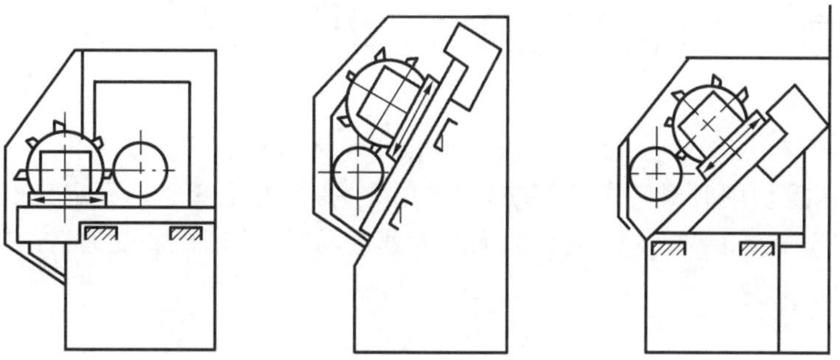

(a) 水平床身-水平滑板　(b) 倾斜床身-倾斜滑板　(c) 水平床身-倾斜滑板

图 2-3-6　数控车床的布局方案

（3）数控机床的主传动系统

①功能

主传动系统是实现机床主运动的传动系统，通过变速使主轴获得不同的转速，以适应不同的加工要求。在变速的同时，还要求传递一定的功率和足够的转矩。同时，主传动系统还需要有较高的精度及刚度并尽可能减小噪声，从而获得最佳的生产率、加工精度和表面质量。

②基本要求

- 转速高，功率大，能使数控机床进行大功率切削和高速切削，实现高效率加工。

● 主轴转速的变换迅速可靠，调速范围广，无级变速，使切削工作始终在最佳状态下进行。

● 为实现刀具的快速或自动装卸，主轴上必须设有刀具自动装卸、主轴定向停止和主轴孔内的切屑清除装置。

● 为实现对 C 轴位置（主轴回转角度）的控制，主轴应安装位置检测装置。

③无级变速

● 采用交流电动机驱动系统实现无级变速传动，在早期的数控机床或大型数控机床上，也有采用直流主轴驱动系统的情况。

● 在经济型、普及型数控机床上，为了降低成本，可以采用变频器带变频电动机或普通交流电动机实现无级变速的方式。

● 在高速加工机床上，广泛使用主轴和电动机一体化的新颖功能部件——电主轴。电主轴的电动机转子和主轴一体，不需要任何传动件，可以使主轴达到数万转，甚至十几万转的高速。

④变速方式

● 带有变速齿轮的主轴传动：大、中型数控机床通常采用这种配置方式，确保低速时有较大的转矩和扩大恒功率调速范围，滑移齿轮的移位大多采用液压拨叉或直接由液压缸驱动齿轮来实现。数控机床主传动的配置方式如图 2-3-7 所示。

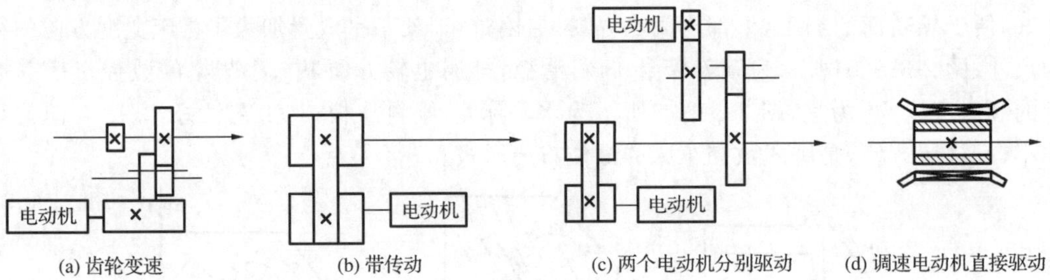

图 2-3-7 数控机床主传动的配置方式

为满足机床重切削时对转矩的要求，多采用 2～3 级齿轮变速。额定转矩为 140 N · m，额定转速为 1 500 r/min，22 kW 的交流无级变速电动机，经过机械变速后的转矩、功率曲线如图 2-3-8 所示。

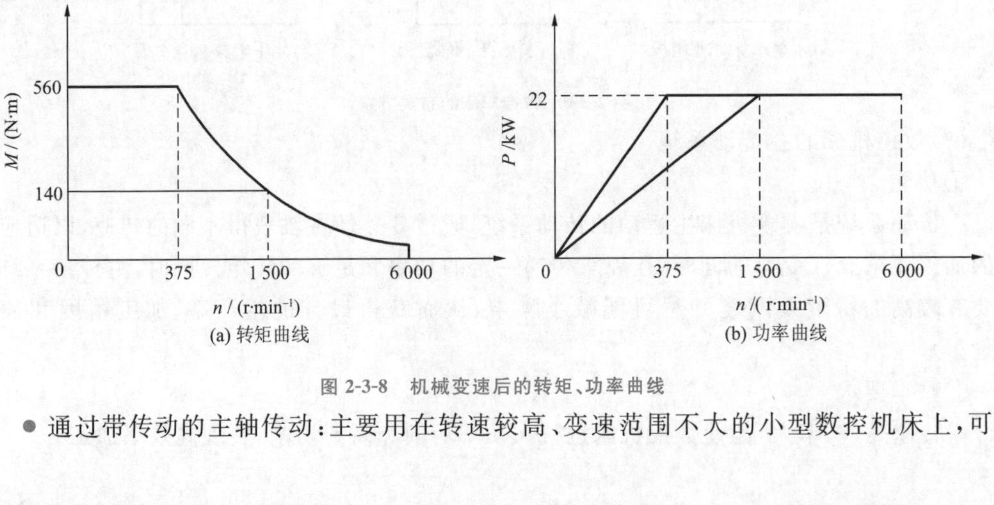

图 2-3-8 机械变速后的转矩、功率曲线

● 通过带传动的主轴传动：主要用在转速较高、变速范围不大的小型数控机床上，可以

避免由齿轮传动所引起的振动和噪声。适用于高速低转矩特性的主轴,常用的有多楔带和同步齿形带,如图 2-3-9 所示。一般采用同步齿形带,多见于数控车床,减小了噪声和振动。

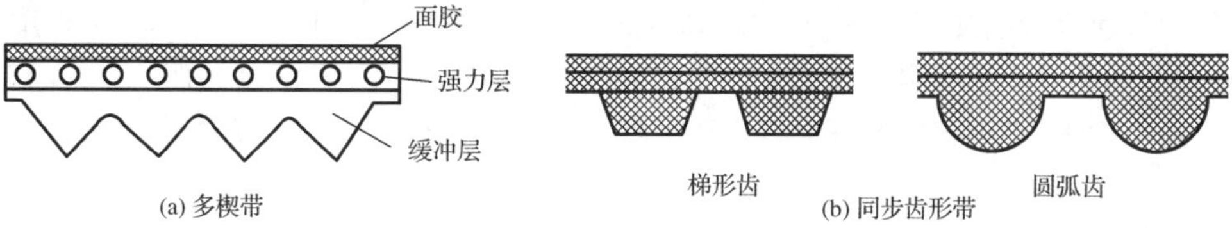

图 2-3-9　带的结构形式

同步齿形带传动是一种综合了带传动和链传动优点的新型传动方式,其带形有梯形齿和圆弧齿。如图 2-3-10 所示。

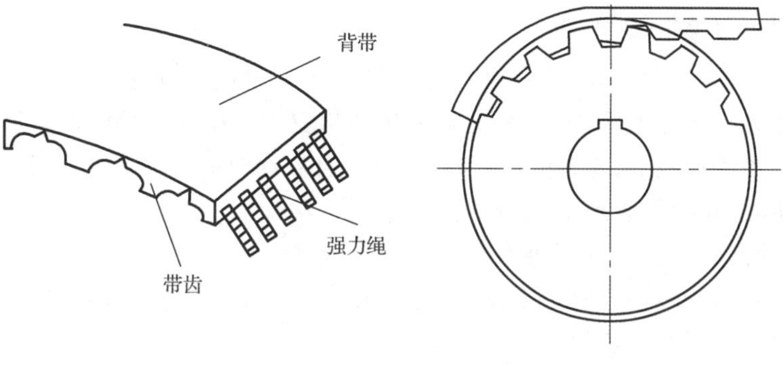

图 2-3-10　同步齿形带的结构和传动

● 由两个电动机分别驱动主轴传动:高速时,由一个电动机通过带传动;低速时,由另一个电动机通过齿轮传动,齿轮起到降速和扩大变速范围的作用,使恒功率区增大,扩大了变速范围,避免了低速时转矩不够且电动机功率不能充分利用的问题。如图 2-3-11 所示。

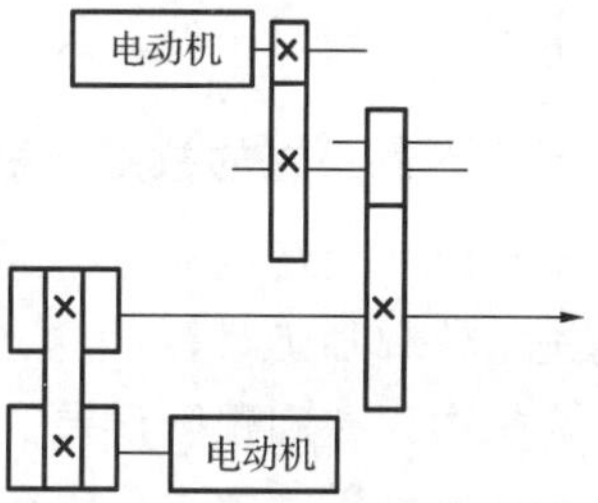

图 2-3-11　由两个电动机分别驱动主轴传动

● 由调速电动机直接驱动主轴传动:大大简化了主轴箱体与主轴的结构,有效地提高了主轴部件的刚度,但主轴输出的转矩小,电动机发热对主轴的精度影响较大。如图 2-3-12 所示。

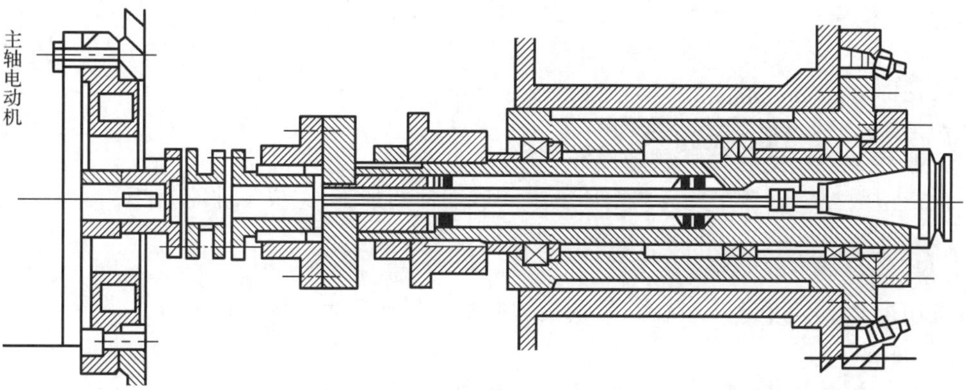

图 2-3-12　直接驱动式

(4)主轴部件

主轴部件是影响机床加工精度的主要部件，它的回转精度影响工件的加工精度，它的功率与回转速度影响加工效率，它的自动变速、准停和换刀等影响机床的自动化程度。因此，要求主轴部件具有与本机床工作性能相适应的高回转精度、刚度、抗振性、耐磨性和低的温升。在结构上，必须很好地解决刀具和工具的装夹、轴承的配置、轴承间隙调整和润滑密封等问题。

NENGLI PINGTAI 能力平台

1 螺纹“乱牙”的故障分析

数控车床加工螺纹时，其实质主轴的角位移与 Z 轴进给之间进行插补，“乱牙”是由于主轴与 Z 轴进给不能实现同步引起的。该机床使用变频器作为主轴调速装置，主轴速度为开环控制，在不同的负载下，主轴的启动时间不同，且启动时的主轴速度不稳，转速也有相应的变化，导致主轴与 Z 轴进给不能实现同步。

解决以上故障的方法有以下两种：

(1)通过在主轴旋转指令(M03)后、螺纹加工指令(G32)前增加 G04 延时指令，保证在主轴速度稳定后，再开始螺纹加工。

(2)更改螺纹加工程序的起始点，使其离开工件一段距离，保证在主轴速度稳定后才真正接触工件，开始螺纹加工。

采用以上任何一种方法都可以解决该类故障，实现正常的螺纹加工。

2 轮廓误差的故障分析

由直流或交流电动机构成的伺服系统，在实际加工中必然存在跟随误差。在多轴同时运动进行轮廓加工时，各个单轴的跟随误差势必反映到加工曲线轮廓上，形成加工误差，一般分为轮廓误差和跟随误差。

当伺服轴运动超过位置允差范围时，数控系统就会产生位置误差过大的报警，包括跟随误差、轮廓误差和定位误差等。主要原因有：系统设定的允差范围小；伺服系统增益设置不当；位置检测装置有污染；进给传动链累积误差过大；主轴箱垂直运动时平衡装置(如平衡液压缸等)不稳。

RENWU SHISHI 任务实施

生产型数控车床是在真实数控环境中开展零件的加工，完成零件的生产。

1 数控加工前准备

选用配备 FANUC 0i Mate TD 的由沈阳第一机床厂生产的数控车床。

(1)备料

按照工艺要求准备零件的毛坯，主要毛坯的形状不能严重变形。

(2)刀具和工、量具准备

根据工艺技术文件要求,准备刀具和工、量具。为确保刀具刃口的锋利,需要提前磨刀,以保证加工质量。

(3)数控车床加工前的检查

加工前需提前检查数控车床,包括电源、气压、润滑油等,以保证加工顺利进行。

(4)工件的装夹

①将尺寸为 ϕ40 mm×110 mm 的毛坯安装在三爪卡盘上,夹紧。装夹时工件要水平安放,右手拿工件,左手旋紧卡盘扳手。

②工件的伸出长度一般比被加工部分大 10 mm 左右。

③对于一次装夹不能满足几何公差要求的零件,要采用鸡心夹头夹持工件并用两顶尖顶紧的装夹方法。

④用校正划针校正工件,经校正后再将工件夹紧。

(5)刀具安装

将加工零件的刀具依次装夹到相应的刀位上,具体操作步骤如下:

①根据加工工艺路线分析、选定被加工零件所用的刀具号,按加工工艺的顺序安装。

②选定 1 号刀位,装上第 1 把刀,注意刀尖的高度要与对刀点重合。

③手动操作控制面板上的"刀架旋转"按钮,然后依次将加工零件的刀具装夹到相应的刀位上。

2 机床开机

检查"急停"按钮是否松开至 状态,若未松开,按"急停"按钮,将其松开。按"电源开"按钮 ,打开系统的电源。

安全操作提示:学习并遵守《数控车床安全操作规程》。

3 机床回零

机床启动:弹出"急停"按钮,按"机床启动"键,机床自动默认为"回零"工作模式,在 MDI 模式下,输入"G28 U0 W0",按"循环启动"键,机床回零,机床 CRT 上显示"0"状态,回零指示灯亮。如图 2-3-13 所示。

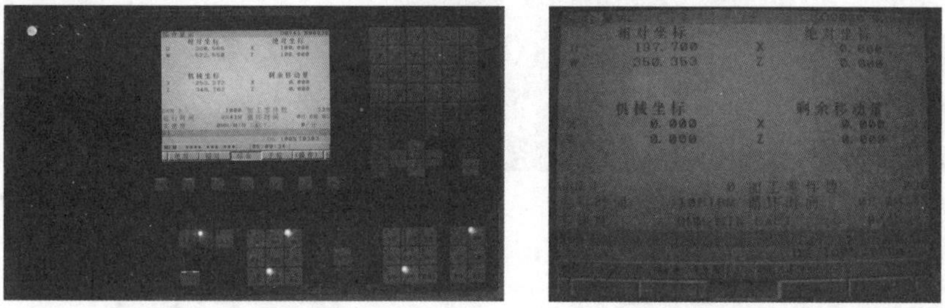

(a) (b)

图 2-3-13 数控车床开机界面

4 建立工件坐标系与对刀操作

以试切测量、输入刀具偏置值的方法对刀。将工件右端面中心点设为工件坐标系原点。

(1)在“JOG”工作模式下，用外圆车刀先试切一外圆，测量外圆直径后，如图 2-3-14 所示，按“OFSET SET”→“补正”→“形状”→输入“外圆直径值”，按“测量”键，刀具“X”偏置值即自动输入几何形状里。

(2)用外圆车刀再试切外圆端面，按“OFSET SET”→“补正”→“形状”→输入“Z0”，按“测量”键，刀具“Z”偏置值即自动输入几何形状里。如图 2-3-15 所示。

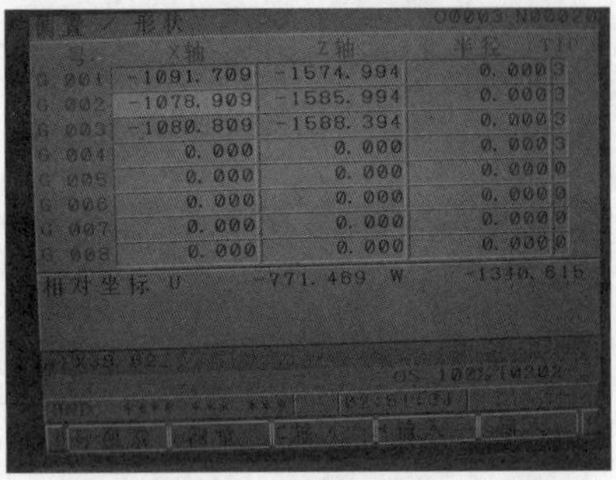

图 2-3-14　*X* 轴对刀

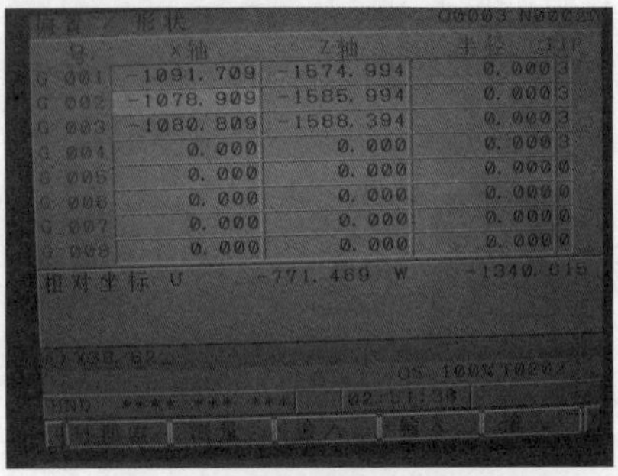

图 2-3-15　*Z* 轴对刀

(3)在“MDI”工作模式下，按“PROG”键，按图 2-3-16 所示换刀界面，输入“T0202;”，按“INSERT”键后，按“RESET”键复位，机床准备后按“循环启动”键，完成换刀，然后开始第 2 把刀具的对刀工作。

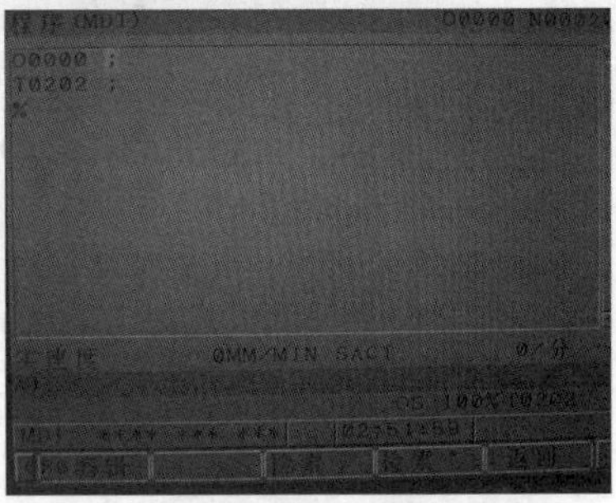

图 2-3-16　换刀界面

5 输入程序并自动加工

输入编好的数控程序并校验正确后，选择工作模式为“自动”，使其指向“AUTO”，系统进入自动运行控制方式；按“RESET”键复位后，按“循环启动”键，程序开始执行。程序执行中可以检测零件的加工过程，如图 2-3-17(a)所示。加工后的零件如图 2-3-17(b)所示。

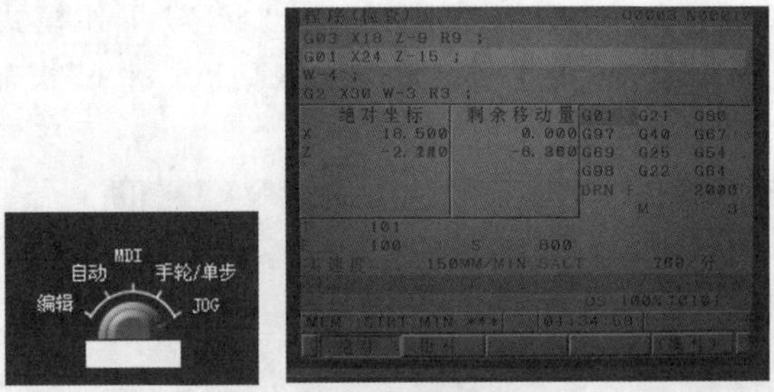

(a)自动加工

(b)曲面轴

图 2-3-17　自动加工及结果

曲面轴左端仿真加工　　曲面轴右端仿真加工

ZHISHI TUOZHAN 知识拓展

SIEMENS 802D 数控系统操作面板详见机床说明书。

1 输入新程序——“程序”操作区

功能：编制新的零件程序文件。

操作步骤如下：

(1)按“程序管理”键，进入程序管理界面，进入“程序”→【程序】操作区，显示 NC 中已经存在的程序目录。

(2)按【新程序】键，在弹出的对话框中输入新的程序名称，在名称后输入扩展名(.mpf 或 .spf)，默认为 *.mpf 文件。

注意：程序名称的前两位必须为字母。

(3)按【确认】键确认输入，生成零件程序编辑界面。现在可以对新程序进行编辑。

(4)按【中断】键结束对程序的编辑，返回程序目录管理层。

2 选择和启动零件程序——“加工”操作区

注意：启动程序前必须要调整好系统和机床，以保证安全。

操作步骤如下：

(1)按【Auto】键选择自动模式。

(2)按“程序管理”键，弹出“程序目录”窗口。

(3)在第一次选择“程序”操作区时会自动显示“零件程序和子程序目录”，用光标键【▲】【▼】把光标定位到所选的程序上。

(4)按【中断】键选择待加工的程序，被选择的程序名称显示在屏幕区“程序名”下。

3 程序段搜索——“加工”操作区

前提条件：程序已经选择。

操作步骤如下：

按【程序段搜索】键，使用以下各键，根据提示输入内容，直到找到所需的零件程序。

【计算轮廓】程序搜索，直至程序起始。

【启动搜索】程序搜索，直至程序结束。

【不带计算】程序搜索，没有进行计算。

【搜索断点】装载中断点。

【搜索】显示对话框，输入查询目标。

搜索结果：窗口显示所搜索到的程序段。如图 2-3-18 所示。

4 零件程序的修改——“程序”运行方式

零件程序不处于执行状态时，可以进行编辑。如图 2-3-19 所示。

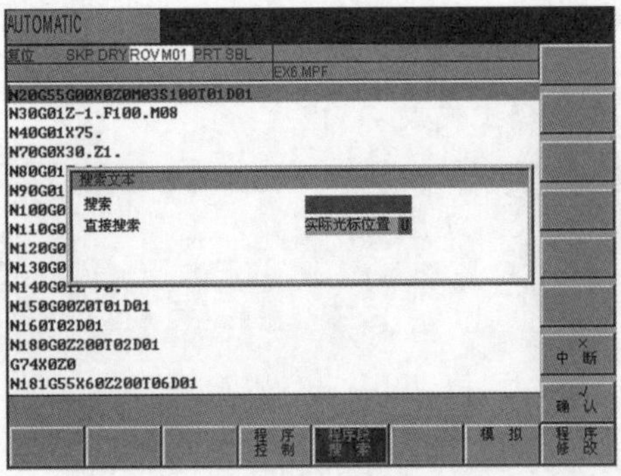

图 2-3-18 SIEMENS 802D 程序段搜索界面

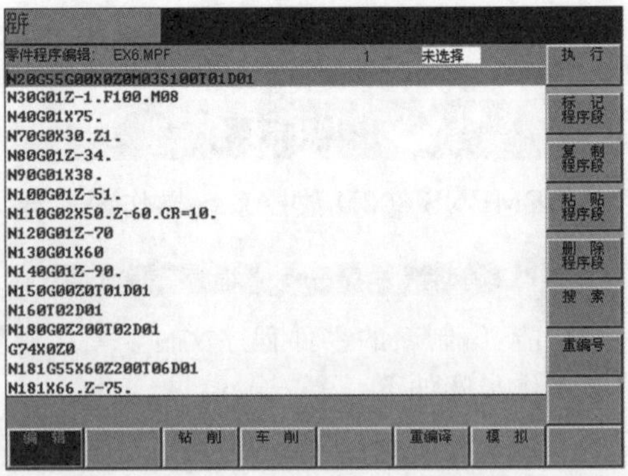

图 2-3-19 SIEMENS 802D 程序编辑界面

任务四 曲面轴的测量与评估

学习目标

1. 掌握环规的类型、使用方法及测量步骤。
2. 掌握环规、塞规的使用注意事项及维护方法。
3. 掌握刀具磨损补偿的合理选用原则。

能力目标

1. 能正确使用环规、塞规检验外径、内径及长度。
2. 能根据零件要求选用测量器具。
3. 能合理进行刀具磨损的补偿。

RENWU DAORU 任务导入

现需生产图 2-1-1 所示曲面轴零件 1 件，试完成该零件的测量和质量控制任务。

ZHISHI PINGTAI 知识平台

1 认识环规

环规又称为校正环规，是用于检验外径用的专用量规，可分为通规和止规。常用的有光面环规(图 2-4-1)和螺纹环规(图 2-4-2)。光面环规做成圆环形状，两端分别为通端和止端，用来检查轴的直径。

图 2-4-1　光面环规

图 2-4-2　螺纹环规

螺纹的检验

2 认识塞规

塞规是检验孔用的专用量规，可分为通规和止规。常用的有光面塞规和螺纹塞规。螺纹塞规是测量螺纹尺寸正确性的工具，可分为普通粗牙、细牙和管子螺纹三种。螺距为 0.35 mm 或更小的 2 级精度及高于 2 级精度的螺纹塞规，螺距为 0.8 mm 或更小的 3 级精度的螺纹塞规都没有止端测头。100 mm 以下的螺纹塞规为锥柄螺纹塞规，100 mm 以上的为双柄螺纹塞规。

3 加工精度的质量控制

金属零部件上的精工细作

(1)刀具位置补偿

刀具位置补偿又称为刀具偏置补偿或刀具偏移补偿。以下三种情况均需进行刀具位置补偿：

①在实际加工中，通常使用不同尺寸的若干把刀具加工同一轮廓尺寸的零件，而编程时是以其中一把刀为基准设定工件坐标系的，因此必须将所有刀具的刀尖都移到此基准点。利用刀具位置补偿功能，即可完成。

②对同一把刀来说，当刀具重磨后再把它准确地安装到程序所设定的位置是非常困难的，总是存在位置误差。这种位置误差在实际加工时便会造成加工误差。因此在加工前，必须用刀具位置补偿功能来修正安装位置误差。

③每把刀具在其加工过程中，都会有不同程度的磨损，而磨损后的刀具的刀尖位置与编程位置存在差值，这势必造成加工误差。这一问题也可以用刀具位置补偿的方法来解决。

(2)刀尖圆弧半径补偿

刀具参数包括 X 轴偏置量、Z 轴偏置量、刀尖半径 R、假想刀尖方位 T。这些都与工件的形状有关，必须用参数输入数控系统数据库。FANUC 系统刀具参数如图 2-4-3 所示，具体孔加工循环指令参照编程手册。其他系统也类似。

图 2-4-4 为后置刀架假想刀尖方位编号，图 2-4-5 为前置刀架假想刀尖方位编号，图 2-4-6 所示为前置刀架数控车床刀具的假想刀尖。

刀尖方位编号从 0 至 9 共有 10 个方向号。当按假想刀尖点对刀时，刀尖位置方向因安装方向不同，从刀尖圆弧中心到假想刀尖的方向，有 8 种刀尖位置方向号可供选择，并依次设为 1～8 号；当按刀尖圆弧中心点对刀时，刀尖位置方向则设定为 0 或 9 号。

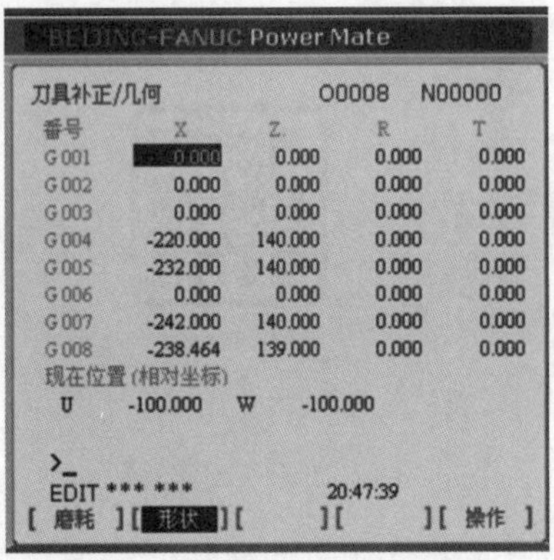

图 2-4-3 FANUC 系统刀具参数

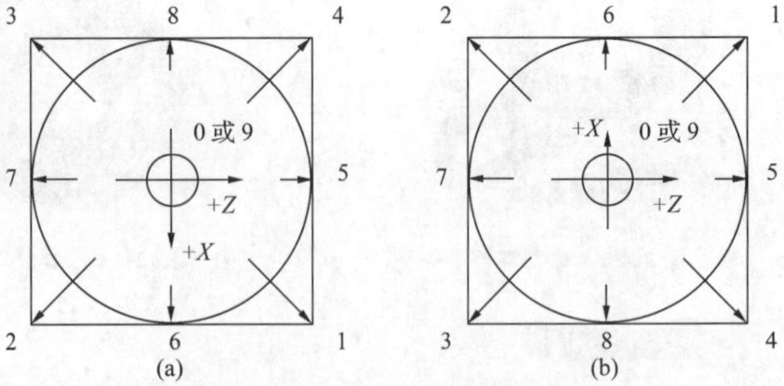

图 2-4-4 后置刀架假想刀尖方位编号

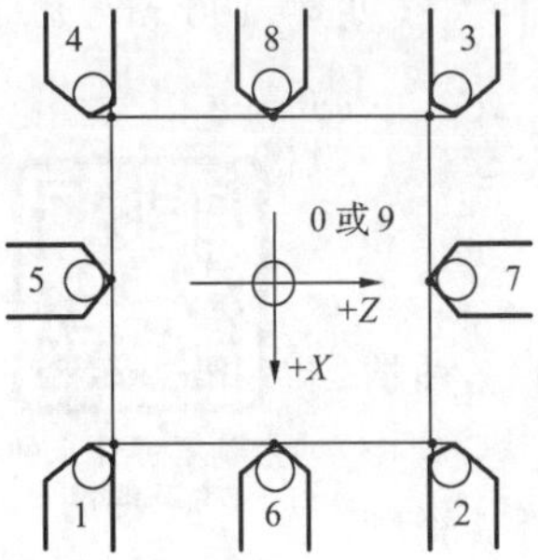

图 2-4-5 前置刀架假想刀尖方位编号

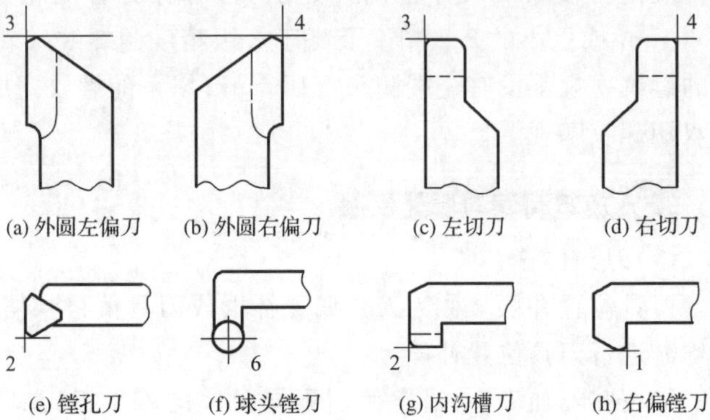

图 2-4-6 前置刀架数控车床刀具的假想刀尖

能力平台

NENGLI PINGTAI

螺纹是机械工业中常用的一类机械零件，任何一台机器都离不开螺纹，它是机械零件连接与紧固以及机械传动不可缺少的部分。为保证各种螺纹达到其功能，必须对螺纹的几何参数进行检测。螺纹参数的测量方法比较多，有综合测量法、单项测量法和仪器测量法等。

综合测量法（量规测量法）测量螺纹效率高，螺纹的检验可用综合测量法，也可用单项测量法。螺纹量规检验螺纹选用综合测量法。如图 2-4-7 所示，螺纹量规的形状和被测螺纹量规的形状相反，通规与止规配对使用。

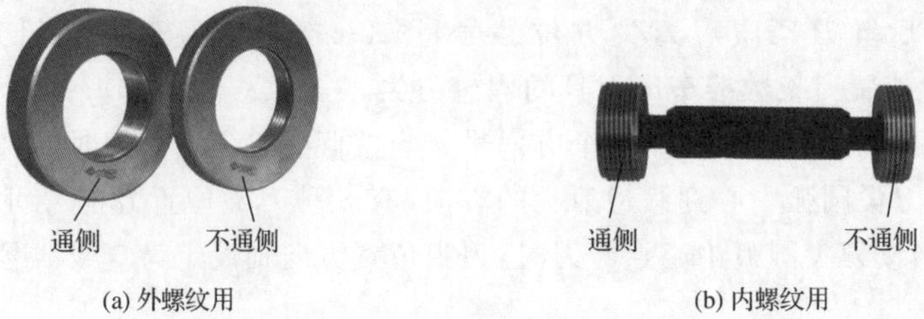

图 2-4-7 螺纹量规

内、外螺纹工件均可通过一种合格的螺纹量规以旋合法检验，具体方法如下：

1 检验内螺纹的量规

(1)一般用螺纹塞规。通端工作塞规用以控制被检内螺纹大径的下极限尺寸和作用中径的下极限尺寸,其牙型完整,螺纹长度与被检螺纹长度一样,一般为8～9扣,合格标志为顺利通过被检内螺纹。

(2)止端工作塞规控制被检内螺纹的实际中径,为消除牙型误差,制成截断牙型。为减少螺距误差影响,其扣数为$2\frac{1}{2}$～$3\frac{1}{2}$,合格标志是不能通过,但可以部分旋入。多于4扣的内螺纹,止端工作塞规的旋合量不得多于2扣;少于或等于4扣的内螺纹,两端旋合量不得多于2扣。

(3)通端验收塞规的检验作用与螺纹通端工作塞规相同,一般选取部分磨损,但螺距和半角误差较小的通端塞规,验收人员用以验收螺纹制件,其中径尺寸因磨损而稍小,可避免被通端工作塞规检验为合格而被验收塞规验成不合格的矛盾。

2 检验外螺纹的量规

(1)一般用螺纹环规。通端工作环规综合控制被检外螺纹内径的下极限尺寸和作用中径的上极限尺寸,完整牙型,螺纹长度与被检外螺纹旋合长度相当,一般为8～9扣,合格标志是能通过被检螺纹。

(2)止端螺纹环规只控制被检外螺纹实际中径的下极限尺寸。截短牙型,扣数为$2\frac{1}{2}$～$3\frac{1}{2}$,合格标志是不能通过,但允许部分旋入。多于4扣的外螺纹,旋合量不得多于$3\frac{1}{2}$扣;少于4扣的,旋合量不得多于2扣。

(3)通端验收环规的作用与通端工作环规相同,一般也是从部分磨损后的工作环规中选取的。检验测量过程如下:首先将被测螺纹油污及杂质清理干净,然后在环规与被测螺纹对正后,用大拇指与食指转动环规,使其在自由状态下旋合,通过螺纹全部长度判定合格,否则以不通判定。

3 测量过程

首先将被测螺纹油污及杂质清理干净,然后在量具与被测螺纹对正后,用大拇指与食指转动环规,旋入螺纹长度在2个螺距之内为合格,否则判为不合格品。

4 维护与保养

量具使用完毕后,应及时将测量部位附着物清理干净,存放在规定的量具盒内。生产现场在用量具应摆放在工艺定置位置,轻拿轻放,防止因磕碰而损坏测量表面。严禁将量具作为切削工具强制旋入螺纹,避免造成早期磨损。严禁非计量工作人员随意调整可调节螺纹环规,确保量具的准确性。环规长时间不用,应交计量管理部门妥善保管。

5 注意事项

使用时应注意被测螺纹公差等级及偏差代号与环规标志公差等级及偏差代号相同。在用量具应在每个工作日用校对塞规计量一次。经校对量具计量超差或者达到计量器具周检期的环规，由计量管理人员收回并采取相应的处理措施。可调节螺纹环规经调整后，测量部位会产生失圆，此现象由计量修复人员经螺纹磨削加工后再次计量鉴定，各尺寸合格后方可投入使用。报废量具应及时处理，不得流入生产现场。

RENWU SHISHI

任务实施

1 曲面轴螺纹加工中的测量

在数控车床车削螺纹时，由螺纹车刀分几次直接加工完成。加工的螺纹直径方向留有一定的余量 $\Delta d=0.1$ mm，设 $\Delta d_z=\Delta d_1+\Delta d_2+\Delta d_3+\cdots\cdots+\Delta d_n$，$\Delta d_1$、$\Delta d_2$、$\Delta d_3$ 分别设为 0.05 mm、0.03 mm、0.02 mm。当将程序 O0004 调出并自动循环加工到程序段 N40 时，机床无条件暂停。用螺纹通止规检测，发现不合格，螺纹要继续加工。

在当前程序下，按“循环启动”键进行自动加工，执行 N15 程序段后跳过 N20 程序段和 N25 程序段，马上执行 N30 程序段（螺纹加工的最后一道程序），返回换刀点后暂停，用螺纹通止规再检测，若合格，则继续执行；若不合格，则继续按上述方法打开刀具补偿界面，输入“－0.030”（Δd_2），按“INPUT”软键，然后再将程序返回程序头，打开“跳步”功能键，按“循环启动”键自动加工，直至螺纹加工合格。

2 加工效果

在数控车加工螺纹过程中，由于采用螺纹通止规方法既实用、简单，又便于操作，并且加工的螺纹中径尺寸在公差尺寸内，因此合格率明显提高，起到了事半功倍的作用。

TONGBU XUNLIAN

同步训练

完成图 2-5-1 所示零件的数控加工工艺任务。

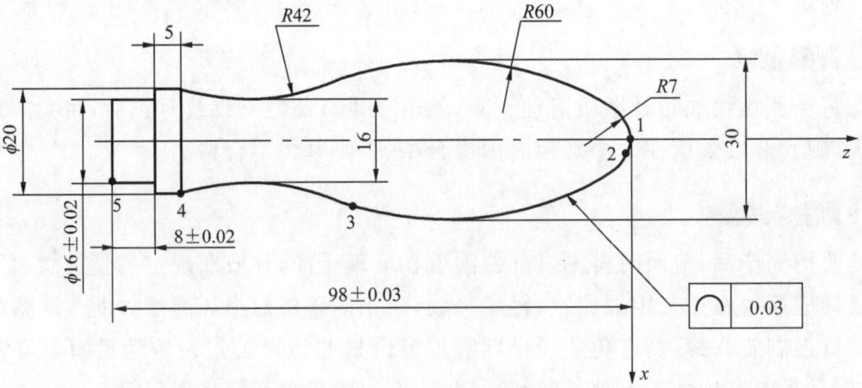

图 2-5-1　曲柄轴零件图

一、编制加工工艺

根据图 2-5-1 所示曲柄轴零件，完成以下问题：

1. 确定毛坯

根据生产类型、零件应用及型材规格，此次加工采用________毛坯，________装夹。

2. 选择定位基准，拟订工艺路线

(1)分析零件加工表面

加工面有：________、________、________、________。

(2)确定零件定位基准

粗基准为________________，精基准为________________。

(3)确定各表面加工方案(表 2-5-1)

表 2-5-1　　曲柄轴加工方案

序号	加工表面	精度等级	表面粗糙度要求	加工方案

(4)划分工序

因每月生产 1 000 件零件，属于________生产，故工序分为________道工序。

(5)排列工序顺序(表 2-5-2)

表 2-5-2　　曲柄轴工序顺序

工序号	工序内容
10	
20	
30	
40	
50	
60	
70	
80	

3. 数控车削曲柄轴所用的车刀的刀片型号是________________，刀杆型号是________________。所用的刀具分别为粗车________________，精加工________。

4. 计算切削用量

(1)选择主轴转速

通过查阅相关手册，选择粗车外轮廓切削速度 $v_c=$________ m/min，精车切削速度 $v_c=$________ m/min；根据 $v_c=\pi dn/1\,000$，得出粗车主轴转速为________ r/min，精车主轴转速为________ r/min。

(2)选择进给量

通过查阅相关手册，选择粗车进给量为________ mm/r，选择精车端面进给量为________ mm/r，精车外圆与轮廓进给量为________ mm/r。

(3)选择背吃刀量

________端面总余量为________mm，粗车 a_p＝________mm，精车 a_p＝________mm。

二、编制数控加工程序

(1)写出图 2-5-1 中的基点坐标填入表 2-5-3 中。

表 2-5-3　　曲柄轴基点坐标

基点	1	2	3	4	5
X	0	11.88	21.778		
Z	0	−3.299	−56.888		

(2)编写程序(表 2-5-4)。

表 2-5-4　　曲柄轴参考程序

程序	说明
O0001	
T(　　)；	粗车外圆车刀
M03 S(　　)；	设定转速
G00 X25 Z2；	快速定位起刀点
G1 Z0 F(　　)；	移到右端面
X−1；	切端面
G00 X25 Z2；	到起刀点
G73 U(　　) R(　　)；	外圆粗车循环
G73 P10 Q20 U0.5 W0.5 F0.3；	
N10 (　　) F(　　)；	1 点
(　　　　)；	2 点
(　　　　)；	3 点
(　　　　)；	4 点
(　　　　)；	5 点
N20 X25 G00 X100 Z100；	退刀
T(　　)；	换精车刀
G00 X25 Z2；	快速到起刀点
G70 P(　　) Q(　　)；	外圆精车
G00 X100 Z100；	退刀
T(　　)；	切槽刀，刀宽为 3 mm
G00 X22 Z−93；	快速到起刀点
G75 R1；	定义 G75，径向退刀量为 1 mm
G75 X16 Z−98 P2000 Q3000 F0.08；	切槽循环

续表

程序	说明
G00 X25 Z－101；	快速到起刀点
G75 R1；	定义 G75，径向退刀量为 1 mm
G75 X－1 P2000 Q3000 F0.08；	切断
G00 X100；	X 向退刀
Z100；	Z 向退刀
M05；	主轴停转
M30；	程序结束

思考：如何在团队协作中发挥个人作用？

项目三
轴套的数控车削加工

学习目标

1. 掌握轴套的数控加工工艺的编制方法。
2. 根据数控加工工艺方案，编写数控加工程序。
3. 了解数控机床主轴驱动系统的工作原理，掌握孔加工过程。
4. 掌握外螺纹中径的三针测量法、双针测量法和螺旋测微仪测量方法。

能力目标

1. 能制定轴套加工方案，会选用刀具，能计算切削三要素。
2. 能利用相关编程指令，完成数控各工序的编程。
3. 能利用数控仿真机床和真实机床，完成轴套零件的加工。
4. 根据图纸技术要求，测量并评估工件的加工质量。

思政目标

1. 培养勇于探索的创新精神，增强团队合作意识。

2. 培养自主学习和审辨思维的能力，对于未知的知识能够通过多种渠道进行自我学习；对于不同工艺能够敢于提出不同的观点，对于不正确的内容能够勇于批评。

3. 培养专注、负责的工作态度，精雕细琢、精益求精的工匠精神。

4. 培养 6S 管理和劳动教育精神以及自我管理、持之以恒的能力。

RENWU DAORU 任务导入

现需生产图 3-1-1 所示的轴套零件 1 件，试完成以下任务：

1. 轴套的数控加工工艺编制。
2. 轴套的数控加工程序编制。

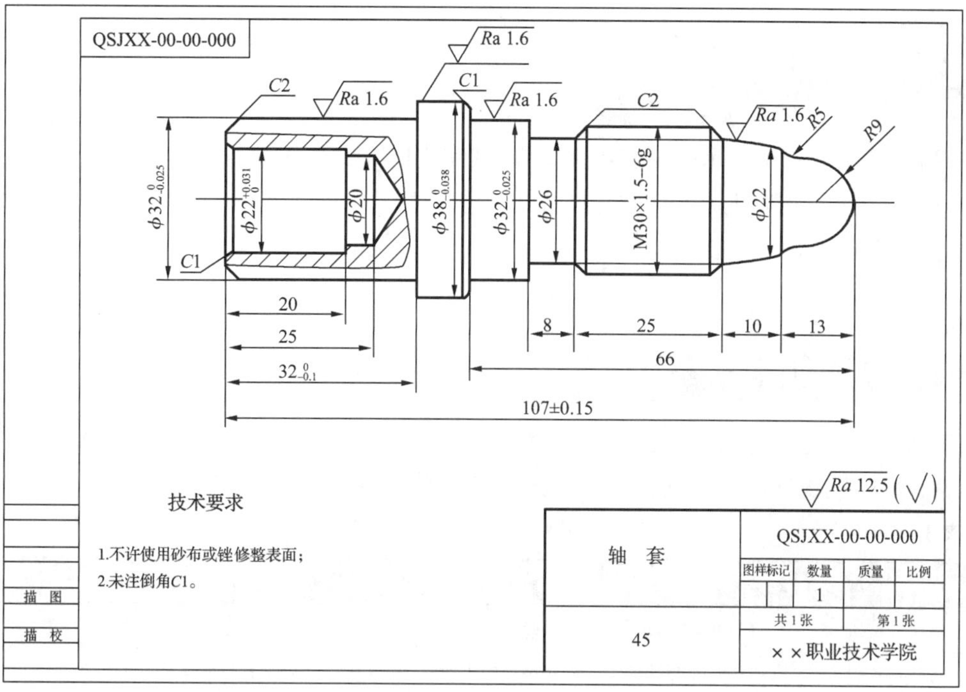

图 3-1-1 轴套零件图

3. 轴套的数控加工。

4. 轴套的数控测量与评估。

任务一 轴套的数控加工工艺编制

学习目标

1. 了解常用孔加工方法的特点。
2. 掌握孔加工方案的选择方法。
3. 了解通用孔加工刀具的选择方法。
4. 掌握可转位内孔车刀的选择方法。
5. 掌握可转位内孔车削切削用量的选择。

能力目标

1. 能根据加工要求合理选择孔加工方案。
2. 能合理选择常用孔加工刀具及切削用量。
3. 能合理选择可转位内孔车刀及切削用量。
4. 会编制轴套类零件的数控车削工艺。

RENWU DAORU 任务导入

现需生产图 3-1-1 所示的轴套零件 1 件，试完成以下工艺任务：

(1)会选择孔切削刀具并编写数控加工工艺文件。

(2)会设定孔加工的参数。

ZHISHI PINGTAI 知识平台

孔加工刀具主要有钻头、铰刀、镗刀、拉刀、复合孔加工刀具等。钻头有中心钻、麻花钻、扩孔钻、深孔钻、锪钻等。常见孔加工刀具类型及用途见表 3-1-1。

表 3-1-1 常见孔加工刀具类型及用途

类型	用途
钻头	钻孔、扩孔、锪孔、倒棱
铰刀	提高孔的精度和减小孔的表面粗糙度，一般用于加工较小直径的孔
镗刀	提高孔的精度和减小孔的表面粗糙度，一般用于加工较大直径的孔
拉刀	多用于加工通孔，通常粗、精加工一起完成，主要用于大批量生产
复合孔加工刀具	由两把及以上单孔加工刀具组合起来的刀具，主要用于大批量生产

1 中心钻

中心孔常出现在轴类零件的轴端，用作本道工序或后续工序的装夹定位基准。而钻孔前打中心孔，主要用作定心，防止开始钻削时因钻尖打滑而歪斜，导致钻偏孔或影响孔的位置精度。

认识孔加工刀具

打中心孔所用的刀具为中心钻，如图 3-1-2 所示，钻孔定中心用的中心钻可用刚性好的短钻头代用，近年来数控机床广泛使用整体钨钢中心钻，又称为定心钻，效果很好。中心钻的主要规格是直径 d。

2 麻花钻

钻削加工中最常用的刀具是麻花钻。麻花钻是通过其相对于固定轴线的旋转切削以钻削工件的圆孔的工具。因其容屑槽呈螺旋状，形似麻花而得名。螺旋槽有 2 槽、3 槽或更多槽，但以 2 槽最为常见。

按柄部形状，麻花钻分为锥柄(图 3-1-3(a))和直柄(图 3-1-3(b))两种形式。按制造材料分为高速钢麻花钻和硬质合金麻花钻。

(1)麻花钻的结构要素

麻花钻的结构如图 3-1-3 所示，由尾部、颈部和工作部分三部分组成。

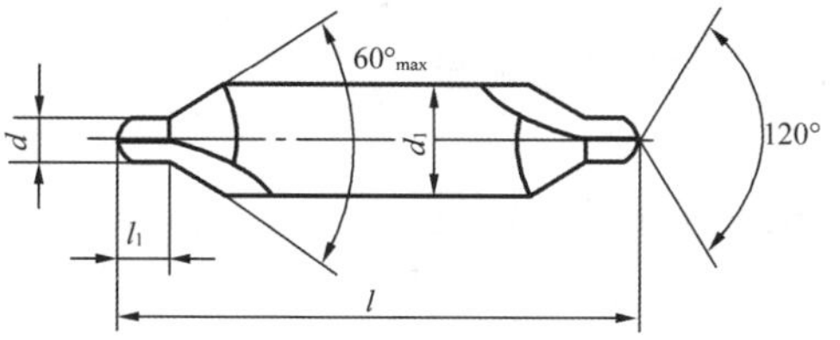

(a) A 型不带护锥

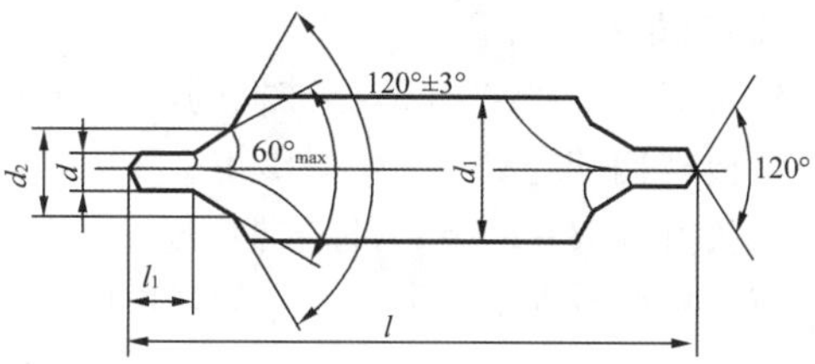

(b) B 型不带护锥

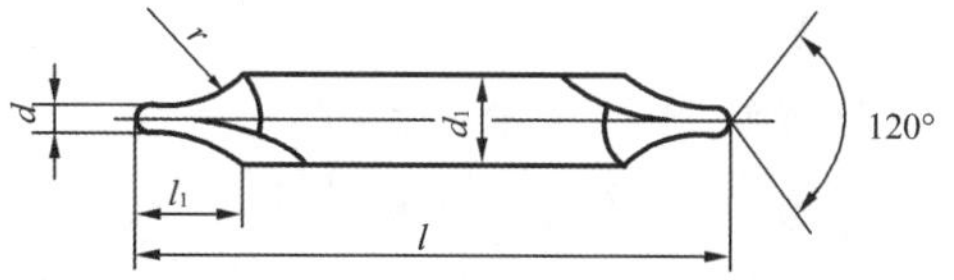

(c) R 型弧形

图 3-1-2 中心钻

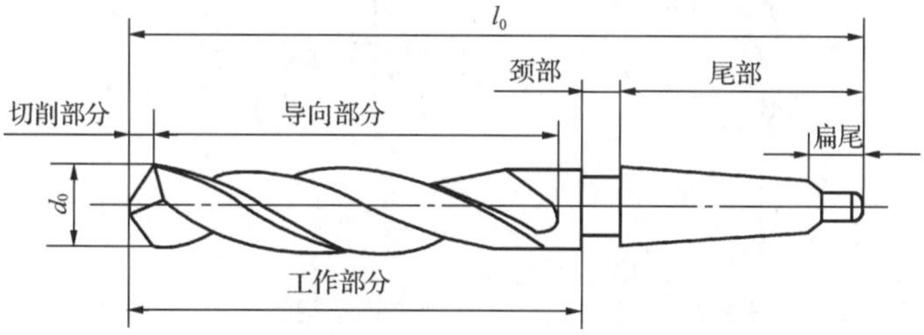

(a)

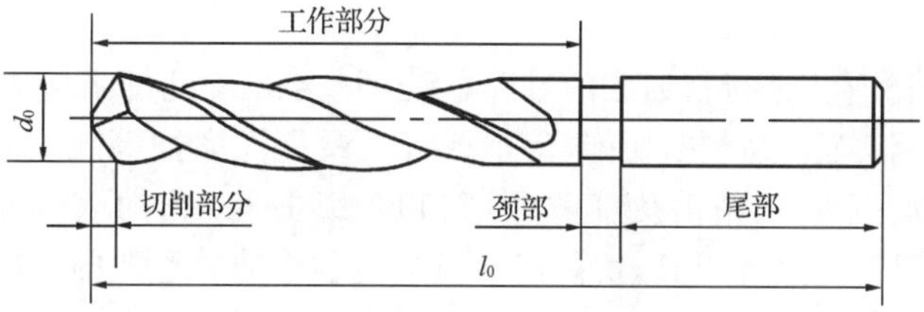

(b)

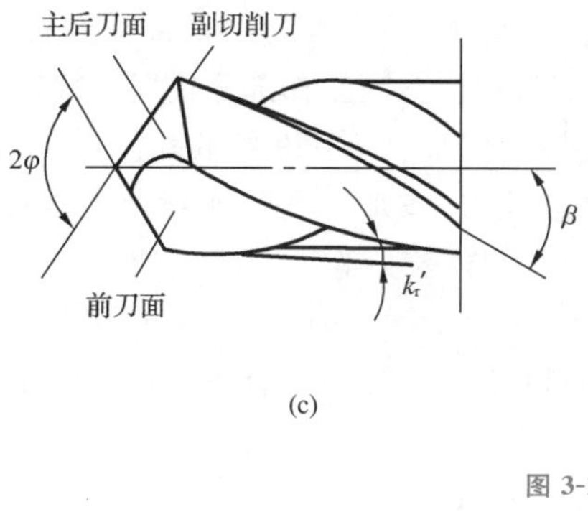

(c)

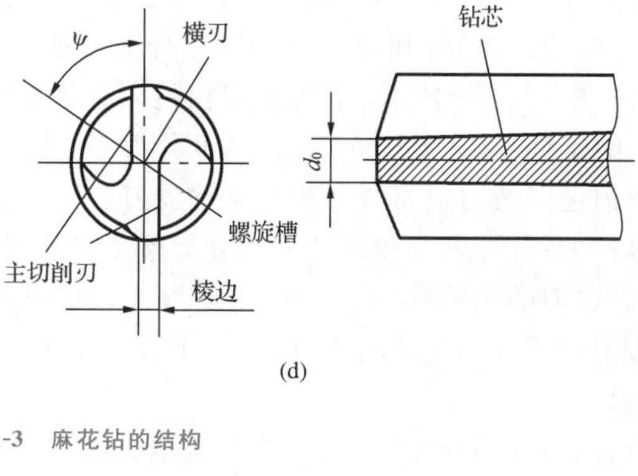

(d)

图 3-1-3 麻花钻的结构

(2)麻花钻的标记

钻头直径 d=10 mm,标准柄的右旋莫氏锥柄麻花钻的标记为

莫氏锥柄麻花钻　10　GB/T 1438.1—2008

钻头直径 d=10 mm,标准柄的左旋莫氏锥柄麻花钻的标记为

莫氏锥柄麻花钻　10—L　GB/T 1438.1—2008

钻头直径 d=10 mm,普通级直柄麻花钻的标记为

直柄麻花钻 ϕ10　GB/T 6135.2—2008

(3)提高孔的加工精度的措施

①仔细刃磨钻头,使两个切削刃的长度相等且顶角对称;在钻头上修磨出分屑槽,将宽的切屑分成窄条,以利于排屑。

②用顶角 $2\varphi=90°\sim100°$ 的短钻头,预钻一个锥形坑,可以起到钻孔时的定心作用。

③用钻模为钻头导向,可减少钻孔开始时的引偏,如图 3-1-4 所示,特别是在斜面或曲面上钻孔时更有必要。

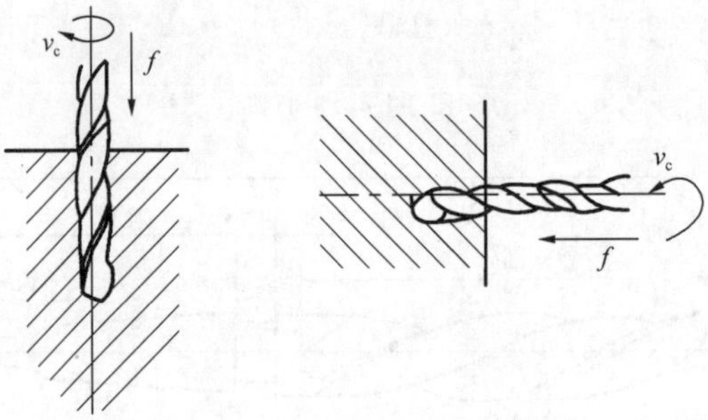

(a) 在钻床上钻孔　　(b) 在车床上钻孔

图 3-1-4　钻孔容易出现的问题

3 铰刀

铰孔是用铰刀对已有孔进行精加工的过程,用于中、小尺寸孔的半精加工和精加工。铰削过程不仅是切削过程,而且是包括切削、刮削、挤压、熨平和摩擦等效应的综合作用过程。铰孔是孔的精加工方法;加工精度为 IT7、IT8、IT9 级的孔;孔的表面粗糙度可控制在 Ra 3.2～0.2 μm;铰刀是定尺寸刀具;切削液在铰削过程中起着重要的作用。

(1)铰刀的结构

如图 3-1-5 所示为铰刀的结构。铰孔的方式有手铰和机铰两种,分别使用手用铰刀和机用铰刀,如图 3-1-6 所示。手用铰刀分为非调式和可调式;手用铰刀的柄部为圆柱形,端部制成方头,以便于使用。机用铰刀由机床引导方向,导向性好,故工作部分较短。直柄:ϕ1～ϕ20 mm;锥柄:ϕ5～ϕ50 mm。按精度分为三级,分别铰削 H7、H8、H9 级的孔。

铰刀还可按刀具材料分为高速钢铰刀和硬质合金铰刀;按加工孔的形状分为圆柱铰刀和圆锥铰刀;按铰刀直径调整方式分为整体式铰刀和可调式铰刀等。

(2)铰刀的选择

铰刀用于提高孔的精度(H10～H5 级)和使表面粗糙度达到 Ra 1.6～0.2 μm。铰刀标记示例如下:

直径 d=10 mm,公差为 m6 的直柄机用铰刀的标记为

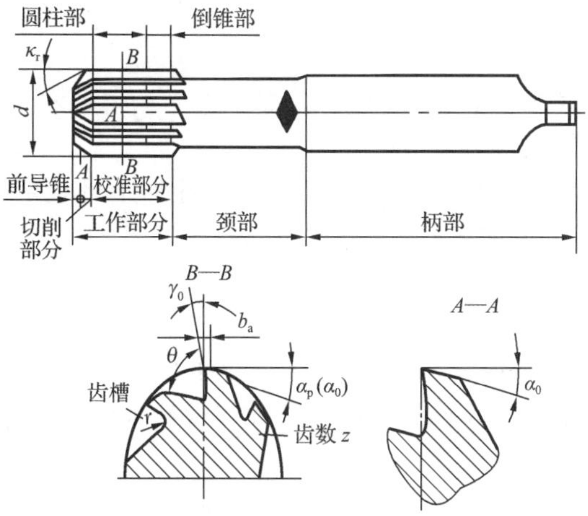

图 3-1-5　铰刀的结构

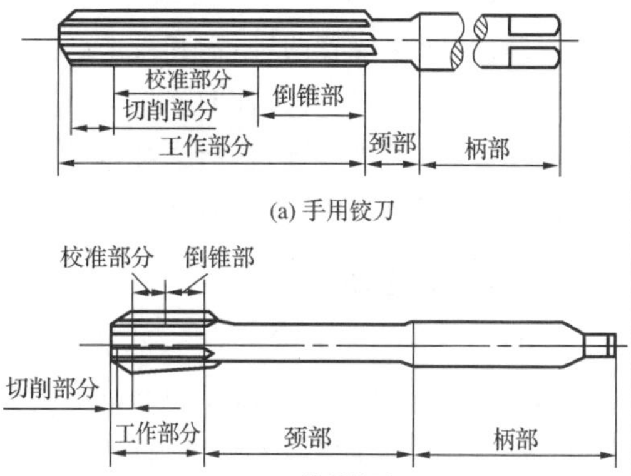

图 3-1-6　铰刀种类

直柄机用铰刀　10　GB/T 1132—2017

直径 d=10 mm，加工 H8 级精度孔的直柄机用铰刀的标记为

直柄机用铰刀　10　H8　GB/T 1132—2017

4 丝锥

用丝锥加工内螺纹是应用最广泛的一种内螺纹加工方法。对于小尺寸的内螺纹，攻螺纹几乎是唯一的加工方法。近年来，随着新型材料的不断出现，以及为适应不同类型螺孔的要求，丝锥的种类也日益增多，它们的结构、几何参数、加工过程及适用范围都各有特点。常用丝锥的特点及适用范围见表 3-1-2。

表 3-1-2　　常用丝锥的特点及适用范围

丝锥名称	图示	特点	适用范围
手用丝锥	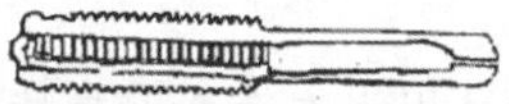	手工攻螺纹，为减小切削力，常用 2 或 3 把 丝锥组成一套进行粗、精加工	单件小批生产，通孔、盲孔
机用丝锥		固定在车床、钻床或攻螺纹机上进行攻螺纹，攻螺纹速度较高，分为短柄、长柄、弯柄三种	大批量生产
螺母丝锥		切削锥占工作部分的四分之三，分为短柄、长柄、弯柄三种	大批量螺母生产
板牙丝锥		外形与螺母丝锥相似，只是切削锥更长，容屑槽多而窄，且有斜度	加工螺纹板牙，攻螺纹

NENGLI PINGTAI　能力平台

数控车削内孔刀具一般选用可转位内孔车刀。可转位内孔车刀的型号一般由 10 个代号组成，分别表示：刀杆形式、刀杆直径、刀杆长度、压紧方式、刀片形状、刀具形式与主偏角、刀片后角、切削方向、切削刃长、制造商选项。

内孔车刀的选择

1 刀杆形式

刀杆材料主要有两种：钢和硬质合金。硬质合金刀杆抗振性好，价格较高，一般主要用于小直径内孔车刀；钢刀杆的强度、韧性好，价格低廉，使用广泛。

刀杆的结构有两种：无内冷却液孔的普通刀杆和有内冷却液孔的刀杆。孔加工过程中内冷却效果优于外冷却，但需要机床刀架支持内冷却功能。

2 刀杆直径

刀杆直径有六个代号：16、20、25、32、40、50，分别代表了直径为 ϕ16 mm、ϕ20 mm、ϕ25 mm、ϕ32 mm、ϕ40 mm、ϕ50 mm 的刀杆。根据加工孔径选择小于孔径的刀杆直径；加工孔越深，切削用量越大，刀杆直径越大。

3 刀杆长度

刀杆长度代号含义与外圆车刀一样。刀杆长度选择需考虑刀杆装夹长度、孔深度、孔加工参考平面与退刀平面距离等因素。

4 压紧方式

内孔可转位车刀压紧方式代号与可转位外圆车刀一样。可转位内孔车刀由于刀杆设计受制于孔径，刀杆头部尺寸空间较小，刀片与刀杆的连接方式只能采用最简单的压紧方式，很少采用压板压紧方式；小直径刀杆一般采用螺钉压紧式，大直径刀杆一般采用杠杆压紧式，如果采用大直径刀杆加工大直径，孔可采用压板压紧式。

5 刀片形状、刀具形式与主偏角、刀片后角、切削方向、切削刃长

这几项代号含义与可转位外圆车刀相同，可参考可转位外圆车刀选择。

6 制造商选项

该代号不是可转位内孔车刀必需代号，制造商用该代号规定本企业刀具特有的一些结构，如果所选刀具不需要这些特殊结构，可以不用该代号。

RENWU SHISHI 任务实施

1 分析图纸、确定毛坯

(1)分析零件加工工艺：从图 3-1-1 可看出该轴加工要求较高，R5 mm、R9 mm 相切需要计算基点，表面粗糙度要求较高，还需要镗孔。

(2)从图 3-1-1 上看，零件不需要热处理和硬度要求，所有部位都要加工，毛坯外圆为 ϕ40 mm。

轴套数控加工工艺实施

2 选择机床

选择 CK7525 数控车床，配有 FANUC 0i T 数控系统。

3 确定工序

(1)车左端外轮廓。G71 粗加工，从右到左粗车端面及外圆，留 0.5 mm 余量；G70 精加工余量(半径)。

(2)钻左端底孔 ϕ20 mm，镗左端内轮廓。

(3)掉头，粗、精车右端，切槽，车螺纹 M30。

4 确定工装

三爪夹紧右侧外圆定位车左侧，调头，三爪夹紧 ϕ32 mm 外圆柱面定位，车右侧各部位。

5 选用刀具

根据加工要求，选用 5 把刀具：T01 为 90°外圆车刀；T02 为麻花钻；T03 为镗刀；T04 为切槽刀；T05 为 60°螺纹刀。

将 5 把刀具在自动换刀刀架上安装好，对好刀，并将各自的刀偏值由机床面板输入对应的刀具偏移参数中。

6 切削用量

根据刀具样本及通用表格，适当调整并确定转速、背吃刀量及进给量。

7 填写工艺过程卡片

根据上述工艺顺序的安排，填写数控加工工序卡片，见表 3-1-3。

表 3-1-3　　轴套数控加工工序卡片

××职业技术学院			数控加工工序卡片			设备	CK7525	夹具	三爪卡盘
序号	工序	加工内容	刀具	程序号	刀具名称	转速/(r·min^{-1})	进给量/(mm·r^{-1})	背吃刀量/mm	量具
1	钻孔	用 ϕ20 mm 钻头钻孔，长度为 25 mm	T02		麻花钻	350	0.1	10	目测
2	车左端外轮廓	夹右端，车左端	T01	01	外圆车刀	800	0.2	2	0～150 mm 游标卡尺
3	镗孔	粗、精镗内孔；内孔各面(除槽)留精镗量 0.5 mm	T03	01	镗刀	800 190	0.2 0.1	1 0.5	50～75 mm 千分尺
4	切断	切断取总长 107 mm	T04		切槽刀	300	0.15	3	0～150 mm 游标卡尺
5	调头	用铜皮装夹 ϕ32 mm 外表面							
6	粗车外圆	粗车外圆面留精加工余量 0.5 mm	T01	02	外圆车刀	800	0.2	1	0～150 mm 游标卡尺
7	精车外圆	精车外圆至尺寸	T01	02	外圆车刀	190	0.1	0.5	50～75 mm 千分尺
8	车槽	车槽 ϕ26 mm 面，切削后倒角 C2	T04	02	切槽刀	800	0.08	3	0～150 mm 游标卡尺
9	车螺纹	车螺纹 M30	T05	02	螺纹刀	800		0.3	量规

8 填写刀具卡片

填写数控加工刀具卡片，见表 3-1-4。

表 3-1-4　　轴套数控加工刀具卡片

××职业技术学院			零件名称	轴套	零件号	QSJXX-00-00-000	
数控加工刀具卡片							
工步号	刀具号	刀具名称	刀具型号	刀具规格	刀片型号	刀片牌号	刀尖圆弧半径/mm
1	T01	外圆车刀	MWLNR2020K08	90°	WNMG080404-TM	GC4035	0.4
2	T02	麻花钻		ϕ20 mm			
3	T03	镗刀	PCLNL09	ϕ20 mm	CNMG090308-PM		0.4
4	T04	切槽刀	CWR2525M16	60 mm	RT16.01W－2.00GM	YBG201	0.4
5	T05	螺纹刀	ZQ2020R-04	60°			

9 刀具路线

(1)左端加工路线如图 3-1-7 所示。

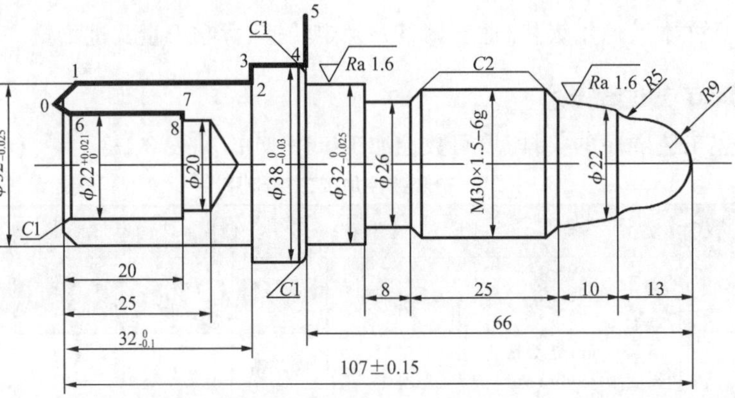

图 3-1-7　左端加工路线

(2)右端加工路线如图 3-1-8 所示。

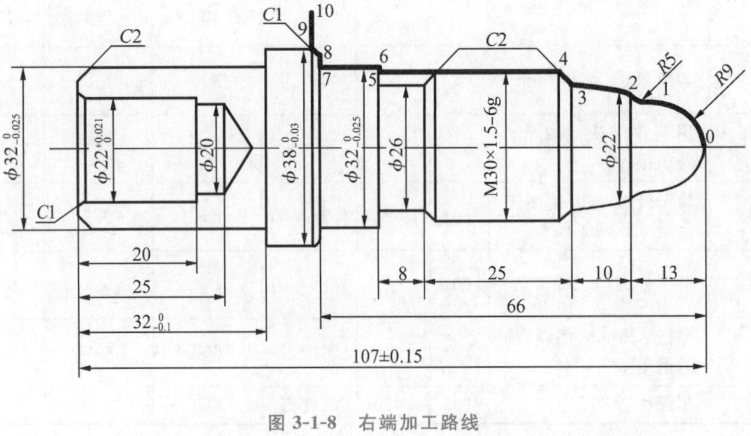

图 3-1-8　右端加工路线

ZHISHI TUOZHAN

知识拓展

1 丝锥的用途及结构

丝锥是一种加工内螺纹的刀具，沿轴向开有沟槽，又称为螺丝攻。丝锥是加工各种中、小尺寸内螺纹的刀具，它结构简单，使用方便，既可手工操作，也可在机床上工作，应用广泛。对于小尺寸的内螺纹来说，丝维几乎是唯一的加工刀具。

机用和手用丝锥是切制普通螺纹的标准丝锥。习惯上把制造精度较高的高速钢磨牙丝锥称为机用丝锥，把非合金工具钢或合金工具钢的滚牙（或切牙）丝锥称为手用丝锥，实际上两者的结构和工作原理基本相同。通常，丝锥由工作部分和柄部构成。工作部分又分为切削部分和校准部分，前者磨有切削锥，担负切削工作，后者用以校准螺纹的尺寸和形状。

2 丝锥的选择方法

螺纹是机械零件连接最常见的方法，而丝锥又是加工内螺纹最常用的工具。正确地选用丝锥加工内螺纹，可以保证螺纹连接的质量，延长丝锥的使用寿命。

（1）选择丝锥公差带

国产机用丝锥都标志中径公差带代号，H1、H2、H3 分别表示公差带不同的位置，但公差值是相等的。手用丝锥的公差带代号为 H4，公差值、螺距及角度误差比机用丝锥大，材质、热处理、生产工艺也不如机用丝锥。H4 按规定可以不标志。丝锥中径公差带所能加工的内螺纹公差带等级见表 3-1-5。

表 3-1-5　　内螺纹公差带等级

丝锥中径公差带代号	适用内螺纹公差带等级
H1	4H、5H
H2	5G、6H
H3	6G、7H、7G
H4	6H、7H

有些企业使用进口丝锥，德国制造商常标志为 ISO1 4H、ISO2 6H、ISO3 6G（国际标准 ISO1～3 与国家标准 H1～3 是等同的），这样就把丝锥中径公差带代号及可加工的内螺纹公差带都标上了。

（2）选择螺纹的制式

目前常见的普通螺纹有三种制式：公制、英制和统一制（也称美制）。公制是以毫米为单位，齿形角为 60°的螺纹。例如：M8X1-6H 表示直径为 8 mm 的公制细牙螺纹，螺距为 1 mm，6H 为内螺纹公差带。

英制是以英寸为单位，齿形角为 55°的螺纹。例如：BSW 1/4-20 表示直径为 1/4 英寸，粗牙螺距为每英寸 20 牙，这种螺纹目前已很少使用。统一制是以英寸为单位，齿形角为 60°的螺纹。直径小于 1/4 英寸，常用编号表示，由 0 号至 12 号分别表示 0.06 英寸至 1/4 英寸的直径规格。美国目前主要使用的仍是统一制螺纹。

(3)选择丝锥的种类

经常使用的丝锥有直槽丝锥、螺旋槽丝锥、螺尖丝锥、挤压丝锥,其性能各有所长。

直槽丝锥通用性最强,通孔或不通孔,有色金属或黑色金属均可加工,价格也最低廉。一般用于普通车床、钻床及攻螺纹机的螺纹加工用,切削速度较慢。

螺旋槽丝锥比较适合加工不通孔螺纹,加工时切屑向后排出。螺旋槽丝锥多用于数控加工中心钻盲孔用,加工速度较快,精度高,排屑较好,对中性好。

螺尖丝锥加工螺纹时切屑向前排出。它的芯部尺寸设计比较大,强度较好,可承受较大的切削力。加工有色金属、不锈钢、黑色金属效果都很好,通孔螺纹应优先采用螺尖丝锥。

挤压丝锥挤压内螺纹属于无屑加工工艺,特别适用于强度较低、塑性较好的铜合金和铝合金,也可用于不锈钢和低碳钢等硬度低、塑性大的材料攻螺纹,寿命长。

任务二 轴套的数控加工程序编制

学习目标

1. 掌握轴套类零件数控加工工艺的制定。
2. 掌握使用 FANUC 0i T 系统指令编制轴套类零件的加工程序。

能力目标

1. 会用相关指令编程。
2. 会合理处理工件的公差尺寸。

RENWU DAORU 任务导入

现需生产图 3-1-1 所示的轴套零件 1 件,试完成编制该零件的数控加工程序任务。

ZHISHI PINGTAI 知识平台

1 端面钻孔循环指令 G74

(1)功能

端面钻孔循环指令适用于钻底孔。

(2)格式

G00 Xα Zβ

G74 R(e);

G74 X(u) Z(w) P(Δi) Q(Δk) R(Δd) F(*f*);

(3)参数说明

α、*β* 为循环起点。

e 为退刀量。

X、*Z* 为终点 *X*、*Z* 坐标。

Δ*i* 为 *X* 方向的移动量(无符号,直径值,0.001 mm)。

Δ*k* 为 *Z* 方向的移动量(无符号,0.001 mm)。

Δ*d* 为刀具在切削底部的退刀量,省略。

f 为进给量。

2 螺纹切削复合循环指令 G76

(1)功能

螺纹切削复合循环指令用于多次自动循环切削螺纹,如图 3-2-1 所示。

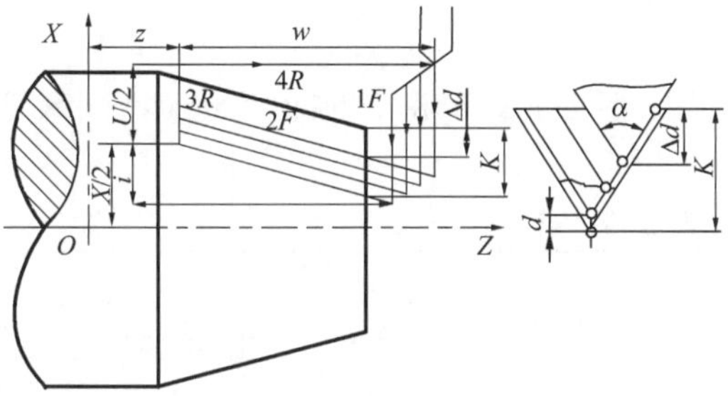

螺纹切削循环指令 G76

图 3-2-1　G76 循环的运动路径

(2)格式

G0 X__ Z__;

G76 P(m)(r)(α) Q__(Δd_{min}) R(d);

G76 X(u) Z(w) R(i) P(k) Q(Δd) F(L);

(3)参数含义

m 为精加工次数(1~99)。

r 为倒角量。

α 为刀尖角度,可选择 80°、60°、55°、30°、29°、0°,用两位指定。

Δd_{min} 为最小切削深度(半径值,微米)。

d 为精加工余量。

X、*Z* 为螺纹终点(*U*、*W* 相对)坐标。

i 为螺纹部分的半径差,*i*=0,圆柱螺纹切削。

k 为螺纹高度,(半径值,微米),按 0.65*P*(螺距)计算。

Δ*d* 为第一次的切削深度(半径值,微米)。

L 为螺纹导程(同 G32)。

能力平台

NENGLI PINGTAI

数控机床的手工编程中，在完成工艺分析和确定加工路线后，最关键的就是零件轮廓的基点计算。

1 工件左端面加工基点坐标

以工件左端面的中心点为编程原点，如图 3-1-7 所示，基点值为绝对尺寸编程值，对于带有公差的尺寸，取中间值，见表 3-2-1。

表 3-2-1 轴套左端基点坐标

基点	0	1	2	3	4	5	6	7	8
X 坐标值	26	31.987 5	31.987 5	37.985	37.985	42	22.010 5	22.010 5	20
Z 坐标值	1	−2	−31.95	−31.95	−41	−41	−1	−20	−20

2 工件右端面加工基点坐标

以工件右端面的中心点为编程原点，如图 3-1-8 所示，基点值为绝对尺寸编程值，对于带有公差的尺寸，取中间值，见表 3-2-2。

表 3-2-2 轴套右端基点坐标

基点	0	1	2	3	4	5	6	7	8	9	10
X 坐标值	0	17	22	25.8	29.8	29.8	31.987 5	31.987 5	33.987 5	37.985	42
Z 坐标值	0	−9	−13	−23	−25	−56	−56	−66	−66	−68	−68

任务实施

RENWU SHISHI

加工过程如下：

(1)粗、精车左端，G71 粗加工，从右到左粗车端面及外圆，留 0.5 mm 余量。G70 精加工余量。

(2)钻左端底孔 ϕ20 mm，镗左端内轮廓。

(3)掉头，粗、精车右端，切槽，攻螺纹 M30。

数控加工程序单见表 3-2-3。

表 3-2-3 数控加工程序单 1

程　序	说　明
O0001	左端加工程序
T0101;	换刀加刀具偏置值
M3 S800;	主轴正转 800 r/min
M8;	冷却液开
G0 X42 Z5;	快速接近工件并给定循环起点
G71 U1 R1;	定义 G71，背吃刀量为 1 mm，退刀量为 1 mm
G71 P1 Q2 U0.5 W0.1 F0.2;	轮廓起始段 N1，终结段 N2，半径方向余量为 0.5 mm，Z 方向余量为 0.1 mm

续表

程 序	说 明
N1 G1 X27.9875；	X 方向移动
G1 Z0；	直线插补至 0 点
X31.9875 Z−2；	直线插补至 1 点
Z−31.95；	直线插补至 2 点
X37.985；	直线插补至 3 点
Z−41；	直线插补至 4 点
N2 G1 X42；	直线插补至毛坯最大位置点 5 点
M3 S800；	主轴正转 800 r/min
M8；	冷却液开
G0 X42 Z5；	快速接近工件并给定循环起点
G50 S2000；	最高转速限制 2 000 r/min
G96 S190；	恒线速度控制 190 m/min
G70 P1 Q2 F0.1；	G70 沿轮廓精加工
G97；	取消恒线速度控制
G0 X100；	X 向退刀
Z100；	Z 向退刀
M9；	冷却液关
T0303；	换镗刀加刀具偏置值
M3 S800；	主轴正转 800 r/min
M8；	冷却液开
G0 X20 Z5；	快速接近工件并给定循环起点
G1 Z0 F0.2；	进给到工件右端面
X−1；	切右端面
G0 X20 Z5；	快速接近工件并给定循环起点
G1 Z0 F0.2；	进给到工件右端面
X−1；	切右端面
G0 X20 Z5；	快速接近工件并给定循环起点
G71 U1 R0.1；	定义 G71，背吃刀量为 1 mm，退刀量为 0.1 mm
G71 P3 Q4 U−0.5 W0.1 F0.2；	轮廓起始段 N1，终结段 N2，半径方向余量为 0.5 mm，Z 方向余量为 0.1 mm
N3 G1 X24.0105；	X 方向移动
G1 Z0；	直线插补至 0 点
X22.0105 Z−1；	直线插补至 6 点
Z−20；	直线插补至 7 点
N4 G1 X20；	直线插补至毛坯最大位置点 8 点
G0 X100；	X 向退刀
Z100；	Z 向退刀
G0 X20 Z5；	快速接近工件并给定循环起点

续表

程　序	说　明
G50 S2000；	最高转速限制 2 000 r/min
G96 S190；	恒线速度控制 190 m/min
G70 P3 Q4 F0.1；	G70 沿轮廓精加工
G97；	取消恒线速度控制
M9；	冷却液关
G0 X100；	*X* 向退刀
Z100；	*Z* 向退刀
M05；	主轴停
M30；	主程序结束
O0002	右端加工程序
T0101；	换刀加刀具偏置值
M3 S800；	主轴正转 800 r/min
M8；	冷却液开
G0 X42 Z5；	快速接近工件并给定循环起点
G50 S1500；	最高转速设定
G96 S160；	恒线速度控制
G1 Z0 F0.2；	进给到工件右端面
X－1；	切右端面
G0 X42 Z5；	快速接近工件并给定循环起点
G71 U1 R1；	定义 G71，背吃刀量为 1 mm，退刀量为 1 mm
G71 P5 Q6 U0.5 W0.1 F0.2；	轮廓起始段 N1，终结段 N2，半径方向余量为 0.5 mm，*Z* 方向余量为 0.1 mm
N5 G1 X0；	*X* 方向移动
G1 Z0；	直线插补至 0 点
G3 X18 Z－9 R9；	圆弧插补至 1 点
G2 X22 Z－13 R5；	圆弧插补至 2 点
G1 X25.8 Z－23；	直线插补至 3 点
X29.8 Z－25；	直线插补至 4 点
Z－56；	直线插补至 5 点
X31.9875 C0.4；	直线插补至 6 点
Z－66；	直线插补至 7 点
X37.9875 C1；	直线插补至 8 点
X37.985 Z－68；	直线插补至 9 点
N6 G1 X42；	直线插补至毛坯最大位置点 10 点
G97；	取消恒线速度控制
T0101；	换刀加刀具偏置值
M3 S800；	主轴正转 800 r/min
M8；	冷却液开

续表

程　序	说　明
G0 X42 Z5；	快速接近工件并给定循环起点
G50 S2000；	最高转速限制 2 000 r/min
G96 S190；	恒线速度控制 190 m/min
G70 P5 Q6 F0.1；	G70 沿轮廓精加工
G97；	取消恒线速度控制
G0 X100；	*X* 向退刀
Z100；	*Z* 向退刀
T0404；	刀宽为 4 mm，换刀加刀具偏置值
M3 S800；	主轴正转 800 r/min
G0 X32 Z－52；	快速接近工件并给定循环起点
G75 R2；	定义切槽循环
G75 X26 Z－56 P1000 Q4000 F0.08；	定义切槽循环
G0 X30 Z－50；	退刀到(30，－52)处
G1 X26 Z－52；	切削后倒角
G0 X100；	退刀
Z100；	退刀
T0505；	换螺纹刀加刀具偏置值
G0 X32 Z－20；	快速接近工件并给定循环起点
G76 P020060 Q50 R0.1；	定义螺纹循环
G76 X30 Z－20 R0 P970 Q200 F1.5；	定义螺纹循环
G0 X100；	退刀
Z100；	退刀
M9；	冷却液关
M30；	程序结束

ZHISHI TUOZHAN 知识拓展

SIEMENS 802D 数控系统编程的数控加工程序单见表 3-2-4。

表 3-2-4　　数控加工程序单 2

程　序	说　明
01.MPF	程序名
T01 D01；	换刀加刀具尺寸补偿
M3 S800；	主轴正转 800 r/min
M8；	冷却液开
G0 X42 Z5；	快速接近工件并给定循环起点
G96 S160 LIMS=1500；	恒线速度控制，最高转速设定

续表

程　序	说　明
CYCLE95("L1",1, 0.1,0.3,,0.2,0.1,0.2,1,,,0.5);	定义 CYCLE95,背吃刀量为 1 mm
G97;	取消恒线速度控制
T01 D01;	换刀加刀具尺寸补偿
M3 S800;	主轴正转 800 r/min
M8;	冷却液开
G0 X42 Z5;	快速接近工件并给定循环起点
G96 S190 LIMS=2000;	恒线速度控制 190 m/min 最高转速限制 2 000 r/min
CYCLE95("L1",1, 0.1,0.3,,0.2,0.1,0.2,5,,,0.5);	定义 CYCLE95 沿轮廓精加工
G97;	取消恒线速度控制
M9;	冷却液关
G0 X100 Z100;	
T02 D02;	换刀加刀具尺寸补偿
M3 S800;	主轴正转 800 r/min
M8;	冷却液开
G0 X20 Z5;	快速接近工件并给定循环起点
G96 S160 LIMS=1500;	恒线速度控制，最高转速设定
CYCLE95("L2",1, 0.1,0.3,,0.2,0.1,0.2,3,,,0.5);	定义 CYCLE95,背吃刀量为 1 mm
G97;	取消恒线速度控制
T0101;	换刀加刀具尺寸补偿
M3 S800;	主轴正转 800 r/min
M8;	冷却液开
G0 X20 Z5;	快速接近工件并给定循环起点
G96 S190 LIMS=2000;	恒线速度控制 190 m/min 最高转速限制 2 000 r/min
CYCLE95("L1",1, 0.1,0.3,,0.2,0.1,0.2,7,,,0.5);	定义 CYCLE95 沿轮廓精加工
G97;	取消恒线速度控制
M9;	冷却液关
M30;	主程序结束
L1.SPF	子程序 1
G0 X26;	
Z5;	
G1 Z1;	
X32 Z-2;	

续表

程　序	说　明
Z－32；	
X38 C0.4；	
Z－45；	
G1 X42；	
M17；	子程序 1 结束
L2.SPF	子程序 2
G0 X26；	
Z5；	
G1 Z1；	
X22 Z－1；	
Z－20；	
G1 X20；	
M17；	子程序 2 结束
02.MPF	右端程序名
T01 D01；	换刀加刀具尺寸补偿
M3 S800；	主轴正转 800 r/min
M8；	冷却液开
G0 X42 Z5；	快速接近工件并给定循环起点
G96 S160 LIMS＝1500；	恒线速度控制，最高转速设定
CYCLE95（"L3"，1，0.1，0.3，，0.2，0.1，0.2，1，，，0.5）；	定义 CYCLE95，背吃刀量 1 mm
G97；	取消恒线速度控制
T0101；	换刀加刀具尺寸补偿
M3 S800；	主轴正转 800 r/min
M8；	冷却液开
G0 X42 Z5；	快速接近工件并给定循环起点
G96 S190 LIMS＝2000；	恒线速度控制 190 m/min 最高转速限制 2 000 r/min
CYCLE95（"L1"，1，0.1，0.3，，0.2，0.1，0.2，5，，，0.5）；	定义 CYCLE95，沿轮廓精加工
G97；	取消恒线速度控制
T02 D01；	换刀加刀具尺寸补偿
M3 S800；	主轴正转 800 r/min
G0 X32 Z－48；	快速接近工件并给定循环起点
CYCLE93（30，－48，8，1.5，0，0，0，0，0，0，0，0.1，0.1，1，1，5）；	定义切槽循环
G0 X100；	抬刀
Z100；	抬刀
T03 D01（螺纹刀）；	换刀加刀具尺寸补偿
G0 X32 Z5；	快速接近工件并给定循环起点

续表

程 序	说 明
CYCLE97(1.5，0，0，－20,30，30，5,1，0.97，0，30，0，5，2，3,1)；	定义螺纹循环
G0 X100；	抬刀
M9；	冷却液关
M30；	程序结束
L3.SPF	
G0 X0；	
Z5；	
G1 Z0；	
G3 X18 Z－9 CR＝9；	
G2 X22 Z－13 CR＝5；	
G1 X26 Z－23；	
X29.8 Z－24.9；	
Z－56；	
X32 CHR＝0.4；	
Z－56；	
X36；	
X40 Z－68；	
G1 X42；	
M17；	

任务三 轴套的数控加工

学习目标

1. 掌握数控车削刀具的安装与调整。
2. 掌握数控机床的主轴结构。
3. 掌握主轴驱动的工作原理。

能力目标

1. 会安装和调整数控车削刀具。
2. 会钻头、镗刀的对刀操作。
3. 能判断并分析主轴故障。

RENWU DAORU 任务导入

现需生产图 3-1-1 所示的轴套零件 1 件，试完成该零件的数控加工任务。

ZHISHI PINGTAI 知识平台

主轴驱动系统类似于直流进给伺服系统，它也是由速度环和电流环构成的双环速度控制系统，通过控制直流主轴电动机的电枢电压实现变速。控制系统的主回路一般采用晶闸管反并联可逆整流电路。该系统的工作原理可参阅直流进给伺服系统部分，在此不再赘述。

1 对数控机床主轴驱动系统的要求

数控机床主轴驱动系统是数控机床的主运动传动系统。数控机床主轴运动是机床成形运动之一，它的精度决定了零件的加工精度。数控机床是具有高效率的机床，因此它的主轴驱动系统必须满足如下要求：

主轴驱动系统

(1)具有更大的调速范围并实现无级调速。数控机床为了保证加工时能选用合理的切削用量，从而获得更高的生产率、加工精度和表面质量，必须能在较大的调速范围内实现无级调速。一般要求主轴具备 1∶(100～1 000)的恒转矩调速范围和 1∶10 的恒功率调速范围。

(2)具有较高的精度与刚度，传递平稳，噪声低。

(3)良好的抗振性和热稳定性。

(4)在车削中心上，要求主轴具有 C 轴控制功能。在车削中心上，为了使之具有螺纹车削功能，要求主轴与进给驱动实行同步控制，即主轴具有旋转进给轴(C 轴)的控制功能。

(5)在加工中心上，要求主轴具有高精度的准停功能。在加工中心上自动换刀时，主轴必须停止在一个固定不变的方位上，以保证换刀位置的准确以及某些加工工艺的需要，即要求主轴具有高精度的准停功能。

(6)具有恒线速度切削控制功能。

此外，为了获得更高的运动精度，要求主运动传动链尽可能短；同时，数控机床特别是加工中心通常配备有多把刀具，要求能够实现主轴上刀具的快速及自动更换。

2 主轴准停

主轴准停又称为主轴定位功能，这是自动换刀所必需的功能。主轴准停控制的作用是将主轴准确停在某一固定的角度上，以进行换刀等动作。主轴准停的位置检测，可以利用装在主轴上的位置编码器或磁性传感器，通过位置闭环控制，使主轴准确定位在规定的位置上。在自动换刀的镗铣加工中心上，切削的转矩通常是通过刀杆的端面键来传递的，这就要求主轴具有准确定位于圆周上特定角度的功能。如图 3-3-1 所示。

当加工阶梯孔或精镗孔后退刀时，为防止刀具与小阶梯孔碰撞或拉毛已精加工的孔表面，必须先让刀，再退刀，因此，刀具必须具有定位功能。如图 3-3-2 所示。

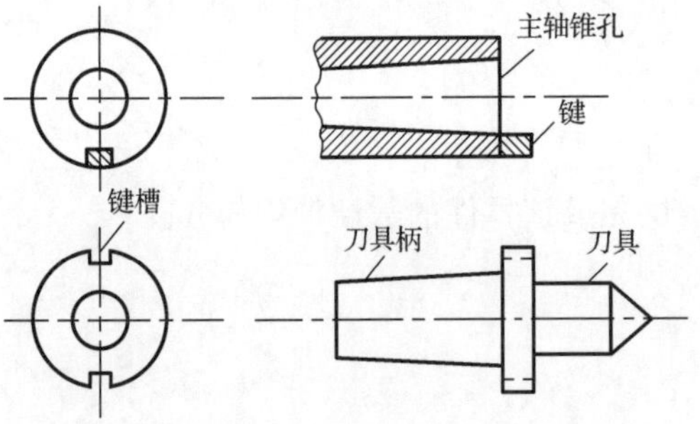

图 3-3-1　磁传感器主轴准停控制

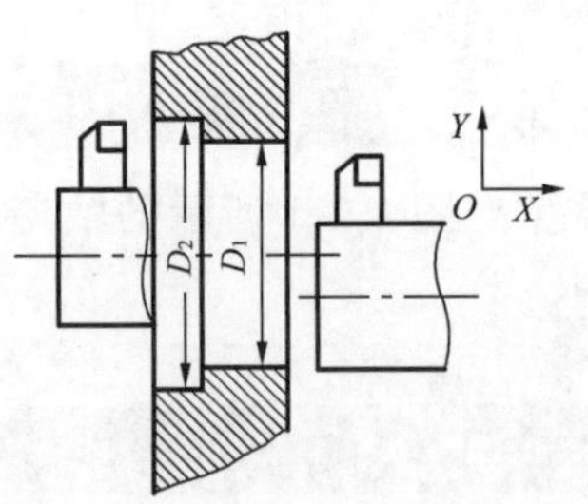

图 3-3-2　主轴准停阶梯孔或精镗孔

(1)机械准停控制

采用机械凸轮机构或光电盘方式进行粗定位,然后由一个液动或气动的定位销插入主轴上的销孔或销槽实现精确定位,完成换刀后定位销退出,主轴才开始旋转。其结构复杂,在早期数控机床上使用较多。

(2)电气准停控制

目前国内外中高档数控系统均采用电气准停控制。采用电气准停控制的优点:简化机械结构,缩短准停时间,增加可靠性,提高性价比。

①磁传感器主轴准停控制

在主轴上安装一个永久磁铁与主轴一起旋转,在距离发磁体旋转外轨迹 1～2 mm 处固定一个磁传感器,它经过放大器并与主轴控制单元相连接,当主轴需要定向时,便可停止在调整好的位置上。如图 3-3-3 所示。

②编码器主轴准停控制

通过主轴电动机内置安装的位置编码器或在机床主轴箱上安装一个与主轴 1∶1 同步旋转的位置编码器来实现准停控制,准停角度可任意设定。如图 3-3-4 所示。

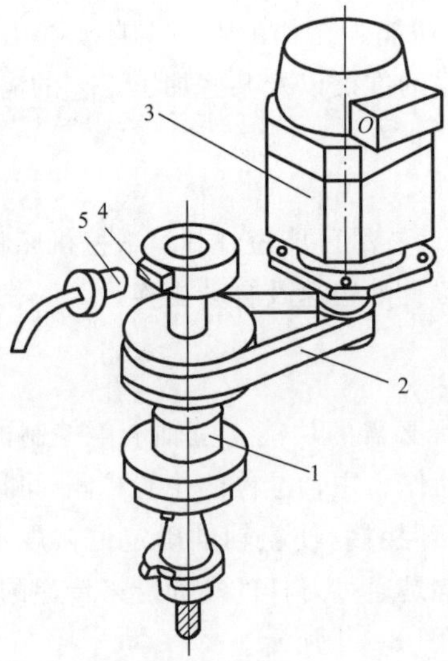

图 3-3-3　永久磁铁与磁传感器在主轴上的位置

1—主轴;2—同步感应器;3—主轴电动机;4—永久磁铁;5—磁传感器

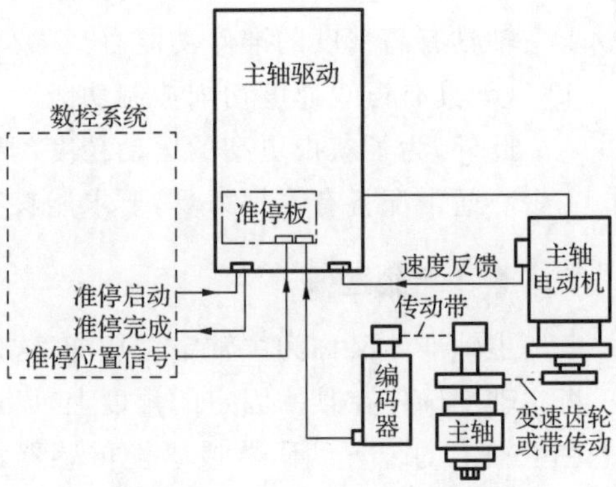

图 3-3-4　编码器主轴准停控制原理

NENGLI PINGTAI

能力平台

1 加工前的准备工作(装刀、夹工件)

(1)数控车床常用刀具

在数控车床上使用的刀具有外圆车刀、钻头、镗刀、切断刀、螺纹加工刀具等,其中以外圆车刀、镗刀、钻头最为常用。

数控车床使用的车刀、镗刀、切断刀、螺纹加工刀具均有焊接式和机夹式之分,除经济型数控车床外,目前已广泛使用的机夹式车刀主要由刀体、刀片和刀片压紧系统三部分组成,如图 3-3-5 所示,其中刀片普遍使用硬质合金涂层刀片。

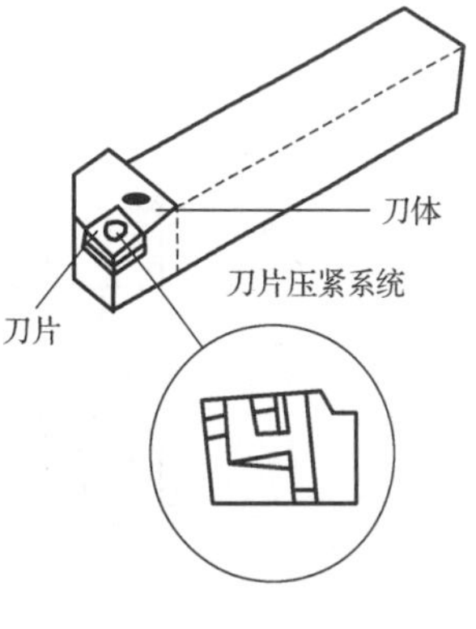

图 3-3-5　机夹式车刀的组成

(2)刀具选择

在实际生产中,数控车刀主要根据数控车床回转刀架的刀具安装尺寸、工件材料、加工类型、加工要求及加工条件从刀具样本中查表确定,其步骤如下:

①确定工件材料和加工类型(外圆、孔或螺纹)。

② 根据粗、精加工要求和加工条件确定刀片的牌号和几何槽形。

③根据刀架尺寸、刀片类型和尺寸选择刀杆。

(3)刀具安装

如前所述选择好合适的刀片和刀杆后,首先将刀片安装在刀杆上,再将刀杆依次安装到回转刀架上,之后通过刀具干涉图和加工行程图检查刀具安装尺寸。

(4)注意事项

在刀具安装过程中应注意以下事项:

①安装前保证刀杆及刀片定位面清洁,无损伤。

②将刀杆安装在刀架上时,应保证刀杆方向正确。

③安装刀具时需注意使刀尖等高于主轴的回转中心。

2 钻头、镗刀对刀

对刀的目的是确定程序原点在机床坐标系中的位置,对刀点可以设在零件、夹具或机床上,对刀时应使对刀点与刀位点重合。数控车床常用的对刀方法有三种:试切对刀、机械对刀仪对刀(接触式)、光学对刀仪对刀(非接触式),如图 3-3-6 所示。

(1)试切对刀

①外径刀的对刀方法

外径刀的对刀方法如图 3-3-7 所示。

Z 方向对刀如图 3-3-7(a) 所示。先用外径刀将工件端面(基准面) 车削出来;车削端面后,刀具可以沿 *X* 方向移动远离工件,但不可沿 *Z* 方向移动。*Z* 方向对刀输入“ Z0 测量”。

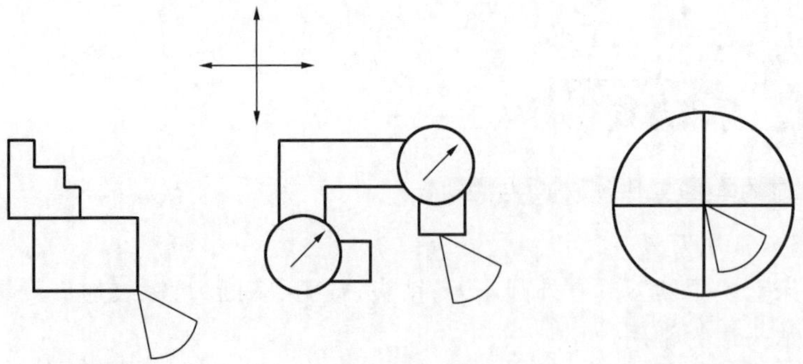

(a) 试切对刀　(b) 机械对刀仪对刀　(c) 光学对刀仪对刀

图 3-3-6　数控车床常用对刀方法

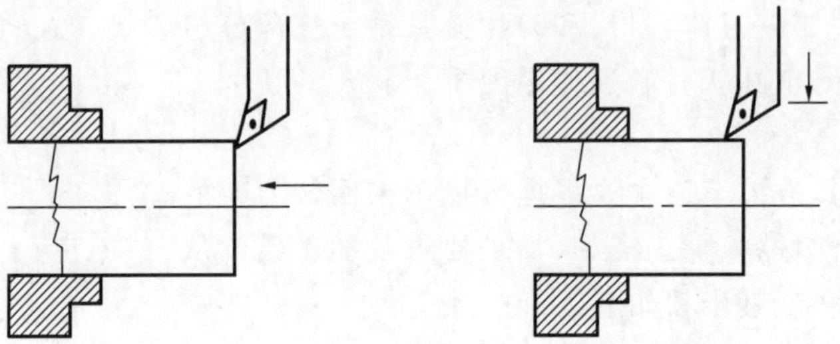

(a) Z 方向对刀　(b) X 方向对刀

图 3-3-7　外径刀的对刀方法

X 方向对刀如图 3-3-7(b) 所示。车削任一外径后，使刀具沿 Z 方向移动远离工件，待主轴停止转动后，测量刚刚车削出来的外径尺寸。例如，测量值为 ϕ60.12 mm，则 X 方向对刀输入“ X60.12 测量 ”。

内孔刀的对刀

②内孔刀的对刀方法

内孔刀的对刀方法类似于外径刀的对刀方法。

Z 方向对刀时，内孔刀轻微接触到已加工好的基准面（端面）后，就不可再做 Z 方向移动。Z 方向对刀输入“Z0 测量 ”。

X 方向对刀任意车削一内孔直径后，沿 Z 方向移动刀具远离工件，停止主轴转动，然后测量已车削好的内径尺寸。例如，测量值为 ϕ38.48 mm，则 X 方向对刀输入“X38.48 测量” 。

③钻头、中心钻的对刀方法

钻头、中心钻的对刀方法如图 3-3-8 所示。

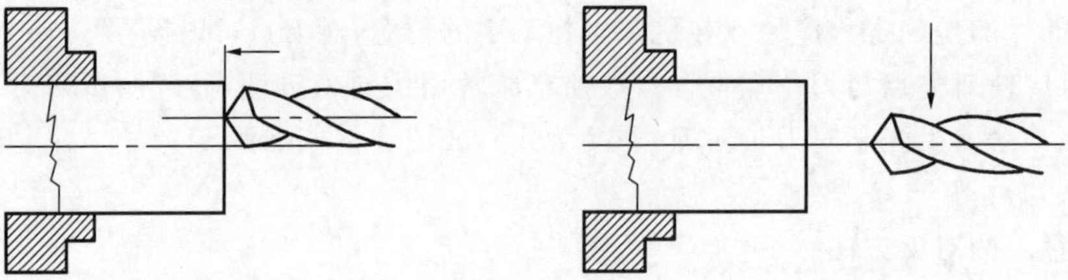

(a) Z 方向对刀　(b) X 方向对刀

图 3-3-8　钻头、中心钻的对刀方法

Z 方向对刀如图 3-3-8(a)所示。钻头(或中心钻)轻微接触到基准面后，就不可再做 Z 方向移动。Z 方向对刀输入“Z0 测量”。

X 方向对刀如图 3-3-8(b)所示。主轴不必转动，以手动方式将钻头沿 X 方向移动到钻孔中心，即看屏幕显示的机械坐标到“X0.0”为止。X 方向对刀输入“X0 测量 ”。

④镗刀对刀

可用对刀仪或试切等方式进行镗刀对刀。系统可按手动对刀操作步骤进行对刀，也可按下述方法进行计算对刀。下面用 G54～G59 指令建立坐标系的程序，介绍试切对刀的操作步骤。

- 首先进行“回参考点操作”，建立机床坐标系。
- Z 方向对刀。“点动操作”工作方式下，以较小进给速率试切工件端面，读出此时刀具在机床坐标系下的 Z 方向坐标 Z_2(设为－200.347)，此时刀具在工件坐标系下的 Z 方向坐标 Z_1 为 39。
- X 方向对刀。在“点动操作”工作方式下，以较小的进给速率试切工件外圆，先读出此时刀具在机床坐标系下的 X 方向坐标 X_2(设为－210.538)；再退出刀具，测量工件的直径。则刀具在机床坐标系下的 X 方向坐标为(X,Z)时，其在工件坐标系下的 X 方向坐标 X_1 为工件直径 D(设为 24.426)，若是半径编程方式则为半径。
- 计算零点偏置值，即工件坐标系零点在机床坐标系下的坐标(X'_2,Z'_2)。工件坐标系零点在工件标系下的坐标(X'_1,Z'_1)为(0,0)，故

$$X'_2 = X'_1 - X_1 + X_2 = X_2 - X_1 = 0 - 24.426 - 210.538 = -234.964$$

$$Z'_2 = Z'_1 - Z_1 + Z_2 = 0 - 39 - 200.347 = -239.347$$

- 输入零点偏置值。

注意：用 G54 指令建立的坐标系与起刀点位置无关，但每次开机前应回参考点。

(2)机械对刀仪对刀

机械对刀仪对刀即将刀具的刀尖与对刀仪的百分表测头接触，得到两个方向的刀偏量。有的机床具有刀具探测功能，即通过机床上的对刀仪测头测量刀偏量。

(3)光学对刀仪对刀

光学对刀仪对刀即将刀具刀尖对准刀镜的十字线中心，以十字线中心为基准，得到各把刀的刀偏量。

3 主轴常见故障及其检修

(1)主轴无法准停

主轴准停装置是加工中心的一个重要装置，它直接影响刀具能否顺利交换。主轴无法准停是指加工程序中有 M19 指令或手动输入 M19 指令后，主轴不能在指定位置上停止，一直慢慢转动，或是停在不正确的位置上，主轴无法更换刀具。

①主轴不准停

主轴旋转时，实际转速显示值由脉冲传感器提供，两组矩形脉冲相位反映主轴的转向，脉冲的个数反映主轴的实际转速。应首先检查接插件和电缆有无损坏或接触不良，必要时再检查传感器的固定螺栓和连接器上的螺钉是否良好、紧固。若没有发现问题，则需对传感器进行检修或更换。

②主轴停在不正确的位置上

这种故障一般发生在重装和更换传感器后，此时传感器轴的位置不可能与原来一样。加工中心主轴准停的位置可以通过设定数据来调整，改变 S 值可以校正主轴的停止位置，调整时，要注意输入数据与要校正的方向有关。在校正偏移角度时，S 后不能输入负角度值。调整过程往往要重复多次，只要调到在主轴的定位公差范围($10'$～$11'$)内，就能顺利换刀。

(2)主轴慢转,"定向准停"不能完成

故障现象:一台采用 FANUC 0i T 系统的数据车床,在加工过程中,主轴不能按指令要求进行正常的"定向准停",主轴驱动器"定向准停"控制板上的 ERROR(错误)指示灯亮,主轴一直保持慢速转动,定位不能完成。

分析与处理过程:由于主轴在正常旋转时动作正常,故障只是在进行主轴"定向准停"时发生,由此可以初步判定主轴驱动器工作正常,故障的原因通常与主轴"定向准停"检测磁传感器、主轴位置编码器等部件,以及机械传动系统的安装连接等因素有关。

根据机床与系统的维修说明书,对照故障的诊断流程,检查 PLC 梯形图中各信号的状态,发现主轴在 360° 范围旋转时,主轴"定向准停"检测磁传感器信号始终为"0",因此,故障原因可能与该信号有关。

检查该检测磁传感器,用螺钉旋具作为"发信挡铁"进行试验,发现信号动作正常,但在实际发信挡铁靠近时,检测磁传感器信号始终为"0"。重新进行检测磁传感器的检测距离调整后,机床恢复正常,

RENWU SHISHI 任务实施

1 数控车削加工刀具准备

通过前面数控车削工艺分析,轴套零件的加工需要外圆轮廓、螺纹、内孔等多道加工工序,按照表 3-1-4 所列刀具卡提前准备加工所用的刀具。

轴套仿真加工

2 零件的加工

通过工件的装夹、刀具安装、对刀、程序编辑与校验、自动运行加工等多项具体操作,完成轴套零件的加工,如图 3-3-9 所示。

(a) (b)

图 3-3-9 轴套零件

注意:加工中零件尺寸需要用刀具半径补偿和刀具磨损补偿来调整。

6S 管理提示:清理、清扫、整顿

在完成轴套零件的切削加工后,要对机床进行清扫、清理,整顿所使用的刀具、辅具和量具,及时清扫机床里面的切屑,将机床主轴返回参考点,整理刀架上的刀具及垫片,保持地面清洁,养成良好的劳动习惯。

3 防止螺纹加工中乱牙

在螺纹加工中注意数控车床丝杠与螺母的间隙,防止数控车床的间隙补偿过大或过小。

任务四 轴套的测量与评估

学习目标

1. 掌握内径百分表的读数方法、使用方法及测量步骤。
2. 掌握外螺纹三针测量法的工作原理。
3. 掌握轴套外螺纹切削三要素的合理选用原则。
4. 掌握轴套装夹方法的合理选择。

能力目标

1. 能正确使用量具测量零件的螺纹、内径及长度。
2. 能根据零件要求选用测量器具。
3. 能合理选择工件装夹的方法、使用注意事项及维护方法。
4. 会用三针测量法测量外螺纹。

RENWU DAORU 任务导入

现需生产图 3-1-1 所示的轴套零件 1 件，试完成该零件的测量和质量控制任务。

ZHISHI PINGTAI 知识平台

1 外螺纹中径的三针测量法

用量针测量螺纹中径的方法称为三针测量法。测量时，在螺纹凹槽内放置具有同样直径 D 的三根量针，如图 3-4-1 所示，然后用适当的量具（如千分尺等）来测量尺寸 M 的大小，以验证所加工的螺纹中径是否正确。

（1）三针测量法的计算公式

三针测量法是一种间接简易测量中径的方法。测量时将直径相同的三根量针放在被测螺纹的沟槽里，如图 3-4-1 所示，其中两根放在同侧相邻的沟槽里，另一根放在对面与之相对应的中间沟槽内。用量具或仪器测出量针外廓最大距离 M 值，再用公式算出被测螺纹中径。即

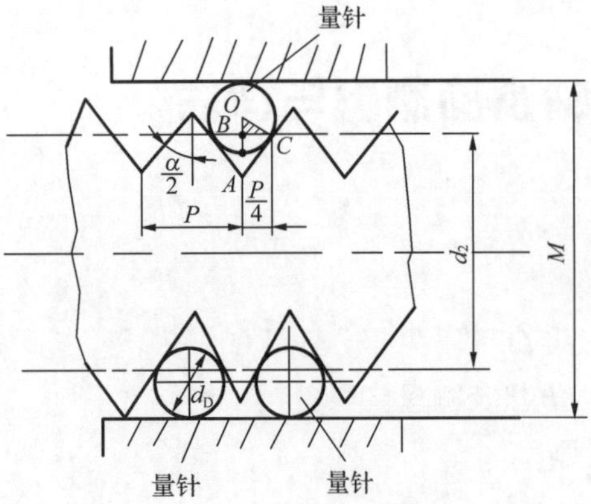

螺纹测量

图 3-4-1 外螺纹中径的三针测量法

$$M = d_2 + d_D + 2(AO - AB) \tag{3-4-1}$$

因此

$$d_2 = M - d_D\left(1 + \frac{1}{\sin\frac{\alpha}{2}}\right) + \frac{P}{2}\cot\frac{\alpha}{2} \tag{3-4-2}$$

式中 M——量针外廓最大距离,mm;

d_2——被测螺纹中径,mm;

P——工件螺距或蜗杆周节,mm;

$\alpha/2$——牙型半角,(°);

d_D——量针直径,mm。

(2)三针测量法的最佳量针直径

为了消除牙型半角误差对测量结果的影响,应选择最佳直径的量针,以使其在螺纹侧面的中径线上接触,如图 3-4-2 所示。量针最佳直径 $d_{最佳}$ 的计算公式为

$$d_{最佳} = \frac{P}{2\cos\frac{\alpha}{2}} \tag{3-4-3}$$

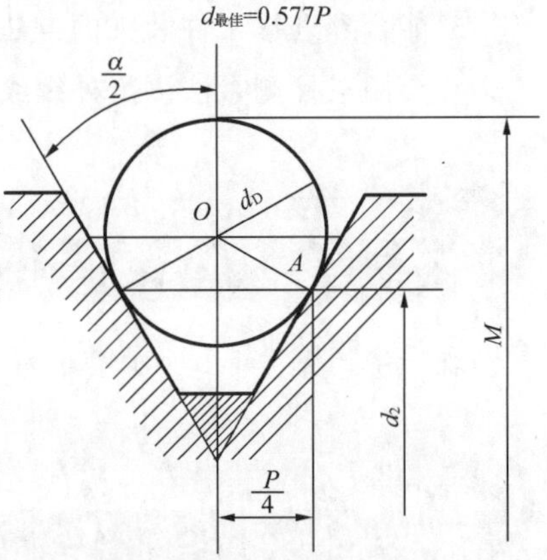

图 3-4-2 最佳量针直径

对于公制螺纹:$d_{最佳} = 0.577P$。

如果已知螺纹牙型角,螺纹直径也可用简化公式计算,见表 3-4-1。

表 3-4-1 螺纹直径计算简化公式

螺纹牙型角 α/(°)	29	30	40	55	60
简化公式	$D=0.516P$	$D=0.518P$	$D=0.533P$	$D=0.564P$	$D=0.577P$

(3)三针测量法测量螺纹中径的步骤

①根据被测螺纹的螺距,计算并选择最佳量针直径。

②擦净被测螺纹,并将其夹持在支架上。

③擦净杠杆千分尺,并调整零位。

④将量针分别放入螺纹沟槽内,旋转杠杆千分尺的微分筒,使其两测量头与量针接触,然后读出 M 值。

⑤在同一截面相互垂直的两个方向上分别测出 M 值，并将其平均值代入公式计算出螺纹中径。

⑥判断被测螺纹中径的合格性。

2 用双针测量法测量外螺纹

双针测量法的用途比三针测量法还要广泛，如螺纹圈数很少的螺纹以及螺距大的螺纹（螺距大于 6.5 mm），都不便用三针测量法测量，而用双针测量法测量则简便可行，对于普通螺纹，牙型角 $\alpha=60°$，如图 3-4-3 所示。

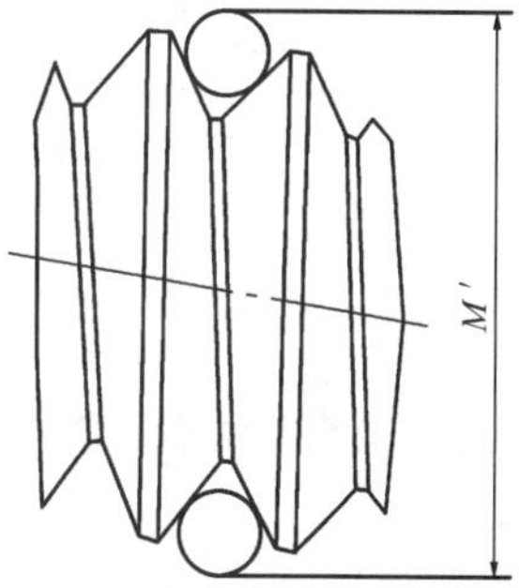

图 3-4-3　双针测量法

$$d_2=M'-3D-\frac{P^2}{8(M'-D)}+0.866P \qquad (3\text{-}4\text{-}3)$$

式中　M'——双针测量法的测量尺寸，mm；

D——量针直径，mm；

P——工件螺距或蜗杆周节，mm。

从式（3-4-3）中可看出，其右端第 1 项与第 3 项中都含有 M' 值，而 M' 值需要在测量之前计算出来，直接应用它不便计算理论 M' 值，需对其化简才能求出，以便在加工时准确控制 M' 尺寸，保证螺纹中径 d_2 合格。

双针测量法测量螺纹中径用 M' 值的计算公式为

$$M'=\frac{1}{2}\left[-(0.866P-2D-d_2)+\sqrt{(0.866P-2D-d_2)^2+\frac{P^2}{2}}\right]+D \qquad (3\text{-}4\text{-}4)$$

【例 1】 用双针测量法测量 M12(6h) 的螺纹，已知 $D=1.008$ mm，$d_2=10.863$ mm，求用双针测量法测得的读数。

解　因 M12 的粗牙螺纹 $\alpha=60°$，螺距 $t=1.75$ mm，故

$$M'=\frac{1}{2}\left[-(0.866P-2D-d_2)+\sqrt{(0.866P-2D-d_2)^2+\frac{P^2}{2}}\right]+D=$$

$$\frac{1}{2}\left[-(0.866\times1.75-2\times1.008-10.863)+\sqrt{(0.866\times1.75-2\times1.008-10.863)^2+\frac{1}{2}\times1.75^2}\right]+$$

$$1.008=12.405\ \text{mm}$$

螺纹中径本身存在着公差，所测量出来的值也有范围要求。

3 用螺旋测微仪测量螺纹中径

如图 3-4-4 所示，螺纹千分尺具有 60° 锥式和 V 形测量头，用于测量螺纹中径。

螺纹千分尺测量普通螺纹的中径如图 3-4-5 所示。螺纹千分尺的结构与外径百分尺相似，不同的是，它有两个特殊的可调换的测量头 1 和 2，其角度与螺纹牙型角相同。普通螺纹中径测量范围见表 3-4-2。

图 3-4-4　螺纹千分尺

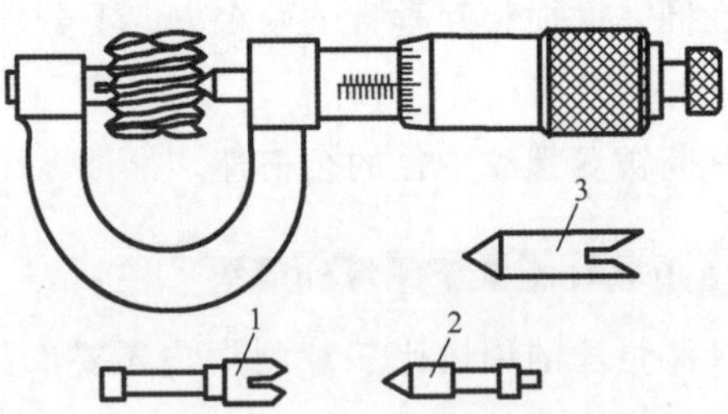

图 3-4-5　螺纹千分尺

1、2—测量头；3—校正规

表 3-4-2　　普通螺纹中径测量范围

测量范围/mm	测量头数量	测量头测量螺距的范围/mm
0～25	5	0.4～0.5；0.6～0.8；1～1.25；1.5～2；2.5～3.5
25～50	5	0.6～0.8；1～1.25；1.5～2；2.5～3.5；4～6
50～75	4	1～1.25；1.5～2；2.5～3.5；4～6
75～100		
100～125	3	1.5～2；2.5～3.5；4～6
125～150		

RENWU SHISHI 任务实施

零件加工中对 M30×1.5 的螺纹采用三针测量法进行测量，已知 $M=30.325$ mm，求需用的量针直径 D 及螺纹中径 d_2。

解　因 $\alpha=60°$，故

$$D=0.577\times1.5=0.8655\ \text{mm}$$

则　$d_2=30.325-3\times0.8655+1.5\times1.732\times0.5=29.0275$ mm

与理论值($d_2=29.026$)相差 $\Delta=29.0275-29.026=0.0015$ mm，可见其差值非常小。

实际上螺纹的中径尺寸一般可以从螺纹标准中查得或从零件图上直接注明，因此只要将上面计算螺纹中径的公式移项，变换一下，便可得出计算千分尺应测得的读数公式，即

$$M=d_2+D\left(1+\frac{1}{\sin\frac{\alpha}{2}}\right)+\frac{P\cot\frac{\alpha}{2}}{2} \tag{3-4-5}$$

如果已知牙型角，也可以用简化公式计算，见表 3-4-3。

表 3-4-3　　螺纹中经简化计算公式

螺纹牙型角 α/(°)	简化公式
29	$M=d_2+4.994D-1.933P$
30	$M=d_2+4.864D-1.886P$
40	$M=d_2+3.924D-1.374P$
55	$M=d_2+3.166D-0.960P$
60	$M=d_2+3D-0.866P$

ZHISHI TUOZHAN

知识拓展

如图 3-4-6 所示为工具显微镜。使用工具显微镜可以测量螺距、中径、牙型半角等。具体结构详见产品说明书。

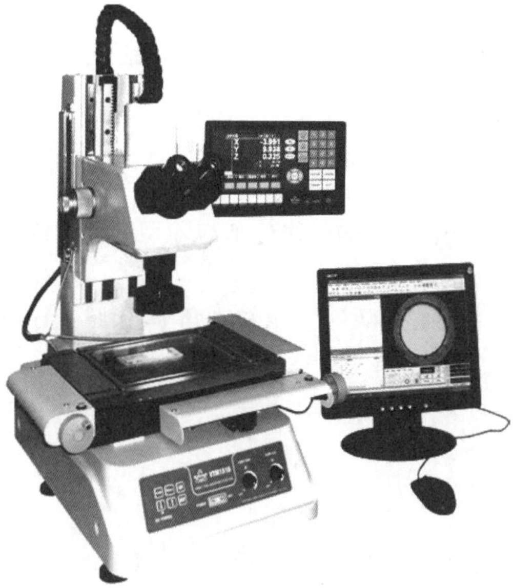

图 3-4-6　工具显微镜

1 测量步骤

(1)将工件安装在工具显微镜两顶尖之间,同时检查工作台圆周刻度是否对准零位。

(2)接通电源,调节光源及光栏,直到螺纹影像清晰为止。

(3)旋转手轮,按被测螺纹的螺旋升角调整立柱的倾斜度。

(4)调整目镜上的调节环,使米字线分值刻线清晰;调节仪器的焦距,使被测轮廓影像清晰。

(5)测量螺纹各参数。

2 测量螺距

测量螺距如图 3-4-7 所示,测量步骤如下:

(1)使目镜米字线的中心虚线与螺纹牙型的影像一侧相压。

(2)记下纵向千分尺的第 1 次读数,然后移动纵向工作台,使中虚线与相邻牙的同侧牙型相压,记下第 2 次读数,两次读数之差即所测螺距的实际值。

(3)在螺纹牙型左、右两侧进行 2 次测量,取其平均值为螺距的实测值。

(4)根据螺纹精度要求,判定螺纹各参数的合格性。

3 测量螺纹中径

测量螺纹中径如图 3-4-8 所示,测量步骤如下:

(1)将立柱顺着螺纹方向倾斜一个螺旋升角 φ。

(2)找正米字线交点位于牙型沟槽宽度等于基本螺距一半的位置。

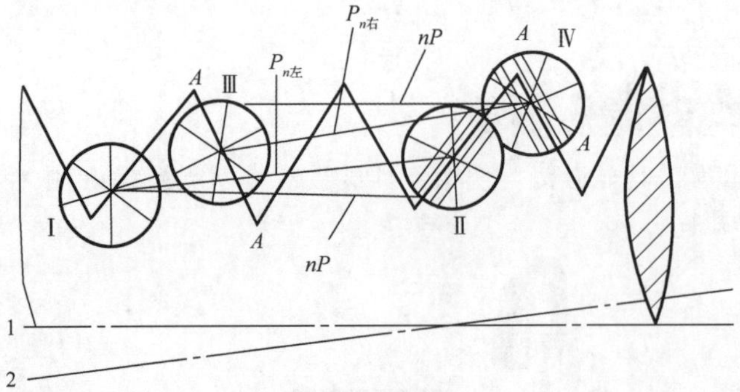

图 3-4-7 测量螺距

1—螺纹轴线；2—测量轴线

(3)将目镜米字线中两条相交 60°的斜线分别与牙型影像边缘相压，记录横向千分尺读数，得到第一组横向数值 a_1、a_2。

(4)将立柱反射旋转到离中心位置一个螺纹升角 ψ，依照上述方法测量另一边影像，得到第二组横向读数 a_3、a_4。

(5)两次横向数值之差即螺纹单一中径：$d_{2左}=a_4-a_2$，$d_{2右}=a_3-a_1$，最后取两者平均值作为所测螺纹单一中径。

4 测量牙型半角

测量牙型半角如图 3-4-9 所示，测量步骤如下：

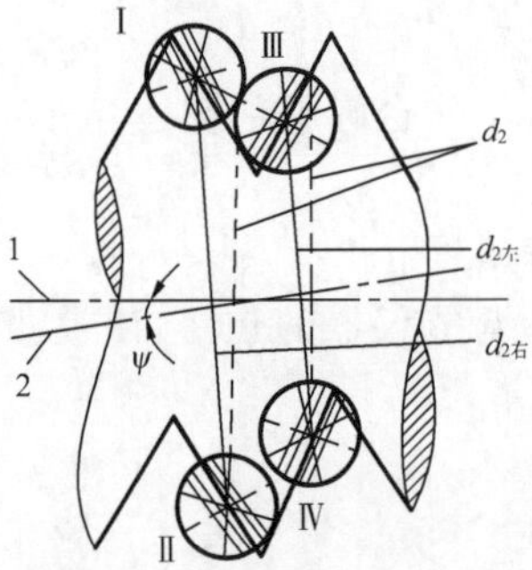

图 3-4-8 测量螺纹中径

1—螺纹轴线；2—测量轴线

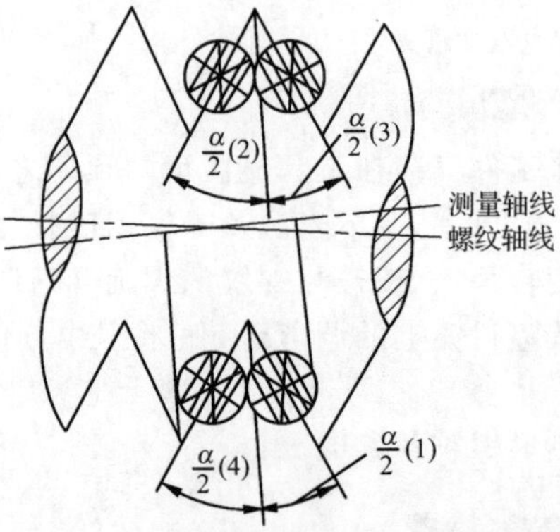

图 3-4-9 测量牙型半角

(1)调节目镜视场中的米字线的中虚线分别与牙型影像的边缘相压，此时角度目镜中显示的读数即该牙侧的半角数值。

(2)分别测量相对的两个左半角和两个右半角，取代数和求均值，得出被测螺纹牙型左、右半角的数值，即

$$\frac{\alpha}{2}(左)=\frac{\frac{\alpha}{2}(1)+\frac{\alpha}{2}(4)}{2},\frac{\alpha}{2}(右)=\frac{\frac{\alpha}{2}(2)+\frac{\alpha}{2}(3)}{2}$$

(3)使目镜米字线的中心虚线与螺纹牙型的影像一侧相压。

(4)记下纵向千分尺的第一次读数，然后移动纵向工作台，使中虚线与相邻牙的同侧牙

型相压，记下第二次读数，两次读数之差即所测螺距的实际值。

(5)在螺纹牙型左、右两侧进行两次测量，取其平均值为螺距的实测值，即

$$P_{实}=\frac{P_{n(左)}+P_{n(右)}}{2}$$

(6)根据螺纹精度要求，判定螺纹各参数的合格性。

TONGBU XUNLIAN

同步训练

完成图 3-5-1 所示零件的数控加工工艺任务。

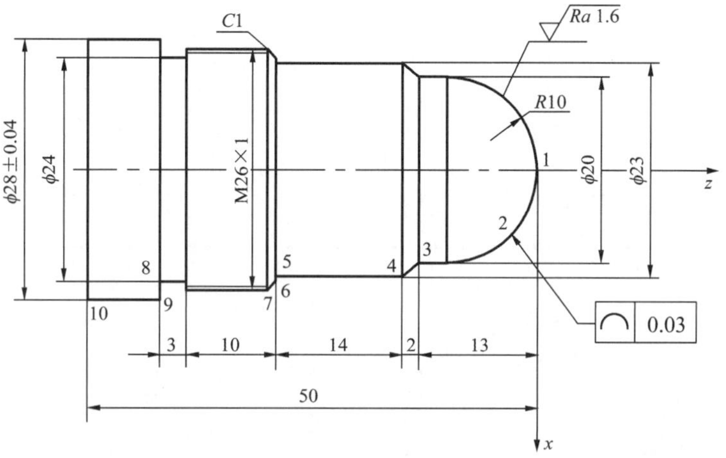

图 3-5-1 滑轮轴零件图

一、编制加工工艺

根据图 3-5-1 所示滑轮轴零件，完成以下问题：

1. 确定毛坯

根据生产类型、零件应用和型材规格，加工采用________毛坯，________装夹。

2. 选择定位基准，拟订工艺路线

(1)分析零件加工表面

加工面有：________、________、________、________。

(2)确定零件定位基准

粗基准为________________，精基准为________________。

(3)确定各表面加工方案(表 3-5-1)

表 3-5-1　　滑轮轴各表面加工方案

序号	加工表面	精度等级	表面粗糙度要求	加工方案

(4)划分工序

因每月生产1 000件零件,属于________生产,故工序分为________道工序。

(5)排列工序顺序(表3-5-2)

表3-5-2 滑轮轴工序顺序

工序号	工序内容
10	
20	
30	
40	
50	
60	
70	
80	

3. 选择刀具

数控车削阶梯轴所用的车刀的刀片型号是____________________,刀杆型号是____________________。所用的刀具分别为粗车________,精加工________。

4. 计算切削用量

(1)主轴转速的选择

通过查阅相关手册,选择粗车外轮廓切削速度$v_c=$________m/min、精车切削速度$v_c=$________m/min;根据$v_c=\pi dn/1\,000$,得出粗车主轴转速为________r/min,精车主轴转速为________r/min。

(2)进给量的选择

通过查阅相关手册,选择粗车进给量为________mm/r,选择精车端面进给量为________mm/r,精车外圆与轮廓进给量为________mm/r。

(3)背吃刀量的选择

________端面总余量为________mm,粗车$a_p=$________mm,精车$a_p=$________mm。

二、编制数控加工程序

(1)写出图3-5-1中的基点坐标(表3-5-3)。

表3-5-3 滑轮轴基点坐标

基点	1	2	3	4	5	6	7	8	9	10
X	0		20		23	24	26	26	28	
Z		−10		−15		29	−30	−42		−50

(2)编写程序(表 3-5-4)

表 3-5-4　　滑轮轴参考程序

程序	说明
O0001	
T(　　);	外圆粗车车刀
M03 S(　　);	设定转速
G00 X35 Z2;	快速定位起刀点
G1 Z0 F(　　);	移到右端面
X−1;	切端面
G00 X35 Z2;	到起刀点
G71 U(　　) R(　　);	外圆粗车循环
G71 P10 Q20 U0.5 W0.5 F0.3;	
N10 (　　) F(　　);	1 点
(　　　　);	2 点
(　　　　);	3 点
(　　　　);	4 点
(　　　　);	5 点
(　　　　);	6 点
(　　　　);	7 点
(　　　　);	8 点
(　　　　);	9 点
(　　　　);	10 点
N20 X35;	
G00 X100 Z100;	退刀
T(　　);	换精车刀
G00 X35 Z2;	快速到起刀点
G70 P(　　) Q(　　);	外圆精车
G00 X100 Z100;	退刀
T(　　);	切槽刀,刀宽为 3 mm
G00 X35 Z−42;	快速到起刀点
G1 X(　　) F0.2;	切槽到直径为 24 mm
G00 X100;	*X* 方向退刀
Z100;	*Z* 方向退刀
T(　　);	螺纹刀,刀尖角为 60°
G00 X30 Z−27;	快速定位至(34,−3)
G92 X25.3 Z−41 F1;	第 1 刀螺纹终点坐标,导程为 1 mm
X(　　);	第 2 刀螺纹终点坐标
X24.7;	第 3 刀螺纹终点坐标
G00 X100;	*X* 方向退刀
Z100;	*Z* 方向退刀
M05;	主轴停转
M30;	程序结束

项目四

平面凸模的数控铣削加工

学习目标

1. 掌握平面凸模的数控加工工艺的编制方法。
2. 根据数控加工工艺方案，编写数控加工程序。
3. 了解数控铣床和加工中心的工作原理，掌握加工中心工作过程。
4. 掌握百分表和万能角度尺的工作原理和使用方法。

能力目标

1. 能制定平面凸模的加工方案，会选用刀具，能计算切削三要素。
2. 能利用相关编程指令，完成数控各工序的编程。
3. 能利用数控仿真机床和真实机床，完成平面凸模零件的加工。
4. 根据图纸技术要求，测量并评估工件的加工质量。

思政目标

1. 通过了解国家高端装备战略布局和我国伟大成就，激发民族自豪感和爱国热情。
2. 引导学生能够真实反馈其工作情况，认真对待测评效果并反思原因，制订整改计划。
3. 培养学生实事求是的科学态度。
4. 培养学生专注、负责的工作态度，精雕细琢、精益求精的工匠精神。

RENWU DAORU 任务导入

现需生产图 4-1-1 所示平面凸模零件 1 件，试完成以下任务：

1. 平面凸模的数控加工工艺编制。
2. 平面凸模的数控加工程序编制。

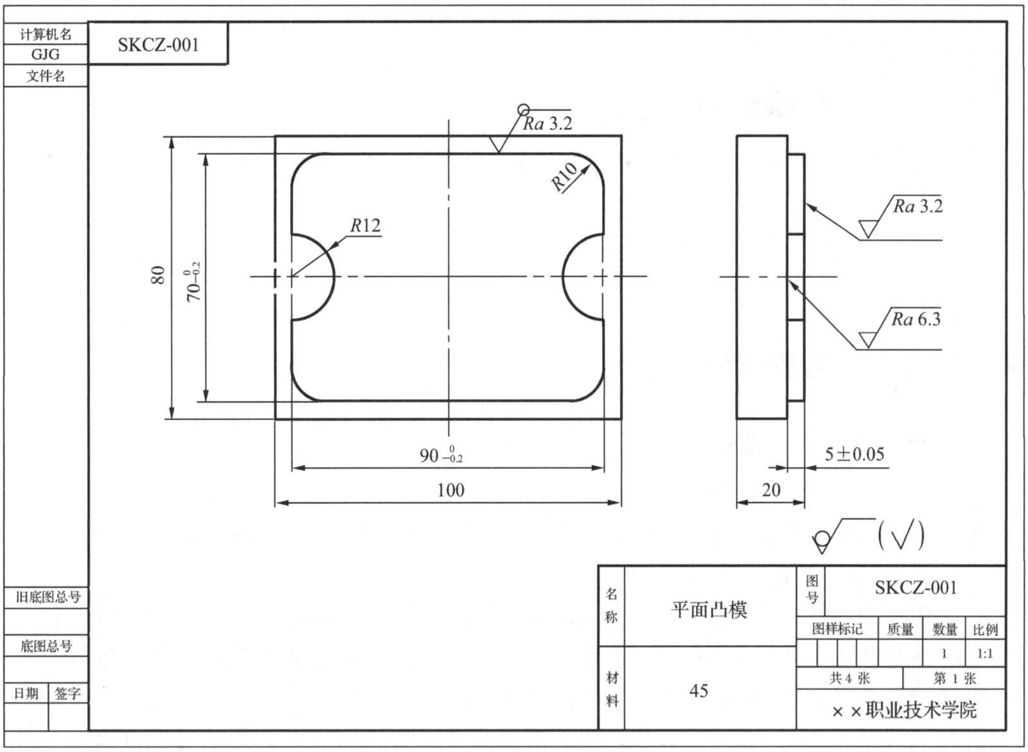

图 4-1-1 平面凸模零件图

3. 平面凸模轴套的数控加工。
4. 平面凸模的数控测量与评估。

任务一 平面凸模的数控加工工艺编制

学习目标

1. 掌握数控铣削加工工艺过程的基础知识。
2. 理解数控铣削工艺文件的作用。

能力目标

1. 会选择立铣刀并计算对应的切削用量。
2. 会填写工艺文件。
3. 能编写平面凸模零件数控铣削工艺文件。

RENWU DAORU

任务导入

现需生产图 4-1-1 所示平面凸模零件 1 件，试完成以下工艺任务：

(1)选择立铣刀并填写数控加工刀具卡片。

(2)选择数控铣削切削用量并填写数控加工工序卡片。

ZHISHI PINGTAI

知识平台

1 数控铣削加工刀具

(1)选择原则和技术指标

数控铣削加工刀具的选择与被加工材料、加工工序内容、机床的加工能力、切削用量等有关。总的选择原则是适用、安全、经济。

①适用要求所选择的刀具能实现切削加工的目的和加工精度。

②安全是指刀具要具有足够的刚度、强度和硬度，以保证刀具必要的使用寿命。

③经济是指用最低的刀具成本完成加工目的。

数控刀具的主要技术指标是刀具的制造精度和刀具寿命，它们与刀具的价格成正比。加工同一结构，选择耐用度和精度高的刀具必然增加刀具成本，但可以提高加工的质量和效率，从而使加工总成本降低，加工效益更高。在一般情况下，加工低硬度金属，选择高速钢或硬质合金刀具；加工高硬度金属，必须选用硬质合金或强度更高的刀具。

(2)分类

数控铣削加工的刀具从构造上可以分为整体式和镶嵌式，镶嵌式又分为焊接式和机夹式。从制造的材料分，数控铣削加工的刀具有高速钢刀具、硬质合金刀具、陶瓷刀具、立方氮化硼刀具、金刚石刀具等。

①端铣刀

端铣刀主要用于在铣床上加工平面、台阶等。

端铣刀切削刃多制成套式镶齿结构，分布在面铣刀的圆周表面和端面上。其刀齿采用硬质合金或高速钢材料，刀体选用 40Cr。硬质合金端铣刀允许的铣削速度较高，加工效率高，加工质量也比高速钢端铣刀好，应用广泛。

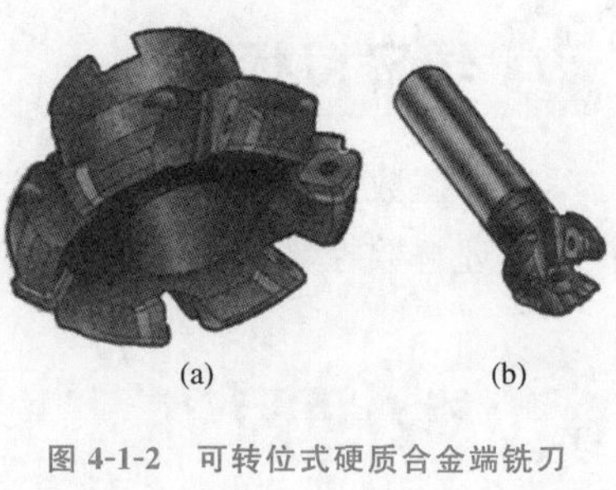

(a) (b)

图 4-1-2 可转位式硬质合金端铣刀

图 4-1-2 所示为可转位式硬质合金端铣刀，可转位刀片通过夹紧元件夹固在刀体上，当一个切削刃磨钝后，可将刀片转位或更换新的刀片。

②立铣刀

立铣刀主要用于在铣床上加工凹槽、台阶面等，如图 4-1-3 所示。切削刃分布在刀头的端面和圆柱面上，端刃和周刃可以同时切削，也可以单独切削，端刃用来加工底平面，周刃用来加工侧立面。立铣刀分为两刃、三刃和四刃立铣刀。

③键槽铣刀

键槽铣刀用于在立式铣床上加工普通平键的键槽等。其形状与两刃立铣刀相似，如图 4-1-4 所示。键槽铣刀不用预钻工艺孔，可直接轴向进给到槽深，再沿键槽方向铣出键槽全长。

(a) (b) (c)

图 4-1-3 立铣刀

图 4-1-4 键槽铣刀

④球头铣刀

球头铣刀是在立式铣床上加工模具小型型腔和空间曲面的立式铣刀。按切削部位形状分为圆锥形立铣刀(图 4-1-5)和圆柱、圆锥球头立铣刀(图 4-1-6)。按刀柄形状分为直柄和锥柄立铣刀。球头铣刀的结构特点是切削部分的圆周和球头带有连续的切削刃，可以进行轴向和径向的进给加工。小型立铣刀(直径在 20 mm 以下)多采用整体结构，大型立铣刀采用焊接或可转位刀片结构制造，如图 4-1-7 所示。

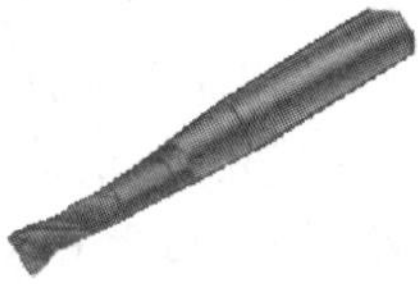

图 4-1-5 圆锥形立铣刀

(a) (b)

图 4-1-6 圆柱和圆锥球头立铣刀

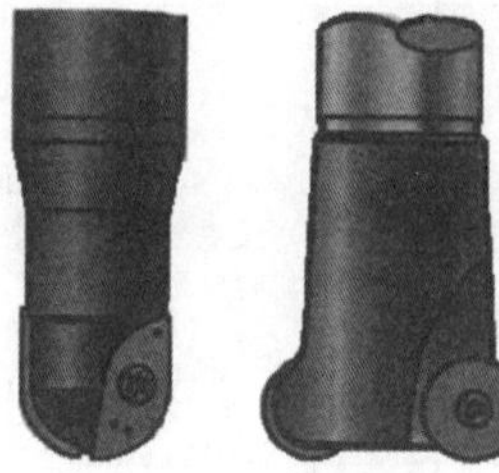

(a) (b)

图 4-1-7 可转位球头和圆刀片铣刀

2 工件的装夹和夹具

夹紧是工件装夹过程中的重要组成部分，工件定位后，必须通过一定的机构产生夹紧力，把工件压紧在定位元件上，使其保持准确的定位位置，不会由于切削力、工件重力、离心力或者惯性力等的作用而产生位置变化和振动，以确保加工精度和安全操作。

(1)夹紧装置应该具备的基本条件

①夹紧过程可靠，不改变工件定位后所占据的位置。

②夹紧力的大小适当，就是要保证工件在加工的过程中其位置不变，振动小，并确保工件不会产生过大的夹紧变形。

③操作省力、简单、方便、安全。

④结构性好，夹紧装置的机构力求简单、紧凑、便于制造和维修。

(2)夹具的选择

首先考虑零件的形状，如果零件的形状比较规则，例如，一块矩形板，可以考虑工件的定位基准与夹紧的方案，采用平口虎钳装夹，方便灵活，从而保证了加工的精度。平口虎钳在数控铣床工作台上的安装需要根据加工精度的要求来控制钳口与 X 轴或 Y 轴的平行度，零件夹紧时要注意控制工件变形和一端钳口上翘。若模具零件形状比较复杂，则要考虑设计专用夹具。

(3)对夹具的基本要求

①保证夹具的坐标方向和机床的坐标方向相对固定。

②能协调零件与机床坐标系的尺寸。

(4)定位与夹紧的注意事项

①力求设计基准、工艺基准和编程的统一，以减小基准不重合误差和数控编程中的计算工作量。

②设法减少装夹次数，以减小装夹误差。

③避免采用占机人工调试的方案，以免占机时间太长，影响加工效率。

(5)通用夹具

通用夹具作为机床附件已标准化、系列化，适用于工件形状比较规则的单件小批零件的装夹，因此本项目选用回转式平口虎钳装夹零件。如图 4-1-8 所示为回转式平口虎钳，主要由固定钳口、活动钳口、底座等组成。钳体能在底座上任意扳转角度。装夹工件时先将其固定在工作台上并校准，然后装夹工件。

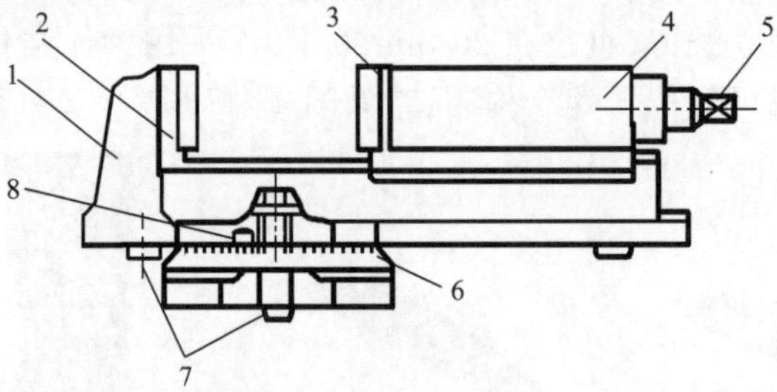

图 4-1-8 回转式平口虎钳

1—钳体；2—固定钳口；3—活动钳口；4—活动钳身；5—丝杠方头；6—底座；7—定位键；8—钳体零线

3 切削用量

切削用量是指切削速度 v_c、进给量 f(或进给速度 v_f)、背吃刀量 a_p 三者的总称，也称为切削用量三要素，它是调整刀具与工件间相对运动速度和相对位置所需的工艺参数。

(1)切削速度 v_c

切削速度 v_c是指切削刃上选定点相对于工件的主运动的瞬时速度，其计算公式为

$$v_c = \frac{\pi d_w n}{1\ 000} \tag{4-1-1}$$

式中 v_c——切削速度，m/min；

d_w——工件待加工表面直径，mm；(铣床加工时为刀具直径)

n——主轴转速，r/min 。

在计算时应以最大的切削速度为准，例如车削时以待加工表面直径的数值进行计算，因为此处速度最高，刀具磨损最快。

(2)进给量 f

进给量 f 是指工件或刀具每转一周时，刀具与工件在进给运动方向上的相对位移量。进给速度 v_f 是指切削刃上选定点相对于工件进给运动的瞬时速度，即

$$v_f = fn = f_z zn \tag{4-1-2}$$

式中　v_f——进给速度，mm/min；

f——进给量，mm/r；

n——主轴转速，r/min；

f_z——每齿进给量，mm/(r·z)；

z——刀具的齿数，z。

(3)背吃刀量 a_p

背吃刀量 a_p 是指通过切削刃基点并垂直于工作平面的方向上测量的吃刀量。根据此定义，当在纵向车外圆时，其背吃刀量的计算公式为

$$a_p = \frac{d_w - d_m}{2} \tag{4-1-3}$$

式中　a_p——背吃刀量，mm；

d_w——工件待加工表面直径，mm；

d_m——工件已加工表面直径，mm。

NENGLI PINGTAI 能力平台

1 轮廓铣削加工路线的分析

对于连续铣削轮廓，特别是加工圆弧时，要注意安排好刀具的切入、切出，尽量避免交接处重复加工，否则会出现明显的界限痕迹。如图 4-1-9 所示，用切线插补方式铣削外整圆时，要安排刀具从切向进入圆周铣削加工，当整圆加工完毕后，不要在切点处直接退刀，而让刀具多运动一段距离，最好沿切线方向，以免取消刀具补偿时，刀具与工件表面相碰撞，造成工件报废。铣削内圆弧时，也要遵循从切向切入的原则，安排切入、切出过渡圆弧，如图 4-1-10 所示，若刀具从工件坐标原点出发，其加工路线为 1→2→3→4→5，以便提高内孔表面的加工精度和质量。

数控铣削加工路线

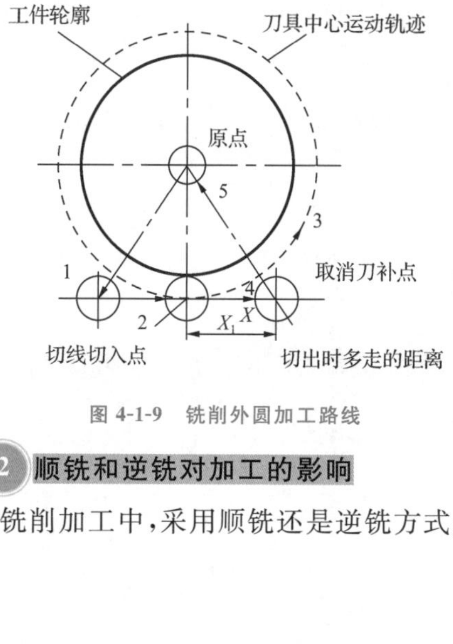

图 4-1-9　铣削外圆加工路线

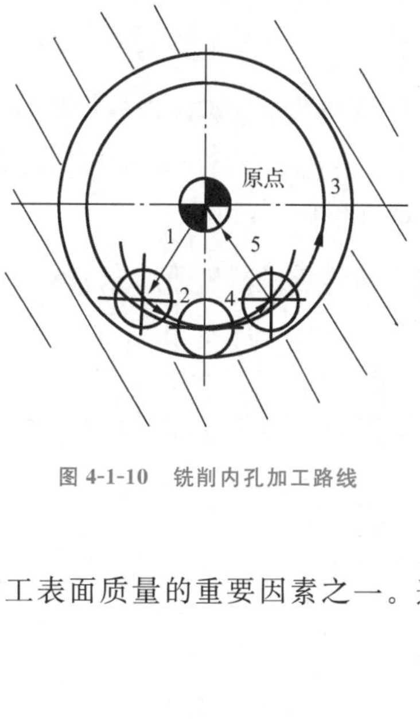

图 4-1-10　铣削内孔加工路线

2 顺铣和逆铣对加工的影响

在铣削加工中，采用顺铣还是逆铣方式是影响加工表面质量的重要因素之一。逆铣时

切削力 F 的水平分力的方向与进给运动的方向相反，顺铣时切削力 F 的水平分力的方向与进给运动的方向相同。

铣削方式的选择应视零件图样的加工要求，工件材料的性质、特点以及机床、刀具等条件综合考虑。通常由于数控机床传动采用滚珠丝杠结构，其进给传动间隙很小，因此顺铣的工艺性优于逆铣。

如图 4-1-11(a)所示为采用顺铣切削方式精铣外轮廓时刀具的受力，图 4-1-11(b)所示为采用逆铣切削方式精铣型腔轮廓时刀具的受力，图 4-1-11(c)所示为顺、逆铣时的切削区域。

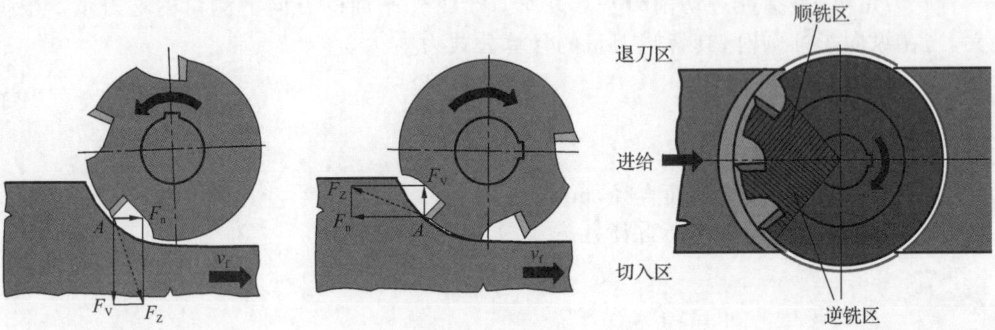

(a) 顺铣时刀具的受力　(b)逆铣时刀具的受力　(c) 顺、逆铣时的切削区域

图 4-1-11　顺铣和逆铣加工

RENWU SHISHI

任务实施

中国制造向高端迈进

凸模数控加工工艺实施

1 平面凸模的加工路线

平面凸模的加工路线如图 4-1-12 所示，具体如下：凸模从 A 点下刀，建立刀具补偿到 B 点，沿逆时针圆弧切入到 C 点，直线切削到 D 点，直线铣削到 E 点，沿逆时针圆弧切削到 F 点，直线铣削到 G 点、H 点、I 点，沿逆时针圆弧切削到 J 点，直线切削到 K 点、L 点，沿逆时针圆弧切出到 M 点，取消刀具补偿直线切削到 A 点。

2 平面凸模的加工刀具和夹具

本任务中选用 ϕ16 mm 的三刃高速钢立铣刀进行粗加工，ϕ16 mm 的四刃硬质合金平底铣刀进行精加工。

3 确定平面凸模的加工工序

铣钢件，加冷却液。在轮廓方向分别进行粗、精铣削。

(1)粗铣

侧吃刀量为 4.8 mm，留 0.2 mm 精铣余量，背吃刀量的范围为 4.8～11.01(11.21－0.2＝11.01) mm。

(2)精铣

侧吃刀量为 0.2 mm，背吃刀量为 0.2 mm。

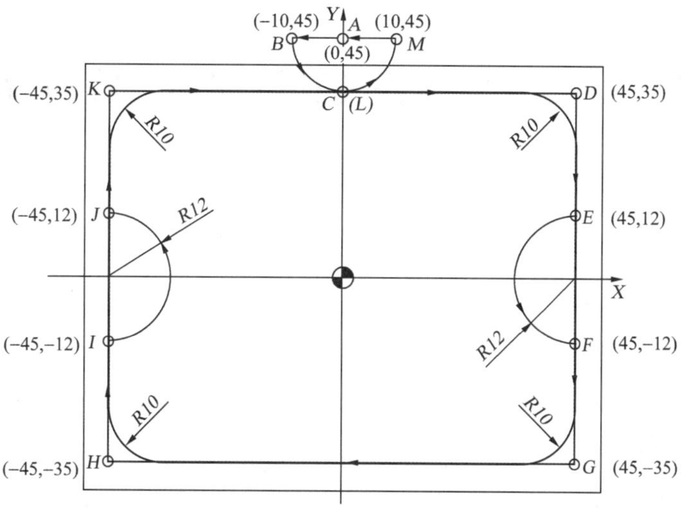

图 4-1-12　平面凸模的加工路线

4 计算平面凸模的切削三要素过程

(1)粗铣

取 $v_c=20$ m/min,则主轴转速为

$$n=1\ 000v_c/(\pi D)=1\ 000\times 20/(3.14\times 16)=398\ \text{r/min}$$

取 $n=400$ r/min。

取每齿进给量 $f_z=0.15$ mm/(r · z),则进给速度为

$$v_f=0.15\times 3\times 400=180\ \text{mm/min}$$

(2)精铣

取 $v_c=80$ m/min,则主轴转速为

$$n=1\ 000v_c/\pi D=1\ 000\times 80/(3.14\times 16)=1\ 592\ \text{r/min}$$

取 $n=1\ 600$ r/min。

取每齿进给量 $f_z=0.1$ mm/(r · z),则进给速度为

$$v_f=0.1\times 4\times 1\ 600=640\ \text{mm/min}$$

5 填写平面凸模的数控加工工序卡片

平面凸模的数控加工工序卡片见表 4-1-1。

表 4-1-1　平面凸模的数控加工工序卡片

<table>
<tr><td rowspan="2">××职业技术学院</td><td colspan="2" rowspan="2">数控加工工序卡片</td><td colspan="2">产品名称或代号</td><td>零件名称</td><td colspan="2">材　料</td><td>零件图号</td></tr>
<tr><td colspan="2">凸模</td><td>凸模</td><td colspan="2">45</td><td>2-0001</td></tr>
<tr><td>工序号</td><td>程序编号</td><td>夹具名称</td><td colspan="2">夹具编号</td><td>使用设备</td><td colspan="3">车间</td></tr>
<tr><td>01</td><td>O0001</td><td>平口虎钳</td><td colspan="2">200</td><td>TK7640</td><td colspan="3">实训中心</td></tr>
<tr><td>工步号</td><td>工步内容</td><td>刀具号</td><td>刀具规格/mm</td><td>主轴转速/(r · min⁻¹)</td><td>进给速度/(mm · min⁻¹)</td><td>背吃刀量/mm</td><td>量具</td><td>备注</td></tr>
<tr><td>1</td><td>粗铣轮廓,留精加工余量 0.2 mm</td><td>T01</td><td>ϕ16</td><td>400</td><td>180</td><td>4.8</td><td>0～150 mm 游标卡尺</td><td></td></tr>
<tr><td>2</td><td>精铣轮廓达到图纸要求</td><td>T02</td><td>ϕ16</td><td>1 600</td><td>640</td><td>0.2</td><td>0～150 mm 游标卡尺</td><td></td></tr>
<tr><td>3</td><td>清理、入库</td><td></td><td></td><td></td><td></td><td></td><td></td><td></td></tr>
<tr><td>编　制</td><td></td><td>审　核</td><td></td><td>批　准</td><td></td><td colspan="2">共　页</td><td>第　页</td></tr>
</table>

任务二　平面凸模的数控加工程序编制

学习目标

1. 掌握数控铣削编程的基础知识。
2. 理解数控编程的方法和步骤。

能力目标

1. 会编写平面凸模的数控铣削程序。
2. 会应用数控铣削 G00/G01/G02 等常用编程指令。
3. 能应用刀具半径补偿指令编写数控程序。

RENWU DAORU 任务导入

现需生产图 4-1-1 所示平面凸模零件 1 件，试编写数控加工程序。

ZHISHI PINGTAI 知识平台

1 编程基本指令表

数控铣床和加工中心均选用 FANUC 0i 数控系统，其程序命名方法和结构组成与数控车床编程方法一致，这里不再赘述。

(1)常用 G 指令(准备功能)

FANUC 0i 数控铣削准备功能字(G 指令)的大部分指令为模态指令，即指令一旦使用就一直有效，直到被同组的其他指令所取代而失效；只有 00 组为非模态指令，即只在当前程序行有效。常用 G 指令见表 4-2-1。

表 4-2-1　FANUC 0i 数控系统常用 G 指令

G 指令	组	含义	G 指令	组	含义
G00 *	01	定位(快速进给)	G54 *	08	选择第一工件坐标系
G01 *		直线插补(切削进给)	G55		选择第二工件坐标系
G02		顺圆圆弧插补 CW	G56		选择第三工件坐标系
G03		逆圆圆弧插补 CCW	G57		选择第四工件坐标系
G04	00	暂停，准确停止	G58		选择第五工件坐标系
G09		准确停止	G59		选择第六工件坐标系

续表

G 指令	组	含义	G 指令	组	含义
G15 *	17	取消极坐标系	G61	15	准确定位方式
G16		建立极坐标系	G64 *		切削方式
G17 *	02	*XOY* 平面选择	G68	09	旋转坐标系
G18		*XOZ* 平面选择	G69 *		取消坐标系旋转
G19		*YOZ* 平面选择	G73		高速深孔钻削循环
G20	06	英制输入	G74		反攻螺纹(左螺纹)循环
G21		公制输入	G76		精镗
G27	00	返回参考点检测	G80 *		取消固定循环
G28		返回参考点	G81		钻削循环
G29		从参考点返回	G82		钻孔循环,镗阶梯孔
G30		返回第二参考点	G83		深孔钻循环
G40 *	07	取消刀具半径补偿	G84		攻螺纹(右螺纹)循环
G41		刀具半径左补偿	G85		镗孔循环
G42		刀具半径右补偿	G86		镗孔循环
G43	08	刀具长度正补偿	G87		反镗削循环
G44		刀具长度负补偿	G88		镗孔循环
G49 *		取消刀具长度补偿	G89		镗孔循环
G52	00	局部坐标系设定	G91 *	03	绝对输入
G53		机床坐标系选择	G91		增量输入
G60		单一方向定位	G98 *	04	返回初始平面
G62		坐标系设定	G99		返回 *R* 平面
G94 *	05	每分钟进给量			

注：* 表示系统开机后一般默认指令。

(2)常用 M 指令(辅助功能)

FANUC 0i 数控系统常用辅助功能字(M 指令)见表 4-2-2。

表 4-2-2　FANUC 0i 数控系统常用 M 指令

M 指令	含义	M 指令	含义
M00	程序停止	M01	选择停止
M02	程序结束	M03	主轴正转
M04	主轴反转	M05	主轴停止
M06	换刀指令,与 T 指令联合使用	M07	冷却液开
M08	第二冷却液或辅助冷却液开	M09	冷却液关
M30	程序结束并返回	M98	调用子程序
M99	子程序结束		

2 基本 G 指令的用法

(1)G54～G59(工件坐标系的建立)

在编制数控程序时,需要在加工图纸上选择一个点建立坐标系,这个点称为编程零点。编程零点是人为设定的,可以为任意一点,但为了编程计算、检查方便,一般将该点设在工件的对称中点或某一特殊点。该点可以用 G92 或 G54～G59 来设定。如图 4-2-1 所示。

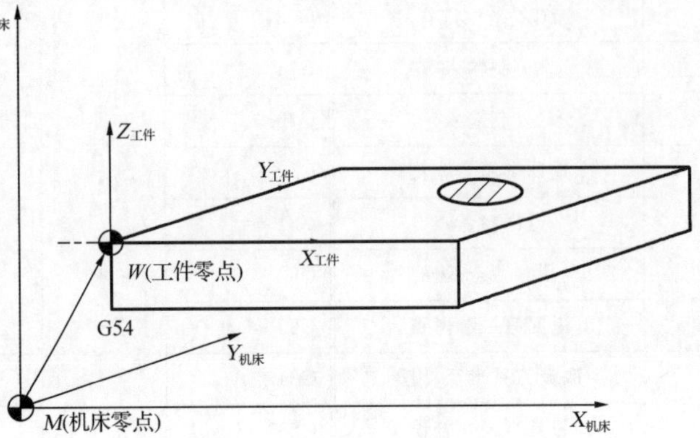

图 4-2-1　数控铣床的坐标系

(2)G90/G91(绝对编程/增量编程)

G90/G91 指令

说明:G90 表示坐标系中目标点的坐标尺寸,G91 表示待运行的位移量。G90/G91 适用于所有坐标系。该指令要与其他指令配合,不能单独使用。

绝对编程时,所有点的坐标都是相对于工件坐标原点的,是确定的值。

增量编程时,目标编程点的坐标值为从起点到终点的变化值,因此也称为相对编程。

(3)G17/G18/G19(平面选择)

在计算刀具长度补偿和刀具半径补偿时必须首先确定一个平面,即确定一个两坐标轴的坐标平面,如图 4-2-2 所示,在此平面中可以进行刀具半径补偿。对于钻头和铣刀,长度补偿的坐标轴为所选平面的垂直坐标轴,见表 4-2-3。

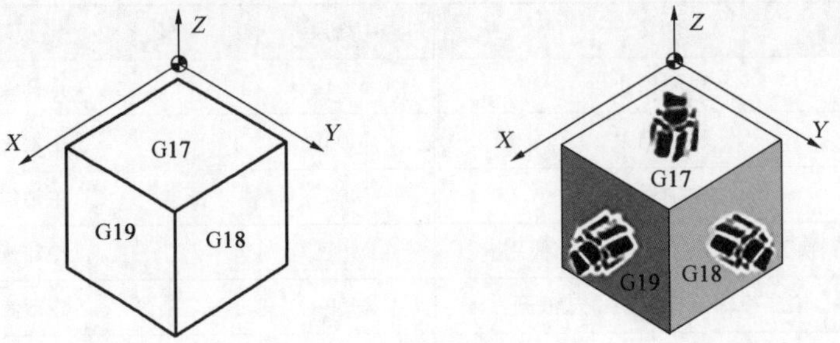

图 4-2-2　坐标平面的选择

表 4-2-3　　　　坐标平面与长度补偿的坐标轴

G 指令	平面(横坐标/纵坐标)	垂直坐标轴(在钻削/铣削时的长度补偿轴)
G17	X/Y	Z
G18	Z/X	Y
G19	Y/Z	X

(4)G00(快速定位)

格式:G00 X __ Y __ (Z __) M __ S __;

式中,X、Y、(Z)指定移动目标的终点坐标。

G00 指令

说明:①G00 指令机床以最大进给速度移动。$v_{fmax}=10\ 000$ mm/min。因此一般不用来加工工件。在点动状态下,$v_{fmax}=5\ 000$ mm/min,实际移动最大值为 4 995 mm/min。

②G00 指令在移动时先沿着与坐标轴呈 45°的直线移动,后沿着与坐标轴平行的直线移动到终点。

③对于 G00 指令,一般不使用 G00 X __ Y __ Z __,即三个坐标轴都发生移动,防止在运动时发生撞刀。如果在移动过程中,刀具可能与工件相碰,则可以设定中间点,用两个 G00 程序段来表示。或者将刀具抬高,使刀具在工件上方移动到终点的(X,Y)处,再移动到终点的(Z)处。

④G00、G01、G02、G03、G04 指令中前面的"0"可以省略,例如 G00=G0。

(5)G01(直线插补)

格式:G01 X __ Y __ Z __ F __ M __ S __;

说明:

G01 指令

①在第一次出现 G01 指令时,必须给定 F 值,否则将发生 011 号报警。以后使用 G01 指令时,如果不指定 F 值,将按上一程序段中的 F 值进给。

②G01 指令可以进行三轴联动加工空间直线,使用时注意用来加工的刀具是否可进行加工。

③G01 后(X,Y,Z)为移动的直线终点。其坐标的表示可以用绝对坐标(G90),或增量坐标(G91)。

(6)G02/G03(圆弧插补)

格式:(G17/G18/G19)G02/G03 X __ Y __ (Z __) R __/I __ J __(K __) F __ M __ S __;

按 ADB 顺序插补圆弧,如图 4-2-3 所示,可以用以下方法表示:

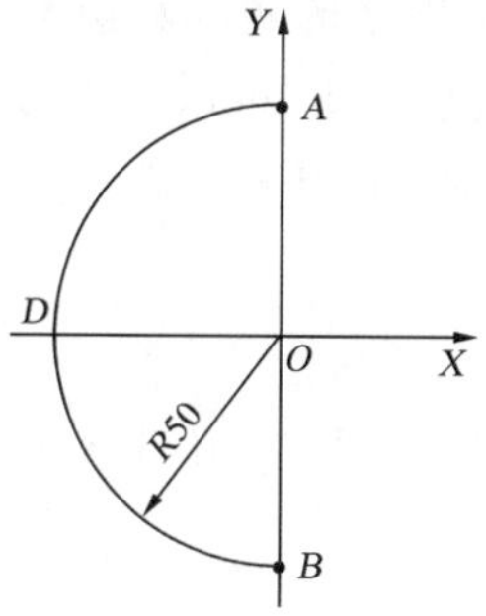

图 4-2-3　圆弧切削示例

G02 指令

G03 指令

(G17) G03 X0 Y−50 R−50;

(G17) G03 X0 Y−50 I0 J−50;

注意:G17 可以省略。

说明:①本系统只能插补平面内的圆弧(包括整圆),即该圆弧必须在 *XOY*、*XOZ*、*YOZ* 平面内,分别用 G17、G18、G19 来选择。对于空间的圆弧不能进行插补。系统接电后默认 G17 状态,即已经选择 *XOY* 平面。

②判断 G02、G03 的方法:用右手笛卡儿坐标系来判断与圆弧所在平面垂直的第三轴,沿着该轴负方向看要加工的圆弧,如果该圆弧沿顺时针方向旋转,则用 G02 指令;反之,则用 G03 指令。

③R 为圆弧半径,由所插补的圆弧对应的圆心角 α 决定。当 $0°\leqslant\alpha<180°$ 时,R 为正值;当 $180°\leqslant\alpha<360°$ 时,R 为负值;当 $\alpha=360°$ 时,即所插补的圆弧为整圆时,不能用 R 编程,只能用 I、J、(K)来编程。I、J、(K)称为圆心编程,是指圆心相对于圆弧起点的坐标。所有的圆弧都可以采用圆心编程。

④如果在插补圆弧的程序段中没有 R 值,将被视为直线移动。

⑤如果在插补圆弧的程序段中没有 X、Y、(Z)值,但是采用圆心编程,则走出的图形为整圆;若采用 R 编程,则刀具不移动。若同时使用圆心编程和 R 编程,则程序按 R 运行,I、J (K)被忽略。

⑥程序段中的进给速率与实际速率的误差≤±2%,但该速率是刀具补偿后沿圆弧测得的。

⑦如果被编程的一个轴不在所选择的平面中,系统将报警。

G41/G42 指令(不带刀补)　　G41/G42 指令(带刀补)

3 刀具半径补偿指令

(1)格式

G41/G42 D×× G01/G00 X_ Y_ F_ M_ S_;

(2)含义

G41 表示左刀具补偿;G42 表示右刀具补偿;G40 表示取消刀具补偿。

(3)建立刀具半径补偿的原因

在加工轮廓(包括外轮廓、内轮廓)时,由刀具的刃口产生切削。在编制程序时,是以刀具中心来编制的,即编程轨迹是刀具中心的运行轨迹,这样,加工出来的实际轨迹与编程轨迹偏差一个刀具半径,造成加工尺寸比实际尺寸小。为了解决这个矛盾,可以建立刀具半径补偿,使刀具在加工工件时,能够自动偏移编程轨迹一个刀具半径,即刀具中心的运行轨迹偏移编程轨迹一个刀具半径,确保正确加工。

(4)判别左刀具补偿(G41)/右刀具补偿(G42)的方法

假定工件不动,沿着刀具的前进方向观察刀具与工件的位置关系,若刀具在工件的左侧,则为左刀具补偿,用指令 G41 表示;反之,则用指令 G42 表示。

(5)刀具半径补偿的过程

刀具半径补偿的过程包括刀具补偿建立、刀具补偿执行、刀具补偿撤销三步。

①刀具补偿建立

刀具从起点接近工件，在编程轨迹基础上，刀具中心向左(G41)或向右(G42)偏离一个偏置量的距离。

如图 4-2-4 所示，要加工的部位是线段 AB，刀具当前在 T 点。编程轨迹是 $T\rightarrow A\rightarrow B$，而实际加工时，刀具的中心轨迹必须为 $T\rightarrow A'\rightarrow B'$，因此，程序段可以表示为

G41 D02 G00/G01 X __ Y __;

G01 X __ Y __;

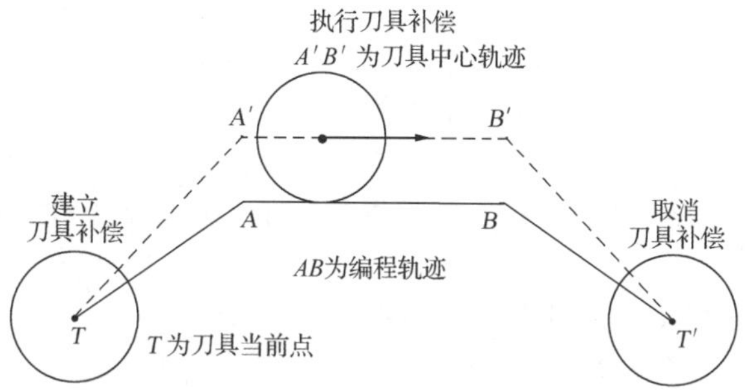

刀具半径补偿

图 4-2-4　刀具半径补偿建立过程

②刀具补偿执行

刀具中心轨迹与编程轨迹始终偏离一个偏置量的距离。

③刀具补偿撤销

刀具撤离工件，使刀具中心轨迹终点与编程轨迹终点(如起刀点)重合，即不能进行加工。

说明：①只能在线段建立刀具补偿，即使用 G00 或 G01，刀具中心在 XOY 平面移动的过程中实现偏移，在 Z 方向上移动时不能建立刀具半径补偿。考虑实际情况选择使用 G00、G01。刀具补偿的值在 D×××代码中赋予，与所使用的 D 代码数字大小没有关系，但同一补偿代码只能对一把刀具使用(D001～D400)，其中 D000 默认为 0。

②建立刀具补偿时，刀具中心当前点到建立刀具补偿的点之间的距离必须大于刀具的半径。在上面的示例中，即刀具中心 T 点到 A 点的距离大于刀具半径。

③刀具补偿建立后，只能沿着单一方向加工，即沿顺时针或逆时针方向加工工件。刀具补偿的建立与撤销不能交叉、嵌套，要一一对应 。

④在加工多层轮廓时，建议在加工每层时都进行刀具补偿的建立及撤销。

(6)刀具半径补偿方法

刀具半径补偿分为 B 补偿和 C 补偿。具体请查阅相关手册。

(7)拓展应用

①由于刀具的磨损或因换刀而引起的刀具半径变化时，不必重新编程，只需修改相应的偏置参数即可。

②加工余量的预留可通过修改偏置参数实现，而不必为粗、精加工各编制一个程序。

4 子程序的应用

(1)含义

编程时，为了简化程序的编制，当一个工件上有相同的加工内容时，常采用调用子程序的方法进行编程。调用子程序的程序称为主程序。子程序的编号与一般程序基本相同，只是其结束字为 M99(表示子程序结束并返回到调用子程序的主程序中)。

子程序应用

(2)格式

M98 P××××××××

(3)说明

P 表示子程序调用情况。P 后共有 8 位数字，前 4 位为调用次数，系统允许重复调用的次数为 9 999 次，前导零可以省略，如 O0123 与 O123 是指同一个子程序；如果省略了重复次数，则重复次数为 1 次。省略时为调用 1 次；后 4 位为所调用的子程序号。

注意：子程序号中的前导零可以省略，但该子程序的程序号不得与系统中已经存在的主程序或子程序的程序号相同。

例如：M98 P123456；表示连续调用 12 次程序号为 O3456 的子程序。

M98 P3456；表示程序号为调用 1 次 O3456 的子程序。

M98 P456；表示程序号为调用 1 次 O0456 的子程序。

(4)执行

从主程序中调用子程序的执行顺序分为以下几种：

①调用 1 次子程序时的执行顺序

调用 1 次子程序时的执行顺序如图 4-2-5 所示。

②连续调用若干次子程序时的执行顺序

连续多次调用子程序时的执行顺序如图 4-2-6 所示。

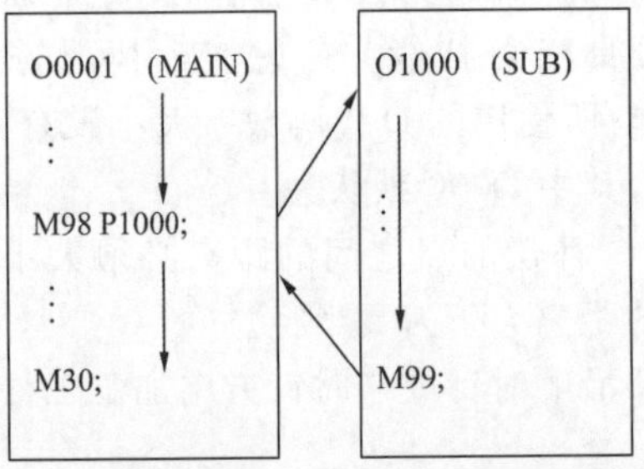

(a)主程序界面 (b)子程序界面

图 4-2-5 调用 1 次子程序时的执行顺序

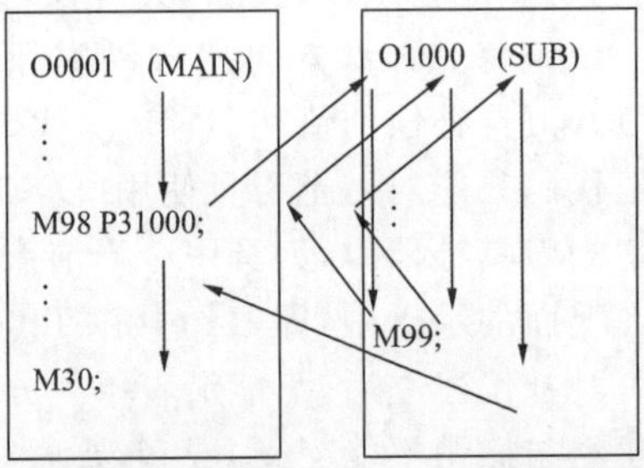

(a)主程序界面 (b)子程序界面

图 4-2-6 多次调用子程序时的执行顺序

(5)注意事项

①主程序中的模态 G 指令可被子程序中同一组的其他 G 指令所更改。主程序中的 G90 被子程序中的 G91 更改，从子程序返回时主程序也变为 G91 状态了，故一般在子程序返回主程序时要注意 G90/G91 的切换。

②最好不要在处于刀具补偿状态下的主程序中调用子程序，因为当子程序中连续出现两段以上非移动指令或非刀具补偿平面轴运动指令时，很容易出现过切等错误，因为刀具补偿建立后不允许连续 2 个程序段不产生移动的情况。因此，一般建议刀具补偿在子程序中建立、取消。

③M98 和 M99 必须成对出现,且分别在主、子程序当中。

④零件上若干处具有相同的轮廓形状,则只要编写一个加工该轮廓形状的子程序,然后用主程序多次调用该子程序的方法完成对工件的加工。

⑤分层铣削循环的下刀点必须与程序结束点重合,这样调用下一次子程序的下刀点才正确。如果在分层铣削时需要建立刀具半径补偿,则一般在子程序中进行刀具半径补偿的建立、取消。

⑥连续调用若干次子程序的特点是前一子程序的终点是下一子程序的起点。

(6)子程序的嵌套

子程序的嵌套是指在子程序中继续调用下一层子程序,在 FANUC 0i M 系统中,子程序的嵌套层数最大为 3 层,加工主程序界面共 4 层。子程序嵌套时的执行顺序如图 4-2-7 所示。

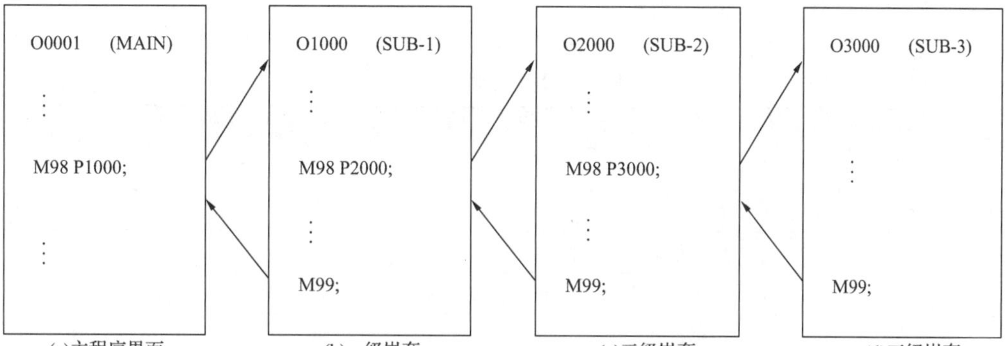

图 4-2-7　子程序嵌套时的执行顺序

能力平台

1 建立工件坐标系

数控机床有三个坐标系:机械坐标系(机床坐标系)、编程坐标系和工件坐标系。

(1)机械坐标系的原点是生产厂家在制造机床时的固定坐标系原点,也称为机械零点。它在机床装配、调试时已经确定,是机床加工的基准点。在使用中,机械坐标系是由参考点来确定的,机床系统启动后,进行返回参考点操作,机械坐标系就建立了。机械坐标系一经建立,只要不切断电源,就不会变化。特例:在机床硬件超程的情况下,还是要重新回零操作的。

(2)编程坐标系是编程序时为了编程方便人为设置的坐标系,一般把原点设置在图纸的对称中心或某一角的位置,为了便于坐标点的数值计算。

(3)工件坐标系是机床进行加工时使用的坐标系,它应该与编程坐标系一致。能否让编程坐标系与工坐标系一致是操作成功与否的关键,也是影响零件位置精度的重要因素。工件坐标系的原点,要求通过对刀操作,找到编程坐标系零点在机床坐标系中偏置的数值,并在 G54 中进行设置。

2 计算平面凸模的基点坐标

零件的轮廓是由许多不同的几何要素所组成的,如直线、圆弧、二次曲线等,各几何要素之间的连接点称为基点。基点坐标是编程中必需的重要数据。

程序在线传输　　　　凸模数控仿真加工

RENWU SHISHI

任务实施

编写平面凸模的数控加工程序

利用前面所学习的指令完成平面凸模数控加工程序的编制，见表 4-2-4。

表 4-2-4　　平面凸模数控加工程序 1

程　序	说　明
%	
O0001	程序名
G54 G90 G17；	G54 指定对刀得来的坐标系
M6 T1；	1 号刀(直径为 16 mm 的三刃高速钢立铣刀)
M8；	冷却液开
M3 S400；	主轴正转，转速为 400 mm/min
G0 X0 Y45；	快速接近工件
Z3；	快速接近工件
G1 Z0.2 F180；	进给到起刀点，进给量为 180 mm/r(Z 方向留 0.2 mm 的精加工余量)
M98 P50002；	连续调用子程序 O0002 共 5 次
G90 G0 Z100；	抬刀
M5；	主轴停止
M9；	冷却液关
M6 T2；	2 号刀(直径为 16 mm 的二刃硬质合金键槽铣刀)
M3 S1600；	主轴正转，转速为 1 600 mm/min
G0 X0 Y45；	快速接近工件
Z3；	快速接近工件
G1 Z−5 F320；	进给到“Z−5”点，进给量为 320 mm/r
M98 P10002；	调用子程序 O0002 共 1 次
G90 G0 Z10；	抬刀
G91 G28 Z0；	回机床 Z 方向原点
G91 G28 Y0；	回机床 Y 方向原点，便于拆装工件
M30；	主程序结束
%	
%	

续表

程　序	说　明
O0002	子程序名
G91 G1 Z−1;	增量方式定位
G90 G41 G1 X−10 D01;	1 号刀具补偿外形内输入 8,1 号刀具补偿磨损内输入 0.1,保留单边 0.1 mm 的精加工余量
G90 G3 X0 Y35 R10;	
G1 X35;	
G2 X45 Y25 R10;	
G1 Y12;	
G3 Y−12 R−12;	
G1 Y−25 ;	
G2 X35 Y−35 R10;	
G1 X−35 ;	
G2 X−45 Y−25 R10;	
G1 Y−12;	
G3 Y12 R−12;	
G1 Y25;	
G2 X−35 Y35 R10;	
X0;	
G3 X10 Y45 R10;	
G1 X−10;	
G90 G40 G1 X0;	取消刀具半径补偿
M99;	子程序结束

注:残料可以用修改刀补值来切削。

ZHISHI TUOZHAN

知识拓展

SIEMENS 802D 数控系统编程

SIEMENS 802D 数控铣床编程基础指令与 FANUC 数控系统相近,因此这里不再介绍。利用 SIEMENS 802D 数控系统编制平面凸模数控加工程序见表 4-2-5。

表 4-2-5　　平面凸模数控加工程序 2

程　序	说　明
01.MPF	主程序名
G54 G90;	G54 指定 *Z* 方向的偏置为零
M6 T1;	1 号刀(直径为 16 mm 的三刃高速钢立铣刀)
M8;	冷却液开
M3 S400;	主轴正转,转速为 400 mm/min
G43 G0 Z100 H01;	调用 1 号刀具实现长度正向补偿
G0 X0 Y45;	快速接近工件
Z3;	快速接近工件
G1 Z0.2 F180;	进给到起刀点,进给量为 180 mm/r(*Z* 方向留 0.2 mm 的精加工余量)

续表

程　序	说　明
G41 G1 X－10 D01；	1号刀具补偿外形内输入8，1号刀具补偿磨损内输入0.1，保留单边0.1 mm的精加工余量
L2 P5；	连续调用子程序O0002共5次
G40 G1 X0；	取消刀具半径补偿
G0 Z10；	抬刀
M5；	主轴停止
M9；	冷却液关
M6 T2；	2号刀(直径为16 mm的二刃硬质合金键槽铣刀)
M3 S1600；	主轴正转，转速为1 600 mm/min
G43 G0 Z100 H02；	调用2号刀具实现长度正向补偿
G0 X0 Y45；	快速接近工件
Z3；	快速接近工件
G1 Z－4 F320；	进给到"Z－5"点，进给量为320 mm/r
G41 G1 X－10 D02；	建立刀具半径补偿，2号刀具补偿外形内输入8，2号刀具补偿磨损内输入0
L2 P1；	调用子程序O0002共1次
G40 G1 X0；	取消刀具半径补偿
G0 Z10；	抬刀
G75 Z0；	回机床Z方向原点
G75 Y0；	回机床Y方向原点，便于拆装工件
M30；	主程序结束
%	
L2.SPF	子程序名
G91 G1 Z－1；	增量方式定位
G90 G3 X0 Y35 CR＝10；	
G1 X45 RND＝10；	
G1 Y12；	
G3 Y－12 CR＝12；	
G1 Y－35 RND＝10；	
X－45 RND＝10；	
Y－12；	
G3 Y12 CR＝12；	
G1 Y35 RND＝10；	
X0；	
G3 X10 Y45 CR＝10；	
G1 X－10；	
M17；	子程序结束

任务三 平面凸模的数控加工

学习目标

1. 掌握数控仿真铣床/加工中心操作的基础知识。
2. 理解数控铣床/加工中心的机械结构。
3. 掌握数控铣床/加工中心的操作方法。

能力目标

1. 会使用数控仿真加工软件。
2. 会设置工件坐标系原点。
3. 能完成立铣刀的对刀操作。
4. 能编辑并校验数控加工程序。

RENWU DAORU 任务导入

现需生产如图 4-1-1 所示平面凸模零件 1 件，完成平面凸模的数控加工任务。

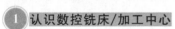

ZHISHI PINGTAI 知识平台

数控机床网络化、数字化、智能化发展趋势

数控铣削加工

1 认识数控铣床/加工中心

(1)数控铣床和加工中心的用途

一般来说，数控铣床具有 X 轴、Y 轴、Z 轴三个数控轴，各坐标可以自动定位。工件在一次装夹后，可以完成铣、镗、钻、铰、攻螺纹等工序的加工，能保证加工精度，节省了工艺装备，缩短了生产周期，从而降低了成本，提高了经济效益。

(2)数控铣床/加工中心的分类

数控铣床/加工中心一般可分为立式和卧式两种。数控铣床为三轴控制加工机床，与数控车床不同，其主运动由主轴带动刀具完成，加工过程所需的运动轨迹由 X、Y、Z 三轴共同运动来实现。加工中心是在数控机床的基础上发展起来的，都是通过程序控制多轴联动走刀进行加工的数控机床。不同的是，加工中心具有刀库和自动换刀功能。按机床主轴布局形式可分为立式加工中心（主轴轴线设置在竖直方向）、卧式加工中心（主轴轴线设置在水平方向）、龙门加工中心（具有可移动的龙门框架，主轴头安装在龙门框架上，主轴轴线设置在垂直方向）和复合加工中心（立、卧两用加工中心，兼具立式和卧式加工中心的功能）等。如图 4-3-1 所示。

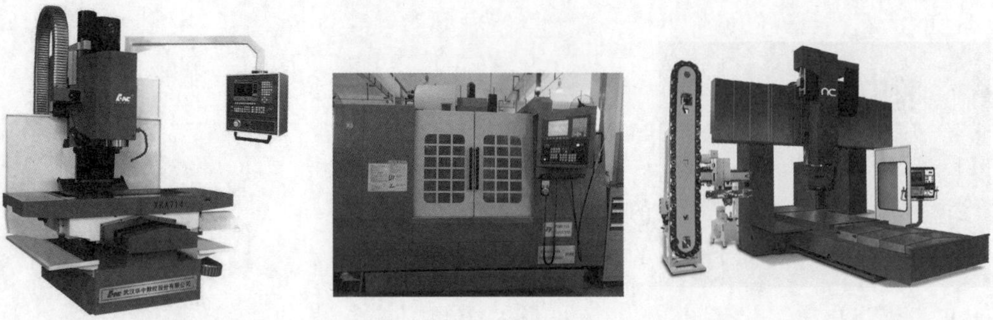

(a) 数控铣床　　(b) 加工中心　　(c) 龙门加工中心

图 4-3-1　数控铣床/加工中心

（3）数控铣床/加工中心的主要功能

不同的数控铣床/加工中心的功能不尽相同，大致可分为一般功能和特殊功能。

①一般功能是指各类数控铣床/加工中心普遍具有的功能，如点位控制功能、连续轮廓控制功能、刀具半径自动补偿功能、镜像加工功能、固定循环功能等。

②特殊功能是指数控铣床/加工中心在增加了某些特殊装置或附件后，分别具有或兼备的一些特殊功能，如刀具长度补偿功能、靠模加工功能、自动变换工作台功能、自适应功能、数据采集功能等。在使用数控铣床加工工件时，应该充分考虑数控铣床的各个功能，以便加工一般铣床很难加工的工件。

与加工中心相比，数控铣床除了缺少自动换刀功能和刀库外，其他方面均与加工中心相似，也可以对工件进行钻、扩、铰、锪和镗孔加工与攻螺纹等，但它主要还是用来进行铣削加工的。有的采用变频器调整，将转速分为几挡，编程时可任选一挡，在运转中可通过控制面板上的旋钮，在本挡范围内自由调节；有的不分挡，编程时可在整个范围内任选一值，在主轴运转中可以在整个范围内无级调速。

（4）加工中心的机械结构

如图 4-3-2 所示，一般由主轴单元、滚珠丝杠螺母副、机床操纵台、回转工作台、刀库和机械手等组成。

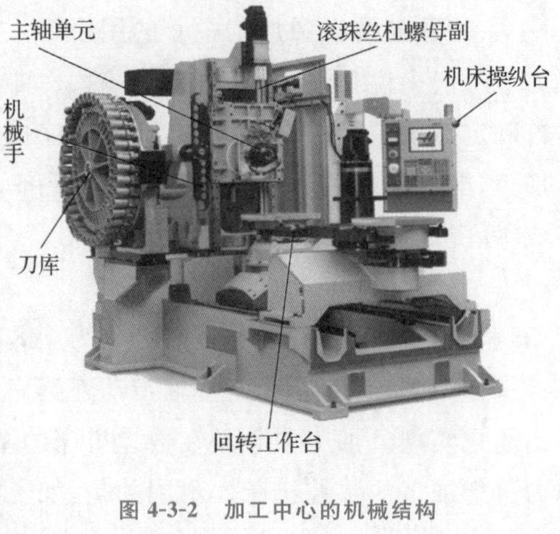

图 4-3-2　加工中心的机械结构

在数控镗铣床/加工中心的三种布局方案中，图 4-3-3(a)所示为主轴立式布置，上下运动，对工件顶面进行加工；图 4-3-3(b)所示为主轴卧式布置，加工工作台上分度工作台的配合，可加工工件多个侧面；图 4-3-3(c)所示结构在图 4-3-3(b)所示结构基础上增加了一个数控转台，可对工件进行更多内容的加工。

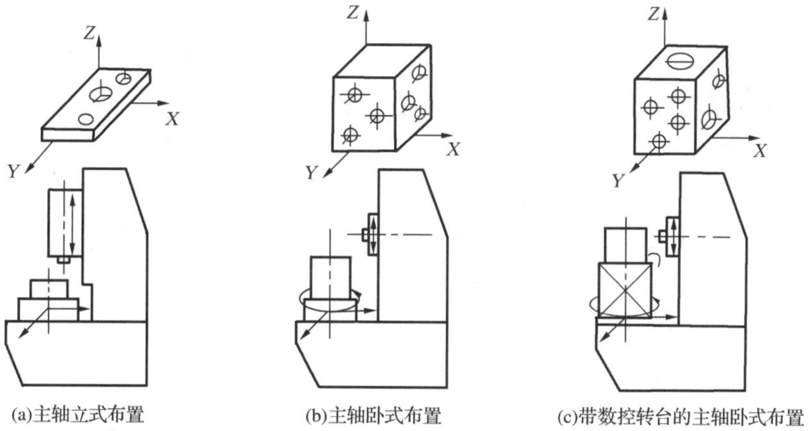

图 4-3-3　加工中心的结构布局

2 数控机床的进给传动系统

进给传动系统是进给伺服系统的主要组成部分，它将伺服电动机的旋转运动转化为执行部件的直线运动或回转运动，以保证刀具与工件相对位置关系为目的。在数控机床中，进给运动是数字控制系统的直接控制对象。

无论是开环还是闭环伺服进给系统，工件的精度均受进给运动的传动精度、灵敏度和稳定性的影响。为此，数控机床的进给系统应力求做到减小摩擦力，提高传动精度与刚度，消除传动间隙以及减小运动件的惯量等。

(1)进给伺服系统的组成及特点

数控机床的进给系统一般由驱动控制单元、驱动元件、机械传动部件、执行元件、检测元件和反馈电路等组成。驱动控制单元和驱动元件组成了伺服驱动系统；机械传动部件和执行元件组成了机械传动系统；检测元件与反馈电路组成了检测装置，也称检测系统。

数控机床进给系统中的机械传动装置和器件具有高寿命、高刚度、无间隙、高灵敏度和低摩擦阻力等特点。目前，数控机床进给驱动系统中常用的机械传动装置有滚珠丝杠螺母副、静压蜗杆-蜗母条、预加载荷双齿轮齿条及直线电动机。

(2)滚珠丝杠螺母副

①工作原理

滚珠丝杠螺母副是回转运动与直线运动相互转换的新型传动装置，是在丝杠和螺母之间以滚珠为滚动体的螺旋传动元件。为了提高数控机床进给系统的快速响应性能和运动精度，必须减小运动件的摩擦阻力和动静摩擦力之差。为此，在中小型数控机床中，滚珠丝杠螺母副多采用如图 4-3-4 所示的结构。

②特点

滚珠丝杠螺母副的滚珠丝杠与滚珠螺母之间是通过滚珠来传递运动的，使之形成滚动摩擦，这是滚珠丝杠区别于普通滑动丝杠的关键所在，其特点主要有传动效率高，灵敏度高，传动平稳，定位精度高，传动刚度高，不能自锁，有可逆性，制造成本高。

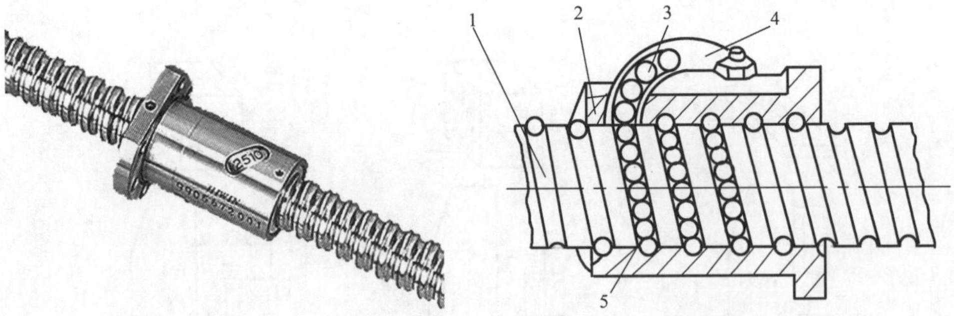

(a) 外观　　(b) 内部结构

图 4-3-4　滚珠丝杠螺母副

1—滚珠丝杠；2—滚珠螺母；3—滚珠；4—滚珠返回装置；5—滚道

③循环方式

常用的循环方式有两种：滚珠在循环反向过程中，与滚珠丝杠滚道脱离接触的称为外循环；在整个循环过程中，滚珠始终与滚珠丝杠各表面保持接触的称为内循环。如图 4-3-5 所示。

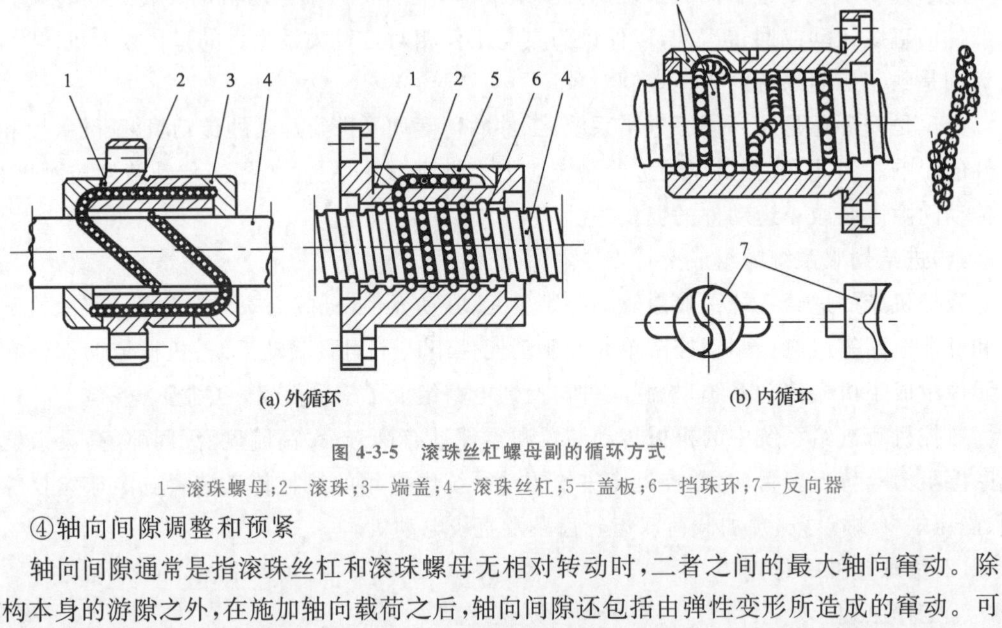

(a) 外循环　　(b) 内循环

图 4-3-5　滚珠丝杠螺母副的循环方式

1—滚珠螺母；2—滚珠；3—端盖；4—滚珠丝杠；5—盖板；6—挡珠环；7—反向器

④轴向间隙调整和预紧

轴向间隙通常是指滚珠丝杠和滚珠螺母无相对转动时，二者之间的最大轴向窜动。除了结构本身的游隙之外，在施加轴向载荷之后，轴向间隙还包括由弹性变形所造成的窜动。可通过预紧方法消除轴向间隙，并提高刚度。滚珠丝杠螺母副的预紧方法与螺母的形式有关。

注意：预紧虽能有效地减小弹性变形所带来的轴向位移，但过大的预加载荷将增大摩擦阻力，降低传动效率，并使寿命大为缩短。因此，一般要经过多次调整才能保证机床在最大轴向载荷下，既消除了间隙，又能灵活运转。

● 单螺母结构的调隙和预紧

单螺母结构主要有三种调隙和预紧方式，如图 4-3-6 所示。

增大滚珠直径预紧法：通过筛选滚珠的大小进行预紧。这种方式无须改变螺母结构，简单可靠，刚性好；但它一旦配好，就不能对预紧力再进行调整。当预紧力调整为额定动载荷的 2%～5%时，性能最佳；允许最大预紧力为额定动载荷的 5%。如图 4-3-6(a)所示。

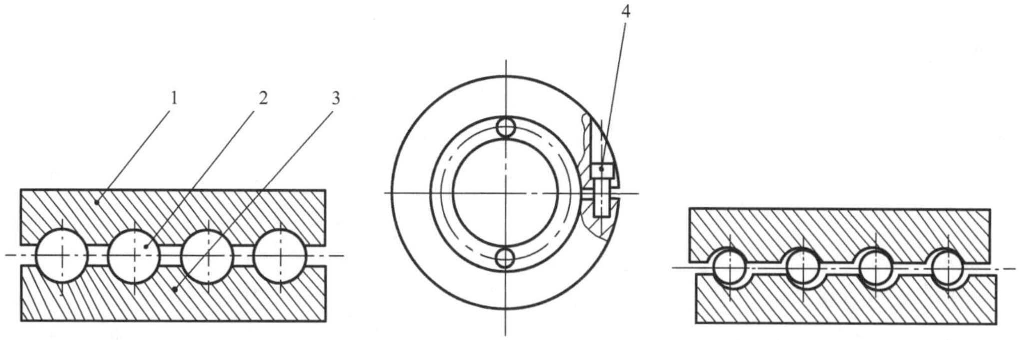

(a) 增大滚珠直径预紧法　　(b) 螺母夹紧预紧法　　(c) 整体螺母变位螺距预紧法

图 4-3-6　单螺母结构的调隙和预紧

1、3—螺母；2—滚珠；4—螺栓

螺母夹紧预紧法：在螺母的单边加工一条 0.1 mm 的缝隙，再通过螺栓径向夹紧螺母。这种方式制造成本低，调整简单，预紧力调整方便；但对刚性有一定的影响。允许最大预紧力为额定动载荷的 5%。如图 4-3-6(b)所示。

整体螺母变位螺距预紧法：通过整体螺母变位，使螺母相对于滚珠丝杠产生轴向移动。这种方式的特点是结构紧凑，工作可靠，调整方便，但不易调整位移量。如图 4-3-6(c)所示。

● 双螺母结构的调隙和预紧

双螺母结构主要有螺纹调隙式和齿差调隙式两种方式。

双螺母螺纹调隙式：螺母 1 的外端有凸缘。螺母 2 的外端无凸缘，但有螺纹伸出套筒外，并用两个调整螺母 4 固定。旋转调整螺母即可消除间隙，并产生预紧力。如图 4-3-7 所示。

双螺母齿差调隙式：在两个螺母的凸缘上各制有圆柱外齿轮，齿数差为 1，两个内齿圈的齿数与外齿轮的齿数相同，并用螺钉和销钉固定在螺母座的两端。调整时先将内齿圈取出，根据间隙的大小使两个螺母分别在相同方向转过一个齿或几个齿，使螺母在轴向彼此移近(或移开)相应的距离。如图 4-3-8 所示。

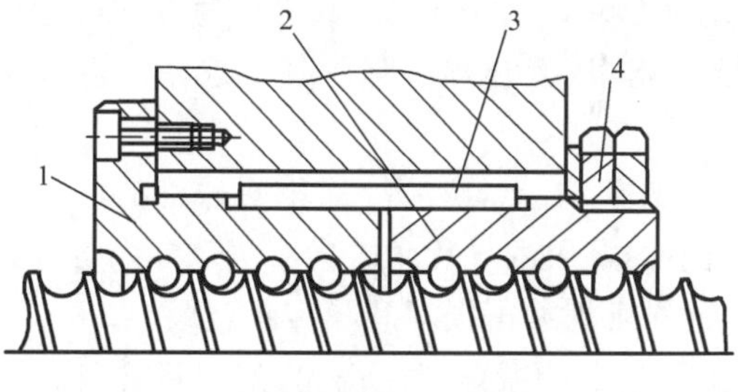

图 4-3-7　双螺母螺纹调隙式

1、2—螺母；3—平键；4—调整螺母

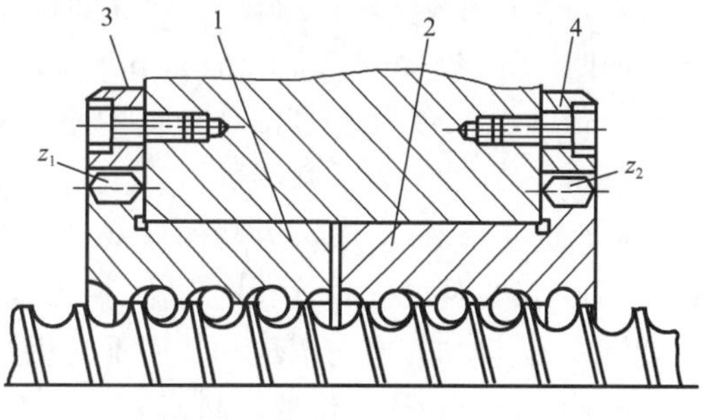

图 4-3-8　双螺母齿差调隙式

1、2—螺母；3、4—内齿圈

间隙消除量 Δ 的计算公式为

$$\Delta=\frac{nt}{z_1 z_2} \quad 或 \quad n=\frac{\Delta z_1 z_2}{t} \tag{4-3-1}$$

式中　n——两螺母在同一方向转过的齿数；

t——滚珠丝杠的导程；

z_1、z_2——齿轮的齿数。

⑤防护和润滑

● 防护

滚珠丝杠螺母副和其他滚动摩擦的传动器件一样，应避免硬质灰尘或切屑等污物进入，因此必须装有防护装置。如果滚珠丝杠螺母副在机床上外露，则应采用封闭的防护罩，如采用螺旋弹簧钢带套管、伸缩套管以及折叠式套管等。安装时将防护罩的一端连接在滚珠螺母的侧面，另一端固定在滚珠丝杠的支撑座上。如果滚珠丝杠螺母副处于隐蔽的位置，则可采用密封圈防护，密封圈装在螺母的两端。接触式的弹性密封圈采用耐油橡胶或尼龙制成，其内孔做成与滚道相配的形状；接触式密封圈的防尘效果好，但由于存在接触压力，因此摩擦力矩略有增大。非接触式密封圈又称为迷宫式密封圈，它采用硬质塑料制成，其内孔与丝杠滚道的形状相反，并稍有间隙，这样可避免增大摩擦力矩，但防尘效果差。工作中应避免碰击防护装置，防护装置一旦损坏应及时更换。

● 润滑

润滑剂可提高耐磨性及传动效率。润滑剂可分为润滑油和润滑脂两大类。润滑油一般为全损耗系统用油；润滑脂可采用锂基润滑脂。润滑脂一般加在滚道和安装螺母的壳体空间内，而润滑油则经过壳体上的油孔注入螺母的空间内。每半年对滚珠丝杠上的润滑脂更换一次，清洗滚珠丝杠上的旧润滑脂，涂上新的润滑脂。用润滑油润滑的滚珠丝杠螺母副，可在每次机床工作前加油一次。

⑥提高性能的主要措施

高速加工是 21 世纪的一项高新技术，它以高效率、高精度和高表面质量为基本特征，在航天航空、汽车工业、模具制造、光电工程和仪器仪表等行业中获得了越来越广泛的应用，并已取得了重大的技术经济效益，已成为当代先进制造技术的重要组成部分。为了实现高速加工，首先要有高速数控机床。高速数控机床必须同时具有高速主轴系统和高速进给系统，才能实现材料切削过程的高速化。为了实现高速进给，国内外有关制造厂商不断采取措施，提高滚珠丝杠的高速性能。主要措施有：

● 适当加大滚珠丝杠的转速、导程和螺纹头数。目前常用大导程滚珠丝杠名义直径与导程的匹配为：40 mm×20 mm、50 mm×25 mm、50 mm×30 mm 等，其进给速度均可达到 60 m/min 以上。为了提高滚珠丝杠的刚度和承载能力，大导程滚珠丝杠一般采用双头螺纹，以提高滚珠的有效承载圈数。

● 改进结构，提高滚珠运动的流畅性。改进滚珠循环反向装置，优化回珠槽的曲线参数，采用三维造型的导珠管和回珠器，真正做到沿着内螺纹的导程角方向将滚珠导入螺母体中，使滚珠运动的方向与滚道相切而不是相交。这样可把冲击损耗和噪声减至最小。

● 采用"空心强冷"技术。高速滚珠丝杠在运行时由于摩擦产生高温，造成滚珠丝杠的热变形，直接影响高速机床的加工精度。采用"空心强冷"技术，就是将恒温切削液通入空心丝杠的孔中，对滚珠丝杠进行强制冷却，保持滚珠丝杠螺母副温度的恒定。这个措施是提高中、大型滚珠丝杠高速性能和工作精度的有效途径。

● 对于大行程的高速进给系统，可采用滚珠丝杠固定、滚珠螺母旋转的传动方式。此时，滚珠螺母一边转动、一边沿固定的滚珠丝杠做轴向移动，由于滚珠丝杠不动，可避免受临界转速的限制，因此避免了细长滚珠丝杠高速运转时出现的种种问题。滚珠螺母惯性小，运动灵活，可实现的转速高。

● 进一步提高滚珠丝杠的制造质量。采用上述措施，可在一定程度上克服传统滚珠丝杠存在的一些问题。日本和瑞士在滚珠丝杠高速化方面一直处于国际领先地位，其最大快速移动速度可达 60 m/min，个别情况下甚至可达 90 m/min，加速度可达 15 m/s^2。由于滚珠丝杠历史悠久、工艺成熟、应用广泛、成本较低，因此在中等载荷、进给速度要求不高、行程范围不太大(小于 5 m)的一般高速加工中心和其他经济型高速数控机床上仍然经常被采用。

3 启动仿真加工中心

安装宇龙数控加工仿真软件后，启动软件，启动方式与数控车床进入系统方式一样，这里不再叙述。

(1)选择机床类型

如图 4-3-9 所示，打开菜单“机床－选择机床”，在“选择机床”对话框中选择控制系统类型和相应的机床并单击“确定”按钮，打开机床选择界面。

数控仿真机床加工前的准备

(2)定义毛坯

打开菜单“零件－定义毛坯”或单击按钮，弹出如图 4-3-10 所示对话框。具体操作与数控车床相同。

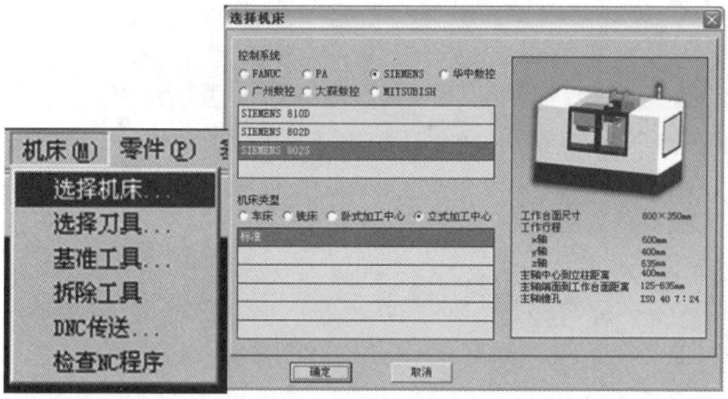

图 4-3-9　选择机床

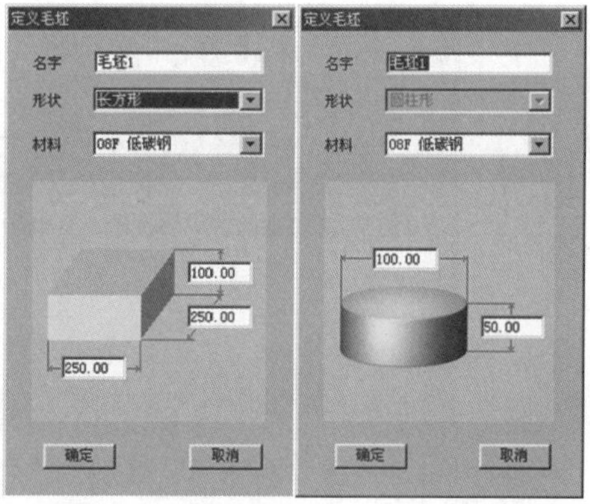

(a)“长方形”毛坯定义　(b)“圆柱形”毛坯定义

图 4-3-10　定义毛坯

(3)使用夹具

打开菜单“零件－安装夹具”或者单击按钮，弹出如图 4-3-11 所示对话框。

①在“选择零件”列表框中选择毛坯 1。

②在“选择夹具”列表框中间选择夹具，长方体零件可以选择工艺板或者平口钳，圆柱零件可以选择工艺板或者卡盘。

③“夹具尺寸”文本框显示的是系统提供的尺寸，用户可以修改工艺板的尺寸。各个方向的“移动”按钮供操作者调整毛坯在夹具上的位置。

(4)放置零件

打开菜单“零件－放置零件”或者单击按钮，系统弹出如图 4-3-12 所示对话框。在列表中单击所需的零件，选中的零件信息加亮显示，单击“安装零件”按钮，系统自动关闭对话

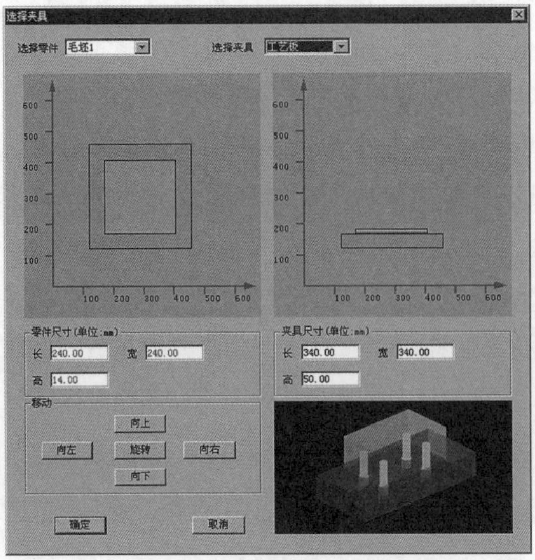

图 4-3-11 “选择夹具”对话框

框，零件和夹具(如果已经选择了夹具)将被放到机床上。对于卧式加工中心，还可以在上述对话框中选择是否使用角尺板。若选择使用角尺板，则在放置零件时，角尺板同时出现在机床台面上。

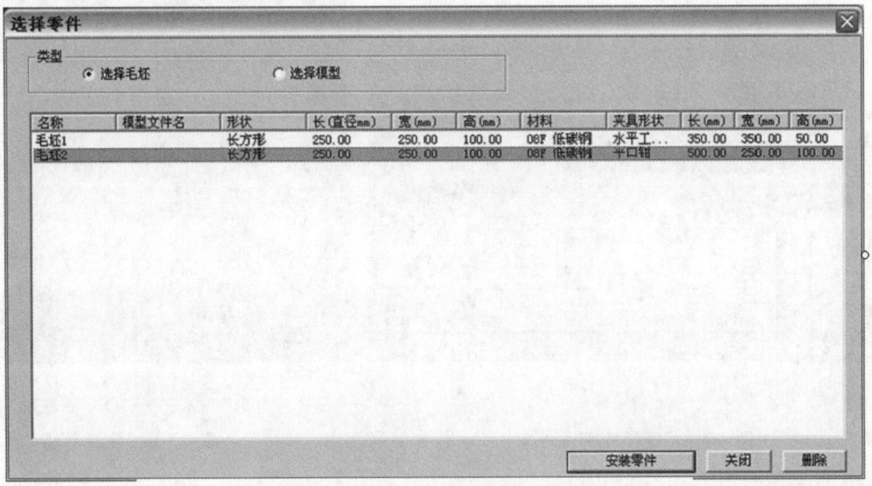

图 4-3-12 “选择零件”对话框

(5)调整零件位置

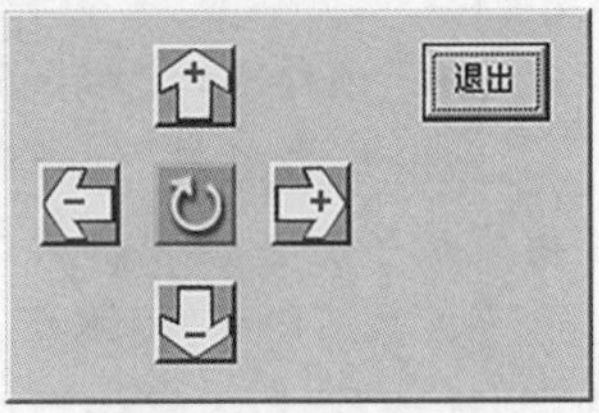

图 4-3-13 调整零件位置

零件可以在工作台面上移动。毛坯放上工作台后，系统将自动弹出一个小键盘，如图 4-3-13 所示，通过按动其上的方向按钮，实现零件的平移、旋转或车床零件调头。小键盘上的“退出”按钮用于关闭小键盘。打开菜单“零件—移动零件”也可以弹出小键盘。需要注意的是，在执行其他操作前需关闭小键盘。

(6)选择刀具

打开菜单“机床—选择刀具”或者单击按钮，系统弹出“选择铣刀”对话框。

①筛选的条件是直径和类型：在“所需刀具直径”文本框内输入直径，若不把直径作为筛选条件，则输入“0”；在“所需刀具类型”列表中选择刀具类型，可供选择的刀具类型有平底刀、平底带 R 刀、球头刀、钻头、镗刀等；单击“确定”按钮，符合条件的刀具在“可选刀具”列表中显示。

②指定刀位号：图 4-3-14 所示对话框的下半部中的序号为刀库中的刀位号。卧式加工中心可同时选择 20 把刀具；立式加工中心可同时选择 24 把刀具。对于铣床，该对话框中只有 1 号刀位可以使用。单击“已经选择的刀具”列表中的序号确定刀位号。

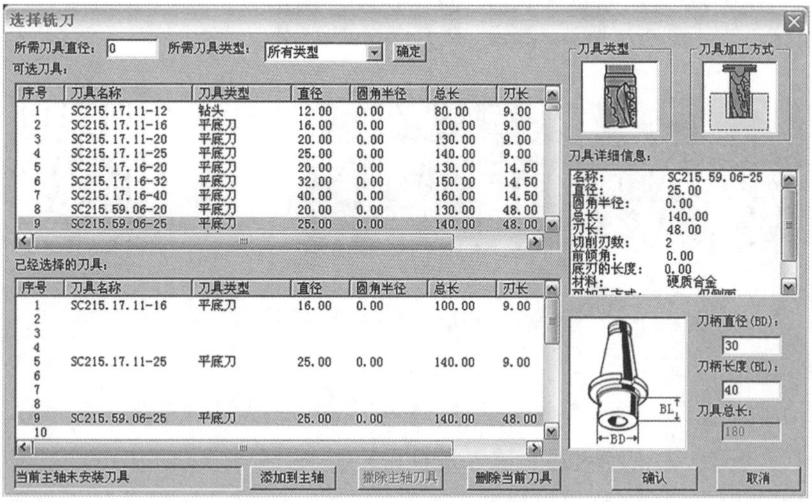

图 4-3-14　加工中心指定刀位号

③选择需要的刀具：确定刀位号后，单击“可选刀具”列表中的所需刀具，选中的刀具对应显示在“已经选择的刀具”列表中选中的刀位号所在行。

④输入刀柄参数：操作者可以按需要输入刀柄参数。该参数包括刀柄直径和刀柄长度。刀具总长是刀柄长度与刀具长度之和。

⑤删除当前刀具：单击“删除当前刀具”按钮可删除此时“已经选择的刀具”列表中光标所在行的刀具。

⑥确认选刀：选择完全部刀具，单击“确认”按钮完成选刀操作。或者单击“取消”按钮退出选刀操作。加工中心的刀具在刀库中，如果在选择刀具的操作中同时要指定某把刀安装到主轴上，可以先用光标选中，然后单击“添加到主轴”按钮，铣床的刀具将自动装到主轴上。

NENGLI PINGTAI

能力平台

1 数控仿真机床操作

(1)机床回参考点

如图 4-3-15 所示，对准“MODE”旋钮单击鼠标左键或右键，将旋钮拨到 REF 挡，如图 4-3-15(a) 所示。先将 X 轴方向回零，在回零模式下，将操作面板上的“AXIS”旋钮置于“X”挡，如图 4-3-15(b)所示；单击 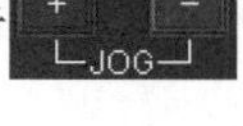

中的“加号”按钮，此时 X 轴将回零，相应操作面

板上 X 轴的指示灯亮，如图 4-3-15(c)所示，同时 CRT 上的“X”坐标变为“0.000”；依次对准“AXIS”旋钮单击鼠标右键，使其分别置于“Y”“Z”挡，再单击 [+ - JOG] 中的“加号”按钮，可以将 Y、Z 轴回零，此时 CRT 和操作面板上的指示灯如图 4-3-15(d)所示，同时机床变化如图 4-3-15(e)所示。

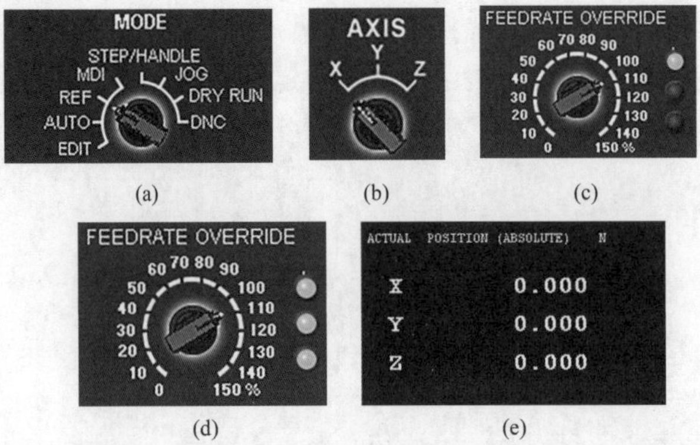

数控铣床基本操作
（回零、对刀）

图 4-3-15 数控仿真机床回零

(2)MDI 模式

①将控制面板上“MODE”旋钮切换到“MDI”模式，进行 MDI 操作。

②在 MDI 键盘上单击 PRGRM 按钮，进入编辑页面。

③输入程序指令：在 MDI 键盘上单击数字/字母按钮，第一次单击为字母输出，其后均为数字输出。单击 CAN 按钮，删除输入域中最后一个字符。若重复输入同一指令字，则后输入的数据将覆盖前输入的数据。

④单击 INPUT 按钮，将输入域中的内容输入到指定位置。

⑤单击 RESET 按钮，已输入的 MDI 程序被清空。

⑥输入完整数据指令后，单击 Start 按钮运行程序。运行结束后 CRT 界面上的数据被清空。

(3)对刀操作

使用试切法用平底立铣刀确定 X_0、Y_0。立铣刀分别选择直柄平底立铣刀二刃硬质合金键槽铣刀，具体操作步骤如下：

①机床回参考点(回零)。

②手动启动主轴正转，(MDI 模式＋PRGRM 按钮，输入“M03 S200”，单击“循环开始”按钮，启动主轴正转)，然后将刀具降到低于工件表面以下一定深度处，试切 E 点，如图 4-3-16 所示，并从显示屏上读取“机床坐标系”中的 X 坐标并记录为 X_1。

③手动控制刀具抬刀，升至工件表面以上高度，并试切 F 点，从显示屏上读取“机床坐标系”中的 X 坐标并记录为 X_2。

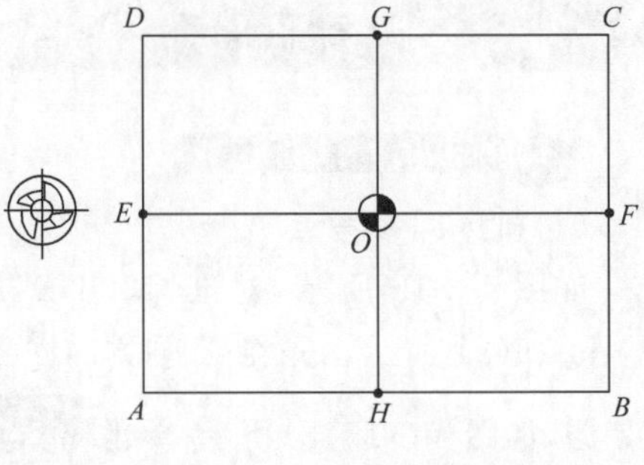

图 4-3-16 试切法对刀

④计算(X_1+X_2)/2，结果为 X_3，并将 X_3 值输入工件坐标系 G54 的 X 值中，这样就确定了 X_0。同理，可以确定 Y_0，并进行输入。

⑤手动控制刀具底部对零件上表面进行试切，从显示屏上读取“机床坐标系”中 Z 坐标并记录，然后将其数值输入工件坐标系 G54 的 Z 值中。

(4)设置工件坐标

以设置工件坐标 G54 X－100 Y－200 Z－300 为例。用 PAGE ↓ 或 PAGE ↑ 按钮在No. 1～No. 3 坐标系页面和 No. 4～No. 6 坐标系页面之间切换，如图 4-3-17 所示。

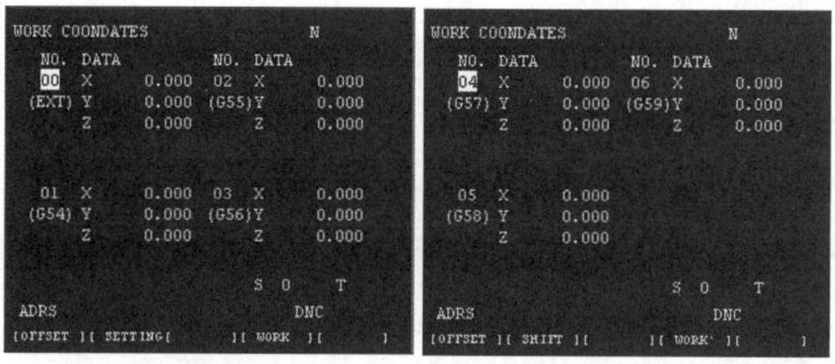

图 4-3-17 No. 1～No. 6 分别对应 G54～G59

用 CURSOR ↓ 或 ↑ 按钮选择所需要的坐标系 G54。

输入地址字(X/Y/Z)和数值到输入域，即“X－100” 。单击 INPUT 按钮，把输入域中的内容输入到所指定的位置；再分别输入“Y－200”，单击 INPUT 按钮，“Z－300”，单击 INPUT 按钮，即完成了工件坐标原点的设定。

(5)铣床/加工中心输入刀具补偿

单击 MENU OFSET 按钮，直到切换进入刀具半径补偿参数设定界面，如图 4-3-18 所示。选择要修改的补偿参数编号，单击 MDI 键盘，将所需的刀具半径输入到输入域内。单击 INPUT 按钮，把输入域中的补偿值输入到所指定的位置。

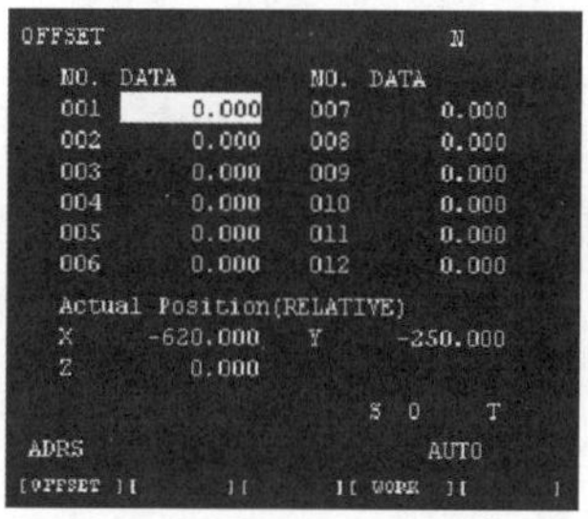

图 4-3-18 刀具半径补偿参数设定界面

(6)编制程序

数控铣床/加工的方法与数控机床相同。

(7)自动/连续方式

①检查机床是否回零。若未回零，则先将机床回零。

②导入数控程序或自行编写一段程序。

③将操作面板中旋钮置于“AUTO”挡。

④单击“循环启动”按钮，数控程序开始运行。

注意：数控程序在运行时，单击“进给保持”按钮，程序暂停运行。再次单击“循环启动”按钮，程序从暂停行开始继续运行。数控程序在运行时，按“急停”按钮，数控程序中断运行，继续运行时，先将“急停”按钮松开，再单击“循环启动”按钮，余下的数控程序从中断行开始作为一个独立的程序执行。

2 常见故障及诊断方法

(1)程序软件错误报警

这类报警信息出现的原因是在编程时结点坐标错误,以及不正确的起刀点建立刀具补偿点或结束退刀点等。常见的有"刀偏结点过切"等报警信息。

出现这种情况时,首先检查 MDI 模式中刀偏调用情况,然后检查程序。一般的错误程序段大多出现在报警时所停留的前后位置,可根据显示器显示的程序段寻找。

(2)滚珠丝杠螺母副的常见故障

滚珠丝杠螺母副作为进给机构的主要部件,在使用时经常发生故障。表 4-3-1 列出了滚珠丝杠螺母副的常见故障及其排除方法。

表 4-3-1 滚珠丝杠螺母副的常见故障及其排除方法

序号	故障现象	故障原因	排除方法
1	滚珠丝杠螺母副有噪声	滚珠丝杠支撑轴承的压盖压合情况不好	调整轴承压盖,使其压紧轴承端面
		丝杠支撑轴承可能破裂	如轴承破损,更换新轴承
		电动机与滚珠丝杠联轴器松动	拧紧联轴器锁紧螺钉
		滚珠丝杠润滑不良	改善润滑条件,使润滑油量充足
		滚珠丝杠螺母副滚珠有破损	更换新滚珠
		轴向预加载荷太大	调整轴向间隙和预加载荷
		滚珠丝杠与导轨不平行	调整滚珠丝杠支座位置,使滚珠丝杠与导轨平行
2	滚珠丝杠运动不灵活	螺母轴线与导轨不平行	调整螺母座的位置
		滚珠丝杠弯曲变形	调整滚珠丝杠

(3)滚珠丝杠螺母副的常见故障

【例 1】 位置偏差过大的故障维修

故障现象:某卧式加工中心出现 ALM421 报警,即 Y 轴移动中的位置偏差量大于设定值而报警。

分析及处理过程:该加工中心采用闭环式控制。伺服电动机和滚珠丝杠通过联轴器直接连接。根据该机床控制原理及机床传动连接方式,初步判断出现 ALM421 报警的原因是 Y 轴联轴器不良。对 Y 轴传动系统进行检查,发现联轴器中的胀紧套与滚珠丝杠连接松动,紧定 Y 轴传动系统中所有的紧定螺钉后,故障排除。

【例 2】 加工尺寸不稳定的故障维修

故障现象:某加工中心运行 9 个月后,发生 Z 方向加工尺寸不稳定,尺寸超差且无规律,CRT 及伺服放大器无任何报警显示。

分析及处理过程:该加工中心交流伺服电动机与滚珠丝杠通过联轴器直接连接。根据故障现象分析故障原因可能是联轴器连接螺钉松动,导致联轴器与滚珠丝杠或伺服电动机间产生滑动。对 Z 轴联轴器连接进行检查,发现联轴器的 6 只紧定螺钉都出现松动。紧定螺钉后,故障排除。

【例 3】 机械抖动故障

故障现象：某加工中心运行时，工作台 X 方向位移过程中产生明显的机械抖动故障，故障发生时系统不报警。

分析及处理过程：因故障发生时系统不报警，但故障明显，故采用上例方法，通过交换法检查，确定故障部位应在 X 轴伺服电动机与滚珠丝杠传动链一侧；为区别电动机故障，可拆卸电动机与滚珠丝杠之间的弹性联轴器，单独通电检查电动机。检查结果表明，电动机运转时无振动现象，显然故障部位在机械传动部分。脱开弹性联轴器，用扳手转动滚珠丝杠进行手感检查。

通过手感检查，感觉到这种抖动故障的存在，且滚珠丝杠的全行程范围均有这种异常现象。拆下滚珠丝杠检查，发现滚珠螺母在丝杠副上转动不畅，时有卡死现象，故而引起机械转动过程中的抖动现象。拆下滚珠螺母，发现滚珠螺母内的反向器处有脏物和小铁屑，因此钢球流动不畅，时有卡死现象。经过认真清洗和修理，重新装好，故障排除。

【例 4】 滚珠丝杠窜动引起的故障维修

故障现象：TH6380 卧式加工中心，启动液压后，手动运行 Y 轴时，液压自动中断，CRT 显示报警，驱动失效，其他各轴正常。

分析及处理过程：该故障涉及电气、机械、液压等部分。任一环节有问题均可导致驱动失效，故障检查的顺序大致如下：伺服驱动装置→电动机及测量器件→电动机与滚珠丝杠连接部分→液压平衡装置→开口螺母和滚珠丝杠→轴承→其他机械部分。

①检查驱动装置外部接线及内部元器件的状态良好，电动机与测量系统正常。

②拆下 Y 轴液压抱闸后情况同前，将电动机与滚珠丝杠的同步传动带脱离，手摇 Y 轴滚珠丝杠，发现滚珠丝杠上下窜动。

③拆开滚珠丝杠上轴承座，正常。

④拆开滚珠丝杠下轴承座后发现轴向推力轴承的紧螺母松动，导致滚珠丝杠上下窜动。

滚珠丝杠上下窜动，造成伺服电动机转动带动滚珠丝杠空转约一圈。在数控系统中，当 NC 指令发出后，测量系统应有反馈信号，若间隙的距离超过了数控系统所规定的范围，即电动机空走若干脉冲后光栅尺无任何反馈信号，则数控系统必然报警，导致驱动失效，机床不能运行。拧好紧螺母，滚珠丝杠不再窜动，故障排除。

RENWU SHISHI 任务实施

平面凸模的数控加工先选用仿真机床完成，后在生产性数控设备进行加工。此处采用数控仿真机床完成平面凸模的加工。

1 加工前的准备工作

(1)选择机床：根据零件的加工特点，选择 FANUC 0i 系统镗铣床 TK7640。

(2)定义毛坯:根据工件的尺寸,定义毛坯长×宽×高为 100 mm×80 mm×23 mm 的 45 钢。

(3)装夹工件:把毛坯棒料放置在数控车床三爪卡盘之间,夹紧三爪卡盘。

(4)安装刀具:根据加工方案选择相应刀具为 ϕ16 mm 三刃高速钢和 ϕ16 mm 四刃硬质合金平底立铣刀。

2 数控仿真加工

(1)开机,启动数控系统,数控机床回零,如图 4-3-19 所示。

(2)对刀,设置编程坐标系原点(又称为工件坐标系原点),如图 4-3-20 所示。

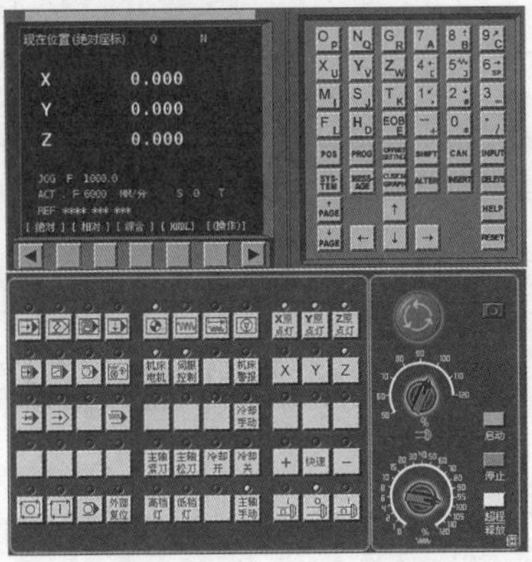

图 4-3-19　机床回零

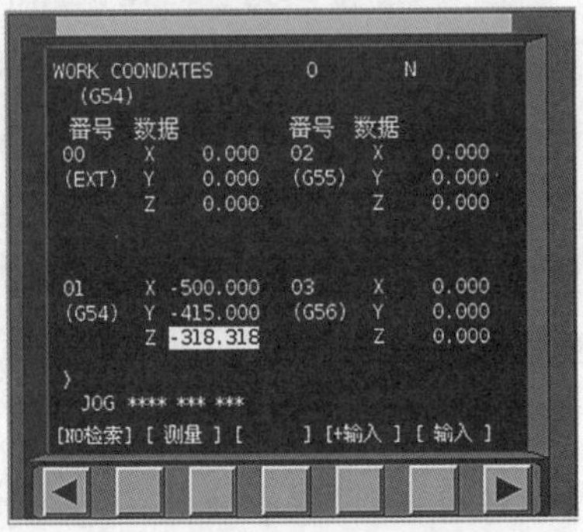

图 4-3-20　对刀

(3)输入程序并校验修改,如图 4-3-21 所示。

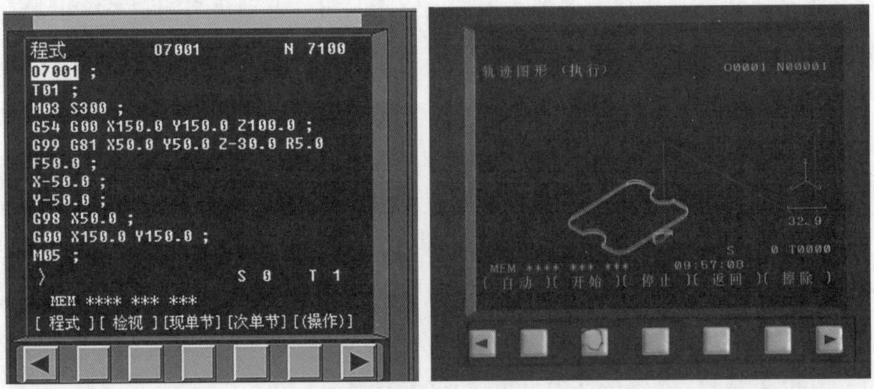

(a)　　(b)

图 4-3-21　输入程序并校验修改

(4)首件试切,完成加工。加工好的零件如图 4-3-22 所示。

凸模仿真加工(发那科)　　凸模仿真加工(西门子)　　平面凸模实际加工

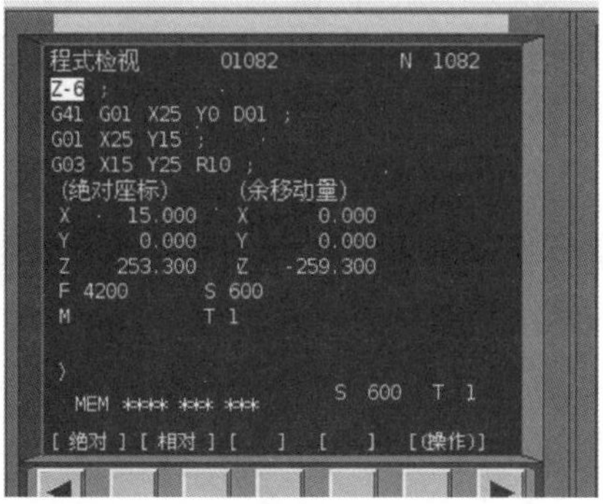

(a)

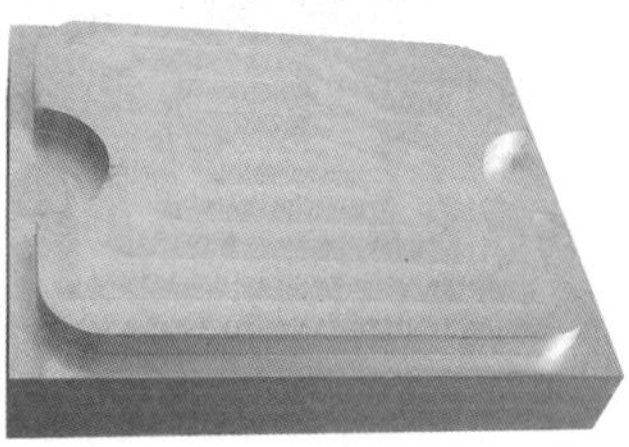

(b)

图 4-3-22　加工过程及零件

ZHISHI TUOZHAN

知识拓展

数控加工误差受编程误差 $\Delta_{编}$、机床误差 $\Delta_{机}$、定位误差 $\Delta_{定}$、对刀误差 $\Delta_{刀}$ 等因素影响。即

$$\Delta_{数加}=f(\Delta_{编},\Delta_{机},\Delta_{定},\Delta_{刀})$$

(1)编程误差 $\Delta_{编}$ 由逼近误差 δ 和圆整误差组成。逼近误差 δ 是在用线段或圆弧去逼近非圆曲线的过程中产生的。圆整误差是在数据处理时，将坐标值四舍五入圆整成整数脉冲当量值而产生的误差。脉冲当量是指每个单位脉冲对应坐标轴的位移量。普通精度级的数控机床，一般脉冲当量值为 0.01 mm；较精密数控机床的脉冲当量值为 0.005 mm 或 0.001 mm 等。

(2)机床误差 $\Delta_{机}$ 是由于数控系统误差、进给系统误差等原因产生的。

(3)定位误差 $\Delta_{定}$ 是当工件在夹具上定位、夹具在机床上定位时产生的。

(4)对刀误差 $\Delta_{刀}$ 是在确定刀具与工件的相对位置时产生的。

任务四　平面凸模的测量与评估

学习目标

1. 掌握平口钳平行度的测量方法及测量步骤。
2. 掌握刀具半径补偿的应用。

能力目标

1. 能正确测量平口钳平行度。
2. 能正确使用刀具半径补偿功能。
3. 能合理选择工件装夹的方法。

RENWU DAORU 任务导入

现需生产图 4-1-1 所示平面凸模零件 1 件，试完成该零件的质量控制。

ZHISHI PINGTAI 知识平台

1 百分表

指示式量具是以指针指示测量结果的量具。车间常用的指示式量具有百分表、千分表、杠杆百分表和内径百分表等。百分表主要用于校正零件的安装位置，检验零件的形状精度和位置精度以及测量零件的内径等。

认识百分表与万能角度尺

(1)结构与工作原理

百分表和千分表都是用来校正零件或夹具的安装位置，检验零件的形状精度或位置精度的。它们的结构和原理基本相同，就是千分表的读数精度比较高，即千分表的读数精度为 0.001 mm，而百分表的读数精度为 0.01 mm。车间里经常使用的是百分表，因此，本节主要介绍百分表。

百分表的外形如图 4-4-1 所示。表头上有长指针，表盘上刻有 100 个等分格，其刻度值(读数值)为 0.01 mm。当长指针转一圈时，短指针即转动一小格，小表盘上的读数值为 1 mm。用手转动表圈时，表盘也跟着转动，可使指针对准任一刻线。测量杆是沿着套筒上下移动的，套筒可作为安装百分表用。测量头是手提测量杆用的圆头。

图 4-4-2 所示为百分表的内部结构。带有齿条的测量杆的直线移动，通过齿轮传动(z_1、z_2、z_3)，转变为指针的回转运动。齿轮 z_4 和弹簧使齿轮传动的间隙始终在一个方向，起稳定指针位置的作用。弹簧是控制百分表的测量压力的。百分表内的齿轮传动机构，使测量杆直线移动 1 mm 时，指针正好回转一圈。

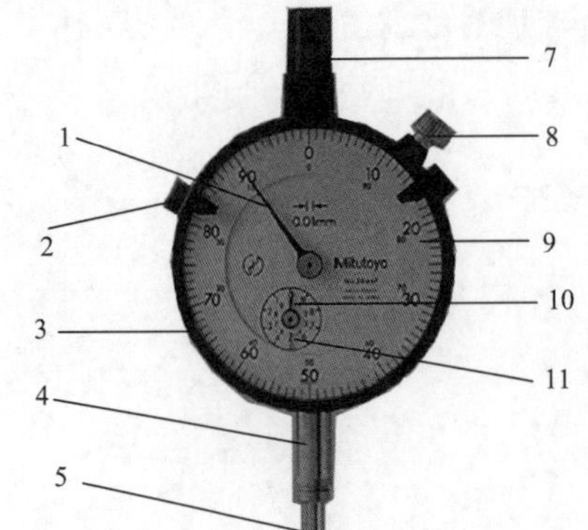

图 4-4-1 百分表的外形

1—长指针；2—限位指针；3—外壳；4—轴杆；5—测量杆；6—测量头；7—保护帽；8—限位螺钉；9—大表盘；10—短指针；11—小表盘

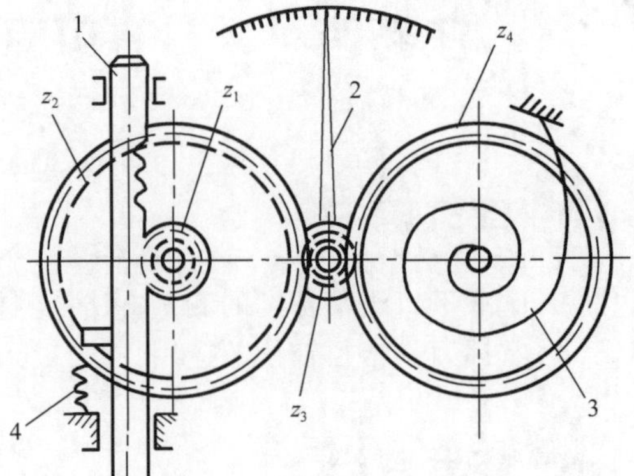

图 4-4-2 百分表的内部结构

1—带齿条的测量杆；2—指针；3、4—弹簧因为百分表和千分表的测量杆是做直线移动的，可用来测量长度尺寸，因此它们也是长度测量工具。目前，常用百分表的测量范围有 0～3 mm、0～5 mm、0～10 mm 三种。千分表的测量范围一般为 0～1 mm。

(2)维护与保养

①远离液体，勿使冷却液、切削液、水或油与内径表接触。禁止在零件上有液体的时候进行测量。

②使用时应轻拿轻放，动作轻缓，不能过分用力使其受到打击和碰撞。

③在不使用时，要摘下百分表，使表解除其所有载荷，让测量杆处于自由状态。

④成套保存于盒内，避免丢失与混用。

2 万能角度尺

万能角度尺用游标读数，可测量任意角度的量尺。万能角度尺又称为角度规、游标角度尺和万能量角器，它是利用游标读数原理来直接测量工件角或进行划线的一种角度量具，适用于机械加工中的内、外角度测量，可测量 0°～320°的外角以及 40°～130°的内角。

(1)结构

万能角度尺如图 4-4-3 所示。

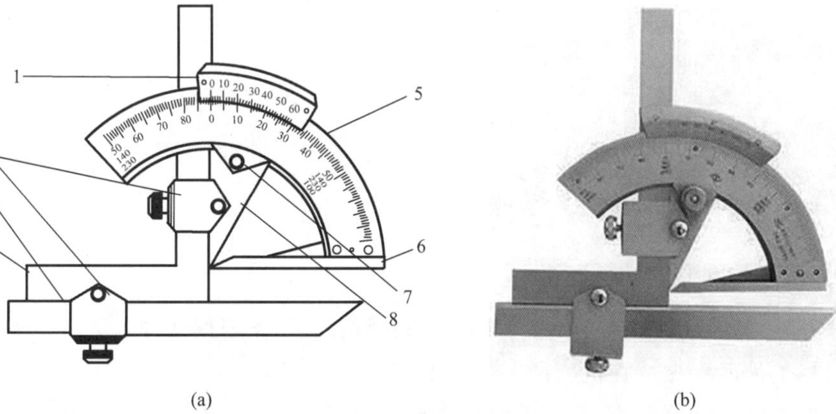

图 4-4-3 万能角度尺

1—游标；2—卡块；3—直尺；4—角尺；5—主尺；6—基尺；7—制动器；8—扇形板

(2)使用方法

测量时应先校准零位(当角尺与直尺均装上且角尺的底边及基尺与直尺无间隙接触时，主尺与游标的“0”线对准)。校准零位后，通过改变基尺、角尺、直尺的相互位置可测量 0°～320°范围内的任意角度。万能角度尺的使用组合有：0°～50°，选用主尺、直尺和角尺；50°～140°，选用主尺和直尺；140°～230°，选用主尺和角尺；230°～320°，选用主尺。如图 4-4-4 所示。

(3)读数方法

①万能角度尺的读数机构是根据游标原理制成的，主尺刻线每格为 1°。游标的刻线是将主尺 29°等分为 30 格，因此游标刻线角格为 29°/30，即主尺与游标一格的差值为 2′，也就

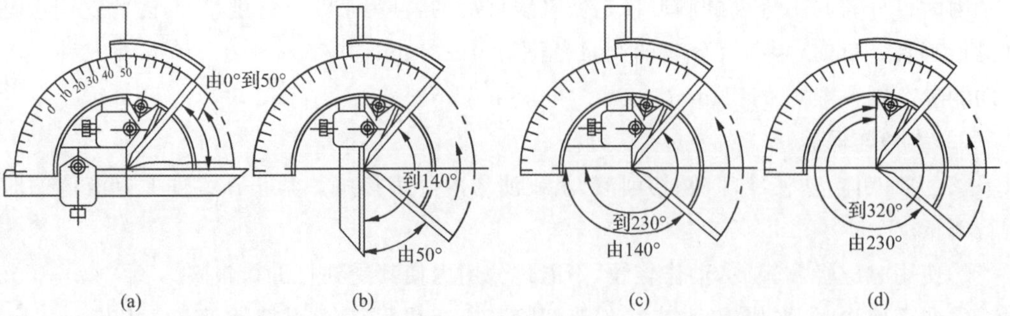

图 4-4-4　万能角度尺的测量范围

是说万能角度尺读数准确度为 2′。其读数方法与游标卡尺完全相同:先读度,再读分,最后得到整个读数值。

②在万能角度尺的尺座上基本角度的刻线只有 0°～90°,若测量的零件角度大于 90°,则在读数时,应加上一个基数(90°、180°、270°)。

(4)维护保养

①万能角度尺的各个组成部件应完整无缺,测量面应无明显划痕。

②游标与主尺在相对移动时,应灵活平稳,制动器必须能将主尺紧固在任意位置,卡块紧固可靠。测量完毕后,松开各紧固件,取下直尺、角尺并擦净,上防锈油装入专用盒内,存放地点注意防潮、防磁。

NENGLI PINGTAI 能力平台

1 利用工作台直接找正安装

在单件小批生产中以及在不便使用夹具夹持情况下,常采用这种方法。具体操作如下:

(1)将工件轻轻夹持在机床的工作台上。

(2)以工件某个表面为基准面,移动工作台,用百分表等工具找正,以确定工件在机床上的正确位置,再夹紧工件,如图 4-4-5 所示。

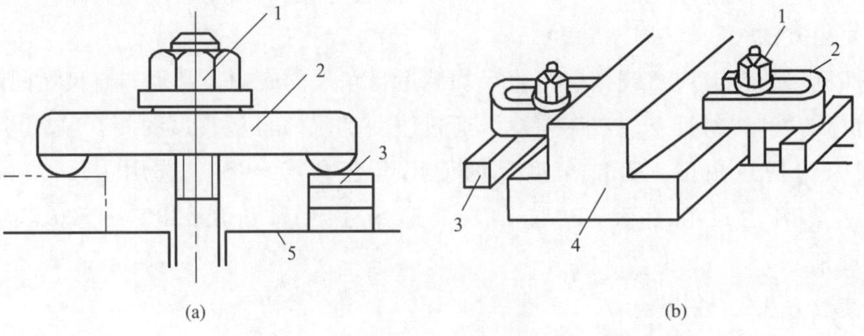

图 4-4-5　利用工作台直接找正安装

1—螺母;2—压板;3—垫块;4—工件;5—工作台

2 利用机用平口钳找正安装

这种方法主要应用在单件小批生产中，适用于装夹尺寸不大的工件。具体操作如下：

百分表应用
（平口钳找正）

(1)找正固定钳口的位置，可利用百分表来找正。

①先将表座固定在机床主轴或床身上，并使百分表的测量头和钳口平面相接触，如图 4-4-6(a)所示。

②利用工作台的水平方向移动及升降台的上下运动，找出钳口平面在水平和垂直两个方向的误差，如图 4-4-6(b)所示。

③对于水平方向误差，可用转动钳身方法来纠正。

④对于垂直方向误差，可松开钳口的紧固螺钉，在钳口铁内侧垫上适当厚度的铜片来纠正。

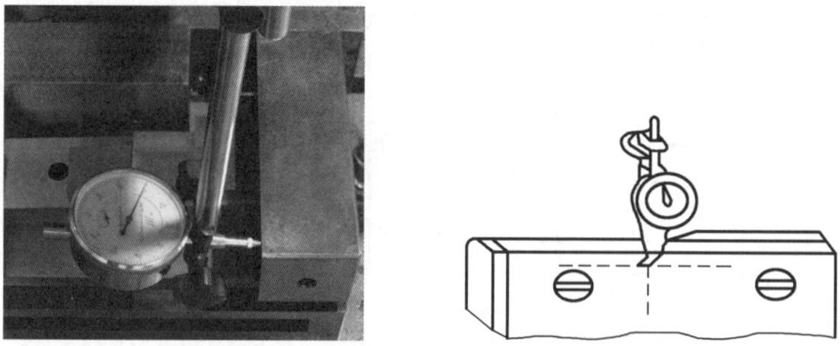

(a) (b)

图 4-4-6 用百分表找正固定钳口的位置

(2)工件安装具体操作如下：

①选择合适的垫铁，以保证加工平面略高于钳口。

②将工件放在钳口内的垫铁上，并使侧基准面紧靠固定钳口。

③转动虎钳手柄，加预紧力，若工件与钳口接触不平整，则可在工件与钳口之间加垫铜片。

④用锤子轻轻敲击工件，以手不能轻易推动为宜。

⑤转动手柄，紧固工件。

RENWU SHISHI
任务实施

本工件利用平口钳装夹，安装工件前完成如下操作：

1 夹具位置的找正

找正时，可先将百分表固定在机床主轴或床身上，并将百分表的测量头和基准面接触，然后移动工作台，调整夹具位置，使夹具基准面与工作台移动方向平行。

2 工件的安装

清洁工件定位面并夹紧定位元件，将工件放在平口钳上并紧贴定位元件，最后夹紧工件。

3 零件加工的尺寸控制

零件加工的尺寸控制主要包括零件被加工面外形轮廓的尺寸控制和零件被加工面与基准面的尺寸控制两方面。两者比较，前者与刀具、机床等因素有关，尺寸比较好控制；后者与对刀误差等因素有关，尺寸比较难控制。这里主要讨论前者的尺寸控制，其方法是通过改变刀具补偿量(偏置值)进行控制。

TONGBU XUNLIAN 同步训练

完成图 4-5-1 所示零件的数控加工工艺任务。

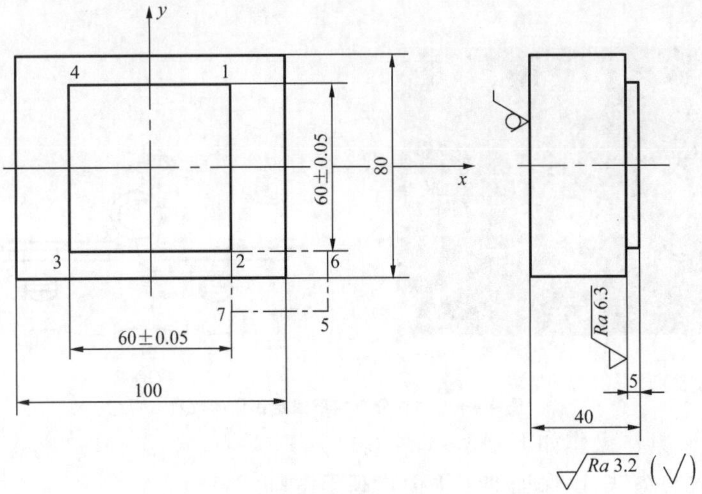

图 4-5-1 凸模零件图

一、编制加工工艺

根据图 4-5-1 所示凸模零件，完成以下问题：

1. 确定毛坯

根据生产类型、零件应用及型材规格，此次加工采用________毛坯，________装夹。

2. 选择定位基准，拟订工艺路线

(1)分析零件加工表面

加工内容有：________；________；________；________。

(2)确定零件定位基准

粗基准为____________，精基准为____________。

(3)确定各表面加工方案(表 4-5-1)

表 4-5-1 凸模加工方案

序号	加工表面	精度等级	表面粗糙度要求	加工方案

(4)划分工序

因每月生产 1 000 件零件，属于________生产，故工序分为________道工序。

(5)排列工序顺序(表 4-5-2)

表 4-5-2　　凸模工序顺序

工序号	工序内容
10	
20	
30	
40	
50	
60	
70	
80	

3. 选择刀具

数控铣削凸模所用的立铣刀的直径是____________________。

4. 计算切削用量

(1)选择主轴转速

通过查阅相关手册，选择粗车外轮廓切削速度 $v_c=$________ m/min、精车切削速度 $v_c=$________ m/min；根据 $v_c=\pi dn/1\ 000$，得出粗铣主轴转速为________ r/min，精铣主轴转速为________ r/min。

(2)选择进给量

通过查阅相关手册，选择粗铣进给量为______ mm/r，选择精铣进给量为________ mm/r。

(3)选择背吃刀量

粗铣 $a_p=$________ mm，精铣 $a_p=$________ mm。

二、编制数控加工程序

(1)写出图 4-5-1 中的基点坐标，填入表 4-5-3 中。

提示：以延长线方式切入切出。

表 4-5-3　　凸模基点坐标

基点	1	2	3	4	5	6	7
X	30	30		−30		70	
Y			−30		−60		−60

(2)编写程序(表 4-5-4)

表 4-5-4　　凸模参考程序

程序	说明
O0001	主程序
G54 G90 G17;	设置工件编程坐标系,初始化
M03 S(　　);	主轴正转
G0 X(　　) Y(　　) Z10;	到 5 点上方
G1 Z0.2 F(　　);	下刀,粗加工,留 0.2 mm 余量
M98 P50101;	调用子程序 O0101,5 次
G90 G0 Z10;	抬刀
G1 Z0 F(　　);	下刀,精加工
M98 P50101;	调用子程序 O0101,5 次
G90 G0 Z100;	抬刀
M05;	主轴停
M30;	主程序结束
O0101	子程序
G91 G1 Z－1;	相对下刀
G90 G41 X(　　) Y(　　) D01;	到 6 点,建立左刀补
(　　　　);	到 3 点
(　　　　);	到 4 点
(　　　　);	到 1 点
(　　　　);	到 7 点
G40 X(　　) Y(　　);	到 5 点,取消刀补
M99;	子程序结束

注:残料可用扩大刀补值切削。

项目五
平面凹模的数控铣削加工

学习目标

1. 掌握平面凹模的数控加工工艺的编制方法。
2. 根据数控铣削加工工艺方案，编写数控加工程序。
3. 了解数控铣床导轨的工作原理，掌握加工中心操作过程。
4. 掌握高度游标卡尺和深度千分尺的工作原理和使用方法。

能力目标

1. 能制定平面凹模的加工方案，会选用刀具，能计算切削三要素。
2. 能利用相关编程指令，完成数控各工序的编程。
3. 能利用数控仿真机床和真实机床，完成平面凹模零件的加工。
4. 根据图纸技术要求，测量并评估工件的加工质量。

思政目标

1. 培养自主学习和文献检索的能力。

2. 培养学生能够客观评价自己与他人的工作，接受他人对自己的批评并改进，同时能够对别人的不足给出改进意见。

3. 培养独立工作的能力。

4. 培养学生专注、负责的工作态度，精雕细琢、精益求精的工匠精神。

RENWU DAORU 任务导入

现需生产图 5-1-1 所示平面凹模零件 1 件，试完成以下任务：

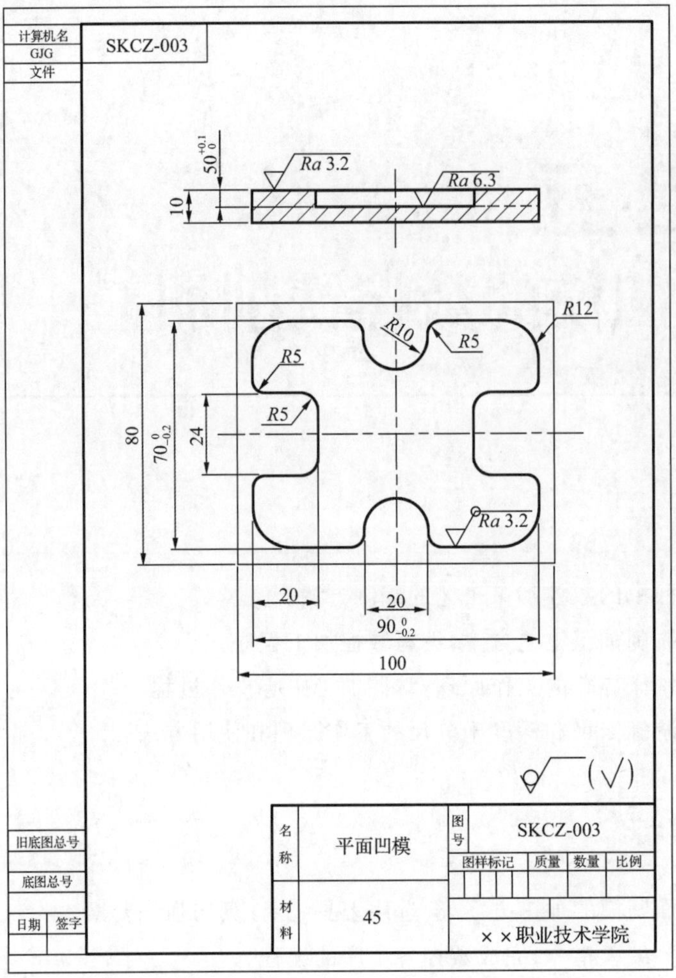

图 5-1-1 平面凹模零件图

1. 平面凹模的数控加工工艺编制。
2. 平面凹模的数控加工程序编制。
3. 平面凹模轴套的数控加工。
4. 平面凹模的数控测量与评估。

任务一 平面凹模的数控加工工艺编制

学习目标

1. 掌握数控铣削工艺过程的基本知识。
2. 理解数控工艺文件的作用。

能力目标

1. 会选择可转位外圆车刀及其对应的切削用量。
2. 会填写工艺文件。
3. 能编写平面凹模件数控铣削工艺文件。

RENWU DAORU 任务导入

现需生产如图 5-1-1 所示平面凹模零件 1 件，试完成该零件的加工工艺编制任务。

ZHISHI PINGTAI 知识平台

1 水平面内切入/切出轮廓的方法

各种型面的数控铣削中，合理地选择切削加工方向与进刀切入方式是很重要的，因为两者将直接影响零件的加工精度和加工效率。而数控加工中工艺问题的处理质量，将直接影响数控加工的质量和效率。立铣刀侧刃铣削平面零件外轮廓时，应沿着外轮廓曲线的切向延长线切入或切出，以避免切痕，保证零件曲面的平滑过渡。

平面切入/切出路线设计

在加工外轮廓时，由于法线进刀容易产生刀痕，因此一般只用于粗加工或者表面质量要求不高的工件。法线进刀的路线较切线进刀短，因而切削时间也相应较短。因此，粗加工时可以使用法向进刀，如图 5-1-2 所示。但对于精加工，则采用圆弧切入和切向延长线切入/切出。在一些表面质量要求较高的轮廓加工中，通常采用加一条进刀引线再圆弧切入的方式，使圆弧与加工的第一条轮廓线相切，能有效地避免因法线进刀而产生刀痕。而且在毛坯余量较大时，离开工件轮廓一段距离下刀再切入，能很好地保护立铣刀。

对于平行于坐标轴的直线轮廓，可以采用多种方式切入外轮廓，如图 5-1-3 所示。

图 5-1-3 中，a 表示延长线进刀，b、c 表示圆弧进刀。如图 5-1-4 所示，对于整圆轮廓可以采用切线切入/切出法，即 1（下刀）→2（建立刀具补偿）→3（切线切入）→整圆（顺时针）→4（切线切出）→5（取消刀具补偿）；还可以采用圆弧切入/切出法，即 6（下刀）→7（建立刀具补偿）→8（圆弧切入）→整圆（顺时针）→9（圆弧切出）→6（取消刀具补偿）；型腔可以采用 10（下刀）→11（建立刀具补偿）→12（圆弧切入）→整圆（顺时针）→13（圆弧切出）→10（取消刀具补偿）。

为了便于计算圆弧起点坐标，一般使用 1/4 圆周的圆弧（圆心角为 90°），型腔圆弧的直径一般取大圆的半径。

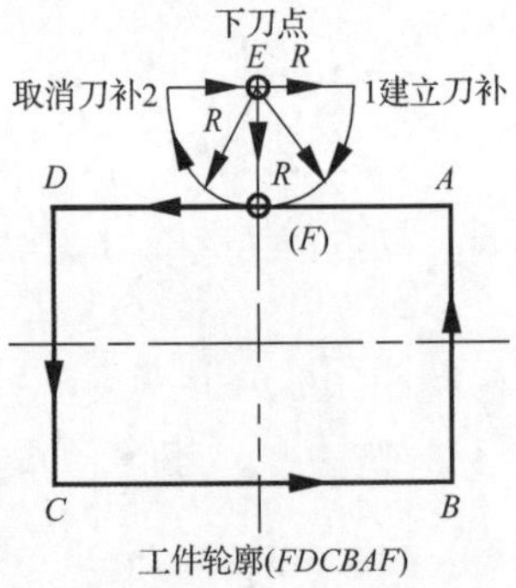

图 5-1-2　圆弧切入轮廓

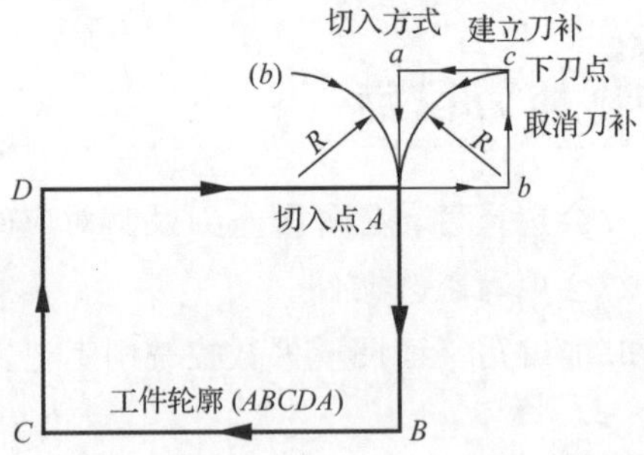

图 5-1-3　法向和延长线切入/切出法

如图 5-1-5 所示，对于斜线轮廓或者型腔，一般可以采用延长线切入/切出法，即通过已知两点计算 $y=kx+b$ 公式中的系数 k、b，然后计算延长线中的一点坐标（其中一个坐标由用户指定），即 E（下刀）→F（建立刀具补偿）→B（延长线切入）→C→G（延长线切出）→F（取消刀具补偿）。

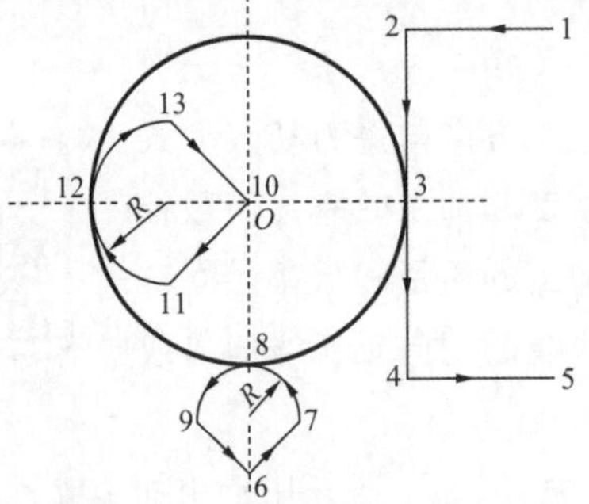

图 5-1-4　切线切入/切出法

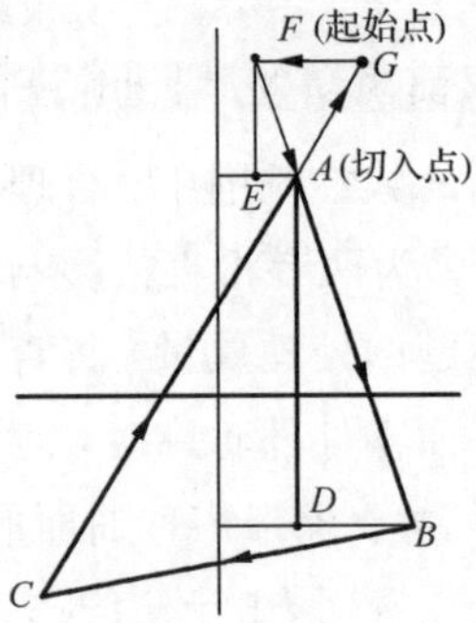

图 5-1-5　延长线切入/切出法

2　暂停指令

含义：在两个程序段之间产生一段时间的暂停。

格式：G04 P __；或 G04 X __；

说明：如果用参数 P 表示暂停时间，则单位为毫秒（ms），只能用整数表示；如果用参数 X 表示暂停时间，则单位为秒（s），可以用小数表示，但小数点后最多保留 3 位。

例如：G04 P100；表示暂停 100 ms。G04 X10.2；表示暂停 10.2 s。

NENGLI PINGTAI

能力平台

1　平面凹模加工的下刀方法

在加工平面凹模时，会遇到很多型腔加工的问题，其中最为困难的就是对于型腔而言，不可能从工件毛坯之外下刀，所以这里提供三种下刀方法作为参考。

平面凹模加工的下刀方法

(1)预钻削起始孔法

预钻削起始孔法是指在型腔加工之前，首先用钻头或键槽铣刀在型腔上预钻一个要求深度的起始孔，然后再换立铣刀铣去多余的型腔余量。但这需要增加一种刀具，从切削的观点看，刀具通过预钻削孔时会因切削力而产生不利的振动，即当使用预钻削孔时，常常会导致刀具损坏，所以不建议采用。

(2)坡走铣削法

坡走铣削法是指使用 X、Y 和 Z 方向的线性坡走切削，以达到轴向深度的切削，如图 5-1-6 所示。在坡走切削过程中 Z 方向每次只能进给较短距离，所以要想达到型腔所要求的深度，可以采用调用子程序的方法，沿直线采用坡走切削往复铣削，直到达到要求深度。

(3)螺旋下刀法

如图 5-1-7 所示，由于制造工艺的原因，键槽刀可以直接下刀，而立铣刀由于刀头顶面有中心孔而无法下刀，因此采用立铣刀加工内轮廓时一般采用螺旋下刀的方法。因采用侧面切削刃切削，故不会崩刀，但螺旋半径不能过小，否则和直接下刀没有区别；另外，下刀不能过快，因为刀尖虚且受多向力易损坏坏。采用螺旋下刀的优点还在于沿孔壁螺旋铣削可明显减小锥度。但螺旋下刀对刀具磨损严重，且易崩刃，因此建议通过打落刀孔，或用键槽刀扎个孔再进行铣削。

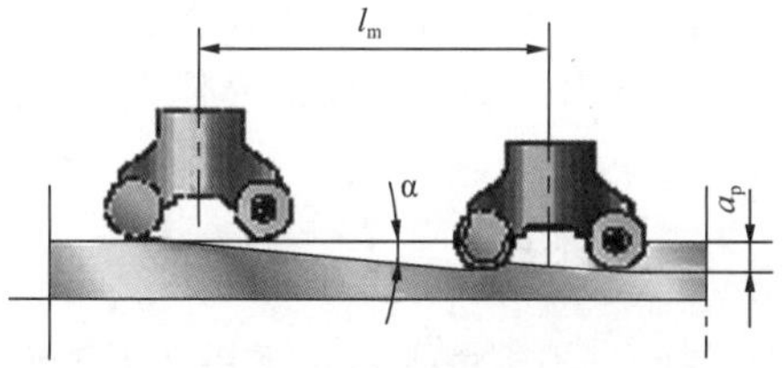

图 5-1-6 坡走铣削法

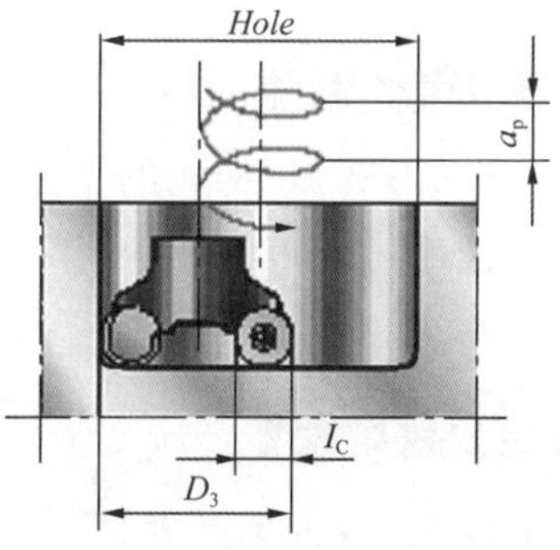

图 5-1-7 螺旋下刀法

2 型腔加工路线的确定

二维型腔是指以平面封闭轮廓为边界的平底直壁凹坑。内部全部加工的为简单型腔，内部不允许加工的区域(岛)为带岛型腔。如图 5-1-8 所示为铣削简单型腔的三种进给路线，图 5-1-8(a)和图 5-1-8(b)分别表示用环切法和行切法加工型腔的进给路线。这两种进给路线的共同点是都能切净内腔中全部面积，不留死角，不伤轮廓，同时尽量减少重复进给的搭接量。不同点是行切法的进给路线比环切法短，但行切法将在每两次进给的起始点和终点之间留下残留面积，而达不到所要求的表面粗糙度。综合行切法和环切法的优点，采用图 5-1-8(c)所示的进给路线，即先用行切法切去中间部分余量，最后环切一刀，这样既能使总的进给路线较短，又能获得较好的表面质量。

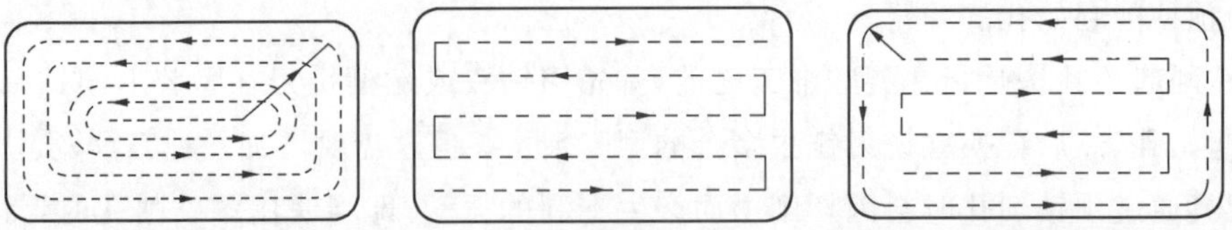

图 5-1-8　铣削简单型腔的三种进给路线

RENWU SHISHI

任务实施

1 分析零件工艺性能

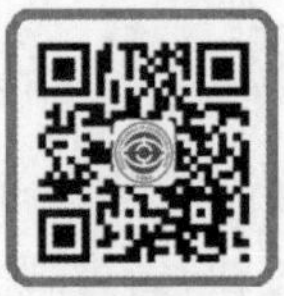

平面凹模工艺实施

该零件外形规整，为盘形型腔，加工轮廓由直线和内圆弧构成。型腔轮廓、顶面要求表面粗糙度为 *Ra* 3.2 μm，其余加工表面为 *Ra* 6.3 mm。尺寸标注完整，轮廓描述清楚。

2 选用毛坯或明确来料状况

来料：100 mm×80 mm×12 mm，上、下表面已磨平，四侧面两两平行且与上、下表面垂直，这些表面可以作为定位基准。铝件，切削性能较好。

3 选择数控机床

由“直线＋内圆弧”构成的型腔，所需刀具不多，长、宽及孤岛直径有公差要求，用两轴联动立式数控铣床可以成形。利用现有三轴联动 TK7640 立式数控铣镗床完全能达到加工要求。

4 确定装夹方案

由于单件生产，根据来料情况，可选用通用夹具——机用平口台虎钳装夹工件。垫平工件底面、工件上表面高出钳口 5 mm 左右即可。

5 确定加工方案

根据零件形状及加工精度要求，一次装夹完成所有加工内容。顶面使用面铣刀铣削完成，内轮廓要求 *Ra* 3.2 μm，分粗、精加工两次完成。

6 确定进给路线

铣削型腔时，应沿型腔的过渡圆弧切入/切出，以避免加工表面产生划痕，保证零件轮廓光滑。下刀点选择在 *A* 点，进给路线为：原点 O_1（下刀）→*A*（建立左刀具补偿）→*B*（圆弧切入）→*C*→*D*→*E*→*F*→*G*→*H*→*I*→*J*→*K*→*L*→*M*→*N*→*O*→*P*→*Q*→*R*→*S*→*T*→*U*→*V*→*B*→*W*（圆弧切出轮廓）－O_1（取消刀具补偿）。内轮廓刀具走刀路线如图 5-1-9 所示。

7 刀具选择

内轮廓由直线和圆弧构成，圆弧中包括凹圆和凸圆，凹圆的半径为 *R*5 mm 和 *R*12 mm，因此粗加工时所用刀具的直径必须小于 10 mm，故选用直径为 8 mm 的三刃高速钢立铣刀；精加工时选用直径为 8 mm 的二刃硬质合金键槽铣刀。

8 各坐标点的计算

构成内轮廓进给路线的各基点坐标如图 5-1-10 所示，见表 5-1-1。

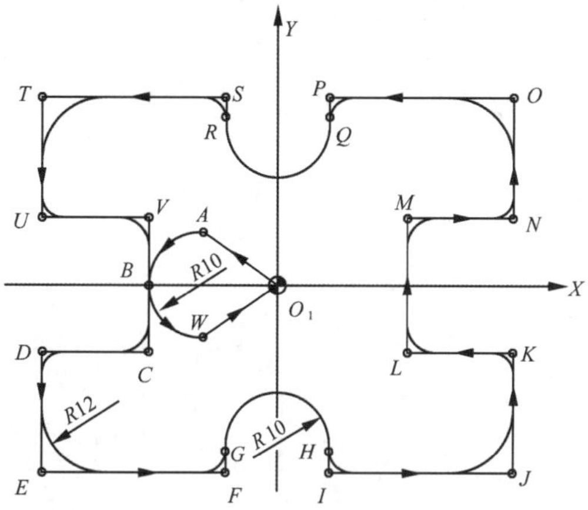

图 5-1-9　内轮廓刀具走刀路线

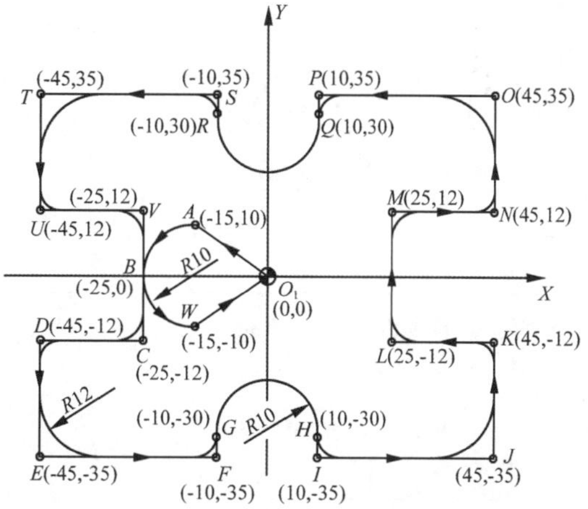

图 5-1-10　各基点坐标

表 5-1-1　各基点坐标

基点	A	B	C	D	E	F	G	H
坐标值	−15,10	−25,0	−25,−12	−45,−12	−45,−35	−10,−35	−10,−30	10,−30
基点	I	J	K	L	M	N	O	P
坐标值	10,−35	45,−35	45,−12	25,−12	25,12	45,12	45,35	10,35
基点	Q	R	S	T	U	V	B	W
坐标值	10,30	−10,30	−10,35	−45,35	−45,12	−25,12	−25,0	−15,−10

9 刀具选择及确定切削用量

(1)粗铣：侧吃刀量为 4.8 mm，留 0.2 mm 精铣余量，背吃刀量的范围为 4.8～11.01 mm(11.21−0.2=11.01 mm)。

(2)精铣：侧吃刀量为 0.2 mm，背吃刀量为 0.2 mm。

①粗铣取 $v_c=20$ m/min，则主轴转速 S($\phi 8$ mm 的三刃高速钢立铣刀)为

$S=1\,000v_c/(\pi D)=1\,000\times 20/(3.14\times 8)=796$ r/min，取 $S=800$ r/min。

取每齿进给量 $f_z=0.15$ mm/r，则进给速度 F 为

$$F=0.15\times 3\times 800=360\ \text{mm/min}$$

②精铣取 $v_c=80$ m/min，则主轴转速 S($\phi 8$ mm 的二刃硬质合金键槽铣刀)为

$S=1\,000v_c/(\pi D)=1\,000\times 80/(3.14\times 8)=3\,185$ r/min，取 $S=3\,200$ r/min。

取每齿进给量 $f_z=0.05$ mm/r，则进给速度 F 为

$$F=0.05\times 2\times 3\,200=320\ \text{mm/min}$$

10 填写数控加工工序卡片

根据上述分析，填写数控加工工序卡片，见表 5-1-2。

表 5-1-2　数控加工工序卡片

××职业技术学院	数控加工工序卡片			产品名称或代号		零件名称		材　料	零件图号
				凹模		平面凹模		45	SKCZ-003
工序号	程序编号	夹具名称		夹具编号		使用设备		车间	
	O0001	平口台虎钳		200		TK7640		实训中心	
工步号	工步内容	刀具号	刀具规格/mm	主轴转速/(r·min⁻¹)	进给量/(mm·min⁻¹)	背吃刀量/mm	量具	备注	
1	粗铣内轮廓，留余量 0.2 mm	T01	ϕ8 mm 三刃	800	360	4.8	0～150 mm 游标卡尺	高速钢立铣刀	
2	精加工内轮廓至图纸要求	T02	ϕ8 mm 二刃	3 200	320	0.2	0～150 mm 游标卡尺	硬质合金键槽铣刀	
3	清理、入库								
编　制		审　核		批　准			共　页	第　页	

任务二　平面凹模的数控加工程序编制

学习目标

1. 掌握子程序编程的基本知识。
2. 熟练掌握平面凹模的数控编程方法。

能力目标

1. 会利用子程序编写铣平面程序。
2. 能熟练应用刀具半径补偿指令。
3. 能编写平面凹模零件数控铣削程序。

RENWU DAORU 任务导入

现需生产如图 5-1-1 所示平面凹模零件 1 件，试完成该零件的编程任务。

ZHISHI PINGTAI

知识平台

1 极坐标编程 G15～G16

(1)含义:加工呈圆周分布的零件时,采用极坐标编程十分方便。正因为如此,现代数控系统一般都具备极坐标编程功能。但极坐标编程功能不是数控系统的标准功能,因此不同的数控系统所使用的极坐标编程指令和格式均不相同。

极坐标指令的应用

(2)格式:G16 G00/G01 X __ Y __;(设置移动目标点为极坐标)

G15 G00/G01 X __ Y __;(取消极坐标,恢复直角坐标)

其中,X 指定极半径;Y 指定极角。

(3)说明:极坐标在 G17、G18、G19 平面内有效,在选定平面的两坐标轴中,第一轴上确定极半径,第二轴上确定极角,如图 5-2-1 所示。极角的单位是度(°),不用分、秒形式,编程范围为 0°～±360°。第一坐标轴正方向的极角是 0°,沿逆时针方向旋转为正极角,沿顺时针方向旋转为负极角。

2 坐标系旋转 G68～G69

(1)含义:坐标系旋转指令在给定的插补平面内,可按指定旋转中心及旋转方向将工件坐标系旋转给定的角度,如图 5-2-2 所示,从而简化了坐标计算,达到简化编程的目的。

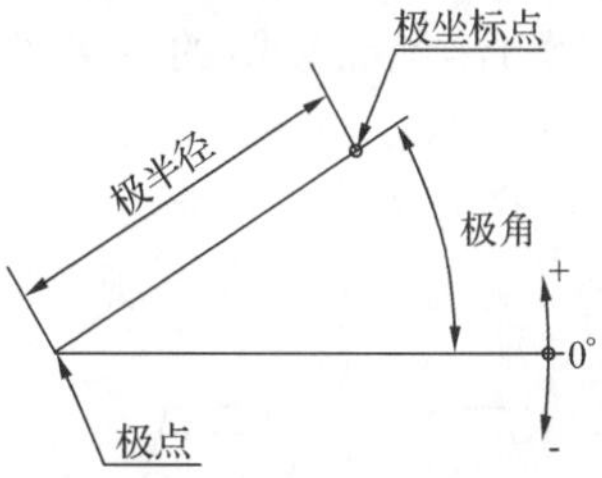

图 5-2-1　极坐标

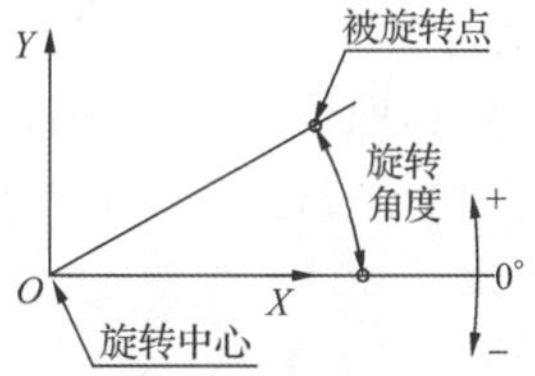

图 5-2-2　坐标系旋转

坐标系旋转指令应用

(2)格式:G68 X __ Y __ Z __ R __;(设置坐标系旋转)

G69 G00/G01 X __ Y __ Z __;(取消坐标系旋转,恢复原来坐标系)

(3)说明:X、Y、Z 用于指定旋转中心坐标,模态量、绝对坐标值,当 X、Y、Z 省略时,G68 指令认为当前刀具中心位置即旋转中心。

R 指定旋转角度,模态量,可以是绝对值,也可以是增量值,单位是度(°),最小输入单位是 0.001°,编程范围是 0°～±360°,第一坐标轴正方向为 0°,沿逆时针方向旋转为正,沿顺时针方向旋转为负。

注意:G68 用绝对值编程。G68 所在程序段要指定两个坐标才能确定旋转中心。如果紧接着 G68 后的一条程序段为增量值编程,那么系统将以当前刀具的坐标位置为旋转中心,按 G68 给定的角度旋转坐标系,不在插补平面内的坐标轴不旋转。

3 镜像编程的程序格式

(1)含义:用编程的镜像指令可实现坐标轴的对称加工。在 FANUC 0i 系统中一般采用 G51.1 来实现镜像加工。根据 G51.1 IP ＿指定的对称轴生成在这些程序段中指定的镜像。

(2)格式：G51.1 IP；(设置可编程镜像)

G50.1 IP；(取消可编程镜像)

(3)说明：

①格式中的 IP 用于指定平面的对称轴或对称点。当 G51.1 指令后仅有一个坐标字时，该镜像以某一坐标轴为镜像轴。G51.1 X20.0 表示以某一轴线为对称轴，该轴线与 Y 轴平行，且与 X 轴在 $X=20.0$ 处相交。当 G51.1 指令后有两个坐标字时，表示该镜像是以某一点为对称点进行镜像。例如，对称点为(20,20)的镜像指令是 G51.1 X20.0 Y20.0。

②在指定平面内对某个轴镜像时使部分指令发生变化，见表 5-2-1。

表 5-2-1　镜像时部分指令变化说明

指令	变化说明
圆弧指令	G02 和 G03 被互换
刀具半径补偿	G41 和 G42 被互换
坐标旋转	CW 和 CCW 旋转方向

③在可编程镜像方式中与返回参考点(G27/G28/G29/G30)等和改变坐标系(G52/G59/G92)等有关的 G 指令不准指定。如果需要这些 G 指令的任意一个，必须在取消可编程镜像方式之后再指定。

(4)示例：完成如图 5-2-3 所示零件的编程。

分析：该工件由 4 个轮廓组成，第二象限的轮廓与第一象限的轮廓关于 Y 轴对称，第三象限的轮廓与第一象限的轮廓关于原点对称，第四象限的轮廓与第一象限的轮廓关于 X 轴对称。因此在编写加工程序时，只需编写出第一象限轮廓的加工程序，其余象限的轮廓可利用镜像功能和子程序调用功能加工。

下刀点的位置选择在坐标原点，即第一、三象限零件轮廓的镜像点上，便于轮廓加工时进/退刀比较协调，第一象限工件加工时选择采用左补偿 G41，加工路线如图 5-2-3 所示。

其轮廓的加工程序如下：

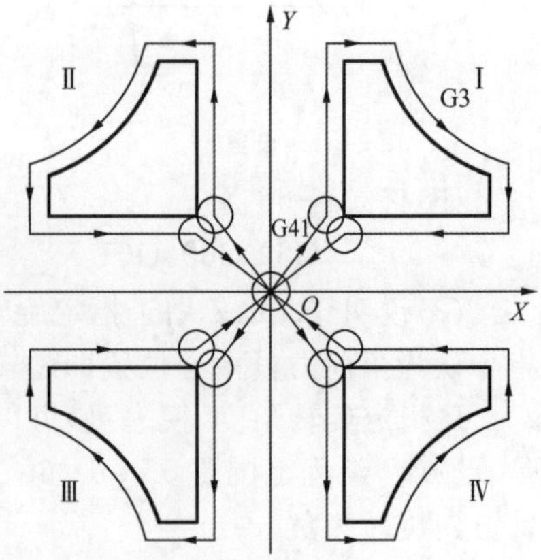

图 5-2-3　镜像编程举例

```
O0001
G17 G54 G90 G40 G0 X0 Y0 Z10 S800 M3;
G1 Z－5 F100;
M98 P0002;(调用子程序加工第一象限的轮廓)
G51.1 X0;(关于X＝0 镜像,Y 轴对称)
M98 P0002;(调用子程序加工第二象限的轮廓)
G50.1 X0;(取消镜像)
G51.1 X0 Y0;(关于X＝0、Y＝0 点镜像,原点对称)
M98 P0002;(调用子程序加工第三象限的轮廓)
G50.1 X0 Y0;(取消镜像)
G51.1 Y0;(关于Y＝0 镜像,X 轴对称)
M98 P0002;(调用子程序加工第四象限的轮廓)
G50.1 Y0;(取消镜像)
G28 G91 Z0;
M30;
O0002(第一象限轮廓加工的子程序)
```

G1 G41 X20. Y20. D1;(建立刀具半径左补偿)
Y60.;
X30.;
G3 X60. Y30. R50.;
G1 Y20.;
X20.;
G1 G40 X0 Y0;(取消补偿,返回镜像点)
M99;

NENGLI PINGTAI 能力平台

1 CRT/MDI 操作面板

如图 5-2-4 所示为 FANUC 0i MC 加工中心 CRT/MDI 的操作面板。它是由 CRT 显示器和 MDI 输入面板两部分组成的,各按钮功能参照操作手册。

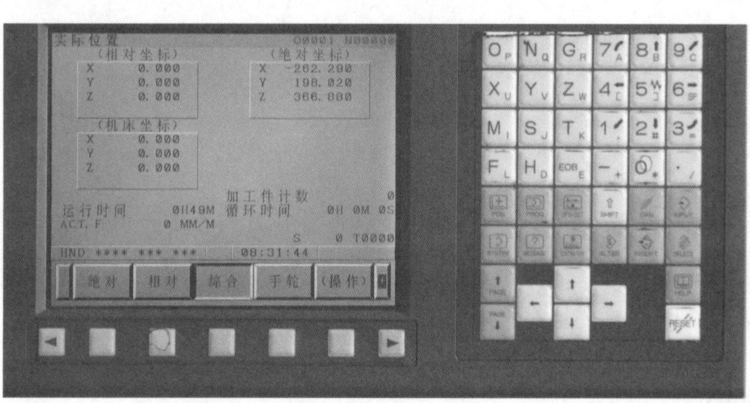

图 5-2-4　操作面板

2 FANUC 0i MC 标准操作面板的说明

FANUC 0i MC 标准操作面板如图 5-2-5 所示,各按钮功能参照操作手册。

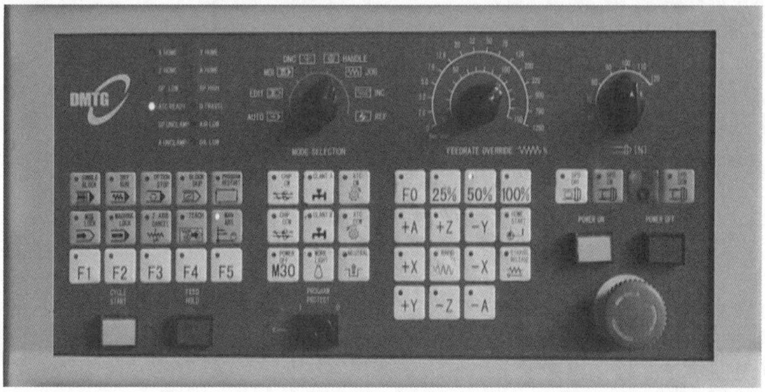

图 5-2-5　标准操作面板

3 程序的输入、编辑和图形编辑操作

(1)新建程序的输入、编辑操作界面

①方式选择为编辑方式(EDIT)。

②按程序软键。

③输入地址"O"。

④输入程序号。

⑤按"INSERT"键。

通过上述操作,存入程序号,然后把程序中的每个字用键输入,之后按"INSERT"键便将输入的程序存储起来。

(2)程序的检索

◆ 检索法

①选择方式(EDIT 或 AUTO)。

②按程序软键,显示程序。

③按地址"O"。

④输入要检索的程序号。

⑤按"CURSOR↓"键。

⑥检索结束时,在 CRT 界面显示检索出的程序并在其右上部显示已检索的程序号。

◆ 扫描法

①选择方式(EDIT 或 AUTO)。

②按程序软键,显示程序。

③按地址"O"。

④按"CURSOR↓"键。在 EDIT 方式下,反复按"O"键和"CURSOR↓"键,可逐个显示存入的程序。当被存入的程序全部显示出来后,便返回第一个程序。

(3)程序的删除

①选择 EDIT 方式。

②按程序软键,显示程序。

③按地址"O"。

④输入程序号。

⑤按"DELETE"键,则对应输入程序号的存储器中程序被删除。

(4)字的检索

①按"CURSOR↓"键,光标一个字一个字地移动,在被选择字的地址下面显示光标。

②按"CURSOR↑"键,光标一个字一个字反方向移动,在被选择字的地址下面显示光标。

③按"PAGE↓"键,界面翻页,光标移至下一页开头的字。

④按"PAGE↑"键,界面翻到前一页,光标移至开头的字。

（5）字的编辑

①字的插入：检索或扫描到要插入的前一个字，按“INSERT”键。

②字的变更：检索或扫描到要变更的字，按“ALTER”键，则新输入的字替代了当前光标所指的字。

③字的删除：检索或扫描到要删除的字，按“DELETE”键，则当前光标所指的字被删除。

（6）图形模拟显示操作

①选择 AUTO 方式。

②打开（图形）主菜单中图形界面。

③按机床锁住键。

④打开子菜单中启动键。

⑤按自动循环按钮启动。

注意：在图形模拟显示操作时，为提高模拟显示速度，可在（机床）菜单中打开空运行，但结束后一定要将其关闭。

平面凹模仿真加工
（发那科）

RENWU SHISHI 任务实施

编制平面凹模的数控加工程序，见表 5-2-2。

表 5-2-2　平面凹模的数控加工程序

程　序	说　明
%	主程序
O0001	程序名
G54 G90；	G54 指定 *Z* 方向的偏置为零
M6 T1；	1 号刀（直径为 8 mm 的三刃高速钢立铣刀）
M8；	冷却液开
M3 S800；	线速度为 20 m/min
G0 X0 Y0；	快速接近工件
Z3；	快速接近工件
G1 Z0.2 F360；	每齿进给量为 0.15 mm/(r·z)，*Z* 方向留 0.2 mm 的精加工余量
M98 P50002；	调用子程序 O0002 共 5 次
G0 Z10；	抬刀
M5；	主轴停止
M9；	冷却液关
M6 T2；	2 号刀（直径为 8 mm 的二刃硬质合金键槽铣刀）

续表

程　序	说　明
M3 S3200；	线速度为 80 m/min
G0 X－15 Y0；	快速接近工件
Z3；	快速接近工件
G1 Z－5 F320；	每齿进给量为 0.05 mm/(r·z)
M98 P10002；	调用子程序 O0002 共 1 次
G0 Z10；	抬刀
G91 G28 Z0；	回机床 *Z* 方向原点
G91 G28 Y0；	回机床 *Y* 方向原点，便于拆装工件
M30；	主程序结束
%	
%	子程序
O0002	程序名
G91 G1 Z－1；	增量方式定位
G90 G41 G1 X－15 Y10 D01；	1 号刀具补偿外形内输入 4，1 号刀具补偿磨损内输入 0.1，保留单边 0.1 mm 的精加工余量
G3 X－25 Y0 R10；	
G1 Y－12，R5；	
X－45，R5；	
Y－23；	
G3 X－33 Y－35 R12；	
G1 X－10，R5；	
G1 Y－30；	
G2 X10 R－10；	
G1 Y－35，R5；	
G1 X33	
G3 X45 Y－23 R12；	
G1 Y－12，R5；	
X25，R5；	
Y12，R5；	
X45，R5；	
Y23；	
G3 X33 Y35 R12；	
G1 X10 ，R5；	
G1 Y30；	

续表

程 序	说 明
G2 X−10 R−10；	
G1 Y35 ,R5；	
G1 X−33；	
G3 X−45 Y23 R12；	
G1 Y12 ,R5；	
X−25 ,R5；	
G1 Y0；	
G3 X−15 Y−10 R10；	
G40 G01 X0 Y0；	
M99；	

注：残料可以自行编辑程序切削。

ZHISHI TUOZHAN 知识拓展

平面凹模仿真加工（西门子）

SIEMENS 802D 数控系统程序编程见表 5-2-3。

表 5-2-3 SIEMENS 802D 平面凹模程序

程 序	说 明
01.MPF	主程序名
G54 G90；	G54 指定 Z 方向的偏置为零
M6 T1；	1 号刀(直径为 8 mm 的三刃高速钢立铣刀)
M8；	冷却液开
M3 S800；	线速度为 20 m/min
G43 G0 Z100 H01；	调用 1 号长度补偿
G0 X−15 Y0；	快速接近工件
Z3；	快速接近工件
G1 Z0.2 F360；	每齿进给量为 0.15 mm/(r·z)，Z 方向留 0.2 mm 的精加工余量
G41 G1 X−15 Y10 D01；	1 号刀具补偿外形内输入 4，1 号刀具补偿磨损内输入 0.1，保留单边 0.1 mm 的精加工余量
L2 P5 50002；	调用子程序 O0002 共 5 次
G40 G1 Y0；	取消刀具半径补偿
G0 Z10；	抬刀
M5；	主轴停止
M9；	冷却液关
M6 T2；	2 号刀(直径为 8 mm 的二刃硬质合金键槽铣刀)
M3 S3200；	线速度为 80 m/min
G43 G0 Z100 H02；	调用 2 号长度补偿
G0 X−15 Y0；	快速接近工件

续表

程序	说明
Z3；	快速接近工件
G1 Z－4 F320；	每齿进给量为 0.1 mm/(r・z)
G41 G1 X－15 Y10 D02；	1 号刀具补偿外形内输入 4，1 号刀具补偿磨损内输入 0
L2 P10002	调用子程序 O0002 共 1 次
G40 G1 Y0；	取消刀具半径补偿
G0 Z10；	抬刀
G75 Z0；	回机床 Z 向原点
G75 Y0；	回机床 Y 向原点，便于拆装工件
M30；	主程序结束
%	
%	
L2.SPF	子程序名
G91 G1 Z－1；	增量方式定位
G90 G3 X－25 Y0 CR＝10；	
G1 Y－12 RND＝5；	
X－45 RND＝5；	
Y－35 RND＝12；	
X－15；	
G3 X－10 Y－30 CR＝5；	
G2 X10 CR＝10；	
G3 X15 Y－35 CR＝5；	
G1 X45 RND＝12；	
G1 Y－12 RND＝5；	
X25 RND＝5；	
Y12 RND＝5；	
X45 RND＝5；	
Y35 RND＝12；	
G1 X15；	
G3 X10 Y30 CR＝5；	
G2 X－10 CR＝10；	
G3 X－15 Y35 CR＝5；	
G1 X－45 RND＝12；	
Y12 RND＝5；	
G1 Y0；	
G3 X－15 Y－10 CR＝10；	
G1 Y10；	
M17；	子程序结束

任务三 平面凹模的数控加工

学习目标

1. 熟悉加工中心操作面板各功能区的作用和机床的基本操作。
2. 熟练掌握数控加工的步骤和过程。
3. 熟练掌握程序的编制方法。
4. 掌握加工中心对刀的方法及刀具参数的设置。

能力目标

1. 会启动数控铣床/加工中心。
2. 能完成立铣刀对刀并设置工件坐标系。
3. 能设置铣削刀具补偿,完成平面凹模的数控加工。

RENWU DAORU 任务导入

现需生产如图 5-1-1 所示平面凹模零件 1 件,试完成该零件的数控加工任务。

ZHISHI PINGTAI 知识平台

1 数控机床的导轨

(1)数控机床对导轨的要求

数控机床对导轨的要求包括具有高的导向精度、良好的耐磨性、足够的刚度和低速运动的平稳性。

(2)导轨副的结构

导轨副是数控机床的重要部件之一,它在很大程度上决定了数控机床的刚度、精度和精度保持性。数控机床导轨必须具有较高的导向精度、刚度和耐磨性,机床在高速进给时不振动、低速进给时不爬行等特性。目前数控机床使用的导轨主要有塑料滑动导轨、滚动导轨和静压导轨。

数控机床导轨

(3)塑料滑动导轨

目前,数控机床所使用的滑动导轨材料为铸铁对塑料或镶钢对塑料。导轨塑料常用聚四氟乙烯导轨软带和环氧型耐磨导轨涂层两类。

①聚四氟乙烯导轨软带

● 摩擦特性好：金属-聚四氟乙烯导轨软带的动、静摩擦系数基本不变。

● 耐磨特性好：聚四氟乙烯导轨软带材料中含有青铜、二硫化铜和石墨，因此其本身即具有自润滑作用，对润滑油的要求不高。此外，塑料质地较软，即使嵌入金属碎屑、灰尘等，也不致损伤金属导轨面和软带本身，可延长导轨副的使用寿命。

● 减振性好：塑料的阻尼性能好，其减振效果、消声性能较好，有利于提高运动速度。

● 工艺性好：可降低对粘贴塑料的金属基体的硬度和表面质量要求，而且塑料易于加工（铣、刨、磨、刮），使导轨副接触面获得优良的表面质量。聚四氟乙烯导轨软带被广泛应用于中小型数控机床的运动导轨中。

● 导轨软带使用工艺简单：首先将导轨黏结面加工至表面粗糙度 *Ra* 3.2 μm 左右。用汽油或丙酮清洗黏结面后，用胶黏剂黏合。加压初固化 1～2 h 后合拢到配对的固定导轨或专用夹具上，施加一定的压力，并在室温下固化 24 h 后，取下清除余胶，即可开油槽和精加工。

②环氧型耐磨导轨涂层

环氧型耐磨导轨涂层以环氧树脂和二硫化钼为基体，加入增塑剂，混合成液状或膏状为一组分和固化剂为另一组分的双组分塑料涂层。德国生产的 SKC3 和我国生产的 HNT 环氧型耐磨导轨涂层都具有良好的加工性、摩擦性、耐磨性，其使用工艺简单。

(4)滚动导轨

①结构和特点

滚动导轨作为滚动摩擦副的一类，其摩擦系数小（0.003～0.005），运动灵活；动、静摩擦系数基本相同，因而启动阻力小，且不易产生爬行；可以预紧，刚度高，寿命长，精度高。

其主要缺点是抗冲击载荷的能力较差，且对灰尘屑末等较敏感，因此应有良好的防护罩。滚动导轨有多种形式，目前数控机床常用的滚动导轨为直线滚动导轨，如图 5-3-1 所示。

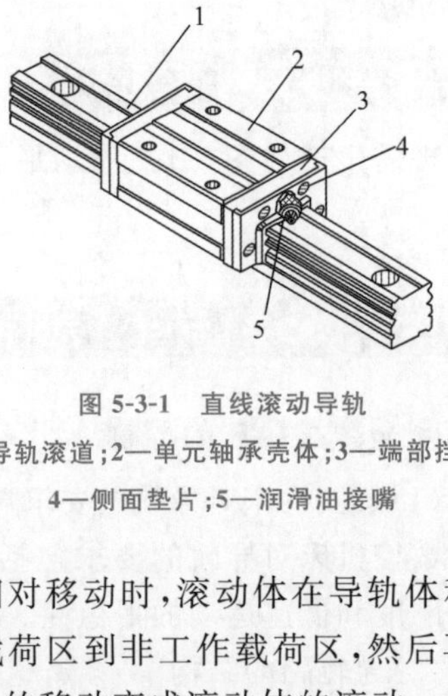

图 5-3-1　直线滚动导轨

1—导轨滚道；2—单元轴承壳体；3—端部挡板；4—侧面垫片；5—润滑油接嘴

②组成

直线滚动导轨主要由导轨滚道、单元轴承壳体、端部挡板、侧面垫片、润滑油接嘴等组成。当滑块与导轨体相对移动时，滚动体在导轨体和滑块之间的圆弧直槽内滚动，并通过端盖内的滚道，从工作载荷区到非工作载荷区，然后再滚动回工作载荷区，如此往复循环，从而把导轨体和滑块之间的移动变成滚动体的滚动。为防止灰尘和脏物进入导轨滚道，滑块两端及下部均装有塑料密封垫，滑块上还有润滑油杯。还有一种在滑块两端装有自动润滑的滚动导轨，使用时无须配置润滑装置。

(5)静压导轨

在两个相对运动的导轨面间通以压力油将运动件浮起，使导轨面间处于纯液态摩擦状态。导轨不会磨损，精度保持性好，寿命长，而且导轨摩擦系数极小（约为 0.000 5），功率消耗少。其油膜承载能力大，刚度高，吸振性好，导轨运行平稳，既无爬行也不会产生振动。静压导轨较多应用在大型、重型数控机床上。

①分类

按承载的要求不同，静压导轨可分为开式和闭式两种。开式静压导轨只能承受垂直方向的载荷，承受颠覆力矩的能力差。闭式静压导轨能承受较大的颠覆力矩，导轨刚度也较高。

②导轨的润滑与防护

● 导轨的润滑：导轨最简单的润滑方式是人工定期加油或用油杯供油。这种方式操作简单、成本低廉，但不可靠，一般用于调节辅助导轨及运动速度低、工作不频繁的滚动导轨。对运动速度较高的导轨大多采用润滑泵，以压力油强制润滑。这样不但可连续或间歇供油给导轨进行润滑，而且可利用油的流动冲洗和冷却导轨表面。为实现强制润滑，机床必须备有专门的供油系统。

对润滑油的要求是：在工作温度变化时，润滑油黏度变化要小，要有良好的润滑性能和足够的油膜刚度，油中杂质尽量少且不侵蚀机件。常用的全损耗系统用油有 L-AN10、15、32、42、68，精密机床导轨油 L-HG68，汽轮机油 L-TSA32、46 等。

● 导轨的防护：为了防止切屑、磨粒或冷却液散落在导轨面上而引起磨损、擦伤和锈蚀，导轨面上应有可靠的防护装置。常用的有刮板式、卷帘式和叠层式防护罩，大多用于长导轨机床上，例如龙门刨床、导轨磨床等。此外，还有手风琴式伸缩式防护罩等。在机床使用过程中应防止损坏防护罩，对叠层式防护罩应经常用刷子蘸机油清理移动接缝，以免发生碰壳现象。

2 加工中心操作

遵循标准提示：学习《数控铣工国家职业标准》、《数控车铣加工标准》(1+X 证书)。

TOM850A 加工中心是常州机电学院与常州创胜特尔数控设备有限公司联合生产的，它使用 FANUC 0i MA 的数控系统。

(1)开机

先检查并关闭电气箱门；接通机床总电源；打开 CNC 电源开关(位于机床右侧)；释放急停开关；数秒后显示器显示；按复位键。

(2)机床的回零操作

①选择手轮为 REF 方式。

②按下方式选择键的手动方式键，键上的指示灯亮。

③按下回零开关键，键上的指示灯亮。

④按下手动轴正向运动开关，机床移动件向选择轴的方向自行运动。

⑤到达回零点后，回零指示灯亮。

注意：当三轴回零指示灯全部亮起后，关闭回零开关键，然后按下手动轴负向运动开关，离开机床零点位置。如图 5-3-2 所示。

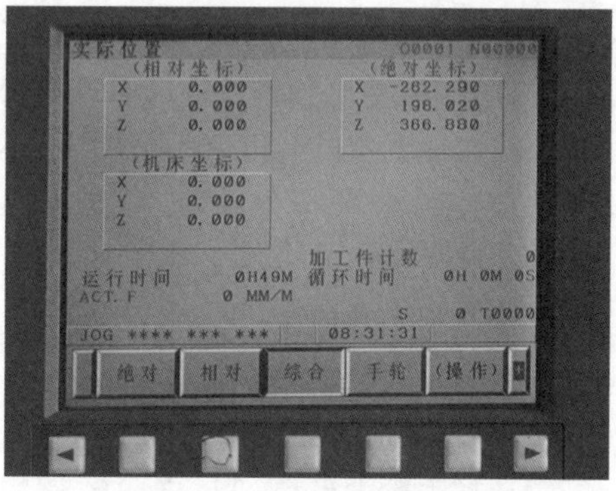

图 5-3-2　数控铣床回零界面

(3)建立工件坐标系

工件坐标系的建立是通过对刀来实现的。

①方料对刀

● 选择手轮为 JOG 方式。

● 打开(位置)软键子菜单(相对位置)。

● X、Y 方向对刀(方法相同)。以 X 轴为例,移动工件台,使铣刀侧刃略微离开工件侧面,按“X”键,如图 5-3-3 所示。

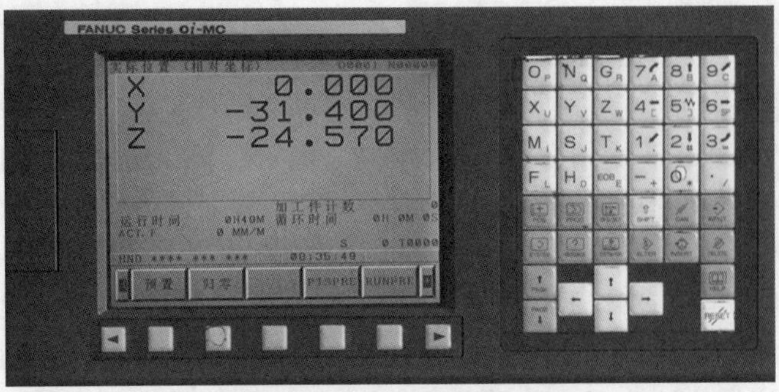

图 5-3-3 对刀中相对坐标的设置

● 用塞尺测量刀刃与工件间隙并记录。

● 将铣刀中心摇至编程原点(加工原点),编程原点相对于侧面的尺寸为刀具半径(正、负)加负塞尺尺寸(正、负)。

● 铣刀摇至上平面,略微开工件表面,用塞尺测量间隙并记录。

● 打开(位置)软键子菜单(总和),记录当前机床坐标。

注意: Z 轴应加上负塞尺尺寸。

②机床加工坐标系设置

● 选择录入方式。

● 打开(设置)主菜单(设置 3),将光标定位在所需加工坐标系(G54~G59)上。

● 将对刀后记录并计算好的数据分别录入相应的坐标轴内(键入后按“INPUT”键)。

注意: 常使用 G54 指令。

(4)参数设置

①选择手动 JOG 方式。

②打开(偏置)主菜单,显示偏置数据界面,如图 5-3-4 所示。

③将所设偏置(刀具补偿)值输入(INPUT)相应的补偿号。

(5)程序编辑并校验

①按照仿真加工步骤编制新程序。

②输入程序并校验。

③根据检验的结果修改程序。

(6)零件的加工操作

①选择手轮为自动(AUTO)方式,数控系统 CRT 界面为 MEM 显示,如图 5-3-5 所示。

②关闭机床锁住。

③打开(机床)主菜单,选择单段方式打开(程序单步每按一次循环启动键执行一个程序段)。

④按循环启动键。

⑤待程序运行正常后打开(机床)主菜单,关闭单段方式。

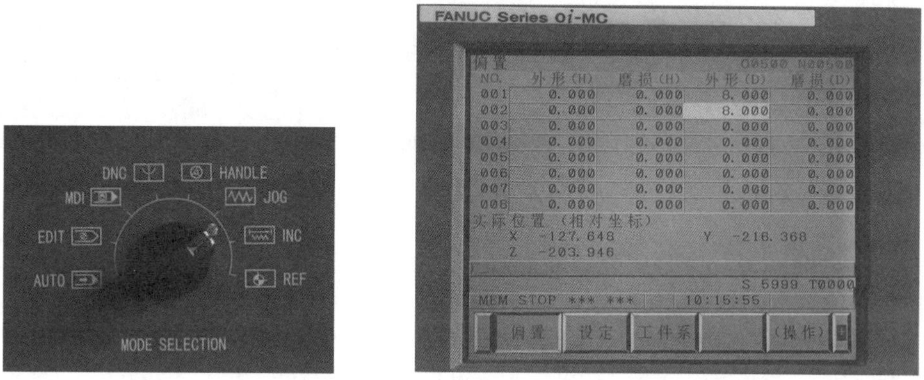

(a)　　　　　　　　　　(b)

图 5-3-4　设置偏置数据界面

注意：运转异常时可按“RESET”键、急停开关。

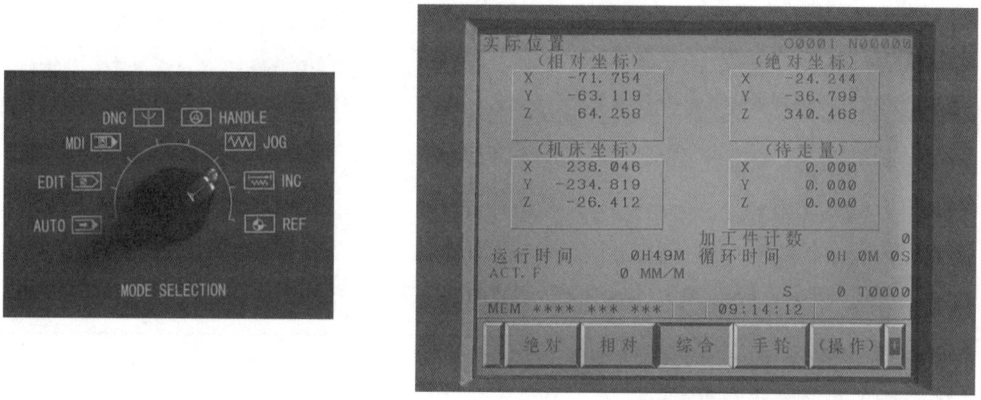

(a)　　　　　　　　　　(b)

图 5-3-5　数控铣床/加工中心自动加工界面

(7)关机

①机床处于非加工状态。

②运动部件处于停止状态。

③程序保护开关(软键)处于关断状态。

④按下急停开关。

⑤关闭面板上的电源开关的红键。

⑥切断 CNC 电源。

⑦切断机床总电源。

NENGLI PINGTAI

能力平台

1 导轨副的常见故障及排除方法

影响机床正常运行和加工质量的主要环节：导轨副的间隙；导轨副的预紧力；导轨的直

线度、平行度和导轨的润滑、防护装置。导轨副的常见故障及排除方法见表 5-3-1。

表 5-3-1 导轨副的常见故障、故障原因及排除方法

故障现象	故障原因	排除方法
导轨研伤	机床经长时间使用,地基与床身水平度有变化,使导轨局部单位面积载荷过大	定期进行床身导轨的水平度调整,或修复导轨精度
	长期加工短工件或承受过分集中的载荷,使导轨局部磨损严重	注意合理安排短工件的安装位置,避免载荷过分集中
	导轨润滑不良	调整导轨润滑油量,保证润滑油压力
	导轨材质不佳	采用电镀加热自冷淬火对导轨进行处理,导轨上增加锌铝铜合金板,以改善摩擦情况
	刮研质量不符合要求	提高刮研修复的质量
	机床维护不良,导轨中落入脏物	加强机床保养,调整好导轨防护装置
	导轨面研伤	用 180# 砂布修磨机床与导轨面上的研伤
导轨上移动部件运动不良或不能移动	导轨压板研伤	卸下压板,调整压板与导轨的间隙
	导轨镶条与导轨间隙太小,调得太紧	松开镶条防松螺钉,调整镶条螺栓,使运动部件运动灵活,保证 0.03 mm 的塞尺不能塞入,然后锁紧防松螺钉
	导轨直线度超差	调整或修刮导轨,保证允差 0.015 mm/500 mm
	工作台镶条松动或镶条弯度太大	调整镶条间隙,镶条弯度在自然状态下小于 0.05 mm/全长
加工面在接刀处不平	机床水平度差,使导轨发生弯曲	调整机床安装水平度,保证平行度、垂直度不超过 0.02 mm/1 000 mm

2 导轨副故障维修示例

【例 1】 行程终端产生明显的机械振动故障维修

故障现象:某加工中心运行时,工作台 X 轴方向位移接近行程终端过程中产生明显的机械振动故障,故障发生时系统不报警。

分析及处理过程:因故障发生时系统不报警,但故障明显,故通过交换法检查,确定故障部位应在 X 轴伺服电动机与丝杠传动链一侧。为区别于电动机故障,可拆卸电动机与滚珠丝杠之间的弹性联轴器,单独通电检查电动机。

检查结果表明,电动机运转时无振动现象,显然故障部位在机械传动部分。脱开弹性联轴器,用扳手转动滚珠丝杠进行手感检查,发现工作台 X 轴方向位移接近行程终端时,感觉到阻力明显增大。拆下工作台检查,发现滚珠丝杠与导轨不平行,故而引起机械转动过程中的振动现象。经过认真修理、调整后,重新装好,故障排除。

【例 2】 电动机过热报警的故障维修

故障现象:X 轴电动机过热报警。

分析及处理过程:产生电动机过热报警的原因有多种,除伺服单元本身的问题外,还可能是切削参数不合理,亦可能是传动链上有问题。而该机床的故障原因是导轨镶条与导轨间隙太小。松开镶条防松螺钉,调整镶条螺栓,使运动部件运动灵活,保证 0.03 mm 的塞尺不能塞入,然后锁紧防松螺钉。故障排除。

【例 3】 机床定位精度不合格的故障维修

故障现象：某加工中心运行时，工作台 Y 轴方向位移接近行程终端过程中丝杠反向间隙明显增大，机床定位精度不合格。

分析及处理过程：故障部位明显在 X 轴伺服电动机与丝杠传动链一侧；拆卸电动机与滚珠丝杠之间的弹性联轴器，用扳手转动滚珠丝杠进行手感检查，发现工作台 X 轴方向位移接近行程终端时，感觉到阻力明显增大。拆下工作台检查，发现 Y 轴导轨平行度严重超差，故而引起机械转动过程中阻力明显增大，滚珠丝杠弹性变形，反向间隙增大，机床定位精度不合格。经过认真修理、调整后，重新装好，故障排除。

【例 4】 移动过程中产生机械干涉的故障维修

故障现象：某加工中心采用直线滚动导轨，安装后用扳手转动滚珠丝杠进行手感检查，发现工作台 X 轴方向移动过程中产生明显的机械干涉故障，运动阻力很大。

分析及处理过程：故障明显在机械结构部分。拆下工作台，首先检查滚珠丝杠与导轨的平行度，检查合格。再检查两条直线导轨的平行度，发现导轨平行度严重超差。拆下两条直线导轨，检查中滑板上直线导轨的安装基面的平行度，检查合格。再检查直线导轨，发现一条直线导轨的安装基面与其滚道的平行度严重超差。更换合格的直线导轨，重新装好后，故障排除。

【例 5】 过载报警的故障维修

故障现象：某配套 FANUC 0i M 系统的立式加工中心，在加工中经常出现过载报警，报警号为 434，表现形式为 Z 轴电动机电流过大，电动机发热，停机 40 min 左右报警消失，接着再工作一段时间，又出现同类报警。

分析及处理过程：经检查电气伺服系统无故障，估计是由载荷过大造成的。为了区分是电气故障还是机械故障，将 Z 轴电动机拆下与机械脱开，再运行时该故障不再出现。由此确认故障原因为机械丝杠或运动部位过紧。调整 Z 轴丝杠防松螺母后，效果不明显。再调整 Z 轴导轨镶条，机床载荷明显减小，该故障消除。

RENWU SHISHI 任务实施

(1)使用机床工作台上的平口钳装夹工件。

(2)装刀。在加工过程中需要使用 2 把刀具，为提高加工效率，建议使用 2 把铣刀柄，分别安装 $\phi 8$ mm 三刃高速钢立铣刀和 $\phi 8$ mm 二刃硬质合金键槽铣刀，并将这 2 把刀具依次安装至刀库的 01 和 02 刀位。立铣刀拆分和安装如图 5-3-6 所示。

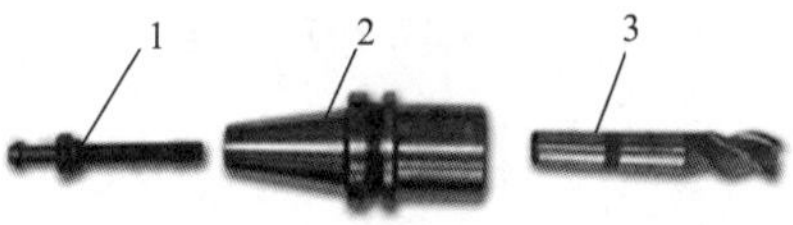

(a) 立铣刀拆分

(b) 安装好的立铣刀

图 5-3-6 立铣刀拆分和安装

1—拉钉；2—刀柄；3—锥柄立铣刀

(3)使用机床工作台上的平口钳装夹工件。

(4)选择 ϕ8 mm 三刃高速钢立铣刀安装在铣刀柄上，并将该铣刀柄安装至主轴上。

平面凹模的实际加工

(5)使用试切法对刀，并将相应坐标在 G54 坐标系中进行设定。

(6)刀具半径补偿值的设定。

(7)编辑程序并校验，如图 5-3-7 所示。

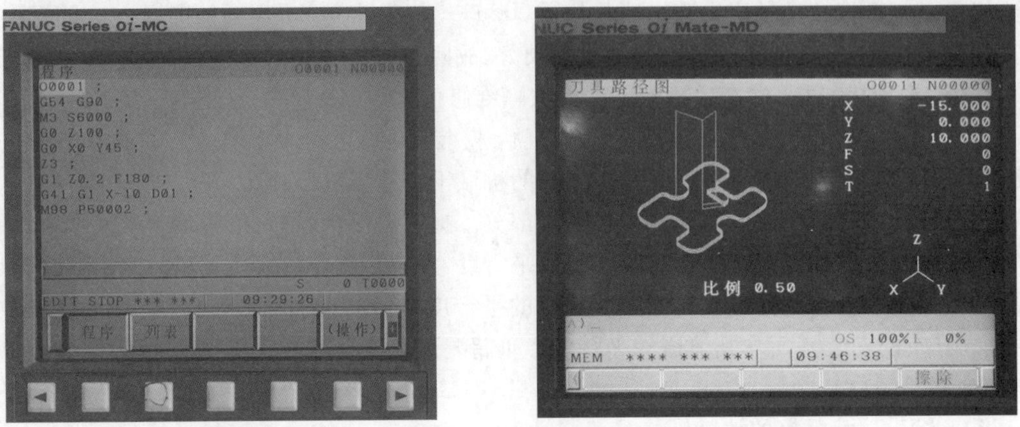

(a) 编辑程序　　(b) 校验程序

图 5-3-7　程序编辑界面

(8)按循环开始键运行程序，如图 5-3-8 所示。

(9)卸下铣刀柄，换上 ϕ8 mm 二刃硬质合金键槽铣刀，并安装至主轴。

(10)修改程序中的主轴转速及进给速度。

(11)按循环开始键运行程序进行精加工，加工后达到尺寸要求的零件如图 5-3-9 所示。

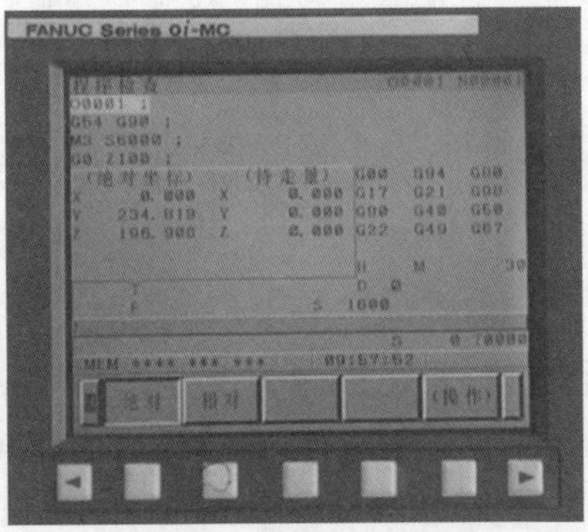

图 5-3-8　运行加工界面

图 5-3-9　加工好的平面凹模

ZHISHI TUOZHAN

知识拓展

1 机床操作错误报警

(1)这类报警信息出现的原因是误操作，常见于程序输入、编辑时的误操作(如程序检索不到)以及回零时的误操作(如超程报警“准备未绪”)。

(2)程序输入、编辑时的误操作只要按下 RESET(复位)键后重新进入程序菜单进行操作即可纠正。

(3)回零时的误操作应按住“限位解除”键后,在手轮方式下,将超程轴反方向摇出,按下 RESET(复位)键,重新重复回零操作。

2 数控铣削刀具系统

数控铣削刀具系统由刀柄系统、拉钉、刀夹、刀具等组成。

(1)刀柄系统

如图 5-3-10 所示,刀柄系统是数控机床必备的辅具。在刀柄上安装不同的刀具,如图 5-3-11 所示,准备加工时选用。刀柄要和主机的主轴孔相对应,刀柄是系列化、标准化产品,其锥柄部分和机械手抓拿部分都已有相应的国际和国家标准。ISO 7388 和 GB/T 10944、1～GB/T 10944.4－2013,对此做了统一的规定。

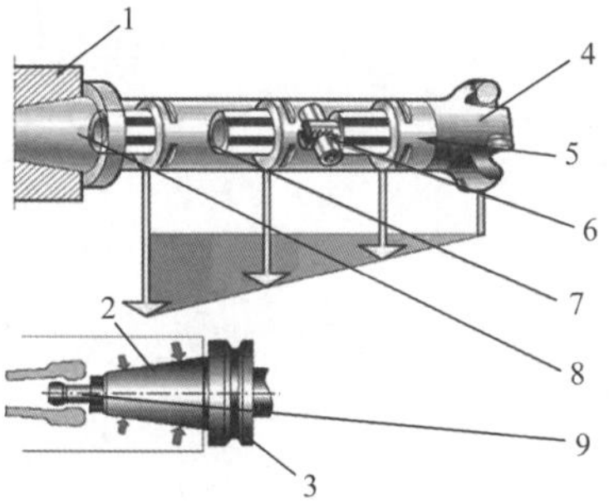

图 5-3-10　刀柄系统的组成

1—机床主轴;2—7∶24 定位锥面;3—抓刀及扭矩槽;
4—刀具;5—面铣刀接口;6—刀接口拉钉;
7—中间接杆;8—刀机接口基本刀柄;9—刀柄拉钉

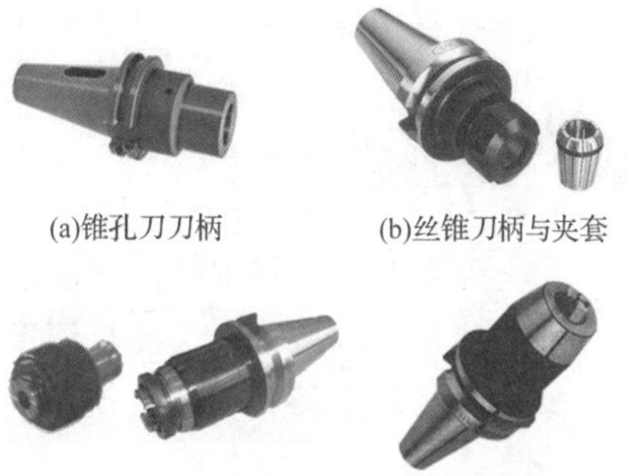

(a)锥孔刀刀柄　(b)丝锥刀柄与夹套

(c)钻夹头刀柄　(d)弹性筒夹刀刀柄

图 5-3-11　数控铣削机床用部分刀柄

(2)拉钉

固定在锥柄刀柄尾部且与主轴内拉紧机构相配的拉钉也已标准化,根据规定制定加工中心刀柄与刀具安装关系,如图 5-3-12 所示,JT-40 刀柄采用 LDA40 拉钉;BT-40 刀柄采用 P40T-1 拉钉。

(a)LDA40 拉钉　(b)P40T-1 拉钉

图 5-3-12　平面凹模加工中的残料

3 残料的切削

在加工时因为刀具半径的原因切削时会在中间留有残料。切削时要计算残料的多少，可以通过修改刀具半径补偿和单独切削残料，保证切削加工的完整性。

任务四 平面凹模的测量与评估

学习目标

1. 熟悉高度游标卡尺的基本操作方法。
2. 掌握高度游标卡尺的应用。
3. 熟练掌握深度游标卡尺的使用方法。

能力目标

1. 会使用高度游标卡尺测量高度。
2. 能使用深度游标卡尺测量深度。
3. 会计算铣削刀具半径磨损补偿。

RENWU DAORU 任务导入

现需生产如图 5-1-1 所示平面凹模零件 1 件，试完成该零件的测量与质量控制。

ZHISHI PINGTAI 知识平台

1 高度游标卡尺

高度游标卡尺是用游标读数的高度量尺，简称高度尺。它的主要用途是测量工件的高度，另外还经常用于测量形状和位置尺寸，安上划线量爪可进行精密划线。根据读数形式的不同，高度游标卡尺可分为普通游标式、带表式和电子数显式三大类。高度游标卡尺的工作原理、读数方式与游标卡尺相同。图 5-4-1 所示为电子数显式高度游标卡尺，它采用数字显示技术，测量精确，效率高，可在任意位置置零。

深度测量

(1)组成

高度游标卡尺用于测量零件的高度和精密划线。如图 5-4-2 所示，它的结构特点是用质量较大的基座 4 代替固定的测量爪 5，而可动的尺框 3 则通过横臂装有测量高度和划线用的测量爪，测量爪的测量面上镶有硬质合金，以提高量爪的使用寿命。

(2)工作原理

高度游标卡尺的测量工作应在平台上进行。当量爪的测量面与基座的底平面位于同一平面时，主尺与游标的零线相互对准。因此在测量高度时，测量爪测量面的高度就是被测量零件的高度，它的具体数值与游标卡尺一样，可在主尺（整数部分）和游标（小数部分）上读出。

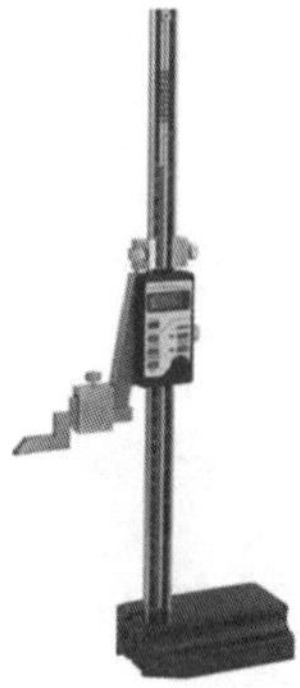

图 5-4-1　电子数显式高度游标卡尺

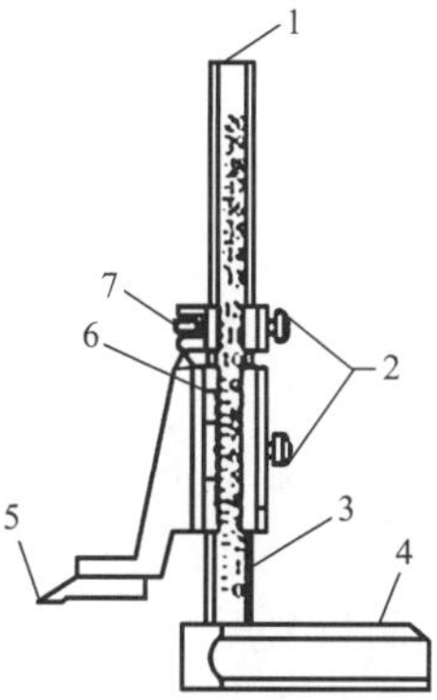

图 5-4-2　高度游标卡尺

1—主尺；2—紧固螺钉；3—尺框；4—基座；
5—测量爪；6—游标；7—微动装置

应用高度游标卡尺划线时，应先调整好划线高度，用紧固螺钉把尺框锁紧，在平台上也应先调整再划线。

2 深度千分尺

深度千分尺用于机械加工中的深度、台阶等尺寸的测量，有深度游标卡尺和深度百分尺等。

(1)深度游标卡尺

深度游标卡尺如图 5-4-3 所示，用于测量零件的深度尺寸或台阶的高低及槽的深度。它的结构特点是尺框的两个量爪连成一体成为一个带游标的测量基座，其端面和尺身的端面就是它的两个测量面。例如，测量内孔深度时应把基座的端面紧靠在被测孔的端面上，使尺身与被测孔的中心线平行，伸入尺身，则尺身端面至测量基座端面的距离，就是被测零件的深度。它的读数方法和游标卡尺完全一样。

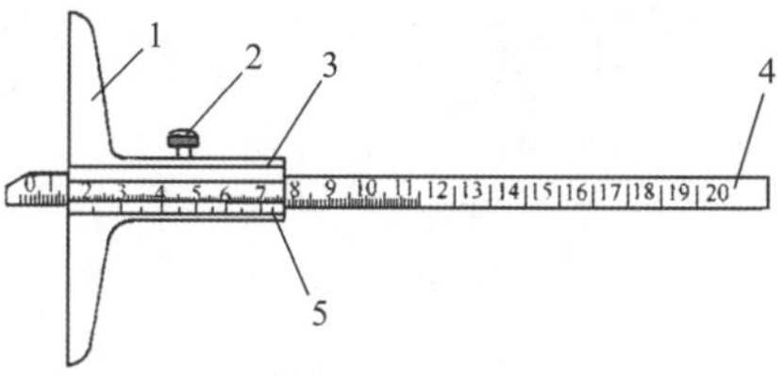

图 5-4-3　深度游标卡尺

1—测量基座；2—紧固螺钉；3—尺框；4—尺身；5—游标

(2)深度百分尺

深度百分用于工件深度（孔深、槽深等）、台阶等尺寸的测量。具有测量可靠、精度高的特点，如图 5-4-4 所示。它的结构，除用基座代替尺架和测砧外，与外径百分尺没有什么区别。

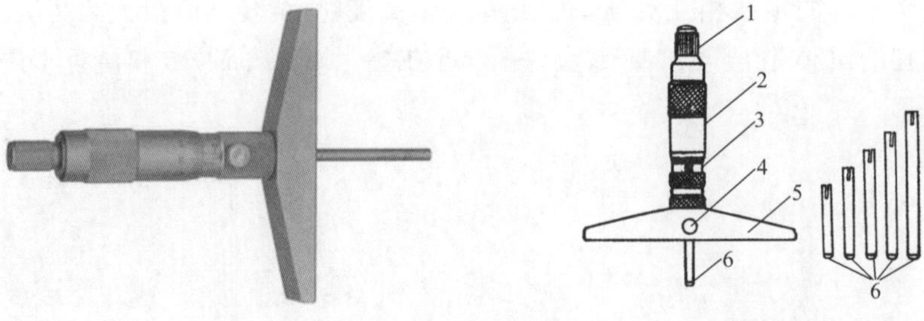

(a)　　　　(b)

图 5-4-4　深度百分尺

1—测力装置；2—微分筒；3—固定套筒；4—锁紧装置；5—测量基座；6—测量杆

①测量

用深度百分尺测量孔深时，应把测量基座 5 的测量面紧贴在被测孔的端面上。零件的这一端面应与孔的中心线垂直，且应当光洁平整，使深度百分尺的测量杆与被测孔的中心线平行，以保证测量精度。此时，测量杆端面到测量基座端面的距离，就是孔的深度。它的测量杆制成可更换的形式，更换后，用锁紧装置 4 锁紧。

深度百分尺的读数范围(mm)为：0～25，25～100，100～150，读数值(mm)为 0.01。

②校零

深度百分尺的校零可在精密平面上进行，即当测量基座端面与测量杆端面位于同一平面时，微分筒的零线正好对准。当更换测量杆时，一般零位不会改变。

NENGLI PINGTAI 能力平台

1 高度游标卡尺的应用

图 5-4-5 所示为高度游标卡尺的应用。

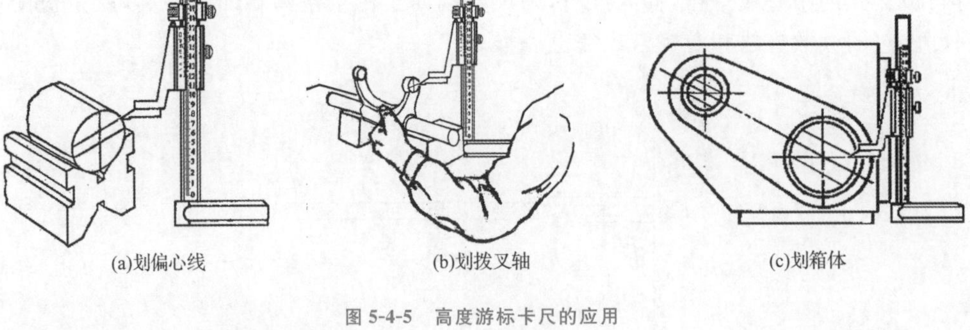

(a)划偏心线　　(b)划拨叉轴　　(c)划箱体

图 5-4-5　高度游标卡尺的应用

2 高度游标卡尺的维护保养

(1)量具的各组成部件应完整无缺，工作底座无碰伤。

(2)各部分相互作用应灵活、无卡滞。

(3)量具在使用中要做到轻拿轻放，防止磕碰、划伤。

(4)量具使用前应先校准零位。

(5)使用完毕应将量具擦干净，放在量具盒中，存放时注意防潮、防震、防磁。

3 深度游标卡尺的应用

深度游标卡尺的使用方法如图 5-4-6 所示。测量时，先把测量基座轻轻压在工件的基准面上，两个端面必须接触工件的基准面，如图 5-4-6(a)所示。测量轴类零件等的台阶时，测量基座的端面一定要压紧在基准面上，如图 5-4-6(b)、图 5-4-6(c)所示，再移动尺身，直到尺身的端面接触到工件的测量面(台阶面)上，然后用紧固螺钉固定尺框，提起卡尺，读出深度尺寸。多台阶小直径的内孔深度测量，要注意尺身的端面是否在要测量的台阶上，如图 5-4-6(d)所示。当基准面是曲线时，如图 5-4-6(e)所示，测量基座的端面必须放在曲线的最高点上，测量出的深度尺寸才是工件的实际尺寸，否则会出现测量误差。

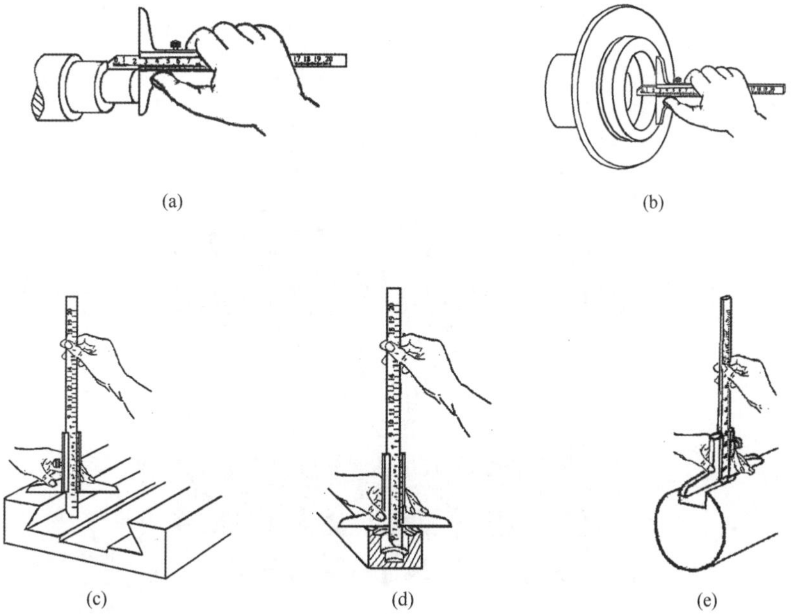

图 5-4-6　深度游标卡尺的使用方法

RENWU SHISHI
任务实施

1 平面凹模的测量

因为平面凹模的精度要求达到 0.1 mm，所以长度方向选择游标卡尺作为量具就可以测量，深度方向可以选择深度游标卡尺来保证零件的测量精度。

“拼命三郎”——洪家光

平面凹模的测量

② 刀具半径磨损的补偿

(1)思路

平面凹模在加工时有尺寸要求，在加工时要分粗、精加工。在粗加工时，在刀具半径补偿中可以把刀具半径设定大 0.1 mm，然后进行粗加工。粗加工完成后，测量零件的实际尺寸，用测量的实际尺寸与理论尺寸进行比较。当测量的实际尺寸比理论尺寸大时，在刀具半径磨损中要减去该值的一半；当测量的实际尺寸比理论尺寸小时，要加上该值的一半，然后再进行零件的精加工，就可以保证零件的尺寸精度。

(2)计算

零件加工的尺寸控制主要包括零件被加工面外形轮廓的尺寸控制和零件被加工面与基准面的尺寸控制两方面的内容。两者相比较，前者与刀具、机床等因素有关，尺寸比较好控制；后者与对刀误差等因素有关，尺寸比较难控制。

零件尺寸控制是通过改变刀具补偿量(偏置值)来进行控制的。工件尺寸计算方法如下：

①通过实测得出尺寸 b

②计算修正值 ΔH

$$\Delta H=(\text{工件要求加工尺寸中间值}-b)/2$$

③将 $-\Delta H$ 输入刀具偏置中的磨损值。如图 5-4-7 所示。

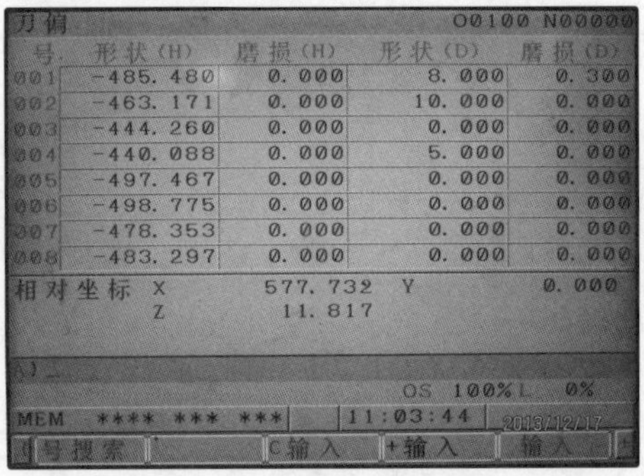

图 5-4-7 刀具半径磨损补偿的设置界面

TONGBU XUNLIAN

同步训练

完成如图 5-5-1 所示零件的数控加工工艺任务。

一、编制加工工艺

根据图 5-5-1 所示凹模零件，完成以下问题：

1. 确定毛坯

根据生产类型、零件应用及型材规格，此次加工采用________毛坯，________装夹。

2. 选择定位基准，拟订工艺路线

(1)分析零件加工表面

加工内容有________、________、________、________。

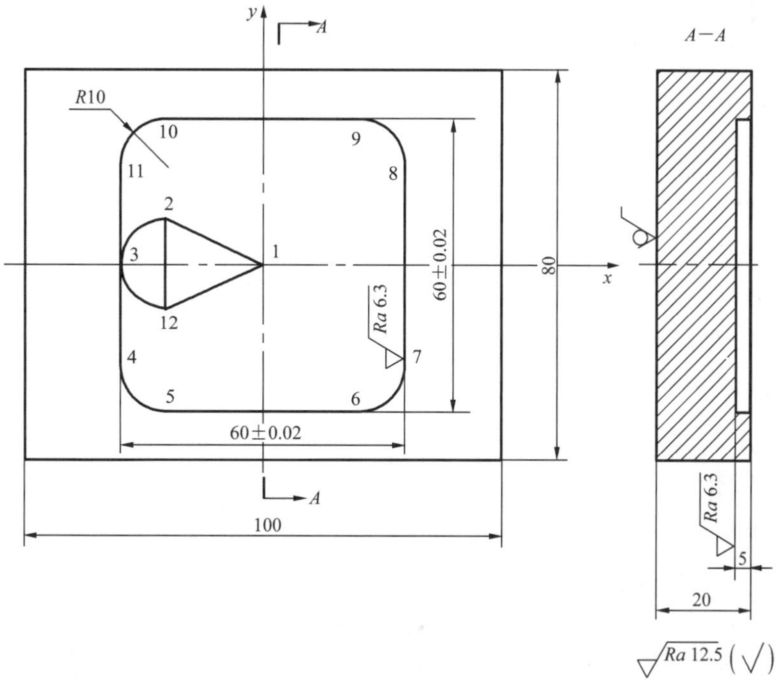

图 5-5-1　凹模零件图

(2)确定零件定位基准

粗基准为________________,精基准为________________。

(3)确定各表面加工方案(表 5-5-1)

表 5-5-1　凹模各表面加工方案

序号	加工表面	精度等级	表面粗糙度要求	加工方案

(4)划分工序

因每月生产 1 000 件零件,属于________生产,故工序分为________道工序。

(5)排列工序顺序(表 5-5-2)

表 5-5-2　凹模工序顺序

工序号	工序内容
10	
20	
30	
40	
50	
60	
70	
80	

3. 数控铣削平面凸模所用的立铣刀的直径是________。

4. 切削用量计算

(1)主轴转速的选择

通过查阅相关手册选择粗车外轮廓切削速度 v_c =________ m/min、精车切削速度 v_c =________ m/min;根据 $v_c=\pi dn/1\ 000$,得出粗铣主轴转速为________ r/min,精铣主轴转速为________ r/min。

(2)进给量的选择

通过查阅相关手册选择粗铣进给量为______ mm/r,选择精铣进给量为______ mm/r。

(3)背吃刀量的选择

粗铣 a_p =________ mm,精铣 a_p =________ mm。

二、编制数控加工程序

(1)写出图 5-5-1 中的基点坐标(表 5-5-3)

注:以圆弧方式切入切出

表 5-5-3　　凹模基点坐标

基点	1	2	3	4	5	6	7	8	9	10	11	12
X	0	−20	−30	−30		20	30		20		−30	−20
Y		10	0	−20	−30			20		30		−10

(2)编写程序(表 5-5-4)

表 5-5-4　　凹模参考程序

程序	说明
O0001	主程序
G54 G90 G17;	设置工件编程坐标系,初始化
M03 S(　　);	主轴正转
G0 X(　　) Y(　　) Z10;	到 1 点上方
G1 Z0.2 F(　　);	下刀,粗加工,留 0.2 mm 余量
M98 P50101;	调用子程序 O0101,5 次
G90 G0 Z10;	抬刀
G1 Z0 F(　　);	下刀,精加工
M98 P50101;	调用子程序 O0101,5 次
G90 G0 Z100;	抬刀
M05;	主轴停
M30;	主程序结束
O0101	子程序
G91 G1 Z−1;	相对下刀
G90 G41 X(　　) Y(　　) D01;	到 2 点,建立左刀补

续表

程序	说明
(　　　　);	到 3 点
(　　　　);	到 4 点
(　　　　);	到 5 点
(　　　　);	到 6 点
(　　　　);	到 7 点
(　　　　);	到 8 点
(　　　　);	到 9 点
(　　　　);	到 10 点
(　　　　);	到 11 点
(　　　　);	到 3 点
(　　　　);	到 12 点
G40 X(　　) Y(　　);	到 1 点,取消刀补
M99;	子程序结束

注:残料可继续编写程序切削。

项目六
孔盘模的数控铣削加工

学习目标

1. 掌握孔盘模的数控加工工艺的编制方法。
2. 根据数控孔加工工艺方案，编写数控加工程序。
3. 了解加工中心自动换刀装置的工作过程。
4. 掌握杠杆百分表和内径量表的工作原理和使用方法。

能力目标

1. 能制定孔盘模的加工方案，会选用刀具，能计算切削三要素。
2. 能利用相关编程指令，完成数控各工序的编程。
3. 能利用数控仿真机床和真实机床，完成孔盘模零件的加工。
4. 根据图纸技术要求，测量并评估工件的加工质量。

思政目标

1. 引导学生能够透过现象看本质，并能够制作学习卡片、思维导图或学习海报；能够运用工具书、新媒体等搜集信息。

2. 引导学生能够独立思考和回答问题，积极参与课堂教学活动，主动向老师和同学学习和提问。

3. 培养学生正确认识问题、分析问题和解决问题的能力。

4. 培养学生专注、负责的工作态度，精雕细琢、精益求精的工匠精神。

RENWU DAORU

任务导入

现需生产图 6-1-1 所示孔盘模零件 1 件，试完成以下任务：

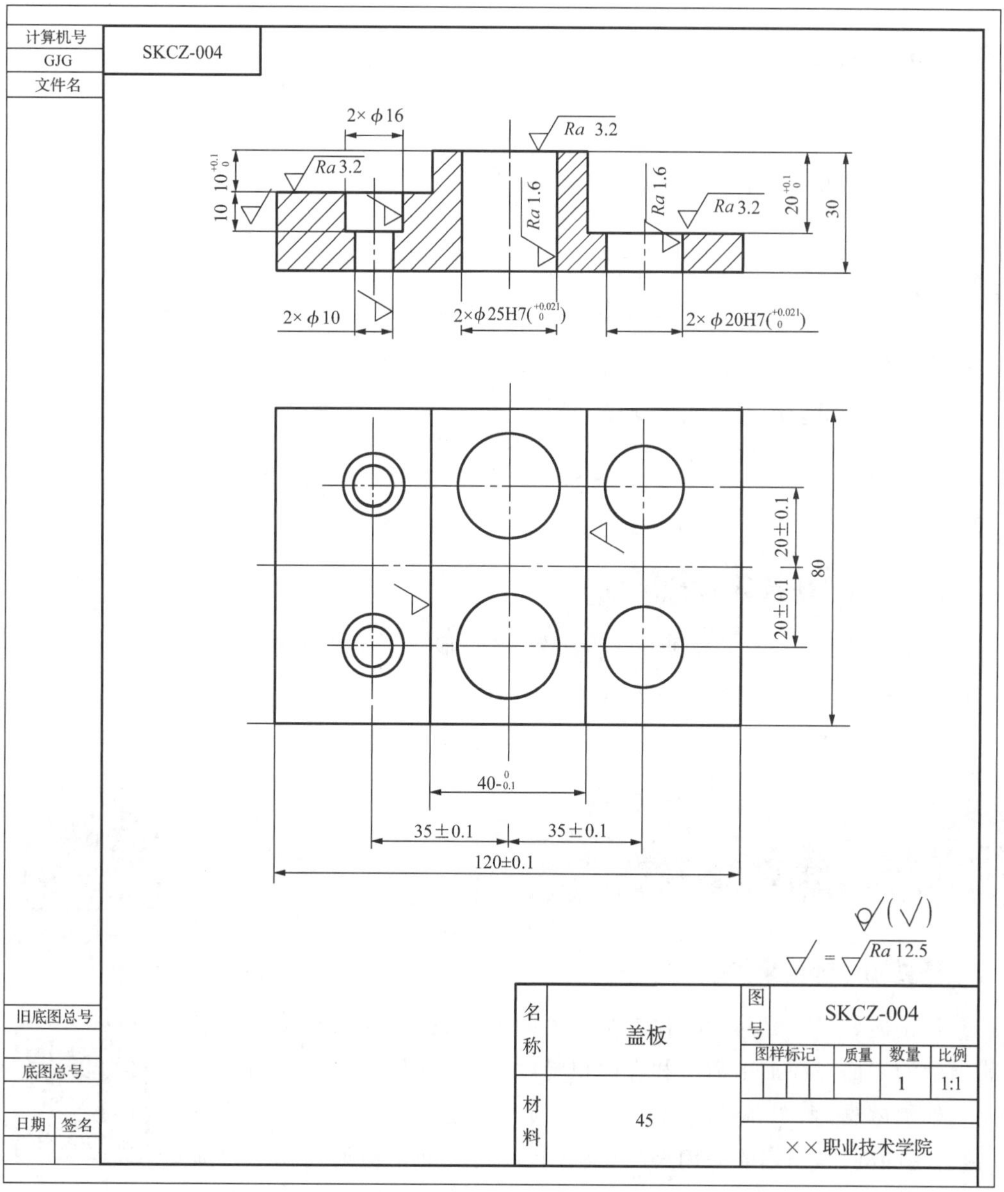

图 6-1-1 孔盘模(盖板)零件图

1. 孔盘模的数控加工工艺编制。
2. 孔盘模的数控加工程序编制。
3. 孔盘模轴套的数控加工。
4. 孔盘模的数控测量与评估。

任务一 孔盘模的数控加工工艺编制

学习目标

1. 掌握孔加工工艺的基础知识。
2. 熟练掌握孔的加工方法和加工路线选择。

能力目标

1. 选择孔的加工方法和加工刀具。
2. 编制孔的加工路线和加工顺序。
3. 能编写孔盘模的数控加工工艺。

RENWU DAORU 任务导入

现需生产图 6-1-1 所示孔盘模零件 1 件，试完成以下工艺任务：

1. 选择孔的加工方法和加工刀具。
2. 确定孔的切削用量并填写数控加工工序卡片。

ZHISHI PINGTAI 知识平台

企业一线生产的排头兵

孔加工工艺

1 孔加工的技术要求

孔是箱体、支架、套筒、环、盘类零件上的重要表面，也是机械加工中经常遇到的表面。在加工精度和表面粗糙度要求相同的情况下，加工孔比加工外圆困难，生产率低，成本高；刀具的尺寸受到被加工孔的尺寸限制，故刀具的刚性差，不能采用大的切削用量；刀具处于被加工孔的包围中，散热条件差，切屑排出困难，切削液不易进入切削区，切屑易划伤加工表面。

孔的技术要求有：

(1)尺寸精度：孔径和长度的尺寸精度。

(2)形状精度：孔的圆度、圆柱度及轴线的直线度。

(3)位置精度：孔与孔或孔与外圆的同轴度，孔与孔或孔与其他表面之间的尺寸精度、平行度、垂直度等。

(4)表面质量：表面粗糙度、表层加工硬化性能和表层物理力学性能要求等。

2 孔的加工方法及其选择

孔的加工方法有钻孔、扩孔、铰孔、镗孔、拉孔、磨孔、孔的光整加工等。通常根据孔的尺寸选择孔的加工方法。

(1)对于直径大于 $\phi30$ mm 的已铸出或锻出的毛坯孔的孔加工，一般采用粗镗—半精镗—孔口倒角—精镗的加工方案。

(2)孔径较大时可采用立铣刀粗铣—精铣加工方案。

(3)孔中空刀槽可用锯片铣刀在孔半精镗之后、精镗之前铣削完成，也可用镗刀进行单刀镗削，但单刀镗削效率较低。

(4)对于直径小于 $\phi30$ mm 且无底孔的孔加工，通常采用锪平端面—打中心孔—钻孔—扩孔—孔口倒角—铰孔的加工方案；对有同轴度要求的小孔，需采用锪平端面—打中心孔—钻孔—半精镗—孔口倒角—精镗(或铰孔)的加工方案。

3 孔加工工艺

孔加工应遵循以下原则：

(1)定位准确。安排进给路线时，要避免机械进给系统的反向间隙对孔的定位精度的影响。即应遵循孔加工定位方向一致，准确定位进给路线原则。

数控机床长期使用或由于本身传动系统结构上的原因，可能存在反向间隙误差，反向间隙误差会影响坐标轴的定位精度，在孔群加工时，不但影响各孔之间的中心距，还会造成加工余量不均匀，引起几何误差。如果加工过程中刀具不断地改变趋近方向，会把坐标轴反向间隙带入加工中，造成定位误差增大。因此，对于孔定位精度要求较高的零件，在设计进给路线时，应避免机械进给系统的反向间隙对加工精度的影响。图 6-1-2 中定位精度要求较高的有 4 个孔，应注意在安排孔加工顺序时，防止将机床坐标轴的反向间隙带入而影响孔的定位精度。如图 6-1-2(a)所示，在加工孔Ⅳ时，X 方向的反向间隙会影响Ⅲ、Ⅳ两孔的定位精度；如果采用图 6-1-2(b)所示的加工路线，加工孔Ⅲ后向左侧移动一段距离，走线路④后再加工孔Ⅳ，可与线路①孔的定位方向一致，避免引入反向间隙，提高孔的定位精度。

(2)定位迅速。在保证刀具不与工件、夹具和机床发生碰撞的前提下缩短刀具空行程，采用最短进给路线设计原则，提高生产率。例如，加工图 6-1-3(a)所示孔群零件时，先加工外圈孔后再加工内圈孔；若改为如图 6-1-3(b)所示进给路线，则缩短了空刀时间，节省定位时间近一半，提高了加工效率。

定位迅速和定位精度高有时难以同时满足，在上述两例中，图 6-1-3(a)所示为从同一方向趋近目标位置，但不是最短路线，增加了刀具的空行程；图 6-1-3(b)所示为按最短路线进给，但不是从同一方向趋近目标位置，影响了刀具定位精度。这时，若按最短路线进给能保证定位精度，则取最短路线；反之，应选择能保证定位精度的路线。

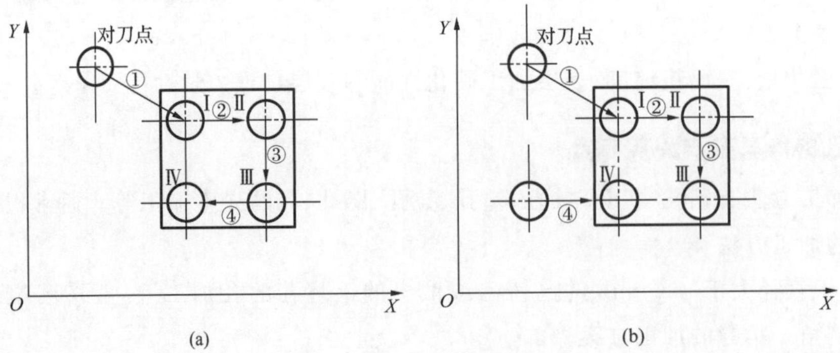

图 6-1-2　孔加工进给路线

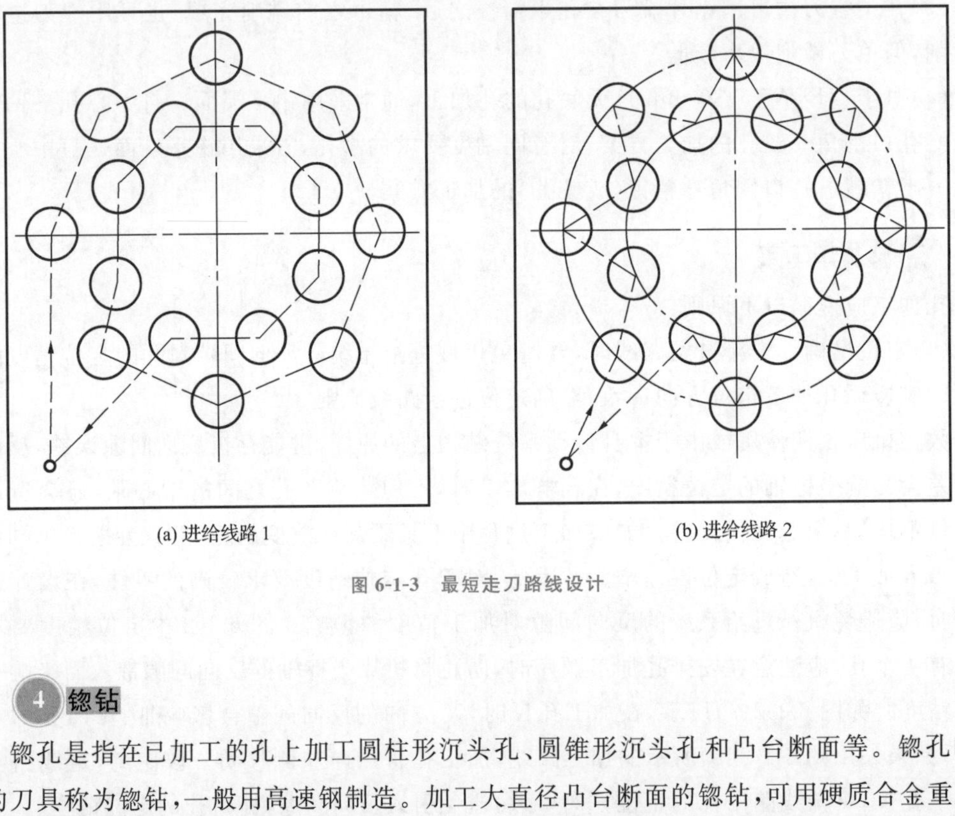

图 6-1-3　最短走刀路线设计

4 锪钻

锪孔是指在已加工的孔上加工圆柱形沉头孔、圆锥形沉头孔和凸台断面等。锪孔时使用的刀具称为锪钻，一般用高速钢制造。加工大直径凸台断面的锪钻，可用硬质合金重磨式刀片或可转位式刀片，用镶齿或机夹的方法，固定在刀体上制成。锪钻导柱的作用是导向，以保证被锪沉头孔与原有孔同轴。锪钻可分为柱形锪钻、锥形锪钻、端面锪钻三种，如图 6-1-4 所示。

锪孔时存在的主要问题是由于刀具振动而使所锪孔口的端面或锥面产生振痕，使用麻花钻改制锪钻时振痕尤为严重。为了避免这种现象，在锪孔时应注意以下事项：

(1)锪孔时的切削速度应比钻孔小，一般为钻孔切削速度的 1/3～1/2。同时，由于锪孔时的轴向抗力较小，因此手的进给压力不宜过大，并要均匀。

(2)锪孔时，由于锪孔的切削面积小，标准锪钻的切削刃数目多，切削较平稳，因此进给

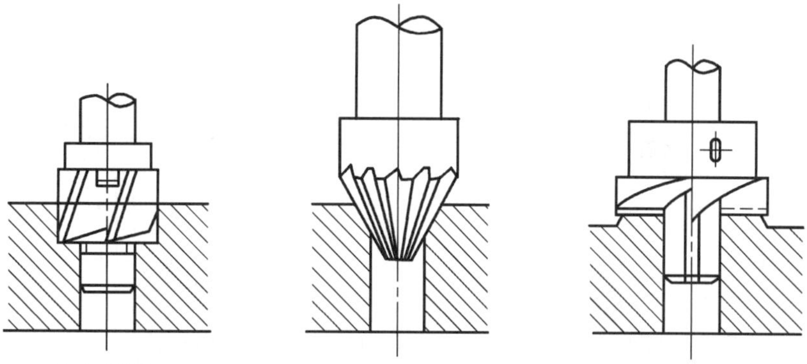
(a) 柱形锪钻　　(b) 锥形锪钻　　(c) 端面锪钻

图 6-1-4　锪钻的种类

量为钻孔的 2～3 倍。

(3)尽量选用较短的钻头来改磨锪钻,并注意修磨前面,减小前角,以防止扎刀和振动。

(4)锪钻刀杆和刀片的配合要合适,装夹要牢固,导向要可靠,工件要压紧,锪孔时不应产生振动。

(5)要先调整好工件的螺栓通孔与锪钻的同轴度,再夹紧工件。调整时,可旋转主轴试钻,使工件能自然定位。工件夹紧要稳固,以减少振动。

(6)为控制锪孔深度,在锪孔前可用钻床上的深度标尺和定位螺母调整钻床主轴(锪钻)的进给深度,做好调整定位工作。

(7)当锪孔表面出现多角形振纹等情况时,应立即停止加工,并找出钻头刃磨等问题,及时修正。

(8)锪钢件时,因切削热量大,故要在导柱和切削表面加润滑油。

5 镗刀

镗孔是指使用镗刀对已钻出的孔或毛坯孔进行进一步加工的方法。对于直径较大的孔(一般 $D>\phi80\sim\phi100$ mm)、内成形面或孔内环槽等,镗削是唯一合适的加工方法。镗孔不像扩孔、铰孔那样需要许多尺寸不同的刀具,而且容易保证相互位置精度。镗孔的生产率低,要求较高的操作技术,这是因为镗孔的尺寸精度要依靠调整刀具位置来保证。

常用的镗刀有两种:微调镗刀和可调双刃镗刀,如图 6-1-5 和图 6-1-6 所示。微调镗刀适用于精镗孔;可调双刃镗刀由于双刃同时参与切削,进给量大,加工效率高,可以消除切削力对镗杆的影响,适用于镗大孔。

(1)加工特点

镗孔与钻、扩、铰工艺比,具有较强的误差修正能力,可通过多次走刀来修正原孔的轴线偏斜误差,而且能使所镗孔与定位表面保持较高的定位精度。

(2)镗孔的应用范围广,可以加工不同尺寸、不同精度等级的孔。既可加工机座、箱体、支架等大型零件上孔径较大、尺寸精度和位置精度要求高的孔系,也可加工单个孔、台阶孔和孔内环形槽、镗平面等。

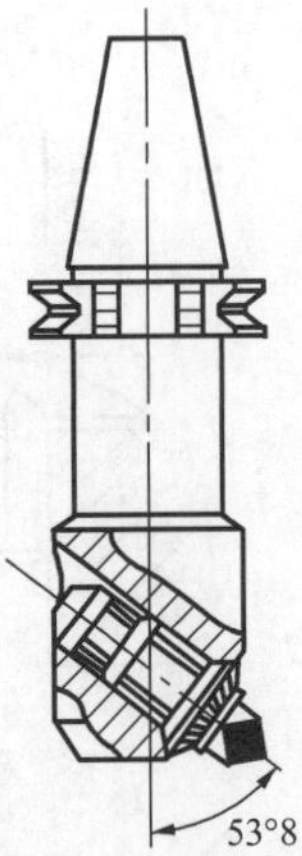

图 6-1-5 微调镗刀

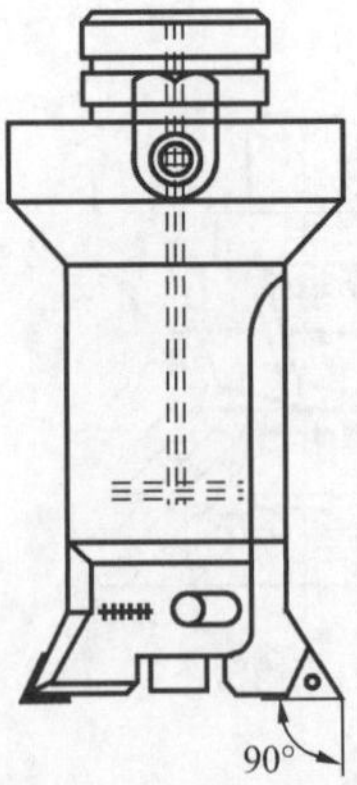

图 6-1-6 可调双刃镗刀

NENGLI PINGTAI

能力平台

1 加工通孔和盲孔所用刀具的分析

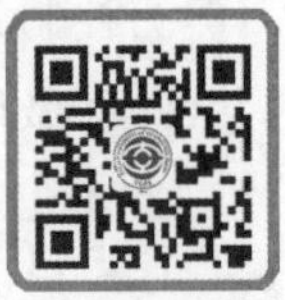

认识孔加工刀具

从加工的角度来讲，通孔和盲孔在排屑能力上对刀具的要求不同，盲孔的加工容易使刀具被埋在铁屑里切削，所以需要更好的排屑性能。例如攻螺纹时，最好选择螺旋槽的丝锥来加工盲孔，而不能选择直槽，否则容易堵屑，导致断刀。而钻孔、盲孔加工的钻头，最好能选用内冷式的中心出水钻头，配合机床的中心出水作用，可以用冷却液压力强行冲断切屑，使切屑不会缠绕堵屑，而导致加工质量差及挤断刀具。同理，镗孔最好选用中心出水刀具。但以上观点也并不绝对正确，具体做法主要取决于盲孔的深径比。若为浅孔加工，则可以按照普通通孔的加工刀具来选用。此外，如果机床没有内部冷却系统，即使选用中心出水刀具也无法使用其中心出水功能，而工件又采用深孔加工。此时，为了达到断屑目的，需要在程序和工艺上采取措施，如采用啄钻方式强制断屑，或打一定深度的预钻孔等方法。

2 加工中心夹具的确定

(1)对夹具的基本要求:夹紧机构不得影响进给，加工部位要敞开，夹具在机床上能实现定向安装，夹具的刚性与稳定性要好等。

(2)常用夹具的种类

常用夹具包括通用夹具、组合夹具、专用夹具、可调整夹具、多工位夹具和成组夹具等。如图 6-1-7 所示。

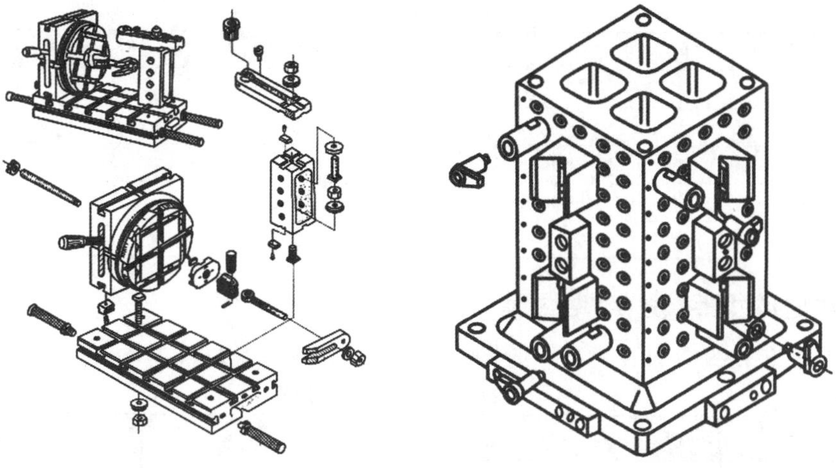

(a)槽系组合夹具　　(b)孔系组合夹具

图 6-1-7　加工中心常用夹具

RENWU SHISHI

任务实施

1 分析零件工艺性能

如图 6-1-1 所示，该零件外形尺寸为 120 mm×80 mm×30 mm，属于盘类小零件。孔分布在上、下两个平面上，且下平面中间有“高山”不连续，下平面上有 2 个 ϕ20 mm 通孔，上平面上有 2 个 ϕ16 mm、ϕ10 mm 同轴孔；中间凸台上有 2 个 ϕ25 mm 通孔。该零件以孔加工为主，加工要求不高。

孔盘模数控加工工艺实施

2 选定加工内容

2 个 ϕ25 mm 通孔、2 个 ϕ20 mm 通孔及 2 个 ϕ16 mm、ϕ10 mm 同轴孔。

3 选用毛坯或明确来料状况

所用材料：45 钢。

半成品外形尺寸：120 mm×80 mm×30 mm，6 个面全部加工过，各面均已达到图纸表面粗糙度要求。

4 确定装夹方案

选用虎钳装夹工件。底面朝下垫平，工件毛坯面高出虎钳 23 mm 左右，夹 80 mm 两侧面，120 mm 任一侧面与虎钳侧面取平夹紧，实际上限制 6 个自由度，工件处于完全定位状态。

5 确定加工方案

根据加工孔的技术要求，确定孔盘模的加工方案，见表 6-1-1。

表 6-1-1　　孔盘模的加工方案　　mm

加工部位	加工方案		
台阶面	铣刀铣削		
2×ϕ10	钻中心孔	钻孔	
2×ϕ16	铣孔		
2×ϕ20	钻中心孔	镗孔	
2×ϕ25	钻中心孔	钻孔	镗孔

6 确定加工顺序、选择加工刀具

根据加工方案，确定加工顺序，选择加工所需刀具，见表 6-1-2。

表 6-1-2　　孔盘模的加工顺序和刀具选择　　mm

序号	加工顺序	刀具规格	刀具编号
1	铣台阶面	ϕ16 高速钢立铣刀	T01
2	钻 2×ϕ10 中心孔	ϕ6 中心钻	T02
3	钻 2×ϕ20 中心孔		
4	钻 2×ϕ25 中心孔		
5	钻 2×ϕ10 孔	ϕ10 高速钢钻头	T03
6	钻 2×ϕ25 孔		
7	铣 2×ϕ16 盲孔	ϕ12 硬质合金键槽铣刀	T04
8	镗 2×ϕ20 通孔	ϕ20 可转位镗刀	T05
9	镗 2×ϕ25 通孔	ϕ25 可转位镗刀	T06

7 确定加工路线

根据工序集中的原则，确定加工路线如下：

(1)铣台阶面。

(2)ϕ6 mm 中心钻：钻 6 个孔。

(3)ϕ10 mm 钻头：钻 2×ϕ10 mm 孔，2×ϕ25 mm 孔。

(4)ϕ12 mm 铣刀：铣 2×ϕ16 mm 盲孔。

(5)ϕ20 mm、ϕ25 mm 可转位镗刀：2×ϕ20 mm 通孔及 2×ϕ25 mm 通孔。

8 切削用量的计算

(1)1 号刀为 ϕ16 mm 高速钢立铣刀——铣面(左、右上表面)

铣面取 v_c=20 m/min，则主轴转速为

$n=1\,000v_c/(\pi D)=1\,000\times20/(3.14\times16)=398$ r/min，取 $n=400$ r/min。

取每齿进给量 f_z=0.1 mm/(r·z)，则进给速度为

$$v_f=0.1\times3\times400=120 \text{ mm/min}$$

(2)2 号刀为 ϕ6 mm 中心钻(6 个孔)——中心孔，头部直径为 2 mm。

钻孔取 v_c=20 m/min，则主轴转速为

$n=1\,000v_c/(\pi D)=1\,000\times20/(3.14\times2)=3\,185$ r/min，取 $n=3\,200$ r/min。

取每齿进给量 f_z=0.02 mm/(r·z)，则进给速度为

$$v_f=0.02\times2\times3\ 200=128\ \text{mm/min}$$

(3)3 号刀为 ϕ10 mm 高速钢钻头

钻孔取 $v_c=20$ m/min,则主轴转速为

$$n=1\ 000v_c/(\pi D)=1\ 000\times20/(3.14\times10)=637\ \text{r/min},取\ n=640\ \text{r/min}。$$

取每齿进给量 $f_z=0.1$ mm/(r·z),则进给速度为

$$v_f=0.1\times2\times640=128\ \text{mm/min}$$

(4)4 号刀为 ϕ12 mm 硬质合金键槽铣刀

铣孔取 $v_c=80$ m/min,则主轴转速为

$$n=1\ 000v_c/(\pi D)=1\ 000\times80/(3.14\times12)=2\ 123\ \text{r/min},取\ n=2\ 130\ \text{r/min}。$$

取每齿进给量 $f_z=0.1$ mm/(r·z),则进给速度为

$$v_f=0.1\times2\times2\ 130=426\ \text{mm/min}$$

(5)5 号刀为 ϕ20 mm 可转位镗刀

镗孔取 $v_c=80$ m/min,则主轴转速为

$$n=1\ 000v_c/\pi D=1\ 000\times80/(3.14\times20)=1\ 274\ \text{r/min},取\ n=1\ 300\ \text{r/min}。$$

(6)6 号刀为 ϕ25 mm 可转位镗刀

镗孔取 $v_c=80$ m/min,则主轴转速为

$$n=1\ 000v_c/\pi D=1\ 000\times80/(3.14\times25)=1\ 019\ \text{r/min},取\ n=1\ 000\ \text{r/min}。$$

9 填写数控加工工序卡片

根据上述分析填写数控加工工序卡片,见表 6-1-3。

表 6-1-3　　孔盘模的数控加工工序卡片

××职业技术学院	数控加工工序卡片		产品名称或代号	零件名称	材料		零件图号	
			镗铣盘类零件	孔板	45		SK-004	
工序号	程序编号	夹具名称	夹具编号	使用设备	车间			
	O0001	平口虎钳	200	TK7640	数控实训中心			
工步号	工步内容	刀具号	刀具规格/mm	主轴转速/(r·min^{-1})	进给速度/(mm·min^{-1})	背吃刀量/mm	量具	备注
1	铣台阶面	T01	ϕ16 立铣刀	400	120	2	0～150 mm 游标卡尺	高速钢
2	钻 2×ϕ10 mm、2×ϕ20 mm、2×ϕ25 mm 中心孔	T02	ϕ6 中心钻	3 200	128	1	四用卡尺	
3	钻 2×ϕ20 mm、2×ϕ25 mm 孔	T03	ϕ10 钻头	640	128		四用卡尺	高速钢
4	铣 2×ϕ16 mm 孔	T04	ϕ12 键槽铣刀	2 130	426	2	5～30 mm 内径千分尺	硬质合金
5	镗 2×ϕ20 mm 通孔	T05	ϕ20 可转位镗刀	1 300	128		5～30 mm 内径千分尺	
6	镗 2×ϕ25 mm 通孔	T06	ϕ25 可转位镗刀	1 000	128		5～30 mm 内径千分尺	
7	清理、防锈、入库							
编制		审核		批准		共 页		第 页

任务二 孔盘模的数控加工程序编制

学习目标

1. 掌握孔加工固定循环的基础知识。
2. 熟练掌握孔加工编程指令。

能力目标

1. 会根据孔的技术要求选择孔加工指令。
2. 会编制深孔加工程序。
3. 能编制螺纹加工程序。

RENWU DAORU 任务导入

现需生产图 6-1-1 所示孔盘模零件 1 件，试完成编制该零件的数控加工程序任务。

ZHISHI PINGTAI 知识平台

1 孔加工指令（固定循环）功能及指令动作说明

孔加工指令应用

(1)孔加工指令的种类

固定循环通常使用含有 G 指令的一个程序段完成用多个程序段指令完成的加工动作，使程序得以简化。孔加工指令见表 6-2-1。

表 6-2-1 孔加工指令

序号	指令	含义	说明
1	G81	钻孔循环	工进快出
2	G73	啄式深孔钻循环	工进快出
3	G83	排屑深孔钻循环	工进快出
4	G82	钻孔、锪镗循环	工进暂停快出
5	G89	锪镗循环	工进暂停工出
6	G85	镗孔循环	工进工出
7	G86	镗孔循环	工进主轴停快出
8	G76	精镗循环	工进、主轴定向并让刀、快出、主轴恢复
9	G74	反攻螺纹循环	工进、主轴停并正转、工出、主轴恢复
10	G84	攻螺纹循环	工进、主轴停并反转、工出、主轴恢复
11	G87	背镗循环	主轴定向并让刀下至 R 点（恢复让刀）、反向工进、主轴定向并让刀（抬刀）、主轴恢复
12	G88	手动镗孔循环	
13	G80	取消固定循环	

(2)孔加工固定循环的动作

孔加工固定循环的动作如图 6-2-1 所示。一般加工步骤分为六步动作：

①动作 1——中心孔 X、Y 方向定位。

②动作 2——快速进给到 R 点。

③动作 3——孔加工。

④动作 4——孔底的动作。

⑤动作 5——快速进给到 R 点。

⑥动作 6——快速进给到起始点平面。

由于各个孔加工指令有差别，因此它们在加工中的动作是有所区别的。表 6-2-2 列出了固定循环的动作。

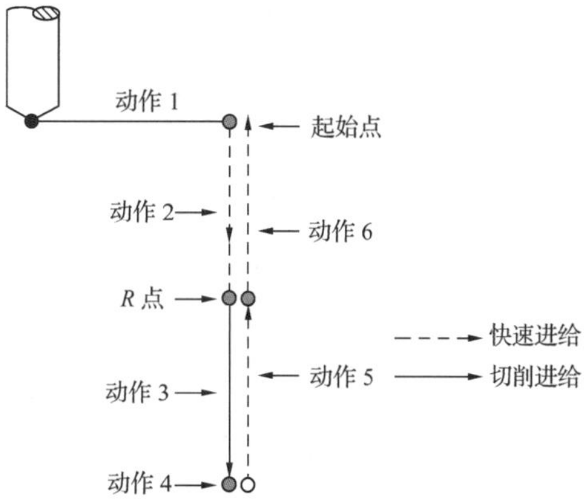

图 6-2-1 孔加工固定循环的动作

表 6-2-2 固定循环的动作

G 指令	开孔动作(−Z 方向)	孔底动作	退刀动作(+Z 方向)	用途
G73	间歇进给	—	快速进给	高速深孔加工
G74	切削进给	暂停、主轴正转	切削进给	反攻螺纹循环
G76	切削进给	主轴准停	快速进给	精镗
G80	—	—	—	取消
G81	切削进给	—	快速进给	钻、点钻
G82	切削进给	暂停	快速进给	钻、镗阶梯孔
G83	间歇进给	—	快速进给	深孔加工循环
G84	切削进给	暂停、主轴反转	切削进给	攻螺纹循环
G85	切削进给	—	切削进给	镗
G86	切削进给	主轴停	快速进给	镗
G87	切削进给	主轴正转	快速进给	背镗
G88	切削进给	暂停、主轴停	手动	镗
G89	切削进给	暂停	切削进给	镗

(3)说明

在 XOY 平面定位，在 Z 方向进行孔加工。不能在其他轴方向进行孔加工。与指定平面的 G 指令无关。规定一个固定循环动作由三种方式决定，它们分别由 G 指令指定。

①数据形式：G90 绝对值方式；G91 增量值方式；G90、G91 相对应的数据给出方式是不同的，如图 6-2-2 所示。

注意：起始点平面是表示从取消固定循环状态到开始固定循环状态的孔加工轴方向的绝对位置。

②返回点平面分为 G98 起始点平面和 G99 R 点平面。在返回动作中，根据 G98 和 G99 的不同，可以使刀具返回到起始点平面或 R 点平面。指令 G98 和 G99 的动作如图 6-2-3 所示。

通常，最初的孔加工用 G99，最后加工用 G98。用 G99 加工孔时，起始点平面也不变化。

③孔加工方式 G73、G74、G76、G81～G89：指定了固定循环的全部数据(孔位置数据、孔加工数据、重复次数)，使之构成一个程序段。指定固定循环的数据见表 6-2-3。

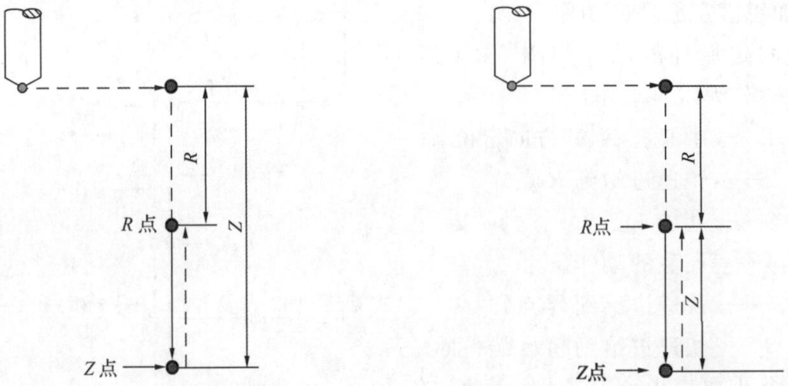

(a) G90 (绝对值指令)　　(b) G91 (增量值指令)

图 6-2-2　G90、G91 指令说明

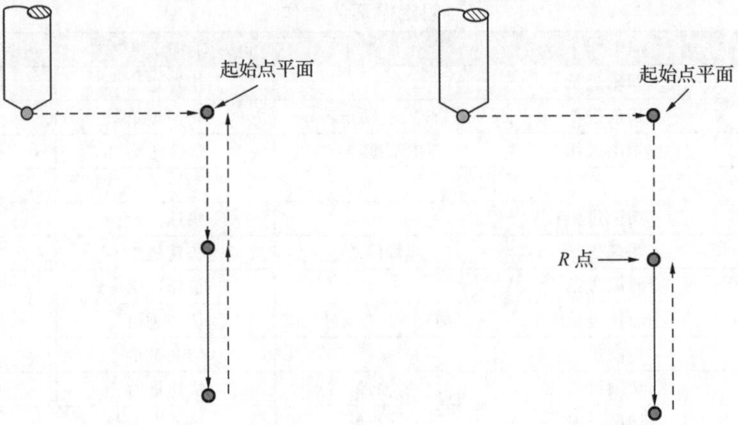

(a) G98（返回起始点平面）　　(b) G99（返回R点平面）

图 6-2-3　指令 G98 和 G99 的动作

表 6-2-3　**指定固定循环的数据**

指定内容	地址	说明
孔加工方式	G	请参照表 6-2-2(固定循环的动作)
孔位置数据	*X*、*Y*	用绝对值或增量值指定孔的位置,其控制与 G00 定位时相同
	Z	如图 6-2-1 所示,用增量值指定从 *R* 点到孔底的距离或者用绝对值指定孔底的坐标值。进给速度在动作 3 中是用 F 指令指定的速度,在动作 5 中根据孔加工方式不同,为快速进给或者用 F 指令指定的速度
孔加工数据	*R*	用增量值指定从起始点平面到 *R* 点的距离，或者用绝对值指定 *R* 点的坐标值。进给速度在动作 2 和动作 6 中全部是快速进给
	Q	指定 G73、G83 中每次切入量或者 G76、G87 中平移量(增量值)
	P	指定在孔底的暂停时间。时间与指定数值的关系与 G04 相同
	F	指定切削进给速度

一旦指定了孔加工方式，一直到指定取消固定循环的 G 指令之前保持有效，因此在连续进行同样的孔加工时，不需要每个程序都指定。

取消固定循环的 G 指令，有 G80 及 01 组的 G 指令。

孔加工数据一旦在固定循环中被指定，便一直保持到取消固定循环为止，因此在固定循环开始把必要的孔加工数据全部指定出来，在其后的固定循环中只需指定变更的数据。F 指定的切削速度，即使取消了固定循环也被保持下来。

在固定循环中，如果复位，则孔加工数据、孔位置数据均被消除。上述的保持数据和清除数据示例见表 6-2-4。

表 6-2-4　孔加工数据使用示例

顺序	数据的指定	说明
1	G00 X __ Y __;	
2	G81 X __ Y __ Z __ R __ F __ K __;	因为是在开始，所以需要对 *Z*、*R*、*F* 指定需要的值，根据 G81 孔重复加工 *K* 次
3	G81 Y __;	因为和孔 2 中已指定的孔加工方式及孔加工数据相同，所以 G81 Z __ R __ F __全可省略。孔的位置移动 *Y*，用 G81 方式加工孔一次
4	G82 X __ P __;	相对于孔 3 位置只在 *X* 方向移动。用 G82 方式加工，并用 2 中已指定的 *Z*、*R*、*F* 和 4 中指定的 *P* 为孔加工数据进行孔加工
5	G80 X __ Y __ M5;	不进行孔加工。取消全部孔加工数据（*F* 除外）
6	G85 X __ Z __ R __ P __;	因为在 5 中取消了全部数据，所以 *Z*、*R* 需要再次指定，*F* 与 2 中指定的相同，故可省略。*P* 在此程序段中不需要，只是保存起来
7	G85 X __ Z __;	与 6 相比只是 *Z* 值不同的孔加工，并且孔位置只在 *X* 方向有移动
8	G89 X __ Y __;	把 7 中已指定的 *Z*、6 中已指定的 *R*、*P* 和 2 中指定的 *F* 作为孔加工数据，进行 G89 方式的孔加工
9	G01 X __ Y __;	消除孔加工方式和孔加工数据（*F* 除外）

2 孔加工循环指令说明

(1) G73 指令

G73 是高速深孔加工循环指令，其动作如图 6-2-4 所示。

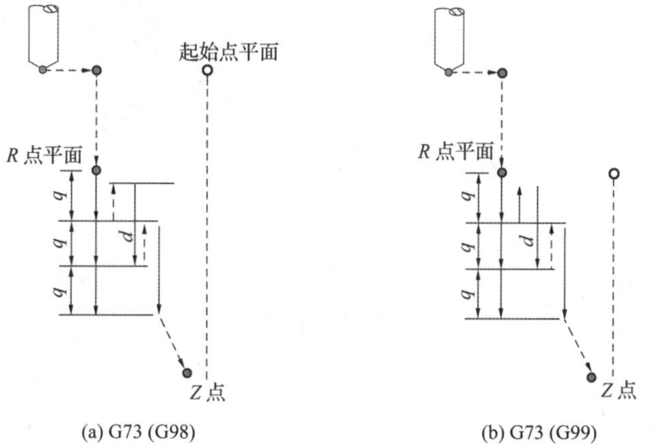

G73 指令

图 6-2-4　G73 指令动作

退刀量 d 用参数设定，根据 Z 方向间歇进给，为使深孔加工容易排屑，退刀量可设定为微小量，这样可以提高加工效率。退刀用快速移动。

(2)G74 指令

G74 是反攻螺纹循环指令，其动作如图 6-2-5 所示。指令执行时在孔底主轴正转，进行反攻螺纹。

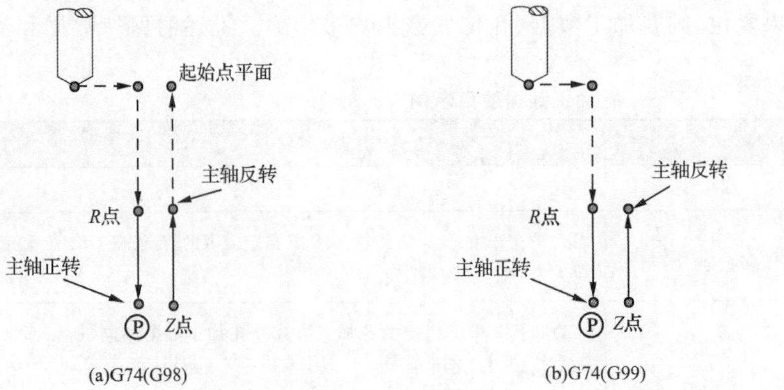

G74 指令

图 6-2-5　G74 指令动作

注意：用 G74 指令进行反攻螺纹动作中，进给速度倍率无效，即使采用了进给保持，也是在返回动作结束后停止。

(3)G76 指令

G76 为精镗循环指令。在孔底，主轴停止在固定的回转位置上，向与刀尖相反的方向位移后退，不擦伤加工面进行高精度、高效率镗削加工。其动作如图 6-2-6 所示。

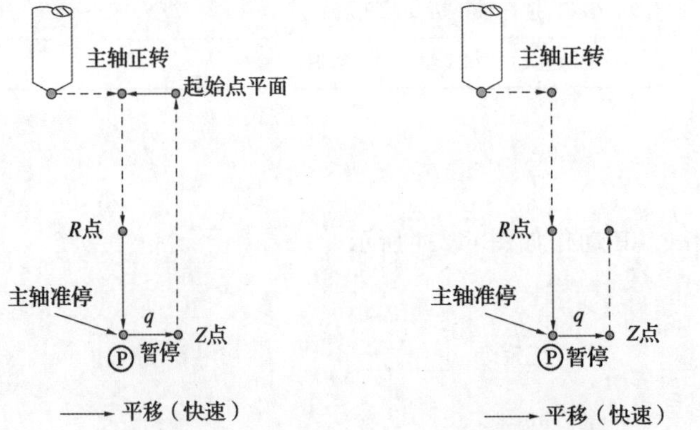

G76 指令

图 6-2-6　G76 指令动作

注意：用地址 Q 指定位移量，Q 值必须是正值。用负值指定符号无效。偏移的方向使用参数设定：G17(XOY 平面)：$+X$，$-X$，$+Y$，$-Y$；G18(ZOX 平面)：$+Z$，$-Z$，$+X$，$-X$；G19(YOZ 平面)：$+Y$，$-Y$，$+Z$，$-Z$。

Q 值在固定循环中是模态的。在 G73、G83 中，Q 值也作为切入量使用，因此指定时请特别注意。

(4)G80 指令

G80 为取消固定循环指令。执行该指令后按通常动作加工。Z 点、R 点取消了(在增量值指令中，$R=0$，$Z=0$)，其他的孔加工数据也全部被取消了。同时，G 指令 00 组也具有取消孔加工固定循环的功能。

(5)G81 指令

G81 为钻孔循环指令，其动作如图 6-2-7 所示。

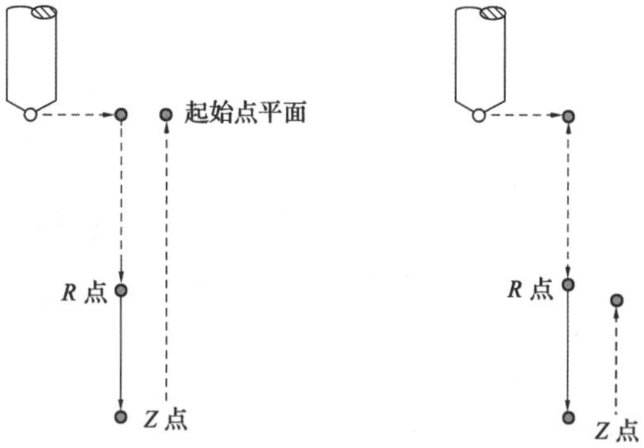

(a) G81 (G98)　　(b) G81 (G99)　　G81 指令

图 6-2-7　G81 指令动作

(6)G82 指令

G82 为钻孔循环指令，其动作如图 6-2-8 所示。和 G81 相同，它只是在孔底暂停(用 P 指令指定)之后启动。因为在孔底暂停，在盲孔加工中，可提高孔深的精度。

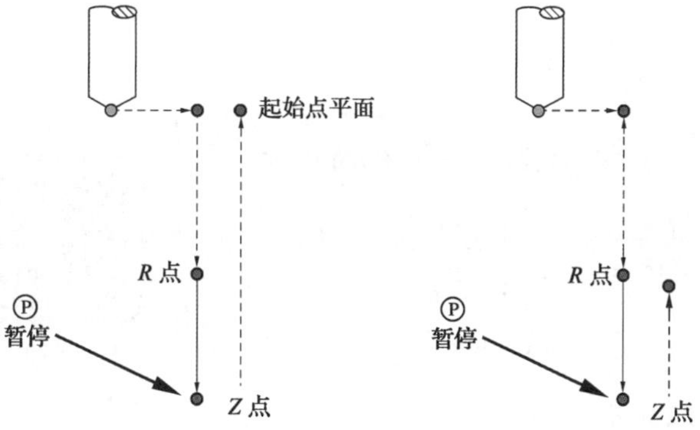

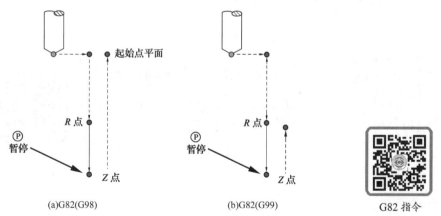

(a)G82(G98)　　(b)G82(G99)　　G82 指令

图 6-2-8　G82 指令动作

(7)G83 指令

G83 为深孔加工循环指令，其动作如图 6-2-9 所示。指令中 Q 为每次的切入量，始终用增量值指令。当第二次以后切入时，先快速进给到距刚加工完的位置 d 毫米(或英寸)处，然后变为切削进给。Q 值必须是正值，即使指定了负值，符号也无效。d 用参数设定。

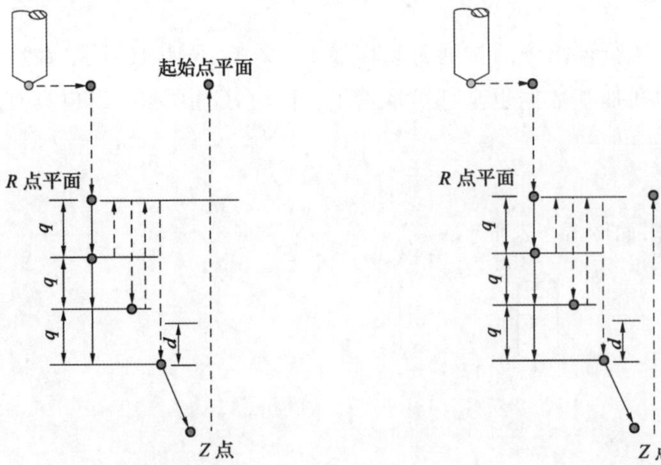

(a) G83 (G98)　　(b) G83 (G99)

G83 指令

图 6-2-9　G83 指令动作

(8)G84 指令

G84 为攻螺纹循环指令，其动作如图 6-2-10 所示。在攻螺纹动作中，进给速度倍率无效，即使用了进给保持，也是在返回动作结束后才能停止。在孔底，主轴反转，进行攻螺纹循环。

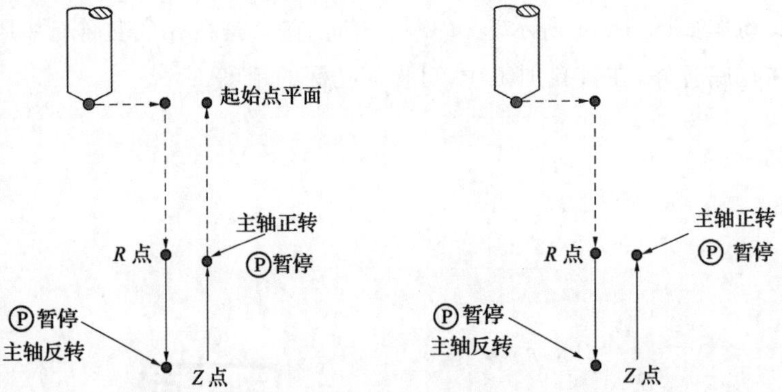

(a)G84(G98)　　(b) G84 (G99)

G84 指令

图 6-2-10　G84 指令动作

(9)G85 指令

G85 为镗削循环指令，其动作如图 6-2-11 所示。G85 与 G84 相同，只是在孔底主轴不反转。

(10)G86 指令

G86 为镗削循环指令，其动作如图 6-2-12 所示。G86 与 G81 相同，只是在孔底主轴停，然后快速返回。

(11)G87 指令

G87 为反镗循环指令，其动作如图 6-2-13 所示。在 X、Y 方向定位后，主轴在预定的回

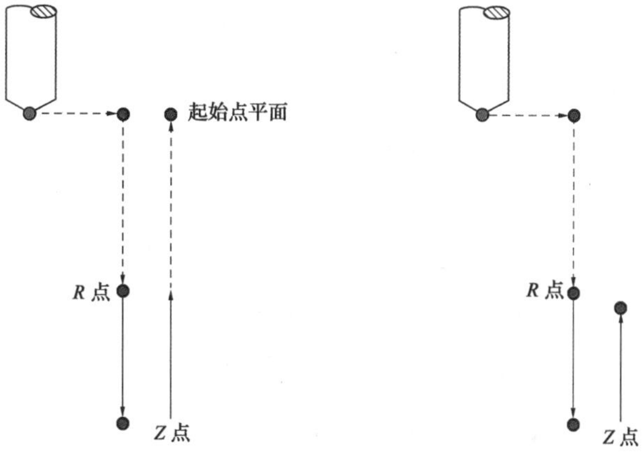

(a) G85 (G98)　　(b) G85 (G99)

图 6-2-11　G85 指令动作

转位置停止，然后向刀具的相反方向位移，用快速进给在孔底（R 点）定位，然后在此位置进给一个位移量，主轴正转后沿＋Z 方向加工到 Z 点。在此位置，使主轴再次停止在预定的位置后，再向刀具方向位移，然后刀具从孔中退出。返回到起始点后，进给一个位移量，主轴正转，进行下一个程序段动作。关于位移量及其方向，与 G76 完全相同（方向设定与 G76、G87 是通用的）。

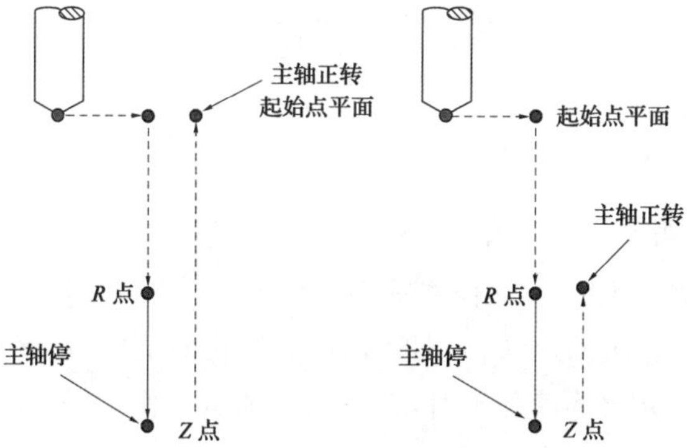

(a) G86 (G98)　　(b) G86 (G99)

图 6-2-12　G86 指令动作

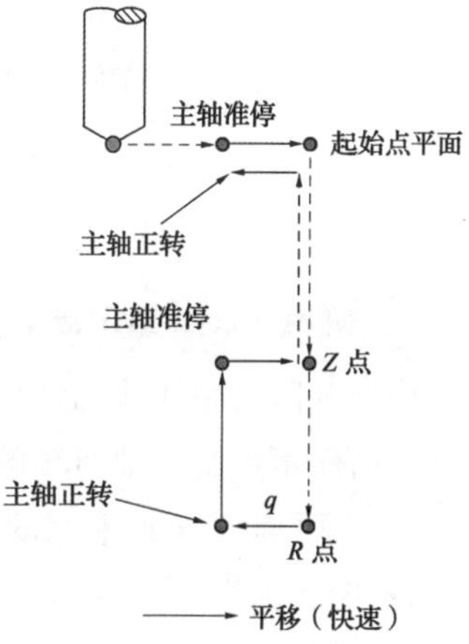

图 6-2-13　G87 指令动作

（12）G88 指令

G88 为反镗循环指令，其动作如图 6-2-14 所示。在孔底暂停，主轴停止后变为停止状态。所以此时转换成手动状态，可以手动移出刀具，无论进行何种手动操作，都要以刀具从孔中安全退出为好。在开始自动加工时，快速返回 R 点或起始点平面后，主轴停止，G88 执行完毕。

（13）G89 指令

G89 为镗孔循环指令，其动作如图 6-2-15 所示。虽然与 G85 相同，但在孔底进行暂停。

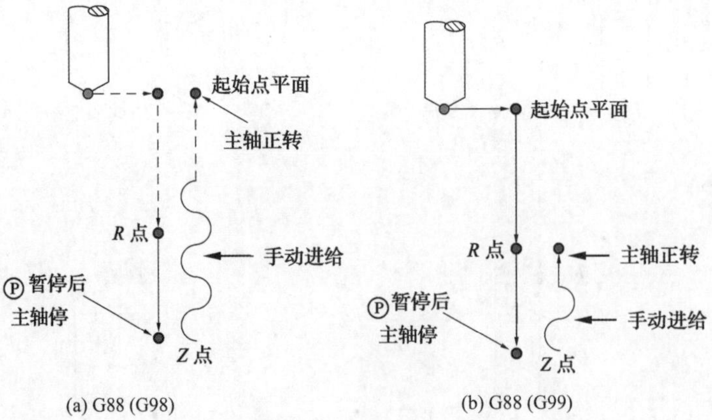

图 6-2-14　G88 指令动作

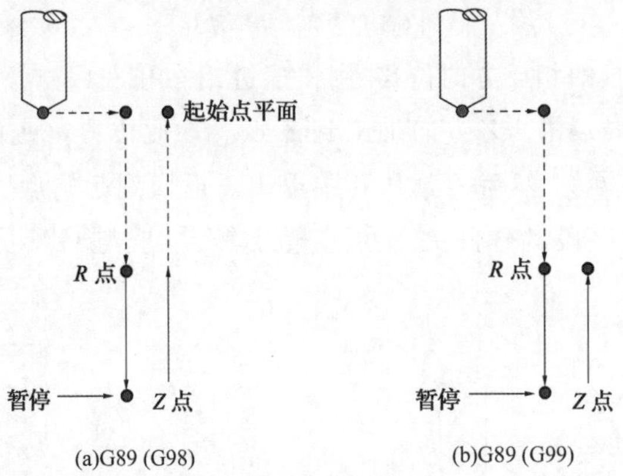

图 6-2-15　G89 指令动作

3 使用孔加工固定循环的注意事项

(1)指定固定循环前,需要用辅助功能(M 指令)先使主轴旋转起来。

(2)当使用控制主轴回转的固定循环指令(G74、G84、G86)时,如果孔的定位(X,Y)或者从起始点平面到 R 点平面的距离较短,并要连续加工时,在进入孔加工动作($-Z$)前,有时主轴不能达到指定的转速。这时,可将 G04 暂停程序段加入各孔加工动作之间,以延长时间。

(3)如前所述,用 G00～G03 指令(01 组指令)也可以取消固定循环。

(4)固定循环和辅助功能在同一程序段时,在最初定位时(XOY 平面内定位)送出 M 和 MF 指令,并且等待结束信号(FIN)到来后,才进行下一个孔加工。

(5)在固定循环方式中,刀具半径补偿指令无效。

(6)在固定循环方式中,如果已经指令刀具长度偏移(G43、G44、G49),则在 R 点平面定位时有效,进行偏移。

4 G43、G44、G49 指令

(1)含义

G43 为刀具长度正向补偿指令，G44 为刀具长度负向补偿指令，G49 为取消刀具长度补偿指令。

刀具长度补偿

(2)格式

(G17/G18/G19)(G43/G44)(G00/G01) X__ Y__ Z__ H__；

(3)说明

①刀具长度补偿轴

G17：刀具长度补偿轴为 Z 轴。

G18：刀具长度补偿轴为 Y 轴。

G19：刀具长度补偿轴为 X 轴。

X、Y、Z：G00/G01 的参数，即刀具补偿建立或取消的终点坐标。

H：G43/G44 的参数，即刀具长度补偿偏置号(H00～H99)，它代表了刀具表中对应的长度补偿值。长度补偿值是编程时的刀具长度和实际使用的刀具长度之差。

②G43、G44、G49 都是模态指令，可相互注销。

用 G43、G44 指令设定偏置的方向。如图 6-2-16 所示。由输入的相应地址号 H 指令从刀具表(偏置存储器)中选择刀具长度偏置值。

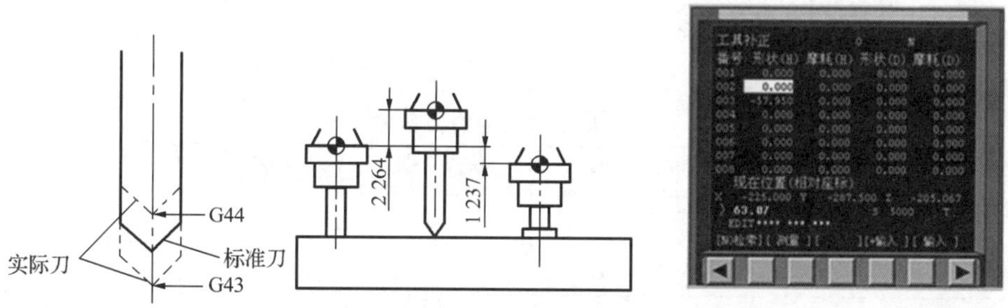

图 6-2-16　G43/G44 的设置

该功能补偿编程刀具长度和实际使用的刀具长度之差而不用修改程序。偏置号可用 H01～H400 来指定，注意 H00＝0。偏置值与偏置号对应，可通过 MDI 功能先设置在偏置存储器中。

无论是绝对指令还是增量指令，由 H 指令指定的已存入偏置存储器中的偏置值在 G43 时加，在 G44 时则是从长度补偿轴运动指令的终点坐标值中减去，计算后的坐标值成为终点。

NENGLI PINGTAI

能力平台

1 深孔加工的工艺分析

一般规定孔深 L 与孔径 D 之比大于 5 时，即 $L/D>5$ 时，称为深孔；当 $L/D\leqslant 5$ 时，称为浅孔。深孔加工的断屑与排屑是一个重要的问题，因为深孔加工切削热不易排散，切屑不易排出，所以必须实行强制冷却、强制排屑。目前普遍采用的方法是用高压将切削液通过钻杆的外部或内部送到切削区，将切屑冷却、润滑后，把切屑由钻杆的外部或内部排出。断屑是深孔加工顺利进行的保障，它与刀具断屑台尺寸、切削用量、刀具角度密切相关；切削用量应与断屑台尺寸相匹配。若加工时发现不断屑，则应降低转速，增大进给量，以实现断屑。影响断屑效果的主要是刀具的前角，减小前角，可以很好地实现断屑。

2 深孔加工的编程分析

大多数数控系统提供了深孔钻削指令 G73 和 G83，其中 G73 为高速深孔往复排屑钻指令，G83 为深孔往复排屑钻指令，深孔加工的动作是通过 Z 方向的间断进给的，即采用啄钻的方式来实现断屑与排屑。虽然 G73 和 G83 指令均能实现深孔加工，而且指令格式也相同，但二者在 Z 方向的进给动作是有区别的。当执行 G73 指令时，每次向下进给后刀具并不快速返回至 R 点平面，而只是回退一个微小距离（退刀量 d）以断屑；而当执行 G83 指令时，每次向下进给后刀具都快速返回 R 点平面，即从孔内完全退出，然后再钻入孔中。深孔加工与退刀相结合可以破碎钻屑，令其小得足以从钻槽顺利排出，并且不会造成表面的损伤，可避免钻头的过早磨损。G73 指令虽然能保证断屑，但排屑主要是依靠钻屑在钻头螺旋槽中的流动来保证的。因此深孔加工，特别是长径比较大的深孔，为保证顺利打断并排出切屑，应优先采用 G83 指令。

RENWU SHISHI
任务实施

根据前面程序介绍，采用 FANUC 0i 数控系统编程，见表 6-2-5。

表 6-2-5　　孔盘模的数控加工程序

程　序	说　明
%	孔加工程序
O0001	程序名
G54 G90；	G54 指定 Z 方向的偏置为零
M6 T1；	1 号刀（直径为 16 mm 的高速钢立铣刀）
M8；	冷却液开
M3 S400；	线速度为 20 m/min
G43 G0 Z100 H01；	Z 方向零点为孔板的最高点
G0 X−52 Y48；	快速接近工件
Z3；	快速接近工件
G1 Z0 F120；	接近工件
M98 P100002；	调用子程序 O0002 共 10 次
G0 Z3；	抬刀
G52 X80；	在“X80”处设置局部坐标系
G0 X−52 Y48；	快速接近工件
Z3；	快速接近工件

续表

程　序	说　明
G1 Z0 F120；	接近工件
M98 P200002；	调用子程序 O0002 共 20 次
G52 X0；	取消局部坐标系
G0 Z3；	抬刀
M6 T2；	2 号刀(直径为 6 mm 的中心钻)
M8；	冷却液开
M3 S300；	主轴正转，转速为 300 mm/min
G43 G0 Z100 H02；	Z 方向零点为孔板的最高点
G0 X−35 Y20；	快速接近工件
Z3；	快速接近工件
G98 G81 Z−13 R−7 F128；	点孔钻削循环
Y−20；	钻削下一个点
G99 G81 X0 Y20 R3 Z−3；	点孔钻削循环
Y−20；	钻削下一个点
G98 G81 X35 Y20 R−17 Z−23；	点孔钻削循环
Y−20；	钻削下一个点
G80 G0 Z100；	取消钻削循环
M5；	主轴停止
M6 T3；	3 号刀(直径为 10 mm 的高速钢钻头)
M3 S640；	主轴正转，转速为 640 mm/min
G43 G0 Z100 H03；	Z 方向零点为孔板的最高点
G0 X−35 Y20；	快速接近工件
Z3；	快速接近工件
G98 G83 Z−35 R−7 F128 Q3；	排屑钻孔循环
Y−20；	钻削下一个点
G99 X0 Y20 R3 Z−35；	排屑钻孔循环
Y−20；	钻削下一个点
G80 G0 Z100；	取消钻孔循环
M5；	主轴停止
M6 T4；	4 号刀(直径为 12 mm 的硬质合金键槽铣刀)
M3 S300；	主轴正转，转速为 300 mm/min
G43 G0 Z100 H04；	Z 方向零点为孔板的最高点

续表

程　序	说　明
G0 X－35 Y20；	快速接近工件
Z－7；	快速接近工件
G1 Z－10 F426；	每齿进给量为 0.1 mm/(r・z)
M98 P100003；	调用子程序 O0003 共 10 次
G0 Z－7；	快速接近工件
X－35 Y－20；	快速接近工件
G52 Y－40；	在"Y－40"处设置局部坐标系
G1 Z－10 F426；	每齿进给量为 0.1 mm/(r・z)
M98 P100003；	调用子程序 O0003 共 10 次
G52 Y0；	取消局部坐标系
G0 Z3；	抬刀
X0 Y20；	快速接近工件
G1 Z0；	接近工件
M98 P250004；	调用子程序 O0004 共 25 次
G0 Z3；	抬刀
X0 Y－20；	快速接近工件
G52 Y－40；	在"Y－40"处设置局部坐标系
G1 Z0；	接近工件
M98 P250004；	调用子程序 O0004 共 25 次
G0 Z3；	抬刀
G52 Y0；	取消局部坐标系
G0 X35 Y20；	快速接近工件
Z－17；	快速接近工件
G1 Z－20；	接近工件
M98 P100005；	调用子程序 O0005 共 10 次
G0 Z－17；	快速接近工件
X35 Y－10；	快速接近工件
G52 Y－40；	在"Y－40"处设置局部坐标系
G1 Z－20；	接近工件
M98 P100005；	调用子程序 O0005 共 10 次
G52 Y0；	取消局部坐标系
G0 Z3；	抬刀

续表

程　序	说　明
G91 G28 Z0；	回机床 Z 方向原点
G91 G28 Y0；	回机床 Y 方向原点，便于拆装工件
M30；	主程序结束
%	
%	轮廓加工程序
O0002	程序名
G91 G1 Z－1 F120；	增量方式定位
G90 G1 Y－48；	
X－40；	
Y48；	
X－28；	
Y－48；	
G91 G0 Z1；	
G90 G0 X－52 Y48；	
G91 Z－1；	
G90；	
M99；	子程序结束
%	
%	
O0003	程序名
G91 G1 Z－1；	增量方式定位
G90 G1 Y22.5；	
G3 J－2.5；	
G1 Y20；	
M99；	子程序结束
%	
%	
O0004	程序名
G91 G1 Z－1；	增量方式定位
G90 G1 Y26.5；	
G3 J－6.5；	
G1 Y20；	
M99；	子程序结束
%	

续表

程　序	说　明
%	
O0005	程序名
G91 G1 Z－1；	增量方式定位
G90 G1 Y24；	
G3 J－4；	
G1 Y20；	
M99；	子程序结束
%	

ZHISHI TUOZHAN

知识拓展

利用 SIEMENS 802D 数控系统编制孔盘模的数控程序，见表 6-2-6。

表 6-2-6　SIEMENS 802D 数控系统孔盘模的数控程序

程　序	说　明
%	
KBO1. MPF	程序名
G54 G90；	G54 指定 Z 方向的偏置为零
M6 T1；	1 号刀(直径为 16 mm 的高速钢立铣刀)
M8；	冷却液开
M3 S400；	主轴正转，转速为 400 mm/min
G43 G0 Z100 H01；	Z 方向零点为孔板的最高点
G0 X－52 Y48；	快速接近工件
Z3；	快速接近工件
G1 Z0 F120；	接近工件
L2 P10；	调用子程序 L2 共 10 次
G0 Z3；	抬刀
TRANS X80；	在"X80"处设置局部坐标系
G0 X－52 Y48；	快速接近工件
Z3；	快速接近工件
G1 Z0 F120；	接近工件
L2 P20；	调用子程序 L2 共 20 次
TRANS X0；	取消局部坐标系
G0 Z3；	抬刀
M6 T2；	2 号刀(直径为 6 mm 的中心钻)
M8；	冷却液开
M3 S300；	主轴正转，转速为 300 mm/min
G43 G0 Z100 H02；	Z 方向零点为孔板的最高点
G0 X－35 Y20；	快速接近工件

续表

程　序	说　明
Z3；	快速接近工件
MCALL CYCLE82(0,－5,4,－13,,2)；	模态点孔钻削循环
Y－20；	钻削下一个点
MCALL；	模态取消
G0 Z10；	
G0 X0 Y20；	定位
MCALL CYCLE82(10,5,4,－3,,2)；	点孔钻削循环
Y－20；	钻削下一个点
MCALL；	模态取消
G0 Z10；	
G0 X35 Y20；	
MCALL CYCLE82(－15,－18,4,－23,,2)；	点孔钻削循环
Y－20；	钻削下一个点
MCALL；	
M5；	主轴停止
M6 T3；	3 号刀(直径为 10 mm 的高速钢钻头)
M3 S640；	主轴正转，转速为 640 mm/min
G43 G0 Z100 H03；	Z 方向零点为孔板的最高点
G0 X－35 Y20；	快速接近工件
Z3；	快速接近工件
MCALL CYCLE83(0,－5,5,0,－35,,20,0,0,1,0)；	排屑钻孔循环
Y－20；	钻削下一个点
MCALL；	
G0 Z10；	
X0 Y20；	
MCALL CYCLE83(5,0,1,5,0,－35,,20,0,0,1,0)；	
Y－20；	
MCALL；	
G0 Z10；	
X35 Y20；	
MCALL CYCLE83(15,10,1,5,0,－35,,20,0,0,1,0)；	
Y－20；	钻削下一个点
MCALL；	循环取消
G0 Z100；	
M5；	主轴停止
M6 T4；	4 号刀(直径为 12 mm 的硬质合金键槽铣刀)
M3 S2130；	主轴正转，转速为 2 130 mm/min

续表

程　序	说　明
G43 G0 Z100 H04；	Z 方向零点为孔板的最高点
G0 X－35 Y20；	快速接近工件
Z－7；	快速接近工件
G1 Z－10 F426；	每齿进给量为 0.1 mm/(r·z)
L3 P10；	调用子程序 L3 共 10 次
G0 Z－7；	快速接近工件
X－35 Y－20；	快速接近工件
TRANS Y－40；	在“Y－40”处设置局部坐标系
G1 Z－10 F426；	每齿进给量为 0.1 mm/(r·z)
L3 P10；	调用子程序 L3 共 10 次
TRANS Y0；	取消局部坐标系
G0 Z3；	抬刀
X0 Y20；	快速接近工件
G1 Z0；	接近工件
L4 P25；	调用子程序 L4 共 25 次
G0 Z3；	抬刀
X0 Y－20；	快速接近工件
TRANS Y－40；	在“Y－40”处设置局部坐标系
G1 Z0；	接近工件
L4 P25；	调用子程序 L4 共 25 次
G0 Z3；	抬刀
TRANS Y0；	取消局部坐标系
G0 X35 Y20；	快速接近工件
Z－17；	快速接近工件
G1 Z－20；	接近工件
L5 P10；	调用子程序 L5 共 10 次
G0 Z－17；	快速接近工件
X35 Y－10；	快速接近工件
TRANS Y－40；	在“Y－40”处设置局部坐标系
G1 Z－20；	接近工件
L5 P10；	调用子程序 L5 共 10 次
TRANS Y0；	取消局部坐标系
G0 Z3；	抬刀
G75 Z0；	回机床 Z 方向原点
G75 Y0；	回机床 Y 方向原点，便于拆装工件
M30；	主程序结束
%	

续表

程　序	说　明
L2	程序名
G91 G1 Z-1 F120；	增量方式定位
G90 G1 Y-48；	
X-40；	
Y48；	
X-28；	
Y-48；	
G91 G0 Z1；	
G90 G0 X-52 Y48；	
G91 Z-1；	
G90；	
M17；	子程序结束
%	
%	
L3	程序名
G91 G1 Z-1；	增量方式定位
G90 G1 Y22.5；	
G3 J-2.5；	
G1 Y20；	
M17；	子程序结束
%	
%	
L4	程序名
G91 G1 Z-1；	增量方式定位
G90 G1 Y26.5；	
G3 J-6.5；	
G1 Y20；	
M17；	子程序结束
%	
%	
L5	程序名
G91 G1 Z-1；	增量方式定位
G90 G1 Y24；	
G3 J-4；	
G1 Y20；	
M17；	子程序结束
%	

任务三 孔盘模的数控加工

学习目标

1. 掌握加工中心自动换刀装置的种类和工作原理。
2. 熟练掌握加工中心机械手的工作原理。

能力目标

1. 会安装镗刀和铣刀。
2. 会对刀和设置换刀点。
3. 能分析自动换刀装置故障及其原因。

RENWU DAORU 任务导入

现需生产图 6-1-1 所示孔盘模零件 1 件，试完成该零件的数控加工任务。

ZHISHI PINGTAI 知识平台

加工中心自动换刀装置根据其组成结构可分为转塔式自动换刀装置、无机械手式自动换刀装置和有机械手式自动换刀装置。其中第一种不带刀库，后两种带刀库。

1 不带刀库的自动换刀装置

转塔式自动换刀装置为不带刀库的自动换刀装置，它可分为回转刀架式和转塔头式两种。回转刀架式用于各种数控车床和车削中心机床，转塔头式多用于数控钻、镗、铣床。

在使用转塔头式换刀的数控机床的转塔刀架上装有主轴头，转塔转动时更换主轴头以实现自动换刀。在转塔各个主轴头上，预先安装有各工序所需的旋转刀具。如图 6-3-1 所示为数控钻、镗、铣床，其可绕水平轴转位的转塔自动换刀装置上装有 8 把刀具，但只有处于最下端"工作位置"上的主轴与主传动链接通并转动。待该工步加工完毕，转塔按照指令转过一个或几个位置并完成自动换刀后，再进入下一步的加工。

2 带刀库的自动换刀装置

(1)无机械手式自动换刀装置

无机械手式自动换刀装置一般把刀库放在主轴箱可以运动到的位置或整个刀库或某一刀位能移动到主轴箱可以到达的位置。同时，刀库中刀具的存放方向一般与主轴箱的装刀方向一致。换刀时，由主轴和刀库的相对运动进行换刀动作，利用主轴取走或放回刀具。

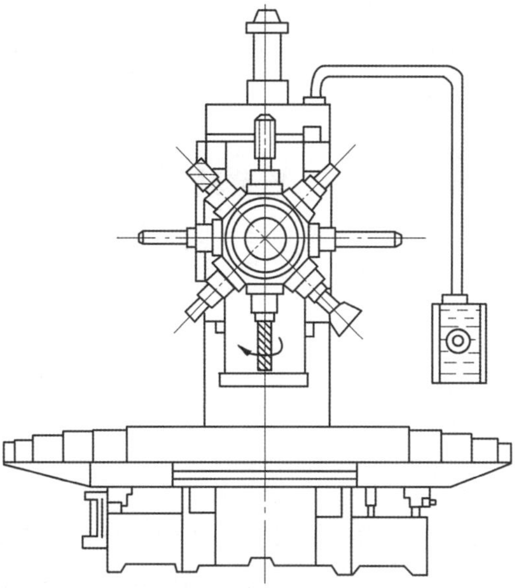

图 6-3-1　数控钻、镗、铣床

(2)有机械手式自动换刀装置

有机械手式自动换刀装置一般由机械手和刀库组成,其刀库的配置、位置及数量的选用要比无机械手式自动换刀装置灵活得多。它可以根据不同的要求,配置不同形式的机械手,可以是单臂的、双臂的,甚至可以配置一个主机械手和一个辅助机械手。它能够配备多至数百把刀具的刀库。换刀时间可缩短到几秒甚至零点几秒。因此,目前大多数加工中心都装配了有机械手式自动换刀装置。刀库位置和机械手换刀动作不同,自动换刀装置的结构形式不同。

NENGLI PINGTAI ››› 能力平台

1 数控加工前的准备工作

(1)直柄铣刀、直柄铰刀的安装

首先将夹头旋入刀柄螺母,然后再将螺母与刀柄旋接。注意不能将夹头直接装入刀柄。刀柄和刀夹的安装如图 6-3-2 所示。

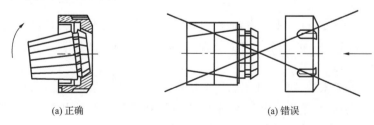

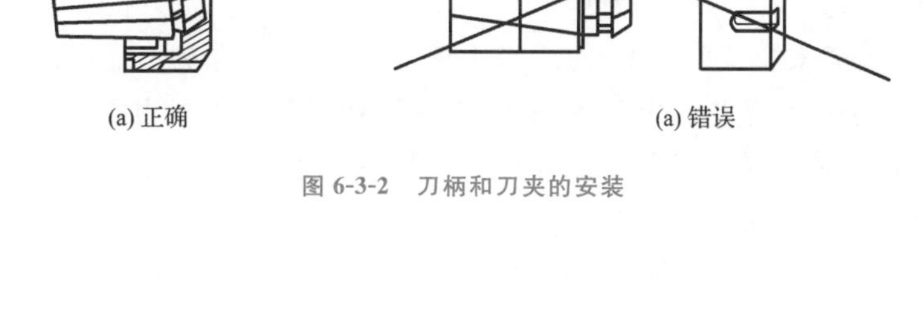

(a) 正确　　(a) 错误

图 6-3-2　刀柄和刀夹的安装

(2)镗刀的安装

镗刀杆是安装在机床主轴孔中，用以夹持镗刀头的杆状工具。镗刀的安装如图 6-3-3 所示。

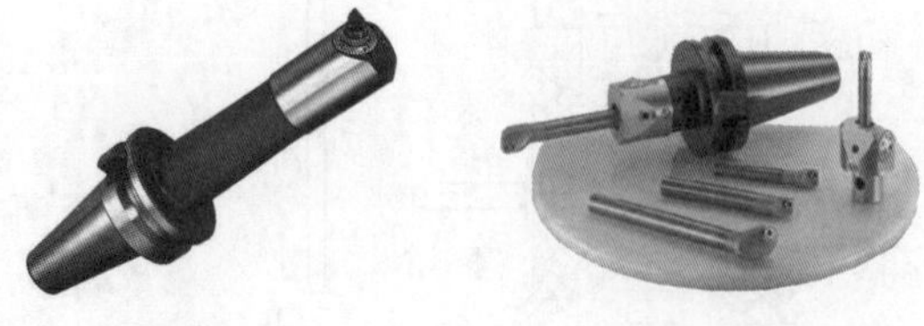

(a)　　(b)

图 6-3-3　镗刀的安装

2 加工中心的对刀与换刀

(1)对刀

加工中心的对刀方法可分为水平方向对刀(包括采用杠杆百分表对刀、采用寻边器对刀、采用碰刀或试切方式对刀)、Z 方向对刀(包括机内设置和机外刀具预调结合机上对刀)和机外对刀仪对刀。

加工中心上使用的刀具很多，每把刀具的长度和到 Z 轴零点的距离都不相同，这些距离的差值就是刀具的长度补偿值。在加工时要分别进行设置，并记录在刀具明细表中，以供机床操作人员使用。一般有两种方法：机内设置和机外刀具预调结合机上对刀。这里主要介绍后一种。这种方法要先在机床外利用刀具预调仪精确测量每把在刀柄上装夹好的刀具的轴向和径向尺寸，确定每把刀具的长度补偿值，然后在机床上用其中最长或最短的一把刀具进行 Z 方向对刀，确定工件坐标系。这种方法对刀精度和效率高，便于工艺文件的编写及生产组织。

(2)换刀

换刀是指根据工艺选用不同参数的刀具加工工件，在加工中按需要更换刀具的过程。换刀点是指加工中更换刀具的位置。加工中心有刀库和自动换刀装置，根据程序的要求可以自动换刀。换刀点应在换刀时工件、夹具、刀具、机床相互之间没有任何碰撞和干涉的位置，加工中心的换刀点往往是固定的。

3 刀具自动装卸及切屑清除装置

加工中心主轴前端有一个锥孔，内部和后端安装的是刀具自动夹紧机构。如图 6-3-4 所示。

机床执行换刀指令，机械手从主轴拔刀时，主轴应松开刀具。这时，液压缸上腔通压力油，活塞推动拉杆向下移动，使碟形弹簧压缩，钢球进入主轴锥孔上端的槽内，松开刀柄尾部的拉钉，机械手拔刀。

压缩空气进入活塞和拉杆的中孔，吹净主轴锥孔，为装入新刀具做好准备。当机械手将下一把刀具插入主轴后，液压缸上腔无油压，在碟形弹簧等的恢复力作用下，拉杆、钢球和活塞退回到初始位置，使刀具被夹紧。刀杆夹紧机构用碟形弹簧夹紧、液压放松，以保证在工作中突然停电时，刀杆不会自行松脱。

加工中心采用的是 7∶24 锥柄刀具，锥柄的尾端安装有拉钉，拉杆通过 4 个钢球拉住拉

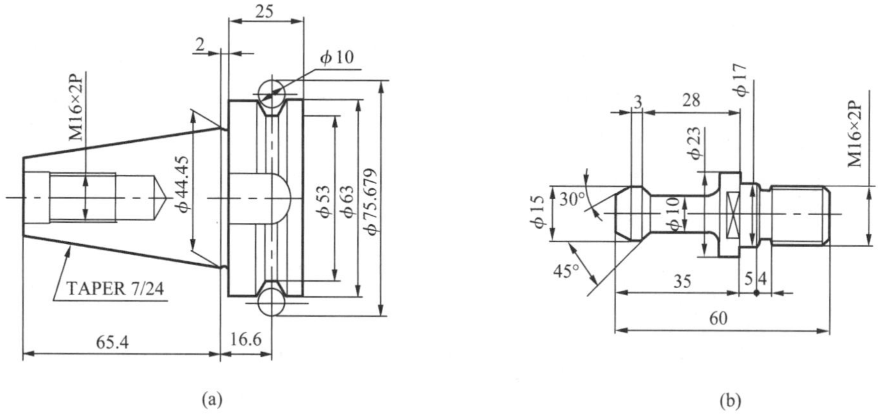

图 6-3-4 加工中心刀柄

钉的凹槽，使刀具在主轴锥孔内定位及夹紧。

4 刀库及换刀机械手的维护和常见故障

刀库及换刀机械手结构较复杂，且在工作中需频繁运动，所以故障率较高，目前机床上有50%以上的故障都与之有关。例如刀库运动故障、定位误差过大、机械手夹持刀柄不稳定、机械手动作误差过大等。这些故障最后都造成换刀动作卡位，整机停止工作。因此，刀库及换刀机械手的维护十分重要。

(1)刀库及换刀机械手的维护

①严禁把超重、超长的刀具装入刀库，防止在机械手换刀时掉刀或刀具与工件、夹具等发生碰撞。

②采取顺序选刀方式时必须注意刀具放置在刀库中的顺序要正确，采取其他选刀方式时也要注意所换刀具是否与所需刀具一致，防止换错刀具导致事故发生。

③采取手动方式往刀库上装刀时，要确保装到位，装牢靠，并检查刀座上的锁紧装置是否可靠。

④经常检查刀库的回零位置是否正确，检查机床主轴回换刀点位置是否到位，发现问题要及时调整，否则不能完成换刀动作。

⑤要注意保持刀具刀柄和刀套的清洁。

⑥开机时，应先使刀库和机械手空运行，检查各部分工作是否正常，特别是行程开关和电磁阀能否正常动作。检查机械手液压系统的压力是否正常，刀具在机械手上锁紧是否可靠，发现不正常时应及时处理。

(2)刀库的故障

刀库的主要故障有：刀库不能转动；刀库转动不到位；刀套不能夹紧刀具；刀套上下不到位等。

①刀库不能转动的原因可能有：连接电动机轴与蜗杆轴的联轴器松动；变频器故障，应检查变频器的输入/输出电压是否正常；PLC 无控制输出，可能是接口板中的继电器失效；机械连接过紧；电网电压过低。

②刀库转动不到位的原因可能有：电动机转动故障；传动机构误差。

③刀套不能夹紧刀具的原因可能有：刀套上的调整螺钉松动；弹簧太松造成卡紧力不

足；刀具超重。

④刀套上下不到位的原因可能有：装置调整不当或加工误差过大，进而造成拨叉位置不正确、限位开关安装不正确或调整不当而造成反馈信号错误。

(3)换刀机械手故障

①刀具夹不紧掉刀的原因可能有：卡紧爪弹簧压力过小；卡紧爪弹簧后面的螺母松动；刀具超重；机械手卡紧锁不起作用等。

②刀具夹紧后松不开的原因可能有：松锁的弹簧压合过紧；卡爪缩不回，应调松螺母，使最大载荷不超过额定数值。

③刀具交换时掉刀的原因可能有：换刀时主轴箱没有回到换刀点；换刀点漂移，机械手抓刀时没有到位就开始拔刀。这时应重新移动主轴箱，使其回到换刀点位置，重新设定换刀点。

(4)自动换刀装置故障维修示例

故障现象：某加工中心采用凸轮机械手换刀，在机械手换刀过程中，动作中断，发出2035＃报警，显示内容：机械手伸出故障。

分析及处理过程：根据报警内容，机床是因为无法执行下一步"从主轴和刀库中拔出刀具"，而使换刀过程中断并报警。

机械手未能伸出完成从主轴和刀库中拔刀的动作，产生这一故障的原因可能有：

①松刀感应开关失灵。在换刀过程中，各动作的完成信号均由感应开关发出，只有上一动作完成后才能进行下一动作。第3步为"主轴松刀"，如果感应开关未发出信号，则机械手"拔刀"就不会动作。检查两感应开关，信号正常。

②松刀电磁阀失灵。主轴的松刀是由电磁阀接通液压缸来完成的。如果电磁阀失灵，则液压缸未进油，刀具就松不了。检查主轴的松刀电磁阀动作均正常。

③松刀液压缸因液压系统压力不够或漏油而不动作，或行程不到位。检查刀库松刀液压缸，动作正常，行程到位；打开主轴箱后罩，检查主轴松刀液压缸，发现也已到达松刀位置，油压也正常，液压缸无漏油现象。

④机械手系统有问题。建立不起拔刀条件，其原因可能是：电动机控制电路有问题。检查电动机控制电路系统正常。

⑤主轴系统有问题。刀具是靠碟形弹簧通过拉杆和弹簧卡头而将刀具尾端的拉钉拉紧的；松刀时，液压缸的活塞杆顶压顶杆，顶杆通过空心螺钉推动拉杆，一方面使弹簧卡头松开拉钉，另一方面又顶动拉钉，使刀具右移而在主轴锥孔中变松。

主轴系统不松刀的原因可能有：刀具尾部拉钉的长度不够，致使液压缸虽已运动到位，但仍未将刀具顶松；拉杆尾部空心螺钉位置发生变化，使液压缸行程满足不了松刀要求；顶杆出现问题，已变形或磨损；弹簧卡头出现故障，不能张开；主轴装配调整时，刀具移动量调得太小，致使在使用过程中一些综合因素导致不能满足松刀要求。

处理方法：拆下松刀液压缸，检查发现：这一故障是制造装配时，空心螺钉的"伸出量"调整得太小造成松刀液压缸行程到位，而刀具在主轴锥孔中压出不够，刀具无法取出。调整空心螺钉的"伸出量"，保证在主轴松刀液压缸行程到位后，刀具在主轴锥孔中的压出量为0.4～0.5 mm。经以上调整，故障排除。

RENWU SHISHI
任务实施

为保证零件的加工质量，首先在数控仿真机床上模拟加工。根据加工结果调整程序后，在生产型加工中心上完成零件的加工生产。

1 仿真加工

加工中心仿真加工如图 6-3-5 所示。

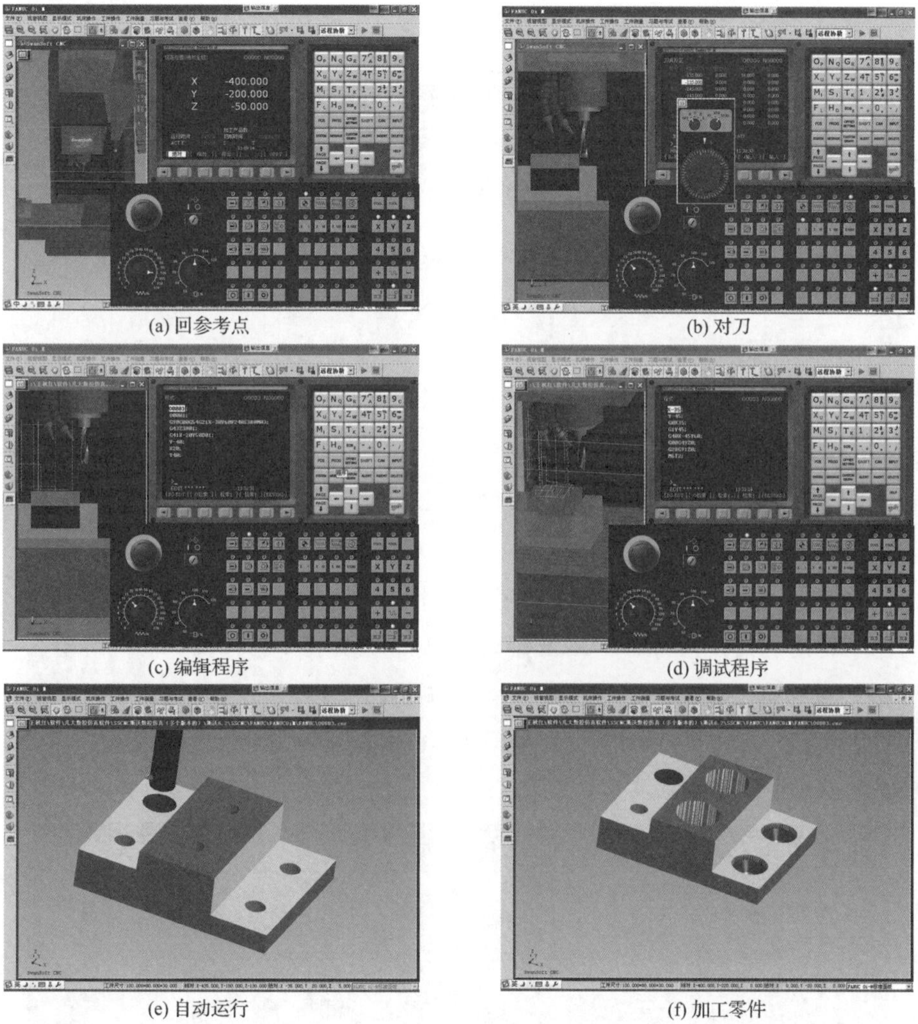

(a) 回参考点　(b) 对刀　(c) 编辑程序　(d) 调试程序　(e) 自动运行　(f) 加工零件

图 6-3-5　加工中心仿真加工

2 生产型加工中心加工

(1)采用精密平口钳进行装夹，装夹时须进行精确的校正。

(2)正确选择刀具并进行安装。

(3)采用手工方式输入加工程序，采用数控系统的绘图功能进行加工程序的校验。

面铣刀对刀　　面铣刀铣平面

(4)自动加工,完成加工的零件如图 6-3-6 所示。自检零件,然后进行机床的维护与保养。

图 6-3-6　孔盘模零件

ZHISHI TUOZHAN

知识拓展

圆料对刀(工件夹在三爪卡盘上)

(1)选择手轮方式。

(2)将铣刀摇至工件中心大致位置。

(3)固定夹具,将磁性表座吸附在主轴上,百分表测量头对准工件圆柱面。

(4)用手转动主轴并分别调整 X、Y 轴,使百分表指针在 1 格(0.01 m)内跳动。

(5)将 Z 轴摇至工件表面略微离开,用塞尺测量间隙并记录。

(6)打开(位置)主菜单(总和)记录机床坐标。如图 6-3-7 所示。

注意: Z 轴应加上负的塞尺尺寸。

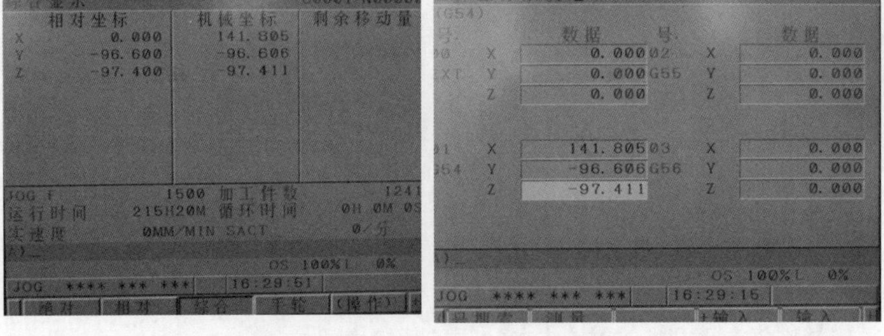

图 6-3-7　位置坐标和工件坐标系的设置

任务四 孔盘模的测量与评估

学习目标

1. 掌握杠杆百分表的基础知识。
2. 熟练掌握内径百分表的工作原理。

能力目标

1. 会使用杠杆百分表测量长度。
2. 会使用内径百分表测量孔的尺寸。
3. 能编写螺纹加工程序。

RENWU DAORU 任务导入

现需生产图 6-1-1 所示孔盘模零件 1 件，试完成该零件的测量和质量控制任务。

ZHISHI PINGTAI 知识平台

1 杠杆百分表

杠杆百分表是一种孔径测量工具，可按 GB、DIN、JIS、ISO 等标准供货。杠杆百分表具有防振机构，使用寿命长，精度可靠，广泛用于测量工件的形状精度及位置精度。

(1)结构

杠杆百分表的结构如图 6-4-1 所示，它由测量头、测量杆、大指针、夹持柄、表盘、表圈、表体等组成。

(2)使用方法

①杠杆百分表的分度值为 0.01 mm，测量范围不大于 1 mm，它的表盘是对称刻度的。

②测量面和测量头在使用时必须在水平状态，在特殊情况下，也应该在 25°以下。如图 6-4-2 所示。

③使用前应检查测量头，如果测量头已被磨出平面，则不应再继续使用。

④杠杆百分表的测量杆能在正/反方向进行工作。根据测量方向的要求，把换向器拨到

需要的位置。

⑤拨动测量杆，可使测量杆相对于杠杆百分表表体转动一个角度。根据测量需要拨动测量杆，使测量杆的轴线与被测零件尺寸变化方向垂直。

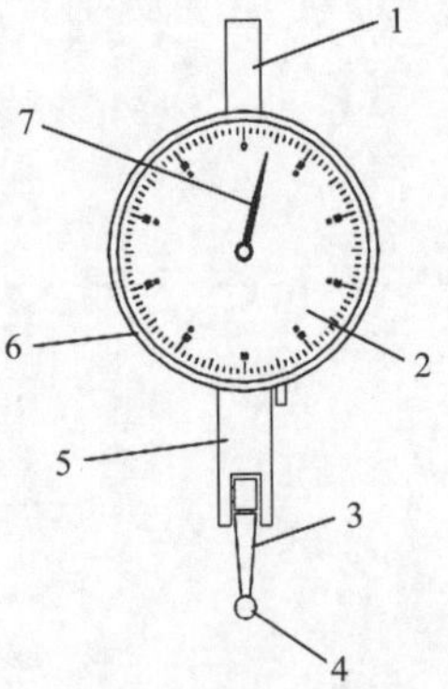

图 6-4-1　杠杆百分表的结构

1—夹持柄；2—表盘；3—测量杆；4—测量头；5—表体；6—表圈；7—大指针

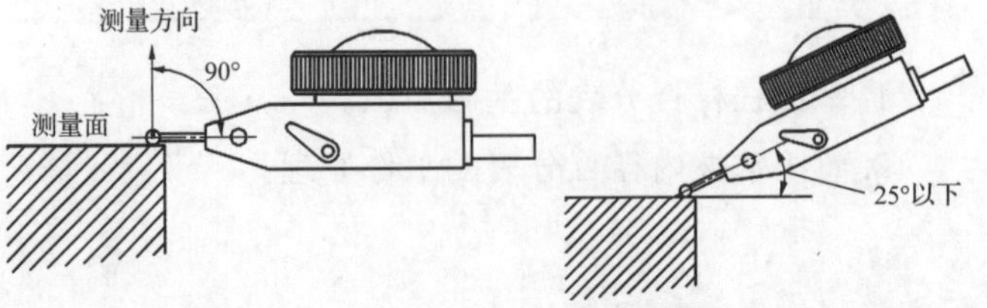

(a)　(b)

图 6-4-2　杠杆百分表的测量

(3)读数方法

杠杆百分表的大指针和表盘中，大指针移动一小格为 0.01 mm，即常说的 1 道(丝)；其正下方有个小指针和小表盘，每格代表 1 mm；表圈可以转动，用来调整表盘零位。测量孔径时孔轴向的最小尺寸为其直径；测量平面间的尺寸时，任意方向内均以最小的尺寸为平面间的测量尺寸。杠杆百分表测量读数加上零位尺寸即测量数据。

(4)注意事项

①测量头是否松动。

②测量杆的灵活性。

③夹持架是否可靠。

2 内径百分表

(1)概述

内径量表是孔加工的必备工具之一，被广泛应用于机械加工行业测量内孔尺寸的较高精度的量具，适用于测量不同直径和深度的孔，是内量杠杆式测量架和百分表的组合，将测量头的直线位移变为指针的角位移的计量器具。采用比较测量方法测量通孔、盲孔及深孔的直径或形状精度。其常用规格如图 6-4-3 所示。

孔直径的测量

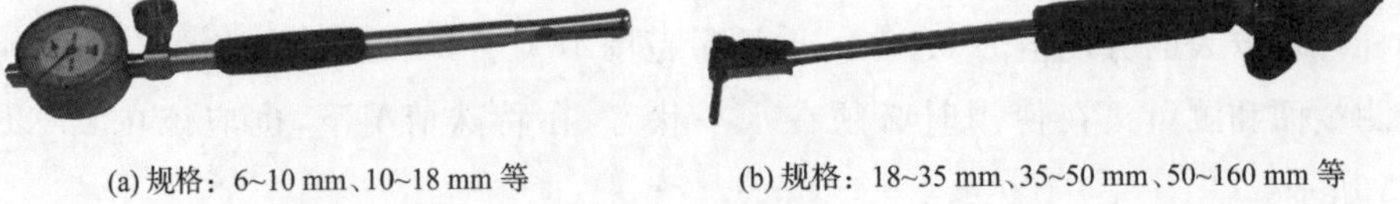

(a) 规格：6~10 mm、10~18 mm 等　(b) 规格：18~35 mm、35~50 mm、50~160 mm 等

图 6-4-3　内径百分表(精度为 0.01 mm)

(2)使用方法

先重复三次轻轻推百分表的测量头，观察指针是否回归原位，测量杆是否磨损。把百分表插入量表直管轴孔中，压缩百分表，小指针在 0.5 mm 处固定表头。选取并安装可换测量头并紧固(装入测量头的长度比实际被测尺寸大 0.2～0.3 mm)。

①把百分表插入量表直管轴孔中，压缩百分表一圈，紧固。

②选取并安装可换测量头，紧固。

③测量时手握隔热装置。

④根据被测尺寸调整零位。

用外径千分尺调整零位，以孔轴向的最小尺寸或平面间任意方向内均最小的尺寸对准零位，然后测量同一位置 2 或 3 次，检查指针是否仍与零线对齐，如不齐，则重调。为读数方便，可用整数来定零位位置。

⑤测量时，应摆动内径百分表，找到轴向平面的最小尺寸(转折点)再读数。

⑥测量杆、测量头、百分表等配套使用，不要与其他表混用。

内径百分表用来测量圆柱孔，它附有成套的可换测量头，使用前必须先进行组合和校对零位。

组合时，将内径百分表装入连杆内，使小指针指在 0～1 的位置上，长针和连杆轴线重合，刻度盘上的字应垂直向下，以便于测量时观察，装好后应予紧固。

粗加工时，最好先用游标卡尺或内卡钳测量。因内径百分表同其他精密量具一样属于贵重仪器，其质量与精确度会直接影响工件的加工精度和使用寿命。粗加工时工件加工表面粗糙不平会使测量不准确，并使测量头磨损。因此，必须加以爱护和保养，精加工时再进行测量。

测量前应根据被测孔径大小先用外径百分尺调整尺寸，如图 6-4-4 所示。在调整尺寸时，正确选用可换测量头的长度及伸出距离，应使被测量尺寸在活动测量头总移动量的中间位置。

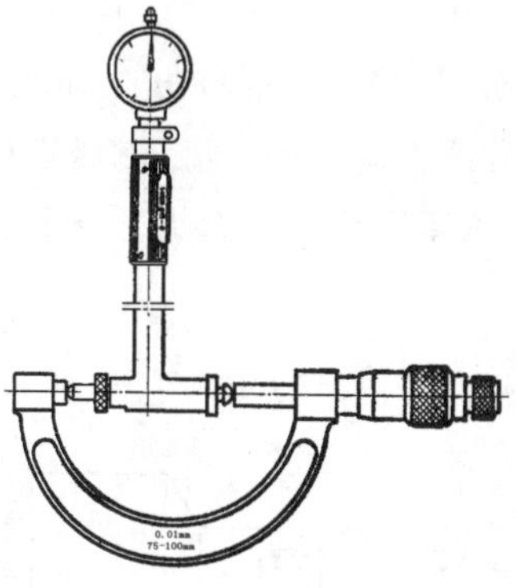

图 6-4-4　用外径百分尺调整尺寸

测量时，连杆中心线应与工件中心线平行，不得歪斜，同时应在圆周上多测几个点，找出孔径的实际尺寸，确认其是否在公差范围内。如图 6-4-5 所示。

(3)维护与保养

①远离液体，勿使冷却液、切削液、水或油与内径百分表接触。禁止在零件上有溶液的时候进行测量。

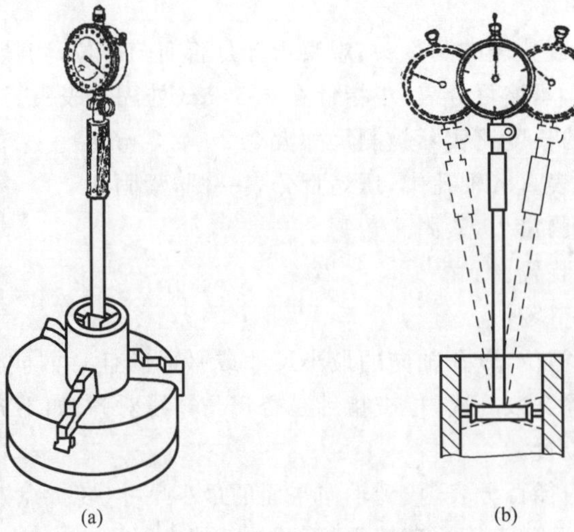

图 6-4-5　内径百分表的使用方法

②使用时应轻拿轻放、动作轻缓，不能过分用力使其受到打击和碰撞。

③在不使用时，要摘下百分表，使表解除其所有载荷，让测量杆处于自由状态。

④成套保存于盒内，避免丢失与混用。

3 三爪内径千分尺

(1)概述

三爪内径千分尺适用于测量中、小直径的精密内孔，尤其适用于测量深孔的直径。

测量范围(mm)：6～8、8～10、10～12、12～14、14～17、17～20、20～25、25～30、30～35、35～40、40～50、50～60、60～70、70～80、80～90、90～100。三爪内径千分尺的零位必须在标准孔内进行校对。

(2)工作原理

图 6-4-6 所示为三爪内径千分尺，当沿顺时针方向旋转测力装置时，即可带动测微螺杆旋转，并使它沿着螺纹轴套的螺旋线方向移动，于是测微螺杆端部的方形圆锥螺纹推动测量爪径向移动。扭簧的弹力使测量爪紧紧地贴合在方形圆锥螺纹上，并随着测微螺杆的进退而伸缩。

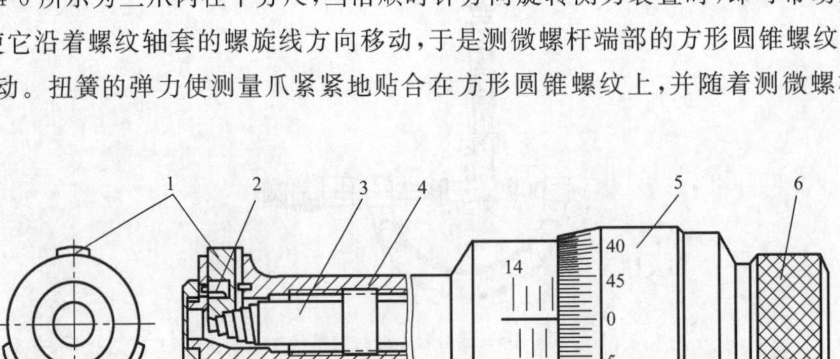

图 6-4-6　三爪内径千分尺

1—测量爪；2—扭簧；3—测微螺杆；4—螺纹轴套；5—刻度尺；6—测力装置

三爪内径千分尺的方形圆锥螺纹的径向螺距为 0.25 mm，即当测力装置沿顺时针方向旋转一周时，测量爪就向外(半径方向)移动 0.25 mm，3 个测量爪组成的圆周直径就要增大 0.5 mm。即微分筒旋转一周时，测量直径增大 0.5 mm，而微分筒的圆周上刻着 100 个等分格，所以它的读数值为 0.5÷100＝0.005 mm。

NENGLI PINGTAI 能力平台

常用的对刀操作中使用的工具或仪器有塞尺、寻边器和对刀仪等。

1 塞尺

塞尺是由一组具有不同厚度级差的薄钢片组成的量规，如图 6-4-7 所示。塞尺用于测量间隙尺寸。在检验被测尺寸是否合格时，可以用通止法判断，也可由检验者根据塞尺与被测表面配合的松紧程度来判断。塞尺一般用不锈钢制造，最薄的为0.02 mm，最厚的为 3 mm。在 0.02～0.1 mm 范围内，各钢片的厚度级差为 0.01 mm；在 0.1～1 mm 范围内，各钢片的厚度级差为 0.05 mm；自 1 mm 以上，各钢片的厚度级差为 1 mm。

图 6-4-7　塞尺

在数控机床的对刀操作过程中，主要用来对 Z 轴，当工件表面作为基准或已经过精加工时，不能使用试切法对刀，而应通过刀具的底面、塞尺片、工件表面紧密接触来确定刀具刀位点在机床坐标系中的位置。

2 寻边器

寻边器如图 6-4-8 所示，其特点有：不需要回转测量；可迅速探求工作位置；可应用于端边、表面及内、外径并进行高效率测量；当钢珠脱离时，有一个安全弹簧可精确地将其拉回原位置等。

注意：光电式寻边器不适合回转使用。

3 对刀仪

对刀仪是加工中心及数控机床必备附件之一，是用以对刀具长度进行补偿的一种测量装置。瑞士丹青科技有限公司生产的 OPTIMA PREMIUM 系列对刀仪如图 6-4-9 所示。它具有方便、对刀准确、效率高等特点，可缩短加工准备时间。其技术要求执行企业标准。

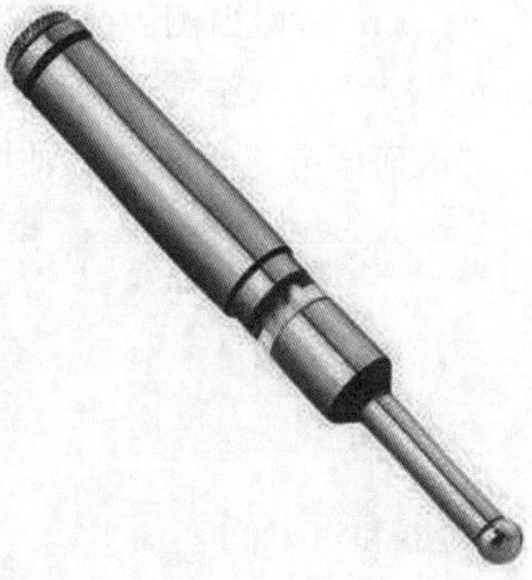

图 6-4-8　寻边器

图 6-4-9　对刀仪

RENWU SHISHI

任务实施

1 孔盘模的测量

根据零件的尺寸要求及孔位要求选择合适的量具，根据孔的精度选择杠杆百分表或内径千分尺，以便保证测量精度与孔位精度。长度方向选择游标卡尺，深度方向选择深度游标卡尺，可以达到测量要求。

2 设置刀具长度的磨损补偿

当用刀具比较多时，或刀具长度方向要求比较高时，可以借助对刀仪来对刀。当设置长度磨损补偿时，一般要 1 号刀对应 1 号长度补偿，2 号刀对应 2 号长度补偿，选用 1 个长度补偿后要取消 1 个。在使用长度设定时可以应用磨损加以修正，也可以在加工图纸尺寸发生变化时应用磨损加以调整。如图 6-4-10 所示。

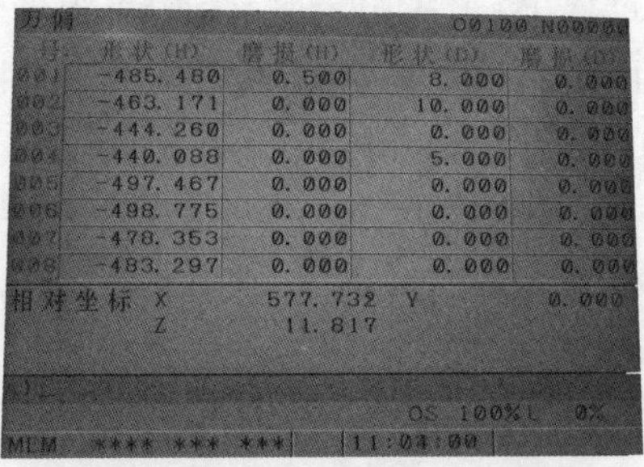

图 6-4-10　刀具长度磨损补偿界面

ZHISHI TUOZHAN

知识拓展

1 台式刀具预调测量仪

台式刀具预调测量仪是经济型手动台式刀具预调测量仪，主要用于测量数控机床、加工中心和柔性制造单元所使用的镗、铣类刀具切削刃的坐标位置，以及检查刀尖的角度、圆角及刃口的情况。如图 6-4-11 所示。

2 平面度检查仪

平面度检查仪是根据光学自准直原理设计的，它可以精确地测量机床或仪器导轨的直线度误差，也可以测量平板等的平面度误差，利用光学直角器和带磁性座的反射镜等附件，还可以测量垂直导轨的直线度误差、垂直导轨和水平导轨之间的垂直度误差，与多面体联用可以测量圆分度误差。如图 6-4-12 所示。

图 6-4-11　台式刀具预调测量仪

图 6-4-12　平面度检查仪

TONGBU XUNLIAN 同步训练

完成如图 6-5-1 所示零件的数控加工工艺任务。

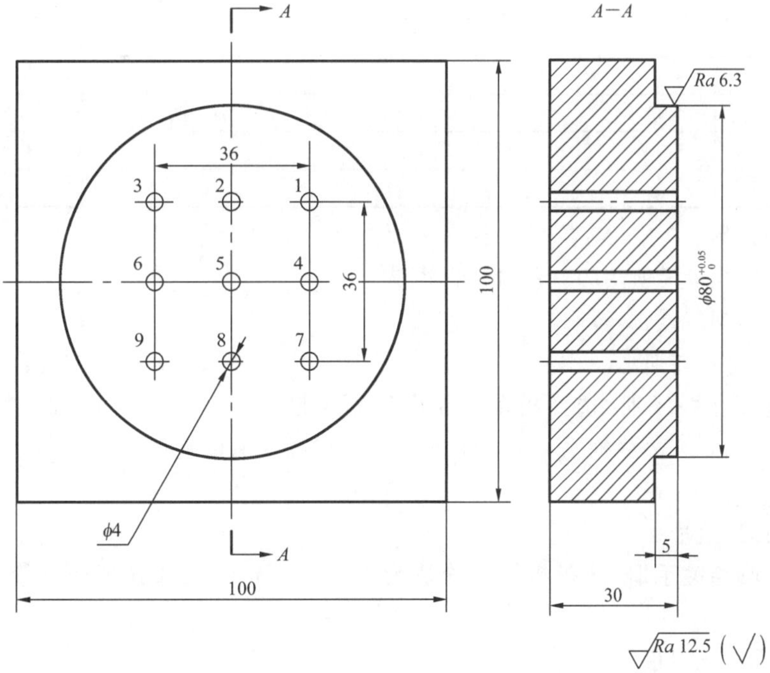

图 6-5-1　孔盘模零件图

一、编制加工工艺

根据图 6-5-1 所示孔盘模零件，完成以下问题：

1. 确定毛坯

根据生产类型、零件应用及型材规格，此次加工采用________毛坯，________装夹。

2. 选择定位基准，拟订工艺路线

(1)分析零件加工表面

加工内容有：________；________；________；________。

(2)确定零件定位基准

粗基准为________________，精基准为________________。

(3)确定各表面加工方案(表 6-5-1)

表 6-5-1　孔盘模加工方案

序号	加工表面	精度等级	表面粗糙度要求	加工方案

(4)划分工序

因每月生产 1 000 件零件，属于________生产，故工序分为________道工序。

(5)排列工序顺序(表 6-5-2)

表 6-5-2　孔盘模工序顺序

工序号	工序内容
10	
20	
30	
40	
50	
60	
70	
80	

3. 选择刀具

数控铣削孔盘模所用的立铣刀的直径是________________。

4. 计算切削用量

(1)选择主轴转速

通过查阅相关手册，选择粗车外轮廓切削速度 $v_c=$________ m/min、精车切削速度 $v_c=$________ m/min；根据 $v_c=\pi dn/1\,000$，得出粗铣主轴转速为________ r/min，精铣主轴转速为________ r/min。

(2)选择进给量

通过查阅相关手册，选择粗铣进给量为________ mm/r，选择精铣进给量为________ mm/r，

(3)选择背吃刀量

粗铣 $a_p=$________ mm，精铣 $a_p=$________ mm。

二、编制数控加工程序

(1)写出图 6-5-1 中的基点坐标,填入表 6-5-3 中。

表 6-5-3　　孔盘模基点坐标

基点	1	2	3	4	1 孔	2 孔	3 孔	4 孔	5 孔	6 孔	7 孔	8 孔	9 孔
X	0	10	0	−10									
Y		−50	−40	−50									−18

注:外轮廓以圆弧切入切出。

(2)编写程序(表 6-5-4)

表 6-5-4　　孔盘模参考程序

程序	说明
O0001	主程序
G54 G90 G17;	设置工件编程坐标系,初始化
G28 X0 Y0;	回参考点
M06 T01;	换立铣刀,铣轮廓
G43 G0 Z100 H01;	建立 1 号刀具长度补偿
M03 S(　　);	主轴正转
G0 X(　　) Y(　　) Z10;	到 1 点上方
G1 Z0.2 F(　　);	下刀,粗加工,留 0.2 mm 余量
M98 P50101;	调用子程序 O0101,5 次
G90 G0 Z10;	抬刀
G1 Z−5 F(　　);	下刀,精加工
M98 P0101;	调用子程序 O0101,1 次
G49 G90 G0 Z100;	抬刀,取消刀具长度补偿
M05;	主轴停
G28 X0 Y0;	回参考点
M06 T02;	换钻孔刀具
G43 G0 X18 Y18 Z10 H02;	建立 2 号刀具长度补偿
G73 Z−30 R3 Q4 F100;	钻孔 1
G91 X−18 K2;	钻孔 2、3
Y−18;	钻孔 4
X18 K2;	钻孔 5、6
Y(　　);	钻孔 7
X(　　) K(　　);	钻孔 8、9
G49 G80 G90 G0 Z100;	取消刀具长度补偿

续表

程序	说明
M05;	主轴停
M30;	主程序结束
O0101;	子程序
G91 G1 Z−1;	相对下刀
G90 G41 X(　　) Y(　　) D01;	到2点,建立左刀补
(　　　　);	到3点
(　　　　);	到4点
G40 X(　　) Y(　　);	到1点,取消刀补
M99;	子程序结束

注:残料可继续编写程序切削。

思考:如何培养团队成员分析问题与解决问题的能力?

项目七
花盘模的电火花加工

学习目标

1. 掌握花盘模的数控加工工艺的编制方法。
2. 根据电火花加工工艺方案，编写数控加工程序。
3. 了解电火花机床的加工原理和工作过程。
4. 掌握三坐标测量机的工作原理和使用方法。

能力目标

1. 能制定花盘模的加工方案，会选用刀具，能计算切削三要素。
2. 能利用相关编程指令，完成数控各工序的编程。
3. 能利用电火花机床，完成花盘模零件的加工。
4. 根据图纸技术要求，测量并评估工件的加工质量。

思政目标

1. 了解本行业的发展趋势，激发学生爱国情怀。
2. 培养学生不畏艰难、持之以恒的精神。
3. 引导学生能够与他人分工协作并共同完成一项任务，愿意倾听他人的建议或意见。
4. 培养学生专注负责的工作态度，精雕细琢、精益求精的工匠精神。

RENWU DAORU
任务导入

现需生产图 7-1-1 所示花盘模零件 1 件，试完成以下任务：

1. 花盘模的数控加工工艺编制。
2. 花盘模的数控加工程序编制。

3. 花盘模轴套的数控加工。

4. 花盘模的数控测量与评估。

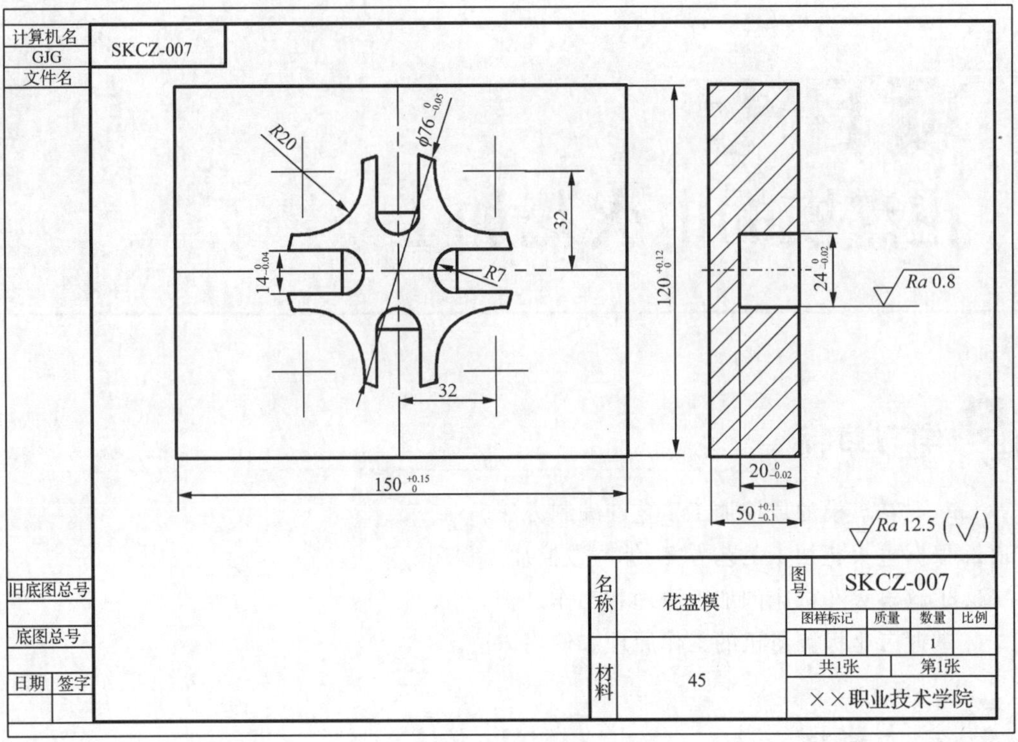

图 7-1-1　花盘模零件图

任务一　花盘模的电火花加工工艺编制

学习目标

1. 掌握电火花加工的基础知识。
2. 掌握电火花加工工艺。
3. 掌握电火花加工工艺的规律。
4. 掌握电火花加工工具电极的结构类型。

能力目标

1. 会选择电火花加工参数。
2. 会选择电火花加工的电极材料。
3. 能设计、制作电极。
4. 能编写型腔类零件加工工艺文件。

RENWU DAORU 任务导入

现需生产图 7-1-1 所示型腔类(花盘模)零件 1 件,试完成以下工艺任务:

1. 会选择电火花加工电极并能设计制作。

2. 会选择电火花加工工艺参数并填写数控加工工序卡片。

ZHISHI PINGTAI 知识平台

1 电火花加工的原理

电火花加工是指在介质中,利用两电极(正、负极)之间脉冲性火花放电时的电腐蚀现象来蚀除多余的金属,使零件的尺寸、形状和表面质量达到预定要求的加工方法。工具电极和工件电极浸在液态介质中,脉冲电源不断发出电脉冲在工具和工件上,在两极间形成电场。由于电极的微观表面凹凸不平,当两极间的距离很小时,极间相对最近点电场强度最大,最先被击穿,在该局部产生火花放电,瞬时高温使工具和工件表面都蚀除掉一小部分金属,各自形成一个小凹坑,如此反复不断进行,以达到蚀除金属的目的。

认识电火花加工

2 电火花加工的特点及应用

电火花加工与机械加工相比有其独特的加工特点,随着当今数控水平和工艺技术的不断进步,其应用领域日益扩大。

(1)主要优点

①适合于难切削材料的加工

加工中材料的去除是靠放电时的电热作用实现的,材料的可加工性主要取决于材料的导电性及其热学特性,例如熔点、沸点、比热容、热导率、电阻率等,而几乎与其力学性能(硬度、强度等)无关。这样可以突破传统切削加工对刀具的限制,可以实现用软的工具加工硬韧的工件,甚至可以加工像聚晶金刚石、立方氮化硼一类的超硬材料。目前电极材料多采用纯铜(俗称紫铜)或石墨,因此工具电极较容易加工。

②可以加工特殊及复杂形状的零件

由于加工中工具电极和工件不直接接触,没有机械加工宏观的切削力,因此适于加工低刚度工件及微细加工。由于可以简单地将工具电极的形状复制到工件上,因此特别适用于复杂表面形状工件的加工,例如复杂型腔模具加工等。数控技术的采用使得用简单的电极加工复杂形状的零件成为可能。

③便于实现加工过程的自动化

直接利用电能进行加工,而电能、电参数较机械量易于实现数字控制、适应控制、智能控制和无人化操作。

(2)局限性

①主要用于加工金属等导电材料,但在一定条件下也可以加工半导体和非导体材料。

②一般加工速度较慢。因此通常在安排工艺时多采用切削来去除大部分余量，然后再进行电火花加工以提高生产率。

③存在电极损耗。电极损耗多集中在尖角或底面，影响成形精度。但近年来粗加工时已能将电极相对损耗比降至0.1%以下。

④最小角部有半径限制，一般电火花加工能得到的最小角部半径略大于加工放电间隙（通常为0.02～0.03 mm）。若有电极损耗或采用平动头加工，则角部半径还要增大。

⑤加工表面有变质层甚至微裂纹。

以上各种放电状态在实际加工中是交替、随机地出现的（与加工规准和进给量等有关），甚至在一次单脉冲放电过程中，也可能交替出现两种以上的放电状态。

3 电火花加工工艺

(1)一般步骤

电火花加工主要由电火花加工的准备工作、加工和检验三部分组成。电火花加工工艺一般步骤如图 7-1-2 所示。

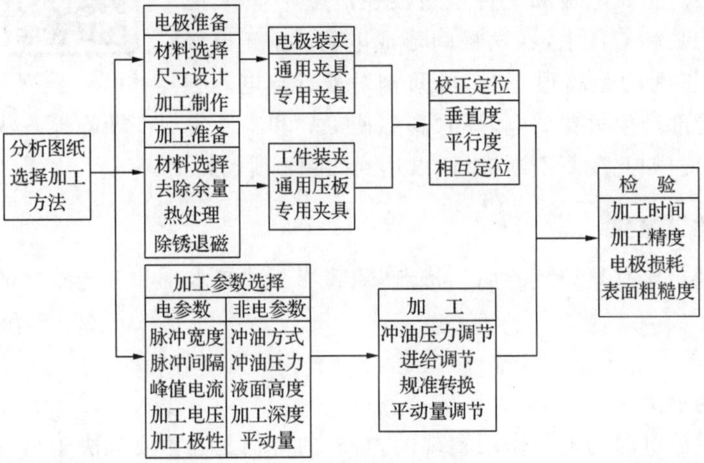

电火花加工工艺

图 7-1-2 电火花加工工艺一般步骤

(2)工艺规律

①影响材料放电腐蚀的主要因素

● 极性效应对电蚀量的影响

在电火花加工过程中，无论是正极还是负极，都会受到不同程度的电蚀。即使是相同材料，例如钢加工钢，正、负电极的电蚀量也是不同的。这种单纯由于极性不同而彼此电蚀量不一样的现象称为极性效应。如果两电极材料不同，则极性效应更加复杂。在生产中，我国通常把工件电极接脉冲电源的正极（工具电极接负极）时的加工称为正极性加工，如图 7-1-3 所示；反之，将工件电极接脉冲电源的负极（工具电极接正极）时的加工称为负极性加工，又称为反极性加工，如图 7-1-4 所示。

在实际加工中，极性效应受电极及电极材料、加工介质、电源种类、单个脉冲能量等多种因素的影响，其中主要原因是脉冲宽度。

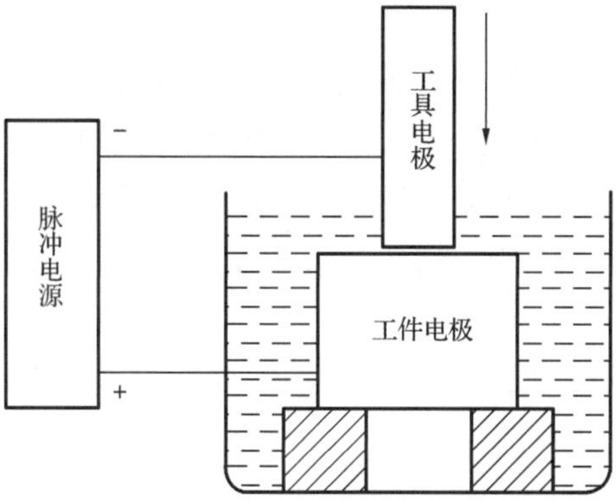

图 7-1-3　正极性加工

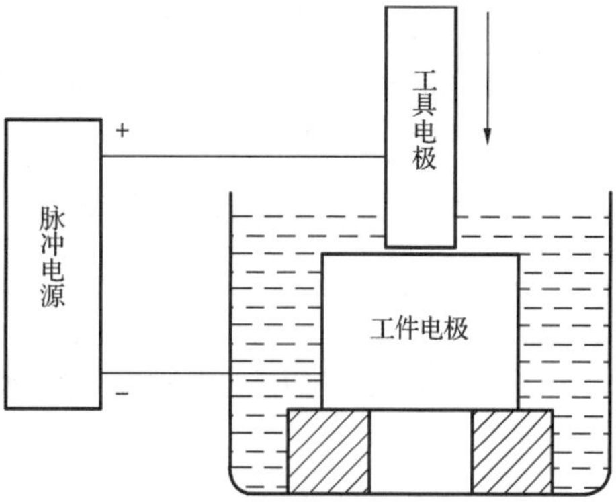

图 7-1-4　负极性加工

● 覆盖效应对电蚀量的影响

在材料放电腐蚀过程中，一个电极的电蚀产物转移到另一个电极表面上，形成一定厚度的覆盖层的现象称为覆盖效应。合理利用覆盖效应，有利于降低电极损耗。

● 电参数对电蚀量的影响

电参数主要是指电压脉冲宽度 t_i、电流脉冲宽度 t_e、脉冲间隔 t、脉冲频率 f、峰值电流 i_e、峰值电压 u_e 和极性等。

研究结果表明，在电火花加工过程中，无论正极或负极，都存在单个脉冲的蚀除量 q 与单个脉冲能量 W_M 在一定范围内成正比的关系。某一段时间内的总蚀除量约等于这段时间内单个有效脉冲蚀除量的总和。

● 热学常数对电蚀量的影响

热学常数是指熔点、沸点（汽化点）、热导率、比热容、熔化热、汽化热等。

当脉冲放电能量相同时，金属的熔点、沸点、比热容、熔化热、汽化热越高，电蚀量将越少，越难加工；另一方面，热导率越大的金属，由于较多地把瞬时产生的热量传导散失到其他部位，因而减少了本身的蚀除量。因此，电极的蚀除量与电极材料的热导率以及其他热学常数、放电持续时间、单个脉冲能量有密切关系。

● 工作液对电蚀量的影响

在电火花加工过程中，工作液的作用是：形成火花击穿放电通道，并在放电结束后迅速恢复间隙的绝缘状态；对放电通道产生压缩作用；帮助电蚀产物的抛出和排除；对工具、工件的冷却作用。介电性能好、密度和黏度大的工作液有利于压缩放电通道，提高放电的能量密度，强化电蚀产物的抛出效应，但黏度大不利于电蚀产物的排除，影响正常放电。

● 影响电蚀量的其他因素

首先是加工过程的稳定性。加工过程不稳定将干扰甚至破坏正常的火花放电，使有效脉冲利用率降低。其次，电极材料对加工稳定性也有影响。钢电极加工钢时不易稳定，纯铜、黄铜加工钢时则比较稳定。

②影响加工速度的主要因素

电火花加工时，工具和工件同时受到不同程度的电蚀，单位时间内工件的电蚀量称为加工速度，即生产率；单位时间内工具的电蚀量称为损耗速度，它们是一个问题的两个方面。

电火花成形加工的加工速度是指在一定电规准下，单位时间内工件的电蚀量。一般常用体积加工速度 $v_w = \frac{V}{t}$（单位为 mm^3/min）来表示，V 为被加工掉的体积，t 为加工时间。有时为了测量方便，也用质量加工速度 $v_m = \frac{m}{t}$（单位为 g/min）表示，m 为被加工掉的质量。

在规定的表面粗糙度与相对电极损耗下的最大加工速度是电火花机床的重要工艺性能指标。一般电火花机床说明书上所指的最大加工速度是该机床在最佳状态下所达到的，在实际生产中的正常加工速度远小于机床的最大加工速度。

③影响电极损耗的主要因素

电极损耗是电火花成形加工中的重要工艺指标。在生产中，衡量某种工具电极是否耐损耗，不仅要看工具电极损耗速度 v_e 的绝对值大小，还要看同时达到的加工速度 v，即每蚀除单位（体积或质量）金属工件时工具的相对损耗。因此，常用相对损耗或损耗比作为衡量工具电极耐损耗的指标，即

$$\theta=\frac{v_e}{v}\times 100\% \tag{7-1-1}$$

式中的加工速度和损耗速度若以 mm^3/min 为单位计算，则为体积相对损耗 θ_w；若以 g/min 为单位计算，则为质量相对损耗 θ_m；若以工具电极损耗长度与工件加工深度之比来表示，则为长度相对损耗 θ_L。在加工中采用长度相对损耗比较直观，测量较为方便，如图 7-1-5 所示，但由于电极部位不同，损耗不同，长度相对损耗还分为端面损耗长度、边损耗长度、角损耗长度。在加工中，同一电极的长度相对损耗大小顺序为：角损耗长度>边损耗长度>端面损耗长度。

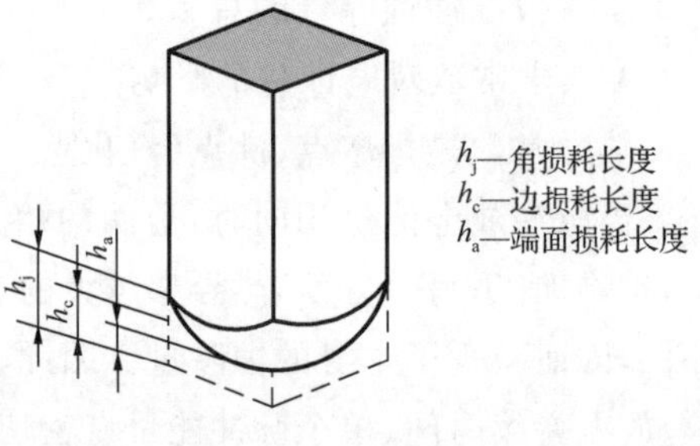

图 7-1-5　电极损耗长度

电火花加工中，电极的相对损耗小于 1%的称为低损耗电火花加工。低损耗电火花加工能最大限度地保证加工精度，所需电极的数目也可减至最少，因而可简化电极的制造，加工工件的表面粗糙度可达 Ra 3.2 μm 以下。除了充分利用电火花加工的极性效应、覆盖效应及选择合适的工具电极材料外，还可从改善工作液方面着手，实现电火花的低损耗加工。若采用加入各种添加剂的水基工作液，则可实现对紫铜或铸铁电极小于 1%的低损耗电火花加工。

影响电极损耗的因素很多，电极损耗是诸多影响因素综合作用的结果，应根据实际经验和具体情况进行选择和调整。

NENGLI PINGTAI

能力平台

工具电极的选择

1 对电极的要求

电火花加工的特点是把工具电极的形状精确地复制在工件上。因此，电极是电火花加工中不可缺少的工具之一。电极的合理设计及制造与被加工工件的加工精度有着密切的关系。为了保证模具的加工精度，在设计电极时，必须选择适当的电极材料、合理的电极结构和正确的几何尺寸，同时还应考虑电极加工工艺性等问题。

电极选择

(1)电极的几何形状应和工件型孔或型腔的几何形状完全相同，其尺寸根据型孔或型腔的尺寸及公差、放电间隙、配合间隙来决定。

(2)电极的尺寸精度不低于 IT7 级精度。

(3)电极的表面粗糙度应在 *Ra* 0.63～1.25 μm 以上，当采用铸铁或铸铜时，表面不能有砂眼。

(4)各表面的平行度不能大于 0.01～0.02 mm/100 mm。

(5)电极加工成形后变形小，具有一定强度。

2 电极材料选择

从电火花加工原理来说，加工时工具电极与工件不接触，是通过电蚀作用对工件进行加工的，似乎任何导电材料都可以作为电极。但是，由于不同材料的电极对于电火花加工的稳定性、生产率及被加工质量等都有很大的影响。因此，在实际使用中不能任意选择电极材料，而应选择相对损耗小、加工过程稳定、生产率高、易于制造加工及成本低廉的材料作为电极材料，以满足模具成形零件的电加工要求。目前，常用的电极材料有纯铜、黄铜、石墨、铸铁、钢、铜钨合金、银钨合金等。

当用同一种电极材料加工不同材料的模具时，加工情况也会有一定的差异，即使同是钢件也会因其成分不同而对加工有所影响，在实际生产中应根据具体情况选用电极材料。

3 电极的结构形式

电极的结构形式应根据被加工型孔或型腔的尺寸、复杂程度及电极的加工工艺性等来确定，常用的电极结构有以下形式：

(1)整体电极

整体电极是指用一整块电极材料加工出的完整电极，这是型孔或型腔加工中最常用的电极结构形式，图 7-1-6 所示为型腔加工用整体电极的结构。当电极面积较大时，可在电极上开一些孔，或者挖空以减轻质量。

对于穿孔加工，有时为了提高生产率和加工精度，减小表面粗糙度，可以采用阶梯式整体电极，即在原有的电极上适当增长，而增长部分的截面尺寸适当均匀减小($f=0.1$～0.3 mm)，呈阶梯形。如图 7-1-7 所示，L_1 为原有电极的长度，L_2 为增长部分的长度(为型孔深度的 1.2～2.4 倍)。加工时利用电极增长部分来粗加工，蚀除掉大部分金属，只留下很小的余量，让原有的电极进行精加工。阶梯电极的优点：能充分发挥粗加工的作用，大幅度提高生产率，使精加工的加工余量减小到最小，特别适于小斜度型孔的加工，易保证模具的加工质量，并且可减少电规准的转换次数。

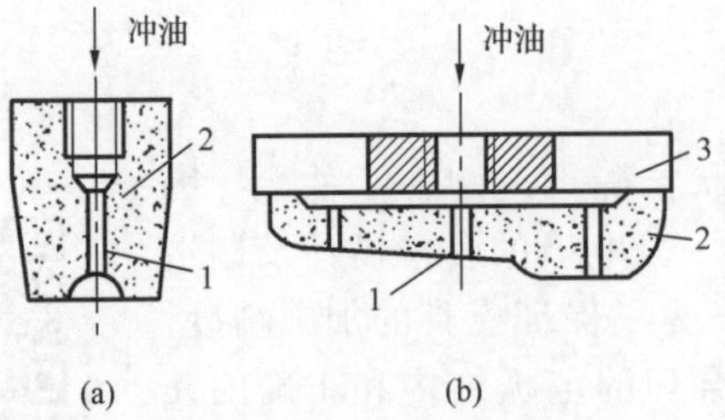

图 7-1-6　整体电极的结构

1—冲油孔；2—石墨电极；3—电极固定板

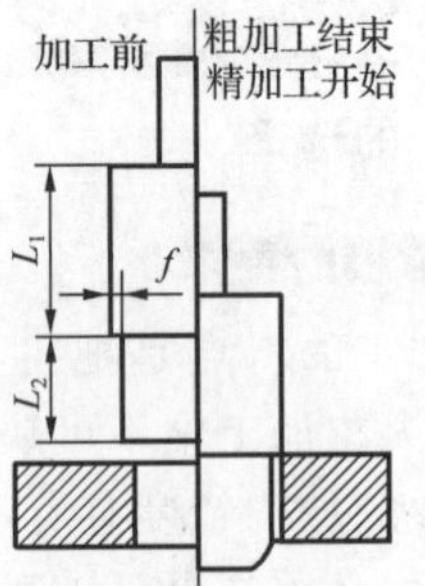

图 7-1-7　阶梯式整体电极

(2)组合电极

在冲模加工中常遇到需要在同一凹模上加工出几个型孔的情况，对于这样的凹模可以用单个电极分别加工各孔，也可以采用组合电极加工，即把多个电极组合装夹在一起。如图 7-1-8 所示，一次完成凹模各型孔的电火花穿孔加工。采用组合电极加工时，生产率高，各型孔间的位置精度也较为准确，但必须保证组合电极各电极间的定位精度，并且每个电极的轴线要垂直于安装表面。

①分解式电极　当工件形状比较复杂时，可将电极分解成简单的几何形状，分别制造成电极，以相应的加工基准，逐步加工成形。采用分解式电极成形加工，可简化电加工工艺，但必须统一加工基准，否则将增大加工误差，如图 7-1-9 所示。分解式电极适用于形状复杂的异型孔和型腔的加工。

②镶拼式电极　对形状复杂而制造困难的电极，可分解成几块形状简单的电极来加工，加工后镶拼成整体的电极来电加工型孔，该电极即镶拼式电极。如图 7-1-10 所示，它将 E 字形硅钢片冲模所用的电极分成三块，加工完毕后再镶拼成整体。这样既可保证电极的制造精度，得到了尖锐的凹角，又简化了电极的加工，节约了材料，降低了制造成本。但在制造中应保证各电极分块之间的位置准确，配合要紧密牢固。

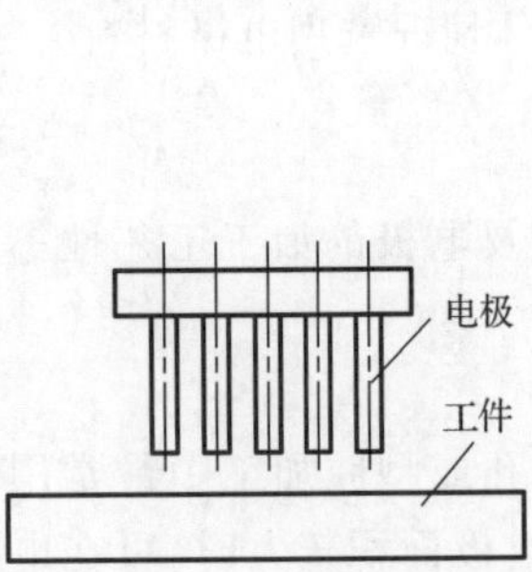

图 7-1-8　组合电极

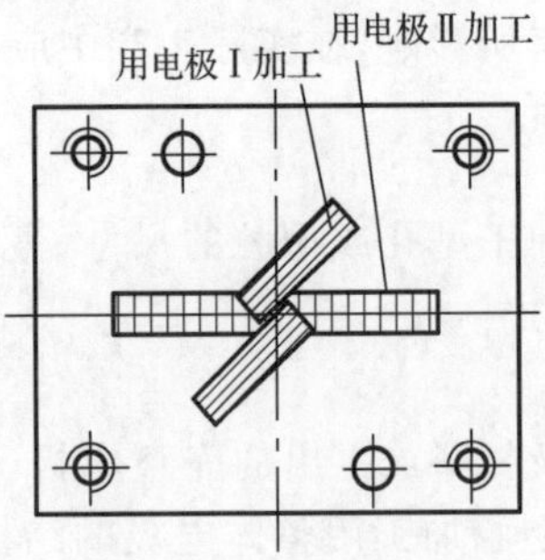

图 7-1-9　分解式电极

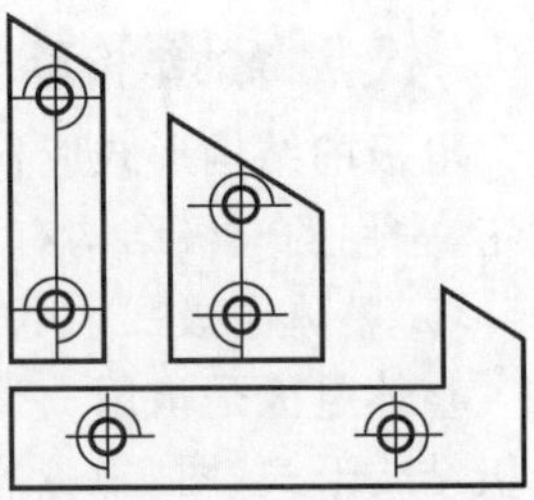

图 7-1-10　镶拼式电极

电极不论采用哪种结构都应有足够的刚度，以利于提高加工过程的稳定性。对于体积小、易变形的电极，可将电极工作部分以外的截面尺寸增大以提高刚度。对于体积较大的电极，要尽可能减轻电极的质量，以减小机床的变形。电极与主轴连接后，其重心应位于主轴轴线上，这对于较重的电极尤为重要，否则会产生附加偏心力矩，使电极轴线偏斜，影响模具的加工精度。

4 电极的设计

电极工艺分析的步骤如图 7-1-11 所示。

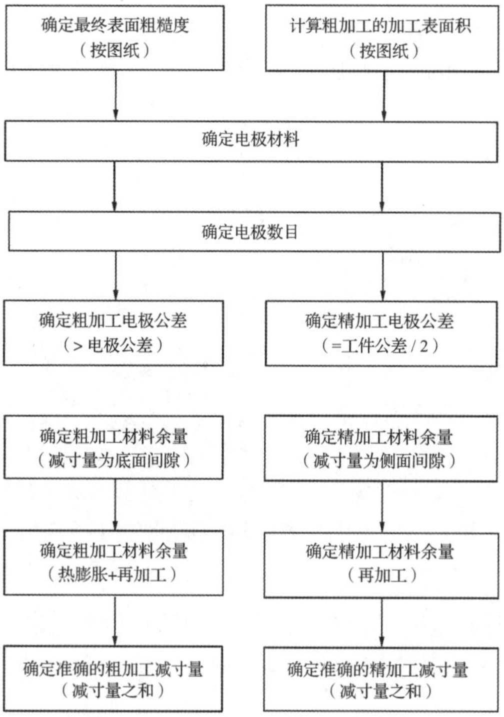

图 7-1-11　电极工艺分析的步骤

(1)确定电极材料

一般而言，从经济效益、生产效益以及方便制作等方面综合考虑，常用电极材料有紫铜或石墨。当然，如果从环境保护出发，电极材料应该首选紫铜，因此本次放电加工电极材料选择紫铜，即确定基本工艺选择为铜-钢，也就是说用紫铜做电极，来加工钢材料。

(2)确定电极数目

在放电加工中，为保证达到图纸要求的表面粗糙度，采用几个电极来进行加工是一种有效的手段。可根据表 7-1-1 所列公式来确定电极数目。

表 7-1-1　确定电极数目

比较条件	无平动加工电极数目	有平动加工电极数目
Ra(条件)＝*Ra*(图纸)	1	1
Ra(条件)＜*Ra*(图纸)×4	2	1
Ra(条件)＝*Ra*(图纸)×4	3	2

Ra(条件)：根据放电加工面积和电极基本形状所选择的初始加工条件号(电规准)进行放电加工能够达到的表面粗糙度。

Ra(图纸)：图纸要求的表面粗糙度。

(3)确定电极公差

精确的电极尺寸对加工精密工件来说是必不可少的。一般情况下电极的精加工公差是工件公差的一半，即精加工电极公差＝工件公差/2，而粗加工电极公差可比精加工电极公差大。

(4)确定减寸量

减寸量是指电极和欲加工型面之间的尺寸差。当无平动加工时，粗加工电极的减寸量由底面间隙确定，精加工电极的减寸量由侧面间隙确定；当采用平动加工时，所有电极减寸量相同，并至少与粗加工电极的减寸量一致。如果放电加工结束后还须进行研磨抛光加工，则必须考虑预留抛光余量，即预留再加工余量。再加工余量的确定：加工钢，抛光余量＝3倍精加工粗糙度 Ra_{max}；加工硬质合金，抛光余量＝5倍精加工粗糙度 Ra_{max}。

减寸量、底面间隙、侧面间隙的相互关系如图7-1-12所示。

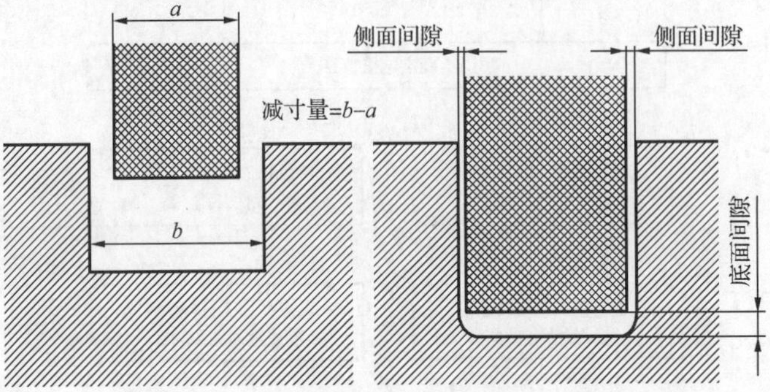

图 7-1-12　减寸量、底面间隙、侧面间隙的相互关系

5 电极的制造

(1)切削加工　常用的方法有铣、车以及平面和圆柱面的磨削。现在常使用数控铣削加工，与传统铣削加工比，其速度快，对加工多个相同电极十分有用，同时可加工比较复杂的形状。

(2)放电加工　放电加工对电极加工很有用，如果需要制作具有各种减寸量的电极，则可将电极加工成各自需要的尺寸，或者加工到精加工电极的减寸量，再通过酸处理减小粗加工电极的尺寸。

(3)电铸加工　电铸加工对大尺寸电极的制造行之有效，特别是在板材冲模领域中，用这种方法制造的电极，其放电性能十分好。

(4)研磨加工　石墨电极是电火花加工中的常用电极，使用研磨加工技术制造石墨电极，石墨电极适用于冲模、注射模、成形模具的加工。

RENWU SHISHI

任务实施

1 零件图工艺分析

该零件内部为曲面型腔，用一般的机床很难完成，所以选择电火花成形加工。型腔属于盲孔加工，金属蚀除量大，工作液循环困难，电蚀产物排除条件差，电极损耗不能用增加电极长度和进给来补偿；加工面积大，加工过程中要求电规准的调节范围也较大；型腔复杂，电极损耗不均匀，影响加工精度。因此，型腔加工要从设备、电源、工艺等方面采取措施来减小或补偿电极损耗，以提高加工精度和生产率。

该零件精度最高为IT8级，表面粗糙度最高为 Ra 0.4 μm，电火花成形加工可以完成。

为了保证加工合格的模具型腔，模具零件(图7-1-1)必须做好基准面，这两个基准面必须要精加工，从而方便电极定位；工件材料不能与工作液发生强烈的化学反应，其导电率大于 0.1 s/cm。

因模具零件外形尺寸以及待加工型腔尺寸都比较大，故为了防止加工中出现变形，在进行放电加工前必须先对工件进行回火处理。当然，回火对于放电加工不会产生任何不利因素。如果回火处理是在盐浴中进行的，则需对工件进行喷砂清理或研磨掉大约 0.05 mm 厚的表面。为了节约加工时间，模具型腔部分最好先用铣刀去除大部分材料，留适当余量进行放电加工。这样做的优点：减少放电加工材料去除量；节约加工时间；有可能减少电极用量。缺点：工件装夹多次，电极上可能有铣刀痕迹，因此在精加工后的工件表面上也可能有这个危险。

2 工艺制定

通过上述工艺分析，可以确定模具材料在热处理后必须进行回火处理，然后再磨削工件上、下表面以及侧面定位基准面（以去除热处理痕迹为主）。

（1）加工条件的确定

首先根据电极的放电加工投影面积选择第一步粗加工条件号。由绘图软件可知电极加工面积约为 31 cm^2，由于加工面积比较大，加工深度也偏大，为了降低电极损耗，采用铜打钢——最小损耗参数表（表 7-1-2）中的数据完成本次放电加工。最后一步精加工条件号根据图纸表面粗糙度要求来选择。根据表 7-1-2 与表 7-1-3 可以初步确定本次加工第一步粗加工条件号为 C115，最后一步精加工条件号为 C104。中间过渡条件号最好由 115 开始依次加工，一直加工到 C104 结束，即 C115→C114→C113→……→C105→C104。这种加工方法有利于提高表面粗糙度。当然也可以中间选择几个条件号来过渡加工，这种加工方法可以减少编程工作量，同时也能够适当提高生产率。本次加工采用后一种编程方法进行加工，即第一步粗加工条件号为 C115，最后一步精加工条件号为 C104，中间过渡条件号选择为 C112、C109、C106。中间过渡条件号的选择原则是相邻两个加工条件的表面粗糙度之差不能超过 4 倍，中间过渡条件在第一个条件和最后一个条件之间进行选取。

表 7-1-2　　铜打钢——最小损耗参数表

条件号	面积/cm^2	底面间隙/mm	侧面间隙/mm	加工速度/($mm^3\cdot min^{-1}$)	损耗/%	底面 Ra/μm	侧面 Ra/μm	极性(+/−)	空载电压/V	管数/只	脉冲宽度/s	电容/μF	脉冲间隙/s	基准电压/V	伺服速度/($mm\cdot min^{-1}$)
100			0.01					−	100	3	2	0	2	85	8
101		0.046	0.035			0.56	0.7	+	100	2	9	0	6	80	8
103		0.055	0.045			0.8	1	+	100	3	11	0	7	80	8
104		0.065	0.05			1.2	1.5	+	100	4	12	0	8	80	8
105		0.085	0.055			1.5	1.9	+	100	5	13	0	9	75	8
106		0.12	0.065			2	2.6	+	100	6	14	0	10	75	10
107		0.17	0.095			3.04	3.8	+	100	7	16	0	12	75	10
108	1.00	0.27	0.16	13	0.1	3.92	5	+	100	8	17	0	13	75	10
109	2.00	0.4	0.23	18	0.05	5.44	6.8	+	100	9	19	0	15	75	12
110	3.00	0.56	0.31	34	0.05	6.32	7.9	+	100	10	20	0	16	70	12
111	4.00	0.68	0.36	65	0.05	6.8	8.5	+	100	11	20	0	16	70	15
112	6.00	0.8	0.45	110	0.05	9.68	12.1	+	100	12	21	0	16	65	15
113	8.00	1.15	0.57	165	0.05	11.2	14	+	100	13	24	0	16	65	15
114	12.00	1.31	0.7	265	0.05	12.4	15.5	+	100	14	25	0	16	58	15
115	20.00	1.65	0.89	317	0.05	13.4	16.7	+	100	15	26	0	17	58	15

表 7-1-3　　　　铜打钢——标准型参数表

条件号	面积/cm^2	底面间隙/mm	侧面间隙/mm	加工速度/($mm^3 \cdot min^{-1}$)	损耗/%	底面 Ra/μm	侧面 Ra/μm	空载电压/V	管数/只	脉冲宽度/s	电容/μF	脉冲间隙/s	基准电压/V	伺服速度/($mm \cdot min^{-1}$)
121		0.047	0.035			0.6	0.75	100	2	8	0	4	80	8
123		0.051	0.04			0.8	1	100	3	8	0	4	80	8
124		0.057	0.045			1.08	1.35	100	4	10	0	6	80	8
125		0.078	0.05			1.44	1.8	100	5	10	0	6	75	8
126		0.11	0.06			2.24	2.8	100	6	11	0	7	75	10
127		0.155	0.08			3.28	4.1	100	7	12	0	8	75	10
128	1	0.24	0.14	22	0.4	4.16	5.2	100	8	15	0	11	75	10
129	2	0.35	0.2	28	0.25	5.2	6.5	100	9	17	0	13	75	12
130	3	0.5	0.26	51	0.25	5.6	7	100	10	18	0	13	70	12
131	4	0.61	0.31	85	0.25	6.88	8.6	100	11	18	0	13	70	12
132	6	0.72	0.36	125	0.25	9.368	12.1	100	12	19	0	14	65	15
133	8	1	0.53	200	0.15	12.2	15.2	100	13	22	0	14	65	15
134	12	1.25	0.64	320	0.15	13.4	16.7	100	14	23	0	14	58	15
135	20	1.6	0.85	390	0.15			100	15	25	0	16	58	15

(2)加工深度的确定

对于每个条件,都有一个底面间隙和侧面间隙,第一步粗加工条件和中间过渡条件的加工深度计算公式为

$$\nabla Z = Z - M/2 \tag{7-1-2}$$

式中　∇Z——机床加工深度;

Z——目标深度;

M——底面间隙。

最后一个精加工条件的加工深度计算公式为

$$\nabla Z = Z - G/2$$

式中　G——侧面间隙。

根据上述公式,结合表 7-1-2,计算每个条件的加工深度,结果如下:

$$\nabla Z(115) = Z - M/2 = 20 - 1.65/2 = 19.175 \text{ mm}$$

$$\nabla Z(112) = Z - M/2 = 20 - 0.8/2 = 19.6 \text{ mm}$$

$$\nabla Z(109) = Z - M/2 = 20 - 0.4/2 = 19.8 \text{ mm}$$

$$\nabla Z(106) = Z - M/2 = 20 - 0.12/2 = 19.94 \text{ mm}$$

$$\nabla Z(104) = Z - G/2 = 20 - 0.05/2 = 19.975 \text{ mm}$$

(3)电极尺寸和平动量的确定

根据工艺分析可知，由于有平动加工，电极制造时减寸量可以确定为等于第一步粗加工条件的底面间隙，即 1.65 mm。具体制造电极尺寸如图 7-1-13 所示。

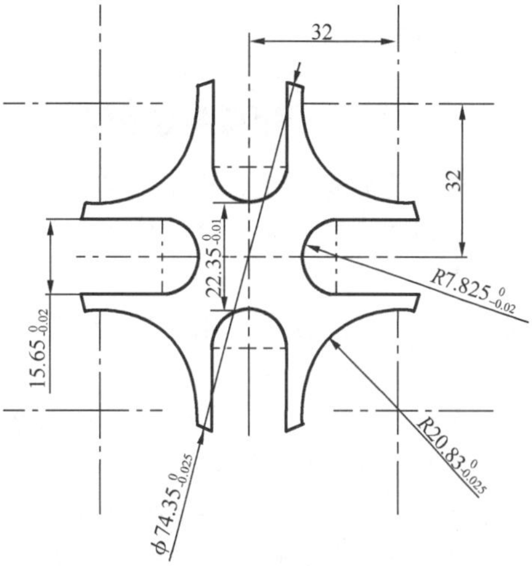

图 7-1-13　电极尺寸

粗加工条件和中间过渡条件平动量的计算公式为

$$S=a/2-M/2 \quad (7\text{-}1\text{-}3)$$

最后一步精加工条件平动量的计算公式为

$$S=a/2-G/2 \quad (7\text{-}1\text{-}4)$$

式中　S——平动量；

a——电极减寸量；

M——底面间隙；

G——侧面间隙。

根据上述公式，计算每个条件的加工深度，结果如下：

$S(115)=a/2-M/2=1.65/2-1.65/2=0$ mm(第一步加工不需要平动)

$$S(112)=a/2-M/2=1.65/2-0.8/2=0.425 \text{ mm}$$

$$S(109)=a/2-M/2=1.65/2-0.4/2=0.625 \text{ mm}$$

$$S(106)=a/2-M/2=1.65/2-0.12/2=0.765 \text{ mm}$$

$$S(104)=a/2-G/2=1.65/2-0.05/2=0.8 \text{ mm}$$

任务二　花盘模的电火花加工程序编制

学习目标

1. 掌握电火花编程的基础知识。
2. 掌握编程相关基本指令。

能力目标

1. 会用相关基本指令编程。
2. 会合理地处理工件的公差尺寸。

RENWU DAORU
任务导入

现需生产图 7-1-1 所示花盘模零件 1 件，试完成编制该零件的数控加工程序任务。

ZHISHI PINGTAI

知识平台

电火花放电加工程序指令与ISO代码基本相同，详细内容请参阅相关数控书籍。这里主要介绍电加工特有的专用指令。

电火花指令应用

(1)G30：指定抬刀方向。在放电加工过程中，需要定时将电极移离放电加工表面，这样做有利于排屑，减少拉弧、加工短路以及积炭的产生。

格式：G30 Z+，作用是沿 Z 轴正方向抬刀。

(2)G80：接触感知。把电极从现在位置移动到与工件接触为止。

格式：G80 X-，作用是将电极沿X轴负方向移动，直到电极与工件接触才停止移动。

(3)G92：指定起始点坐标。将电极所处位置定义为其后所示值。

格式：G92 X0 Y0 Z0，作用是将电极所在的当前点坐标变成(0,0,0)。

(4)T84：开泵。

(5)T85：关泵。

(6)M05：忽视接触感知。当程序中使用G80指令时，电极与工件接触之后，X、Y、Z 轴将不能移动。如要进行轴加工，必须用M05指令先使轴沿接触反方向离开。

(7)C＊＊＊：C是选择加工条件的指令，后跟3位数字，为调用相应条件。

格式：C130，作用是调用130所对应的一组放电参数进行放电加工。在加工过程中参数可以做适当修改，但请谨慎！

NENGLI PINGTAI

能力平台

所谓平动数据，是指在原轴基础上，其他两轴反复进行特定程序的合成动作的加工方法，此合成运动简称为平动，包括平动方式(OBT)和平动半径(STEP)。其格式为

平动数据处理

OBT ＊＊＊ STEP ＊＊＊＊

其中OBT为平动方式，后跟3位数字；STEP(简称S)为平动半径，后跟4位数字，表示电极平动运动的半径，单位是 μm。图7-2-1、表7-2-1分别表示了平动方式的具体含义。

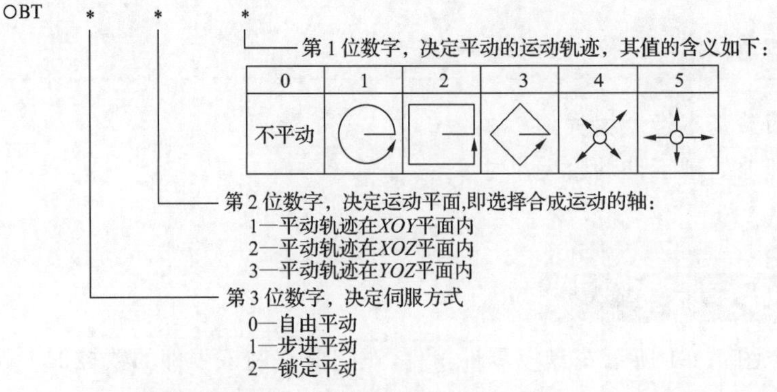

图7-2-1　平动方式的表示形式

表 7-2-1　　平动数据

伺服方式及平面		不平动		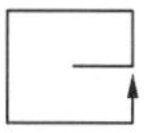			
自由平动	XOY 平面	000	001	002	003	004	005
	XOZ 平面	010	011	012	013	014	015
	YOZ 平面	020	021	022	023	024	025
步进平动	XOY 平面	100	101	102	103	104	105
	XOZ 平面	110	111	112	113	114	115
	YOZ 平面	120	121	122	123	124	125
锁定平动	XOY 平面	200	201	202	203	204	205
	XOZ 平面	210	211	212	213	214	215
	YOZ 平面	220	221	222	223	224	225

1 自由平动

自由平动是指在 X、Y、Z 中选定一轴进行标准伺服，其他两轴进行平动运动。

2 步进平动

步进平动即主轴进行步进伺服，其他两轴进行平动运动。

3 锁定平动

锁定平动是指在单轴加工中，主轴停止伺服，只进行平动动作。即主轴首先移动到规定的坐标位置立即停止，开始规定的平动动作。

RENWU SHISHI
任务实施

电火花机床的发展

利用前面介绍的方法编制花盘模零件的数控加工程序：

```
T84;                      开泵
G80 Z-;                   接触感知，沿 Z 轴负方向移动电极，直到与工件接触，停止移动
G92 X0 Y0 Z0;             将电极所在位置(当前点)定义为坐标系的原点(0,0,0)
M05 G00 Z1.0;             忽视接触感知，快速移动电极到"Z1.0"处
G30 Z+;                   Z 轴正方向抬刀(抬刀时间、高度由所加工条件号确定)
C115;                     调用 115 这一组电参数进行粗加工
OBT002 STEP0000;          在 XOY 平面以方形进行自由平动，平动半径为 0，即不平动
G01 Z-19.175;             直线加工，到尺寸"Z-19.175"处
M05 G00 Z1.0;             忽视接触感知，快速移动电极到"Z1.0"处
C112;                     调用 112 这一组电参数进行半精加工
OBT002 STEP0425;          在 XOY 平面以方形进行自由平动，平动半径为 0.425 mm
G01 Z-19.6;               直线加工，到尺寸"Z-19.6"处
M05 G00 Z1.0;             忽视接触感知，快速移动电极到"Z1.0"处
C109;                     调用 109 这一组电参数进行半精加工
```

OBT002 STEP0625；	在 *XOY* 平面以方形进行自由平动，平动半径为 0.625 mm
G01 Z－19.8；	直线加工，到尺寸“Z－19.8”处
M05 G00 Z1.0；	忽视接触感知，快速移动电极到“Z1.0”处
C106；	调用 106 这一组电参数进行半精加工
OBT002 STEP0765；	在 *XOY* 平面以方形进行自由平动，平动半径为 0.765 mm
G01 Z－19.96；	直线加工，到尺寸“Z－19.96”处
M05 G00 Z1.0；	忽视接触感知，快速移动电极到“Z1.0”处
C104；	调用 104 这一组电参数进行精加工
OBT002 STEP0800；	在 *XOY* 平面以方形进行自由平动，平动半径为 0.8 mm
G01 Z－19.975；	直线加工，到尺寸“Z－19.975”处
M05 G00 Z1.0；	忽视接触感知，快速移动电极到“Z1.0”处
T85；	关泵
M02；	程序结束

任务三　花盘模的数控加工

学习目标

1. 掌握电火花机床的组成与类型。
2. 掌握电火花机床的工作过程与工作原理。
3. 掌握电火花加工机床的控制面板。
4. 掌握电火花工艺规准的选择。
5. 掌握电火花脉冲电源的使用。

能力目标

1. 会根据加工零件选择机床。
2. 会操作生产型电火花机床。
3. 能完成电火花加工工具电极的装夹、校正。
4. 能完成电火花加工工件的定位、找正。
5. 能选择电火花加工电规准参数。

RENWU DAORU 任务导入

现需生产图 7-1-1 所示花盘模零件 1 件，试完成该零件的数控加工任务。

ZHISHI PINGTAI

知识平台

1 电火花加工机床的组成

电火花加工机床一般由下列部分组成：机械部分、脉冲电源、电极自动跟踪系统、操作部分、加工液循环处理部分，如图 7-3-1 所示。

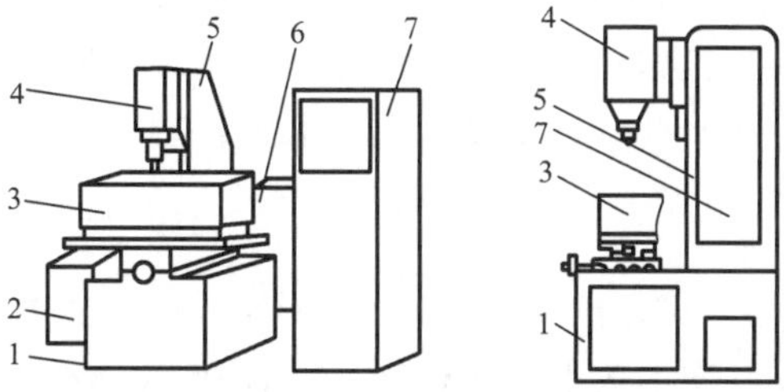

(a) (b)

认识电火花加工机床

图 7-3-1 电火花加工机床的组成

1—床身；2—液压油箱；3—工作液槽；

4—主轴头；5—立柱；6—工作液箱；7—电源箱

机械部分包括床身、立柱、主轴头等，高精度定位的机床常采用坐标测量装置（数显表）或数控装置。

（1）床身和立柱

床身和立柱是基础结构，由它确保电极与工作台、工件之间的相互位置精度。位置精度对加工精度有直接的影响，如果机床的精度不高，加工精度也难以保证。因此，不但床身和立柱的结构应该合理，有较高的刚度，能承受主轴负重和运动部件突然加速运动的惯性力，还应能减小温度变化引起的变形。

（2）工作台

工作台主要用来支撑和装夹工件。在实际加工中，高性能伺服电动机通过驱动纵、横向精密滚珠丝杠，移动上、下滑板，改变工作台上工件与电极的相对位置。工作台上装有工作液箱，用以容纳工作液，使电极和工件浸泡在工作液里，起到冷却、排屑、消电离等作用。工作台也是操作者装夹、找正时经常移动的部件。

（3）主轴头

主轴头是电火花加工机床的一个关键部件，在结构上由伺服进给机构（步进电动机、直流电动机或交流伺服电动机）、导向和防扭机构、辅助机构三部分组成，用以控制工件与工具电极之间的放电间隙。

主轴头的质量直接影响加工的工艺指标，例如生产率、几何精度以及表面粗糙度，因此对主轴头有如下要求：

①有一定的轴向和侧向刚度及精度。

②有足够的进给和回升速度。

③主轴运动的直线性和防扭转性能好。

④灵敏度高，无爬行现象。

⑤具备合理的承载电极质量的能力。

2 脉冲电源

脉冲电源的作用是把工频交流电转换成一定频率的单向脉冲电流，供给火花放电间隙所需要的能量来蚀除金属。脉冲电源的电参数包括脉冲宽度、脉冲间隔、脉冲频率、峰值电流、开路电压等。脉冲电源对电火花加工的生产率、表面质量、加工速度、加工过程的稳定性和工具电极损耗等技术、经济指标有很大的影响。

现在普及型(经济型)的电火花加工机床都采用高低压复合的晶体管脉冲电源；中、高档的电火花加工机床都采用微机数字化控制的脉冲电源，而且内部存有电火花加工工艺规准数据库，可以通过微机设置和调用相应电加工粗、中、精加工工艺规准参数。

3 电极自动跟踪系统

电极自动跟踪系统是保证两极间一定的放电距离，同时检测出两极间电压或电流，并采用伺服电动机或液压驱动的液压伺服机构，可使电极的主轴头进行上下运动。

4 操作部分

通过操作控制面板上的各种按钮(操作部分)，实现加工过程的自动化控制或 CNC 控制。

5 工作循环系统

工作循环系统是用来净化工作液的循环过滤装置，对加工速度和加工精度有很大影响。工作液的作用主要包括：

(1)放电结束后恢复放电间隙的绝缘状态(消电离)，以便下一个脉冲电压再次形成火花放电。为此，要求工作液有一定的绝缘强度。

(2)使电蚀产物较易从放电间隙中悬浮、排除，以免放电间隙被严重污染，导致火花放电点不分散而形成有害的电弧放电。

(3)冷却工具电极和降低工件表面瞬时放电产生的局部高温，否则表面会因局部过热而产生积炭、烧伤并形成电弧放电。

(4)压缩火花放电通道，增大通道中压缩气体等离子体的膨胀及爆炸力，以抛出更多被熔化和汽化的金属，增加蚀除量。

NENGLI PINGTAI
能力平台

1 工具电极的装夹与校正

(1)电极的装夹

在电火花加工前，电极必须正确、牢固地安装在电加工机床主轴头上，并使电极轴线与主轴头轴线一致或平行，保持电极与工件垂直和相对位置。电极的装夹主要由电极夹头来完成。常用的装夹方法有：

①整体式电极的装夹

小型整体式电极大多用通用夹具直接装夹在电火花机床主轴头下端。如图 7-3-2 所示的标准套筒形夹具，适合装夹圆柱电极；图 7-3-3 所示的钻夹头夹具，适合装夹直径较小的电极；图 7-3-4 所示的螺纹夹头夹具，常用于尺寸较大电极的装夹，将电极通过螺纹连接直接装夹在夹具上。

工具电极的装夹与校正

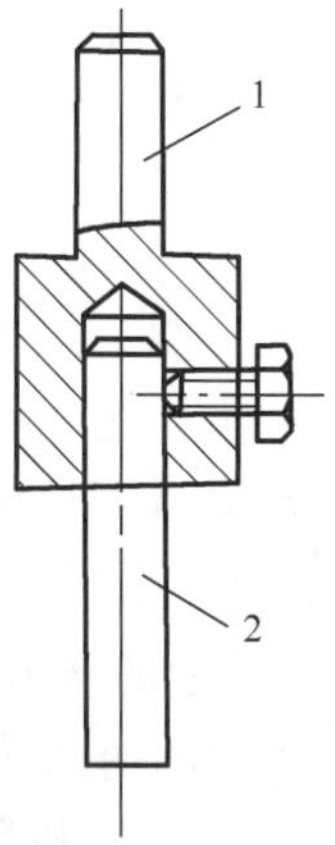

图 7-3-2　标准套筒形夹具

1—标准套筒；2—电极

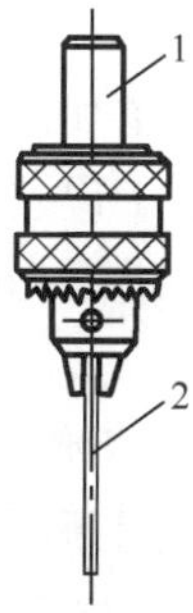

图 7-3-3　钻夹头夹具

1—钻夹头；2—电极

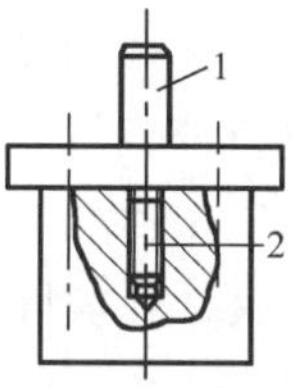

图 7-3-4　螺纹夹头夹具

1—螺纹夹头；2—电极

②石墨电极的装夹

当电极采用石墨材料时，由于石墨材料性脆不适于攻螺纹，因此可以采用螺栓或压板将电极固定在连接板上，石墨电极的装夹如图 7-3-5 所示。

不论是整体式还是拼合式电极，都应使石墨压制时的施压方向与电火花加工时的进给方向垂直。如图 7-3-6 所示，图 7-3-6(a)中的箭头表示石墨压制时的施压方向，图 7-3-6(b)所示为不合理的拼合方式，图 7-3-6(c)所示为合理的拼合方式。

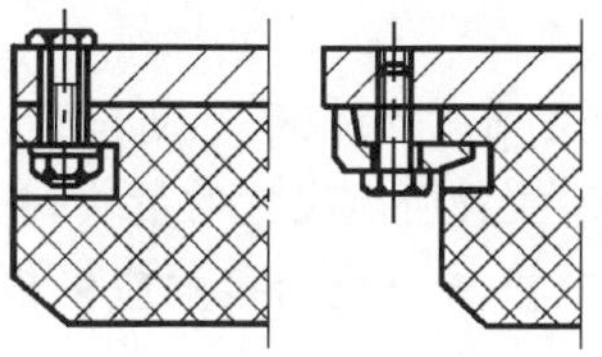
图 7-3-5　石墨电极的装夹

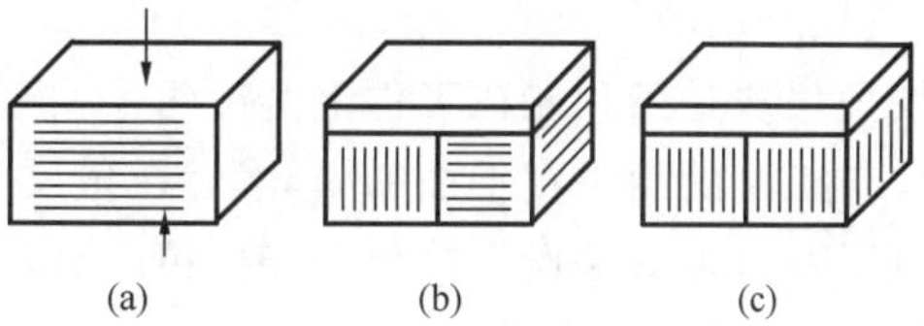

图 7-3-6　石墨电极的方向性与拼合方式

③镶拼式电极的装夹

镶拼式电极的装夹比较复杂，一般先用连接板将几块电极拼块连接成所需的整体，然后再用机械方法固定，如图 7-3-7(a)所示；也可用聚氯乙烯醋酸溶液或环氧树脂黏合，如图 7-3-7(b)所示。注意拼合面应平整密合，然后再将连接板连同电极一体，在电极柄上装夹图 7-3-2 所示的标准套筒形夹具。

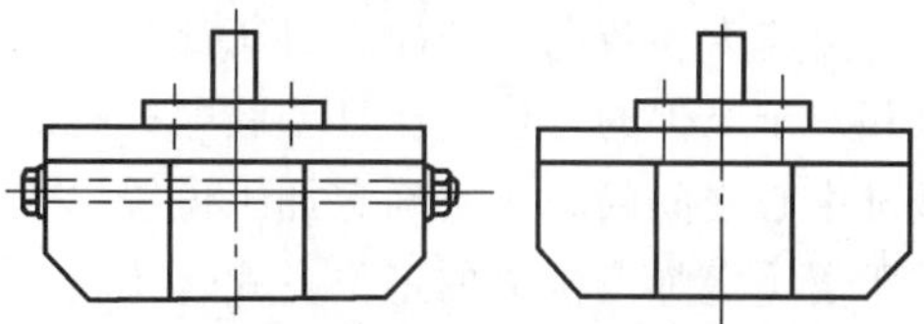
(a) 电极拼装　　(b) 电极黏合

图 7-3-7　镶拼式夹具的装夹

(2)电极的校正

电极装夹完毕后必须进行校正，电极校正包括水平方向的水平度、前后方向的垂直度和左右方向的垂直度校正。电极校正的方法很多，下面是两种简单而实用的方法。

①利用精密角尺校正

这种方法利用精密角尺，通过接触缝隙校正电极与工作台的垂直度，直至上下缝隙均匀为止。校正时还可辅以灯光照射，观察光隙是否均匀，以提高校正精度。这种方法的特点是简便迅速，精度较高。

②利用百分表校正

当电极通过机床主轴上下移动时，电极的垂直度可以直接从百分表读出。这种方法校正可靠，精度高，但较费时。

2 工件的装夹与校正

在电火花加工前，工件型腔部分要进行预加工，并留适当的加工余量。加工余量的大小应能补偿电火花加工的定位、找正及机械加工误差。对形状复杂的型腔，加工余量要适当加大。对需要淬火处理的型腔，应根据精度要求适当安排热处理工序，将准备好的工件安装在工作台上并进行校正。

电火花加工工件的装夹与机械切削机床相似，但由于电火花加工中的作用力很小，因此工件更容易装夹。在实际生产中，工件常常用压板、磁性吸盘（吸盘中的内六角孔中插入扳手可以调节磁力）、虎钳等固定在工作台上，多数用百分表来校正，使工件的基准面分别与基础的 X、Y 轴平行。

3 电极与工件间的定位

定位是指确定电极与加工中心工件之间机床的相互位置，以达到一定精度要求的工作。

(1)划线法

划线法是指预先按图样上标注的尺寸，在工件（如凹模）平磨后的上平面采用涂色（如硫酸铜溶液涂色）法划出其型孔线，然后再通过坐标移动使电极端面轮廓与工件上划出的轮廓线对正。该方法主要适用于定位要求不高的工件。

(2)量块角尺法

量块角尺法是指预先在工件上磨出两个相互垂直的平面作为定位基准面，用一加厚精密直角尺与工件的两垂直平面靠紧，然后在角尺与电极之间放置所需尺寸的量块，从而确定型孔的位置。这种方法操作简便、省时、精度高，但操作中电极与量块的接触应以松紧适度为宜，以免损伤量块的测量面。

(3)其他方法

目前大多数电火花加工机床都有接触感知功能，通过接触感知功能能较精确地实现电极相对于工件的定位。模具型腔电火花加工最常用的定位方式是利用电极基准中心与工件基准中心之间的距离来确定加工位置，称为“四面分中”；利用电极基准中心与工件单侧之间的距离确定加工位置的定位方式也比较常用，称为“单侧分中”。此外，还有一些其他的定位方式。现在的数控电火花加工机床都具有自动找内中心、外中心以及找角及找单侧等功能，只要输入相关的测量数值，即可方便地实现加工定位，比手动定位要方便得多。

RENWU SHISHI

任务实施

1 加工规准的选择

所谓加工(电)规准，是指电火花加工过程中一组电参数，如电压、电流、脉宽、脉间等。电规准选择得正确与否，将直接影响模具加工工艺指标。应根据工件的要求、电极和工件的材料、加工工艺指标和经济效果等因素来确定电规准，并在加工过程中及时地调整。粗规准和精规准的正确配合，可以适当地解决电火花加工时的质量和生产率之间的矛盾。

粗加工时，要求较高的加工速度和低电极损耗，可以选择较大的电流、较长的脉冲宽度(50～500 μs)的粗规准进行加工。刚开始加工时，接触面积小，电流不宜过大；随着加工面积的增大，可逐步增大电流。当粗加工进行到接近的尺寸时，应逐步减小电流，以改善表面质量，减少加工中的修整量。采用铜电极时，电极的相对损耗率应低于 1%。

中规准适用于过渡性加工，以减少精加工时的加工余量，中规准采用的脉冲宽度一般为 10～100 μs。

精加工时，应采用小电流、高频率、短脉冲宽度(2～6 μs)的精规准，以保证模具最终要求的配合间隙、表面粗糙度、刃口斜度等质量指标。精规准的生产率较低，电极损耗较大，可达 10%～25%，但因加工量很少，所以绝对损耗并不大。

2 花盘模的加工

按前述编制程序加工花盘模零件，加工出的产品如图 7-3-8 所示。

图 7-3-8 花盘模产品

任务四 花盘模的测量与评估

学习目标

1. 掌握三坐标测量机的类型、读数方法、使用方法。
2. 掌握三坐标测量机的使用注意事项及维护。

能力目标

1. 能正确使用量具测量零件的外径、内径及长度。

2. 能根据零件要求选用量具。

RENWU DAORU 任务导入

用三坐标测量机测量花盘模零件。

ZHISHI PINGTAI 知识平台

1 三坐标测量机简介

三坐标测量机是 20 世纪 60 年代后期发展起来的一种高效的新型精密测量设备，目前被广泛应用于机械、电子、汽车、飞机等工业领域，它适于测量各种机械零件、模具等的形状尺寸、孔位、孔中心距以及各种形状的轮廓，特别适用于测量带有空间曲面的工件。三坐标测量机具有准确度高、效率高、测量范围大的优点，现已成为几何量测量仪器的一个主要发展方向。

如图 7-4-1 所示，三坐标测量机的测量过程是由测量头通过三个坐标轴导轨在三个空间方向自由移动实现的，在测量范围内可到达任意一个测量点。三个坐标轴的测量系统可以测量测量点在 X、Y、Z 三个方向上的精确坐标位置。根据被测几何形面上若干测量点的坐标值即可计算出待测的几何尺寸和几何公差。此外，在测量工作台上，还可以配置绕 Z 轴旋转的分度转台和绕 X 轴旋转的带顶尖座的分度头，以方便螺纹、齿轮、凸轮等的测量。

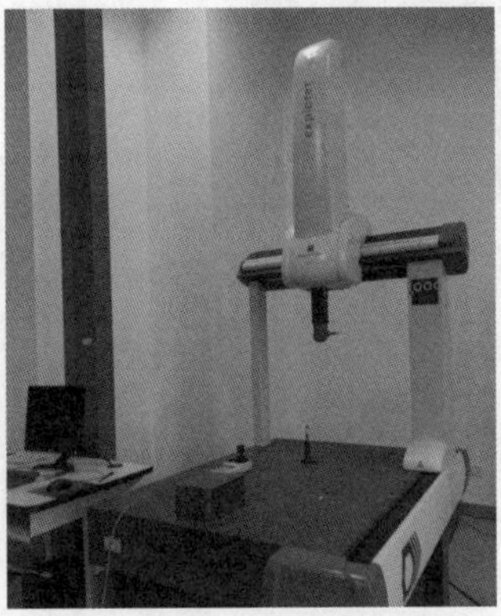

图 7-4-1　三坐标测量机

认识三坐标测量机

2 三坐标测量机的分类

(1)按精度分类

①精密型万能测量机(UMM)是一种计量型三坐标测量机，其精度可以达 1.5 μm$+2L/$

1 000，一般放在有恒温条件的计量室内，用于精密测量，分辨率为 0.5 μm、1 μm 或 2 μm，也有达到 0.2 μm 或 0.1 μm 的。

②生产型测量机（CMM）。一般放在生产车间，用于生产过程的检测，并可进行末道工序的精加工，分辨率为 5 μm 或 10 μm，小型生产型测量机也有达到 1 μm 或 2 μm 的。

（2）按 CMM 的测量范围分类

①小型坐标测量机。在其最长一个坐标轴方向（一般为 X 轴方向）上的测量范围小于 500 mm，主要用于小型精密模具、工具和刀具等的测量。

②中型坐标测量机。在其最长一个坐标轴方向上的测量范围为 500～2 000 mm，是应用最多的机型，主要用于箱体、模具类零件的测量。

③大型坐标测量机。在其最长一个坐标轴方向上的测量范围大于 2 000 mm，主要用于汽车与发动机外壳、航空发动机叶片等大型零件的测量。

（3）按 CMM 的结构形式分类

按照结构形式，CMM 可分为移动桥式、固定桥式、龙门式、悬臂式、立柱式等。

3 三坐标测量机的工作原理

三坐标测量机是基于坐标测量的通用数字测量设备。它首先将各被测几何元素的测量转化为对这些几何元素上一些点的坐标位置测量，在测得这些点的坐标位置后，再经过运算求出其几何尺寸和误差。

4 三坐标测量机的组成

三坐标测量机是典型的机电一体化设备，它由机械系统和电子系统两大部分组成。

（1）机械系统

机械系统一般由三个正交的直线运动轴构成。X 方向导轨系统安装在工作台上，移动桥架横梁是 Y 方向导轨系统，Z 方向导轨系统安装在中央滑架内。三个方向上均装有光栅尺用以测量各轴位移值。人工驱动的手轮及机动、数控驱动的电动机一般都在各轴附近。用来触测被检测零件表面的测量头装在 Z 轴端部。

①工作台。早期的三坐标测量机的工作台一般是由铸铁或铸钢制成的，但近年来，各生产厂家广泛采用花岗岩来制造工作台，这是因为花岗岩变形小，稳定性好，耐磨损，不生锈，价格低廉，易于加工。有些三坐标测量机装有可升降的工作台，以扩大 Z 轴的测量范围，还有些备有旋转工作台，以扩大测量功能。

②导轨。导轨是测量机的导向装置，直接影响测量机的精度，因而要求其具有较高的直线精度。在三坐标测量机上使用的导轨有滑动导轨、滚动导轨和气浮导轨，常用的为滑动导轨和气浮导轨，滚动导轨应用较少，因为滚动导轨的耐磨性较差，刚度也较滑动导轨低。在早期的三坐标测量机中，许多机型采用的是滑动导轨。滑动导轨精度高，承载能力强，但摩擦阻力大，易磨损，低速运行时易产生爬行，也不宜在高速下运行，有逐步被气浮导轨取代的趋势。目前，多数三坐标测量机已采用空气静压导轨（又称为气浮导轨、气垫导轨），它具有制造简单、精度高、摩擦力极小、工作平稳等优点。

气浮技术的发展使三坐标测量机在加工周期和精度方面均取得了很大的突破。目前不少生产厂家寻找高强度轻型材料作为导轨材料，有些选用陶瓷或高膜量型的碳素纤维作为移动桥架和横梁上运动部件的材料。此外，为了加速热传导，减少热变形，ZEISS公司采用带涂层的抗时效合金来制造导轨，使其时效变形极小且各部分的温度更加趋于均匀一致，从而提高整机的测量精度，而对环境温度的要求却又可以放宽些。

(2)电子系统

电子系统一般由光栅计数系统、测量头信号接口和计算机等组成，用于获得各测量点的坐标数据，并对数据进行处理。

5 三坐标测量机的测量系统

三坐标测量机的测量系统由标尺系统和测量头系统构成，它们是三坐标测量机的关键组成部分，决定着其测量精度的高低。

(1)标尺系统

标尺系统是用来测量各轴的坐标数值的，目前三坐标测量机上使用的标尺系统种类很多，它们与在各种机床和仪器上使用的标尺系统大致相同，按其性质可以分为机械式标尺系统(如精密丝杠加微分鼓轮、精密齿条及齿轮、滚动直尺)、光学式标尺系统(如光学读数刻线尺、光学编码器、光栅、激光干涉仪)和电气式标尺系统(如感应同步器、磁栅)。根据对国内外生产CMM所使用的标尺系统的统计分析可知，使用最多的是光栅，其次是感应同步器和光学编码器。有些高精度CMM的标尺系统采用了激光干涉仪。

(2)测量头系统

①测量头。三坐标测量机是用测量头来拾取信号的，因而测量头的性能直接影响测量精度和测量效率，没有先进的测量头就无法充分发挥三坐标测量机的功能。在三坐标测量机上使用的测量头，按结构原理可分为机械式、光学式和电气式等；而按测量方法又可分为接触式和非接触式两类。

②测量头附件。为了扩大测量头功能、提高测量效率以及探测各种零件的不同部位，常需为测量头配置各种附件，例如测量端、探针、连接器、回转附件等。

- 测量端。对于接触式测量头，测量端是与被测工件表面直接接触的部分，对于不同形状的表面需要采用不同的测量端。

- 探针。探针是可更换的测量杆，探针对测量能力和测量精度有较大影响，在选用时应注意：在满足测量要求的前提下，探针应尽量短；探针直径必须小于测量端直径，在不发生干涉条件下，应尽量选大直径探针；在需要长探针时，可选用硬质合金探针，以提高刚度。若需要特别长的探针，则可选用质量较轻的陶瓷探针。

- 连接器。为了将探针连接到测量头上，将测量头连接到回转体上或测量机主轴上，需采用各种连接器。常用的有星形探针连接器、连接轴、星形测量头座等。

- 回转附件。对于有些工件表面的检测，例如一些倾斜表面、整体叶轮叶片表面等，仅用与工作台垂直的探针探测将无法完成测量，这时就需要借助回转附件，使探针或整个测量头回转一定角度再进行测量，从而扩大测量头的功能。目前在测量机上使用较多的回转附件为RENISHAW公司生产的产品。

NENGLI PINGTAI

能力平台

1 三坐标测量机的使用方法

(1)测量前的准备

①检查空气轴承压力是否足够。

②安装工件。

(2)三坐标测量机测量头的选择及安装

①将适当的测量头安装 Z 轴承接器上。

②检视 Z 轴是否会自动滑落(否则应调整红色压力平衡调整阀)。

③锁定各轴至适当位置。

(3)三坐标测量机的操作

①开启处理机电源。

②启动打印机开关。

③参考操作手册,选择所需功能指令。

④进行测量,并记录测量值。

(4)三坐标测量机测量完成后的注意事项

①Z 轴移至原来位置,锁定。

②X、Y 轴各移至中央,锁定。

③关闭电源及压力阀。

④取下测量头。

⑤进行适当的保养。

三坐标测量机操作

中国精度、极致匠心

2 加工精度的质量控制

(1)影响工件加工精度的主要因素

①放电间隙

电火花加工时,工具电极的凹角与尖角很难精确地复制在工件上,因为在棱角部位电场分布不均。间隙越大,这种现象越严重。当工具电极为凹角时,工件上对应的尖角处由于放电蚀除的概率大,容易遭受腐蚀而成为圆角;当工具电极为尖角时,由于放电间隙的等距性,工件上只能加工出以尖角顶点为圆心,以放电间隙值为半径的圆弧;此外,工具上的尖角本身因尖端放电蚀除的概率大而容易耗损成圆角。

为了减小加工误差,应采用较弱的加工规准,以缩小放电间隙。精加工的单面放电间隙一般只有 0.01～0.03 mm,粗加工时则为 0.5 mm 左右。

②工具电极的损耗

假设工具电极从上往下做进给运动,工具电极下端由于加工时间长,因此绝对损耗较上端大;此外,在型腔入口处由于电蚀产物的存在而容易产生二次放电(由于已加工表面与电极的空隙中进入电蚀产物而再次进行非必要的放电)，结果是在加工深度方向上产生斜度，导致上宽下窄，俗称喇叭口。

为了减小加工误差，需要对工具电极各部分的损耗情况进行预测，然后对工具电极的形状和尺寸进行补偿修正。

(2)影响工件表面质量的主要因素

电火花加工的表面与机械加工的表面不同，它是由无方向性的无数小坑和硬凸边所组成的，特别有利于保存润滑油；而机械加工表面则存在着切削或磨削刀痕，具有方向性。两者相比，电火花加工表面的润滑性能和耐磨损性能均比机械加工的表面好。电火花加工的表面质量主要包括表面粗糙度和表面力学性能。

①表面粗糙度

对表面粗糙度影响最大的是单个脉冲能量。脉冲能量大，则每次脉冲放电的蚀除量也大，放电凹坑既大又深，从而使表面粗糙度增大。

电火花加工的表面粗糙度可分为底面表面粗糙度和侧面表面粗糙度。侧面表面粗糙度由于有二次放电的修光作用，往往要稍好于底面表面粗糙度。要提高表面粗糙度，可用平动头或数控摇动工艺。

工件材料对表面粗糙度也有影响。熔点高的工件材料(如硬质合金)，单脉冲形成的凹坑较小，在相同能量下加工，其表面粗糙度要比熔点低的工件材料(如钢)好。当然，其加工速度也相应下降。

工具电极的表面粗糙度也会影响加工的表面粗糙度。由于加工石墨电极时很难得到非常光滑的表面，因此，与纯铜电极相比，用石墨电极加工出的工件表面粗糙度较差，因此石墨电极只用于粗加工。

②表面力学性能

在电火花加工过程中，在火花放电的瞬时高温、高压以及工作液的快速冷却作用下，材料的表面层发生了很大的变化。工件的表面变质层分为熔化凝固层和热影响层。

熔化凝固层位于表面最上层，是表层金属在被放电的瞬间高温熔化后大部分抛出，小部分滞留下来，并被工作液快速冷却而凝固形成的。显微裂纹一般在熔化凝固层内出现。熔化凝固层和基体的接合不牢固，容易剥落而加快磨损。

热影响层位于熔化凝固层与基体之间。热影响层的金属材料并没有熔化，只是受高温的影响，使材料的金相组织发生了变化。对于淬火钢，热影响层包括再淬火区、高温回火区和低温回火区，再淬火区的硬度稍高于或接近基体硬度，回火区的硬度则比基体材料低；对于未淬火钢，热影响层主要为淬火区，热影响层的硬度比基体材料高。

电火花表面由于瞬间的先热胀后冷缩，因此加工后的表面存在残余拉应力，使抗疲劳强度减弱，比机械加工表面低了许多。采用回火热处理来减小残余拉应力，或进行喷丸处理把残余拉应力转化为压应力，提高其耐疲劳性能。

3 花盘模零件加工中的电极损耗补偿

在放电加工过程中，除了蚀除模具零件金属外，电极本身也有损耗，这就造成了理论加工尺寸符合要求，实际尺寸却有误差。为了减少或消除这一现象，就必须对电极损耗进行补偿。一般常用下列方式进行补偿：

(1)直接测量补偿法

在加工结束之后，用深度尺或其他方法测量加工深度，若加工的型腔深度在尺寸公差范围内，则无须补偿。若超差，则必须在原来的加工深度基础上再加上超差部分尺寸，继续加工。

(2)工艺补偿法

在制定加工工艺时，直接选择电极低损耗的条件参数来进行放电加工，这样可以有效地减少电极损耗，也可以充分利用放电加工的两个效应：极性效应和覆盖效应来减少电极损耗。

(3)电极更换法

在电极损耗较大的情况下，可以采用电极更换法(多电极加工法)。使用多个电极来进行放电加工，这在电火花加工中是常见的，主要是加工工艺要求。而从电极损耗来说，采用这种方法不是很理想。

RENWU SHISHI 任务实施

花盘模的测量

零件加工好后应进行尺寸的测量。根据实际测量结果填写表 7-4-1。

表 7-4-1 **花盘模零件测量结果** mm

测量部位	尺寸	测量记录			平均值	测量结果
外径	$\phi76_{-0.05}^{0}$	ϕ75.98	ϕ75.96	ϕ76.00	ϕ76.98	合格
	R20	R20.06	R20.04	R20.05	R20.05	合格
	R7	R6.96	R6.98	R6.99	R6.98	合格
长度	$14_{-0.04}^{0}$	14.00	13.98	14.00	14.00	合格
	$24_{-0.02}^{0}$	24.00	23.99	23.98	23.99	合格
深度	$20_{-0.02}^{0}$	19.98	20.00	19.99	19.99	合格

TONGBU XUNLIAN 同步训练

如图 7-5-1 所示零件，若电极横截面尺寸为 30 mm×28 mm，电极应如何在 X 方向和 Y 方向定位？请写出电极的定位过程。

据安全间隙 0.61 mm(双边)，可知电极在 X、Y 方向与加工的边界应有 0.61/2＝________ mm 的间隙，因此加工过程中电极的平动半径为________ mm。

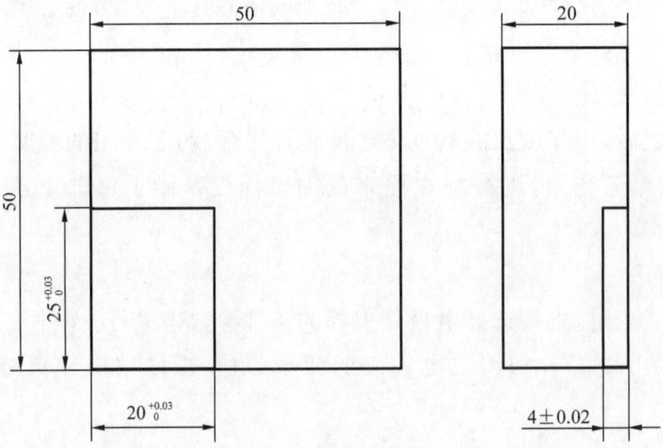

图 7-5-1 电极零件图

X 方向定位如下：

(1)电极移动到工件左边，执行

G80 X+

G90 G92 X(　　)(若电极感知后自动后退 1 mm，则为 G90 G92 X−1)

(2)电极移动到工件下边，执行

G80 Y+

G90 G92 Y(　　)(若电极感知后自动后退 1 mm，则为 G90 G92 Y−1)

(3)抬高电极，执行

G00 X(　　)(注：20−0.305=19.695)

G00 Y(　　)(注：25−0.305=24.695)

(3)进一步说明，如果电极感知后自动后退 1 mm，在 *X* 方向仍执行 G90 G92 X0，则抬高电极时则为

G00 X(　　)(注：21−0.305=20.695)

项目八
五角模的线切割加工

学习目标

1. 掌握五角模的数控加工工艺的编制方法。
2. 根据数控线切割工艺方案，编写数控加工程序。
3. 了解线切割的工作原理和工作过程。
4. 掌握光学投影仪的工作原理和使用方法。

能力目标

1. 能制定五角模的加工方案，会选用刀具，能计算切削三要素。
2. 能利用相关编程指令，完成数控各工序的编程。
3. 能利用线切割机床，完成五角模零件的加工。
4. 根据图纸技术要求，测量并评估工件的加工质量。

思政目标

1. 引导学生乐于助人，能够赞赏他人，愿意与团队成员共享信息，为团队工作提出自己的见解，倾听团队其他成员的意见，能够形成共同的决策。
2. 了解本行业发展趋势，激发学生爱国情怀。
3. 引导学生能够整洁地书写文字，妥善地保管文献、资料和工作器材。
4. 培养学生专注负责的工作态度，精雕细琢、精益求精的工匠精神。

RENWU DAORU 任务导入

现需生产图 8-1-1 所示五角模零件 1 件，试完成以下任务：

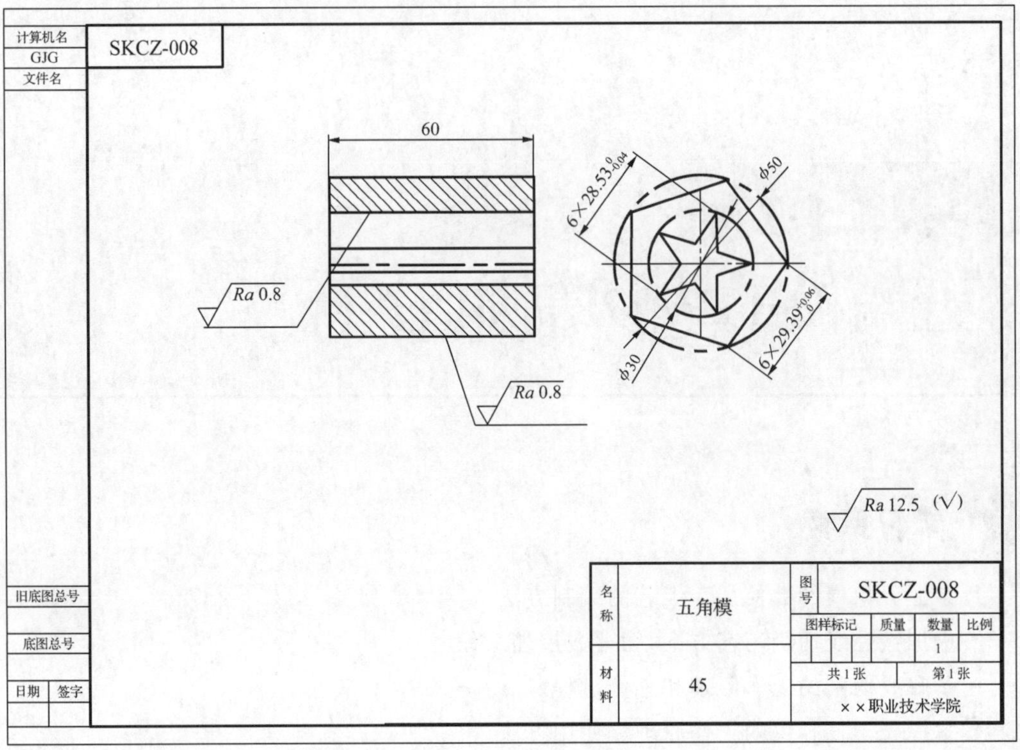

图 8-1-1　五角模零件图

1. 五角模的数控加工工艺编制。
2. 五角模的数控加工程序编制。
3. 五角模轴套的数控加工。
4. 五角模的数控测量与评估。

任务一　五角模的线切割加工工艺编制

学习目标

1. 掌握数控线切割工艺过程的基础知识。
2. 理解数控线切割工艺文件的作用。
3. 掌握电火花线切割加工工艺规律。

能力目标

1. 会选择电火花线切割加工参数。
2. 会填写工艺文件。

3. 能选择电极丝材料。

4. 能编写简单的五角模加工工艺文件。

RENWU DAORU 任务导入

现需生产图 8-1-1 所示五角模零件 1 件，试完成以下工艺任务：

1. 会选择五角模加工所用机床。

2. 会选择电火花线切割切削用量并填写数控加工工序卡片。

ZHISHI PINGTAI 知识平台

1 数控线切割加工的基本原理

数控线切割加工即电火花线切割加工，其基本原理是将电极丝接至脉冲电源的负极，将工件接至脉冲电源的正极，利用移动着的电极丝和工件之间保持一定的放电间隙，进行脉冲火花放电，从而对工件按要求尺寸进行的一种加工方法。如图 8-1-2 所示，当线切割加工时，电极丝由电动机和导轮带动做图示的运动，工件装夹在 *X*、*Y* 方向移动的工作台上，由数控伺服机构按照图纸所要求的程序控制运动；同时，在电极丝和工件之间，由液压泵喷头不停地浇注工作液。当一个脉冲发生时，电极丝和工件之间因正、负极产生的电场击穿工作液介质而产生电流通道，产生火花放电，此时，放电瞬间所产生的温度可高达 10 000 ℃以上，这一高温足以使工件金属在放电局部熔化甚至汽化，熔化后的金属随放电局部迅速热膨胀的工作液和金属蒸气发生微爆炸而被抛离工件，从而实现对工件的电蚀切割加工。随着工件的不断移动，电极丝所到之处不断被电蚀，最终实现整个工件的尺寸加工。

认识数控线切割机床

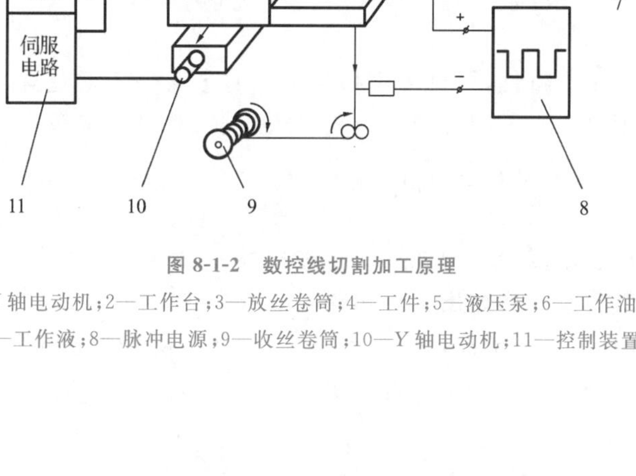

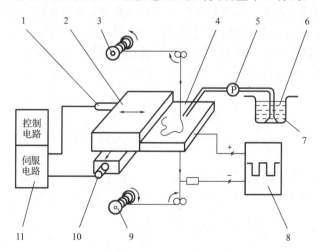

图 8-1-2 数控线切割加工原理

1—*X* 轴电动机；2—工作台；3—放丝卷筒；4—工件；5—液压泵；6—工作油箱；7—工作液；8—脉冲电源；9—收丝卷筒；10—*Y* 轴电动机；11—控制装置

电火花放电的时间很短，一般短于 1×10^{-3} s（在 $1\times10^{-7}\sim1\times10^{-5}$ s），即一瞬间，以致放电所产生的热量来不及从放电点传导扩散到其他部位，因此只在极小的范围内使金属熔化，甚至汽化。

一个完整的脉冲放电过程可分为五个连续的阶段：电离、放电、热膨胀、抛出金属和消电离。

（1）电离

工件和电极表面存在着微观的凹凸不平，在两者相距最近的点上电场强度最大，会使附近的液态介质首先被电离成电子和正离子。

（2）放电

在电场力的作用下，电子高速奔向阳极，正离子奔向阴极，并在运动中相互碰撞，产生火花放电，形成放电通道。如图 8-1-3 所示，在这个过程中，两极间液态介质的电阻从绝缘状态的几兆欧骤降到几分之一欧。放电通道受放电时磁场力和周围液态介质的压缩，其截面积极小，电流强度可达 $1\times10^{5}\sim1\times10^{6}$ A/cm^{2}。

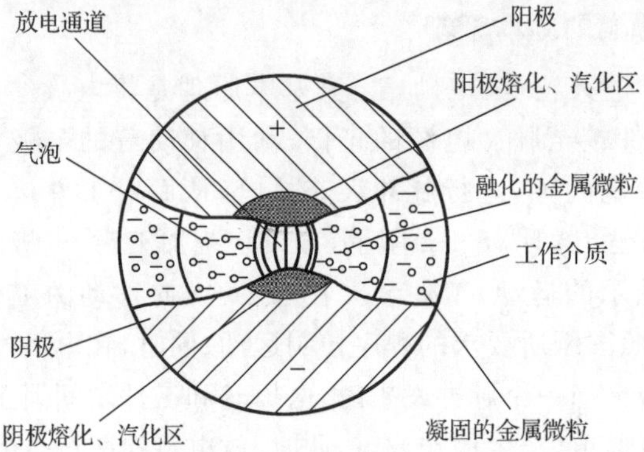

图 8-1-3 放电状况

（3）热膨胀

由于放电通道中分别朝着正极和负极高速运动的电子和正离子相互间发生碰撞，产生大量的热能；再加上高速运动着的电子和正离子流分别撞击工件和电极所在的阳极和阴极表面，将其动能也转化为热能，这样在两极之间沿通道形成了一个温度高达 10 000～12 000 ℃的瞬时高温热源。在该热源作用区的电极和工件表面层金属会很快熔化，甚至汽化。而电流通道周围的液态介质一部分被汽化，另一部分被通道作用区的高温热源分解为游离的炭黑和氢气（H_2）、乙炔（C_2H_2）、乙烯（C_2H_4）、甲烷（CH_4）等，这些汽化后的金属和工作液介质蒸气在瞬间（$1\times10^{-7}\sim1\times10^{-5}$ s）热量来不及散发，成为气泡，迅速膨胀、爆炸，使电极和工件间冒出小气泡和黑色的液体，同时溅出闪亮的火花，并伴随清脆的噼啪声。

（4）抛出金属

热膨胀所具有的爆炸特性，可将熔化和汽化后的金属残渣通过爆炸力抛入工件和电极附近的工作液介质中，冷却、凝固成细小的圆球状颗粒（直径一般为 0.1～500.0 μm），而在电极表面则形成了一个周围凸起的微小圆形凹坑。

（5）消电离

使放电区的带电粒子复合为中性粒子的过程称为消电离。在火花放电过程中，热膨胀的爆炸并不能将腐蚀残渣全部抛出工件和电极的放电区，在一次脉冲放电后应有一段间隔时间，使间隙内的介质得以消电离而恢复绝缘状态，让蚀除物尽快被排除，以实现下一次脉冲击穿放电。如果电蚀产物和气泡无法及时排除,就会改变间隙内介质的成分和绝缘强度,破坏消电离过程,易使脉冲放电转变为连续电弧放电,影响加工。

一次脉冲放电之后,两极间的电压急剧下降到接近于零,间隙中的电介质立即恢复到绝缘状态。当第二次脉冲时,两极间的电压再次升高,在另一处工件和电极靠得最近的点又一次发生上述脉冲放电过程。以此类推,随着工件的不断移动,电极丝所到之处不断被电蚀,最终实现整个工件的尺寸加工。

数控线切割加工按电极丝驱动方式的不同可分为线切割慢速走丝(简称慢走丝)和线切割快速走丝(简称快走丝)两种。

慢走丝是指电极丝实施低速、单向运动的电火花线切割加工。其电极丝只一次性通过加工区域,如图 8-1-4 所示,电极丝经过加工区域后,被收丝轮绕在收丝卷筒上。一般走丝速度为 3～12 m/min,由于单向走丝,因此电极丝的损耗对加工精度几乎没有影响。

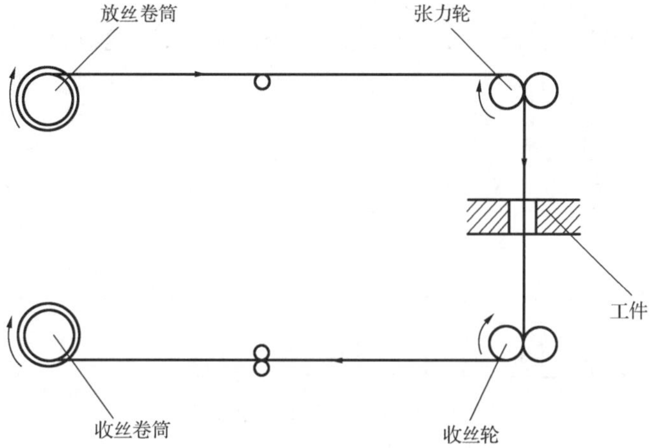

图 8-1-4　慢走丝系统

快走丝是指电极丝高速往复运动的电火花线切割加工。如图 8-1-5 所示,其电极丝被整齐地排列在储丝筒上,由储丝筒的一端经丝架上的上、下导向器定位,穿过工件,返回到储丝筒的另一端。加工时,电极丝在储丝筒驱动电动机的作用下,随着储丝筒做高速往返运动。一般运动速度为 450～700 m/min。

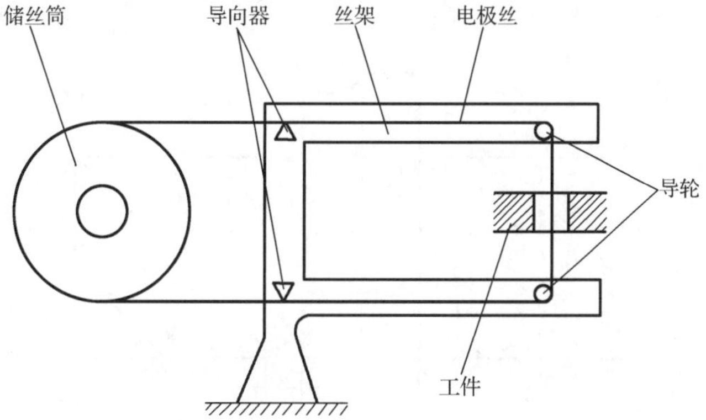

图 8-1-5　快走丝系统

2 数控线切割加工的特点

数控线切割加工的电极丝即工具电极，它与电火花成形加工相比，具有简单、易制、备料方便、成本低等特点。

NENGLI PINGTAI

能力平台

1 数控线切割加工工艺

数控线切割加工一般作为工件加工最后的工序。为了能在一定条件下，使数控线切割加工以最少的劳动量、最低的成本，在规定时间内，可靠地加工出符合图样要求的加工精度和表面粗糙度的零件，必须先制定出合理、切实可行的数控线切割加工工艺规程来指导生产，这样才能保质保量地达到预定的加工效果，提高生产率。数控线切割加工工艺规程大致分以下步骤，如图 8-1-6 所示。

数控线切割加工工艺

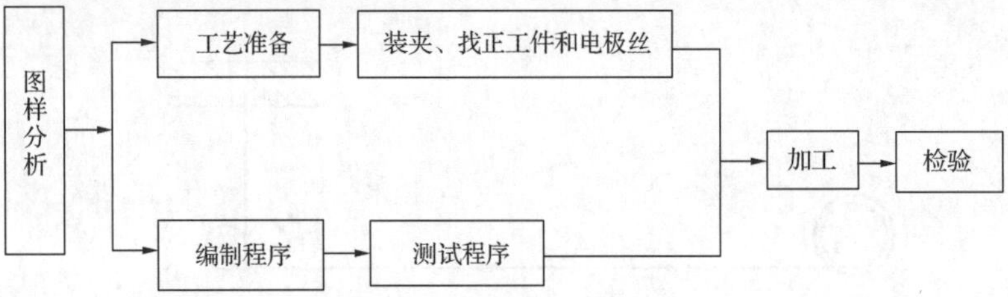

图 8-1-6 数控线切割加工工艺规程

(1)图样分析

接到加工任务后，必须首先对零件图纸进行分析和审核，主要可从两个方面着手：

①分析被加工零件的形状是否可用现有的数控线切割机床和加工方法加工。

- 被加工零件必须是导体或半导体材料的零件。
- 被加工零件的厚度必须小于丝架跨距，长、宽必须在机床 X、Y 拖板的有效行程之内。
- 窄缝必须大于或等于电极丝直径 d 加两倍的单边放电间隙 δ 之和，如图 8-1-7 所示。

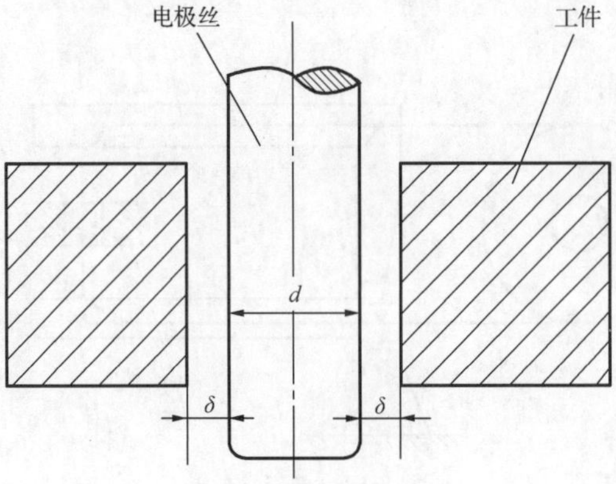

图 8-1-7 窄缝宽度要求

● 加工凹、凸模零件时，必须首先确定线电极中心相对于被加工工件的位置补偿，如图 8-1-8 所示，加工凹模类零件，线电极中心轨迹要小于凹模轮廓，如图 8-1-8(a)中的点画线所示；加工凸模类零件，线电极中心轨迹要大于凸模轮廓，如图 8-1-8(b)中的点画线所示。且在工件的凹角处只能得到圆角，特别是形状复杂的精密冲模设计时，图样上必须注明拐角处过渡圆弧半径。

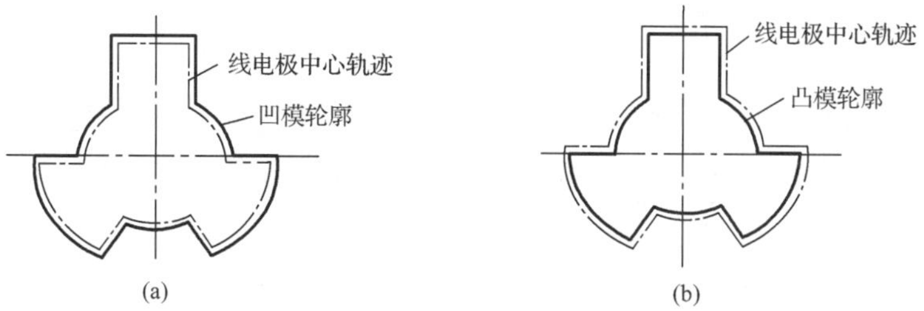

图 8-1-8　线电极中心轨迹

一般凹角圆弧半径 $R_1 \geqslant d/2+\delta$，尖角圆弧半径 R_2 则等于凹角圆弧半径 R_1 减去凹、凸模的配合间隙 Δ。

②分析被加工零件的加工精度和表面粗糙度，分析零件图样上尺寸精度和表面粗糙度要求，合理确定线切割加工的工艺参数，特别是在确定工艺参数以确保表面粗糙度要求时，应注意对线切割速度的影响，确保均衡。

(2)工件的准备

①毛坯材料的选定及处理

工件材料是设计时确定的，模具加工时，通常要求一方面选用淬透性好、锻造性能好、热处理变形小的材料作为线切割的锻件毛坯，如合金工具钢 Cr12、Cr12MoV、GCr15、CrWMn、Cr12Mo 等；另一方面，模具坯件大多数为锻件，在毛坯中可能会存在残余应力，因此切割前应先安排淬火和回火处理，释放应力，这样可避免在大面积切除金属和切断加工时，因受材料淬透性影响，材料内部残余应力的相对平衡遭到破坏，造成工件变形，加工工件的尺寸精度无法保证，甚至在加工过程中材料出现开裂等现象。此外，加工前还需进行消磁和去除表面氧化层的处理。

②工件基准面的准备

数控线切割加工时，为便于安装校正和满足加工的需要，必须预加工出相应的基准，并尽量使其与设计基准保持一致。例如矩形工件，其加工和校正基准重合，如图 8-1-9 所示，必须预加工出两个互相垂直的基准面 A、B，且 A、B 垂直于上、下平面。对于图 8-1-10 所示的工件，A 为校正基准，内孔为加工基准，只需准备一个与上、下平面垂直的校正基准 A 即可。

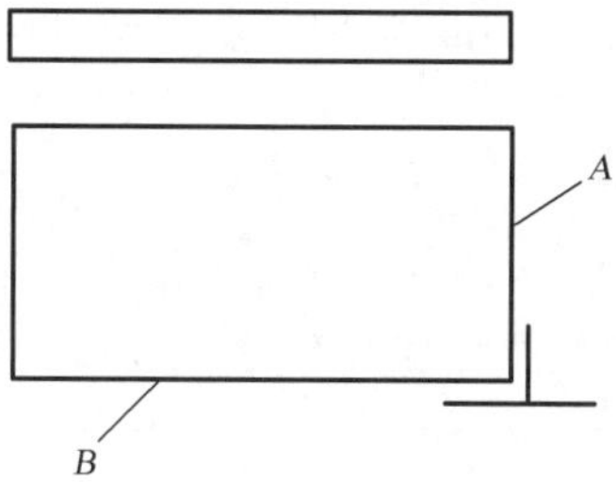

图 8-1-9　矩形工件的校正和加工基准

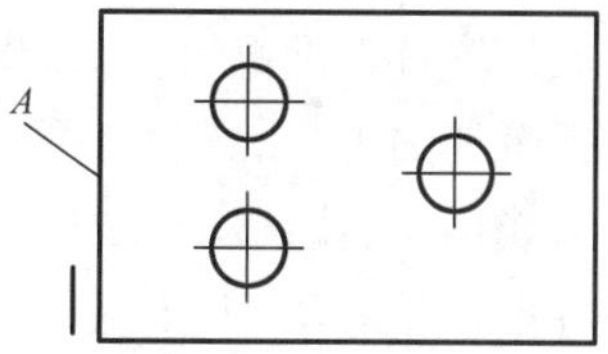

图 8-1-10　外形侧边为校正基准，内孔为加工基准

③穿丝孔的准备

在模具加工中，为确保凹模类封闭形工件的完整性，必须在切割前预加工穿丝孔。对凸模类零件，为防止坯件材料切断时破坏材料内部应力的平衡而产生变形，甚至夹丝、断丝，一般有必要在切割前预加工穿丝孔。

在切割小孔型凹模类工件时，穿丝孔一般定在凹模的中心位置，以便于定位和计算。切割凸模类工件或大孔型工件时，穿丝孔一般定在切割起始点位置附近，可缩短无用切割的行程，如定在便于运算的已知坐标点上则更好。

穿丝孔的大小必须适中，一般为 $\phi 3 \sim \phi 10$ mm，如预制孔可车削，则孔径还可适当大些。

穿丝孔的精度要求一般不低于工件的精度要求，加工时可用钻铰、钻镗或钻车等较精密机床加工。

④切割路线的确定

在数控线切割加工中，切割线路的确定尤为重要，它会直接影响加工精度，图 8-1-11(a)所示的起始点为主要连接部位，一旦割开，刚性降低，后三面加工时易变形，影响加工精度。一般情况下应将工件与夹持部分的主要连接部位留在切割的最末端，如图 8-1-11(b)所示，但这种方式由于从坯件外部切入，虽然变形减少，但仍不理想；最好是采取如图 8-1-11(c)所示方式，起始点从预制穿丝孔开始，这样变形最小。

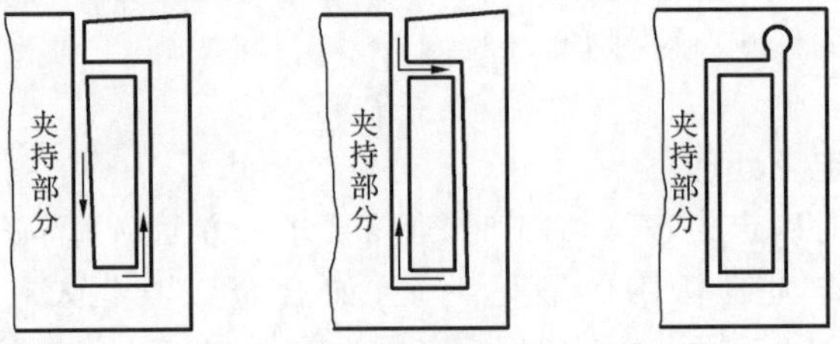

图 8-1-11　切割起始点和切割线路安排

此外，还可采用二次切割的方法切割孔类零件，如图 8-1-12 所示，第一次先按图中双点画线位置粗割，留余量 0.1～0.5 mm，以补偿材料切割变形；第二次，按图纸要求精割，去除余量，这样效果较佳。

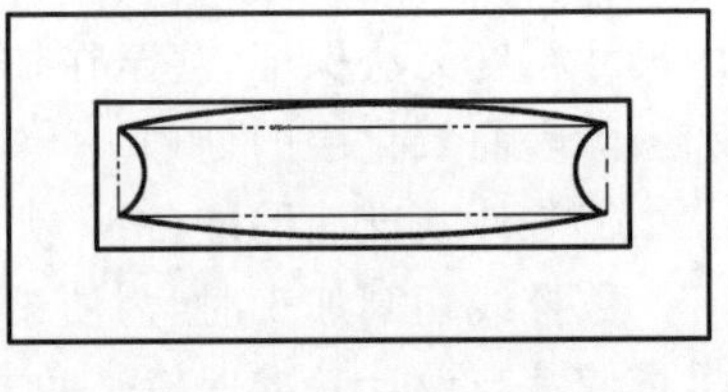

图 8-1-12　二次切割孔类零件

(3)电极丝的准备

电极丝的种类较多，常用的有钼丝、钨丝和铜丝等，各种电极丝由于材料不同，因此其特点、适用场合和线径等各有差异，使用时应根据加工对象、机床的要求和线电极的特点进行选择。

钼丝的特点是抗拉强度高，线径一般为 $\phi 0.06 \sim \phi 0.25$ mm，常用于快走丝机床。加工微细、窄缝时，也可用于慢走丝机床。

钨丝的特点是抗拉强度高，价格昂贵，线径一般为 $\phi 0.03 \sim \phi 0.25$ mm，常用在慢走丝机床上对窄缝进行微细加工。

铜丝可分为紫铜丝、黄铜丝和专用黄铜丝等，它们因抗拉强度低，故都用于慢走丝机床。其中紫铜丝的特点是易断丝，但不易卷曲，线径一般为 $\phi 0.10$ mm～$\phi 0.25$ mm，适用于精加工，且切割速度要求不高的场合；黄铜丝线径一般为 $\phi 0.1 \sim \phi 0.3$ mm，适用于高速加工，其加工面的平直度较低，蚀屑附着少，表面粗糙度较好；专用黄铜丝线径一般为 $\phi0.05 \sim \phi0.35$ mm，适用于自动穿丝加工或高速、高精度和理想表面粗糙度的表面加工。

此外，在慢走丝机床上还可用铁丝、专用合金丝、镀锌丝等镀层丝等作为电极丝进行加工。

电极丝的直径选择应根据被加工工件切缝的宽窄、工件的厚度以及工件切缝拐角的大小等来选择。如图 8-1-13 所示，电极丝直径 $d \leqslant 2(R-\delta)$。当加工小拐角、尖角时，应选用较细的电极丝；当加工厚度较大的工件或大电流切割时，应选用较粗的电极丝。

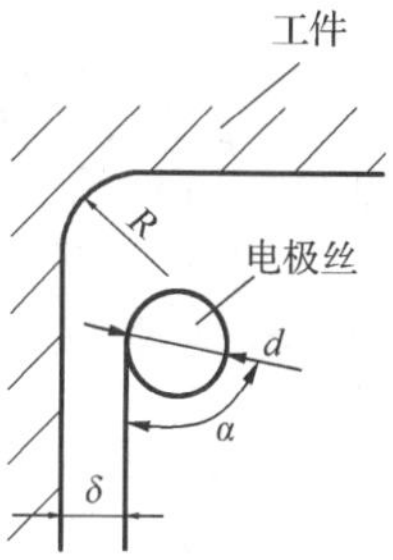

图 8-1-13　电极丝直径与拐角的关系

钨丝和黄铜丝的线径、拐角最小半径和工件厚度的选择关系见表 8-1-1。

表 8-1-1　钨丝和黄铜丝的线径、拐角最小半径和工件厚度的选择关系　mm

电极丝的种类	线径	拐角最小半径	工件厚度
钨丝	0.05	0.04～0.07	0～10
	0.07	0.05～0.10	0～20
	0.10	0.07～0.12	0～30
	0.15	0.10～0.16	0～50
黄铜丝	0.20	0.12～0.20	0～100
	0.25	0.15～0.22	0～100

（4）工作液的选配

数控线切割加工中常通过使用工作液来改善切割速度、表面粗糙度和加工精度等，工作液必须具备一定的绝缘性、较好的洗涤性、冷却性，且必须对人体无危害，对环境无污染。例如矿物油（煤油）、乳化液、纯水（去离子水）等都可以用作数控线切割加工的工作液，其中煤油因易燃烧，故不常用。乳化液主要用于快走丝线切割机床，它由基础油、乳化剂、洗涤剂、润滑剂、稳定剂、缓蚀剂等先混合成乳化油，再按一定比例（一般为 5%～20%的乳化油中加入 95%～80%的水）的乳化油中冲入自来水（如天冷，在 0 ℃以下时，可先用少量的水冲入）搅拌均匀，即成为乳化液。其中乳化油含量为 10%的乳化液可得到较高的线切割速度。纯水主要用于慢走丝线切割机床，为防止工件锈蚀和提高切割速度，可以在纯水中加入防锈液和各种导电液，其中电阻率为：钢铁，$(2\sim5)\times10^4\ \Omega\cdot\text{cm}$；铝、结合剂烧结的金刚石，$(5\sim20)\times10^4\ \Omega\cdot\text{cm}$；硬质合金，$(20\sim40)\times10^4\ \Omega\cdot\text{cm}$，这种工作液可得到较高的线切割速度。

（5）电参数的选择

数控线切割加工时，所选的电参数将直接影响切割速度和表面粗糙度。如选择较小的电参数，则可获得较好的表面粗糙度；如选择较大的电参数，使单个脉冲能量增加，则可获得较高的切割速度。但单个脉冲能量不能太大，太大会使电极丝允许承载的放电电流超限，从而造成断丝。在一般情况下，脉冲宽度为 1～60 μs，脉冲重复频率为 10～100 kHz。选择窄脉冲宽度、高重复频率，可使切割速度增大，表面粗糙度减小。快走丝线切割加工电参数的选择见表 8-1-2。

表 8-1-2　　快走丝线切割加工电参数的选择

应用范围	脉冲宽度/μs	脉冲宽度/脉冲间隙	峰值电流/A	空载电压/V
快速切割或厚工件加工	20～40	3～4（可实现稳定加工）	>12	一般为70～90
半精加工 $Ra=1.25\sim2.5$ μm	6～20		6～12	
精加工 $Ra<1.25$ μm	2～6		<4.8	

(6)机床的检验和润滑

开机前，必须对整个机床进行检查，包括各油管接头、软管是否接牢；工作油箱内工作液是否盛满；输入信号是否与移动速度一致；工作台纵、横向手轮在全行程内转动是否灵活；将工作台移至中间位置，检查储丝筒拖板往复移动是否灵活，并将储丝筒拖板移至挡板在行程开关的中间位置；对润滑线上的各个润滑点按润滑要求注入润滑油润滑，确保无故障后才能正常操作。

2 影响数控线切割加工工艺指标的主要因素

影响线切割加工工艺效果的因素很多，且相互制约，例如切割速度、切割精度、切割表面粗糙度等。

(1)切割速度

线切割加工速度简称为切割速度，是指单位时间内电极切割的总面积。用公式表示为

$$v_x=\frac{S}{t}=\frac{lh}{t}=v_j h$$

式中　v_x——线切割加工速度，mm^2/min；

S——线切割面积，mm^2；

t——切割 S 所用的时间，min；

l——电极丝切割的轨迹长度，mm；

h——被切割工件的厚度，mm；

v_j——线电极沿图形切割轨迹的进给速度，mm/min。

电火花线切割加工的切割速度 v_{wA}(mm^2/min)是用来反映加工效率的一项重要指标，也就是通常所说的加工快慢。因此，也可将线电极沿图形加工轨迹的进给速度作为电火花线切割加工的切割速度。但是对不同的工件厚度，这个进给速度是不一样的。因此，采用线电极沿图形加工轨迹的进给速度乘以工件厚度来表示电火花线切割加工的切割速度是比较合理的。也就是用线电极的中心线在单位时间内，机床的 X 轴和 Y 轴电动机驱动工作台相对于线电极移动的距离乘以工件的厚度，即

切割速度＝加工进给速度×工件厚度

切缝的宽窄对加工的快慢有一定的影响，但它主要取决于线电极直径的大小，即线径越粗，切缝越宽，需要蚀除的金属量越大；反之，切缝越窄，蚀除金属量越少。在线切割加工中，使用的线电极的直径很细，切缝一般都小于 0.3 mm。较粗的线电极可使用较大的电参数，这样有利于提高切割速度。因此在电火花线切割加工中，使用切割速度而不用金属蚀除量来表示它的工作效率更为方便。

影响切割速度的因素很多，主要有放电能量、线电极、工作液、工件和进给方式，见表 8-1-3。

表 8-1-3　　影响切割速度的主要因素

影响因素	主要指标
放电能量	峰值电流、脉冲电流上升速度、脉冲宽度、脉冲频率、平均加工电流、空载电压、脉冲最佳控制
线电极	材质、直径、走丝速度、张力、进给部位的接触电阻、振动
工作液	种类、导电率、供给方式、流量、压力、过滤方式、温度
工件	材质、厚度、热处理、剩磁
进给方式	恒速进给、伺服进给、自适应控制

(2)切割精度

切割精度是指被加工工件通过切割加工后，其实际几何参数(尺寸、形状和相互间的位置等)与理想几何参数相符合的程度。

线切割快走丝的切割精度可达到 0.01 mm，常规条件下为±(0.015～0.020) mm；线切割慢走丝的切割精度则为±0.001 mm。

(3)线切割的表面粗糙度

线切割的表面粗糙度通常是指在已加工表面的实际轮廓上的取样长度内，实际轮廓上各点到基准线距离的绝对值的算术平均值(Ra)。

线切割快走丝时，Ra 可达 0.63～2.5 μm；慢走丝时，Ra 一般为 0.3 μm 左右。

RENWU SHISHI 任务实施

1 工艺分析

(1)零件工艺分析

与前文工件的准备相同，不再赘述。

(2)钼丝

电极丝允许通过的电流跟电极丝直径的平方成正比，电极丝加工时的切槽宽与电极丝的直径成正比。一方面，当电极丝直径变小时，允许通过电极丝的电流就变小，切槽变窄，不易排屑，造成加工稳定性变差，切割速度减小；另一方面，增大电极丝直径，允许通过电极丝的加工电流就可以增大，切槽变宽，易排屑，切割速度加快，有利于厚工件的加工。但电极丝的直径超过一定程度，造成切槽过宽，反而影响了切割速度的提高，且加工电流的增大，会使表面粗糙度变大，因此电极丝的直径不宜太大，一般纯铜的电极丝直径为 ϕ0.15～ϕ0.30 mm，黄铜的电极丝直径为 ϕ0.10～ϕ0.35 mm，钼丝电极丝的直径为 ϕ0.06～ϕ0.25 mm，钨丝电极丝的直径为 ϕ0.03～ϕ0.25 mm。

电极丝在上丝时，不能过紧或过松，过紧易造成断丝，过松会造成加工工件的尺寸和形状发生误差。一般电极丝的张力大小应根据其材料与直径而定，最常用的钼丝在快走丝时，张力一般为 5～10 N。

此外，电极丝在安装过程中必须保证垂直于工件的装夹基面或工作台定位面，否则会直接影响加工精度和表面粗糙度。

电极丝的走丝速度主要影响线切割速度和电极的损耗。一方面，当电极丝走丝速度提高，线切割的加工速度随之提高，同时有利于电极丝将工作液介质带入较厚工件的割缝中，便于排屑和使加工稳定。另一方面，当电极丝走速加快，可以使电极丝每点在放电区停留的时间缩短，从而使电极丝的损耗减少。但电极丝走速不能过快，过快会造成电极丝运动不稳，这样反而使加工精度降低，表面粗糙度提高，易断丝。快走丝的走丝速度一般以小于 10 m/s 为宜。

2 工艺制定

(1)工件

本次凸凹模零件材料采用 Cr12，坯料尺寸如图 8-1-14 所示。磨削上、下表面至 60.5 mm，打 2 个穿丝孔，位置和尺寸如图 8-1-14 所示。淬火至 60HRC 后回火处理，再磨削上、下表面至尺寸 60 mm。

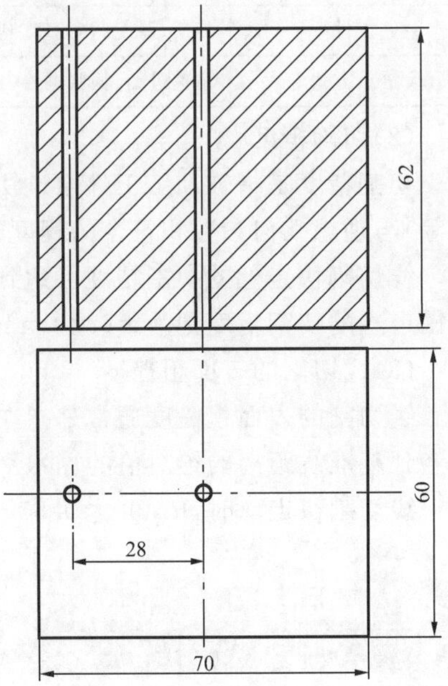

图 8-1-14　坯料尺寸

(2)工艺条件的确定

分析凸凹模的形状和尺寸(图 8-1-1)，可以采用快走丝一次切割成形。为了保证尺寸精度和表面粗糙度，钼丝直径使用 ϕ0.2 mm，钼丝张力调整至 7 N，走丝速度控制在 5 m/s。这样可以减小钼丝在加工中抖动而产生的尺寸误差和降低表面粗糙度。为了避免起切容易断丝的现象(因为刚开始切割，冷却液不能很好地包裹钼丝)，引导程序调用 C890 条件号，轮廓加工调用 C440 条件号。

任务二　五角模的数控加工程序编制

学习目标

1. 掌握数控电火花线切割编程的基础知识。
2. 掌握 3B、ISO 代码相关编程的基本指令。
3. 掌握 3B 编程法。
4. 掌握 ISO 编程法。

能力目标

1. 会用相关基本指令编程。
2. 会编制五角模零件加工程序。
3. 会合理地处理工件的公差尺寸。
4. 掌握加工五角模程序相关知识。

RENWU DAORU
任务导入

现需生产图 8-1-1 所示的五角模零件 1 件，试完成编制该零件数控加工程序的任务。

ZHISHI PINGTAI
知识平台

数控线切割机床的编程方法有手动编程和自动编程两种。手动编程法有 3B、4B、5B 和 ISO 等，其中最常用的是 3B 编程法；自动编程有 XG-Pascal 法和 YH 绘图式自动编程法等，常用的是 YH 绘图式自动编程法。下面以 3B 编程法和 ISO 编程法为例介绍数控线切割的编程。

数控线切割编程方法

1 3B 编程法

3B 编程法的格式为：B X B Y B J G Z，见表 8-2-1。

表 8-2-1　无间隙补偿的程序格式(3B)

指令	B	X	B	Y	B	J	G	Z
意义	分隔符号	*X* 坐标值	分隔符号	*Y* 坐标值	分隔符号	计数长度	计数方向	加工指令

B 为数值信息分隔符，它的作用是将 X、Y、J 的数码区分隔开。

X、*Y* 表示终点相对于起始点的增量坐标值。

J 表示加工线段(圆弧)的计数(加工)总长度。

G 表示加工线段(圆弧)的计数方向。

Z 表示加工指令。

(1)确定编程坐标系和 *X*、*Y* 坐标值

编程时必须先确立坐标系，有了坐标系才能确定 *X*、*Y* 坐标值。3B 编程法的坐标系是相对坐标系，它以工作台平面为坐标系平面，左、右为 *X* 轴，前、后为 *Y* 轴，且坐标系的原点随线段的变化而变化。

加工线段时，以该段线段的起点为坐标系原点，*X*、*Y* 即该线段终点的坐标。

加工圆弧时，以该圆弧的圆心为坐标原点，圆弧起点的坐标值即 *X*、*Y* 值。采用 3B 编程法时，所取数值的单位都为 μm，坐标值都取正值，坐标值为“0”时，“0”可省略不写。

(2)确定计数方向

加工线段时，计数方向取该线段在坐标系中的终点靠近的轴。如图 8-2-1 所示，*OA* 的终点 *A* 靠近 *X* 轴，因此计数方向就取 *X* 轴，记作“*GX*”或“*X*”。如被加工直线与坐标轴呈 45°，则计数方向取 *X* 轴、*Y* 轴均可，记作“*GX*”或“*GY*”，或将 *G* 省略，记作“*X*”或“*Y*”。若 $X>Y$，采用 *GX*；$X<Y$，采用 *GY*。

加工圆弧时，计数方向取终点靠近轴的另一轴，如图 8-2-2 所示，被加工圆弧 *MN* 的终点 *N* 落在 *Y* 轴上，则计数方向取 *X* 轴，记作“*GX*”或“*X*”。加工圆弧的终点与坐标轴呈 45° 时，计数方向取 *X* 轴、*Y* 轴均可，记作“*GX*”或“*GY*”，或将 *G* 省略，记作“*X*”或“*Y*”。若 $X>Y$，采用 *GY*；$X<Y$，采用 *GX*。

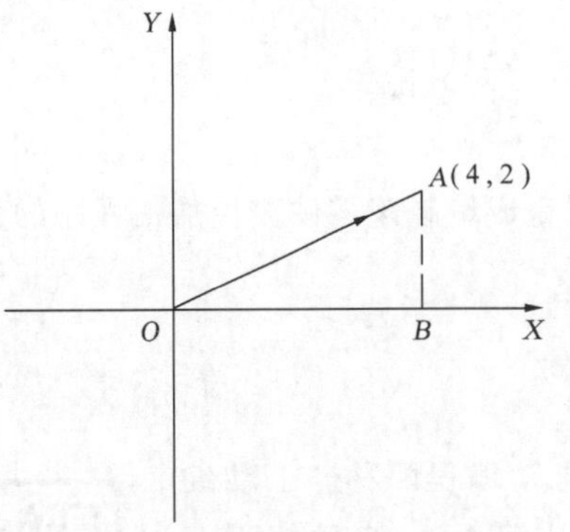

图 8-2-1　加工线段时计数方向的确定

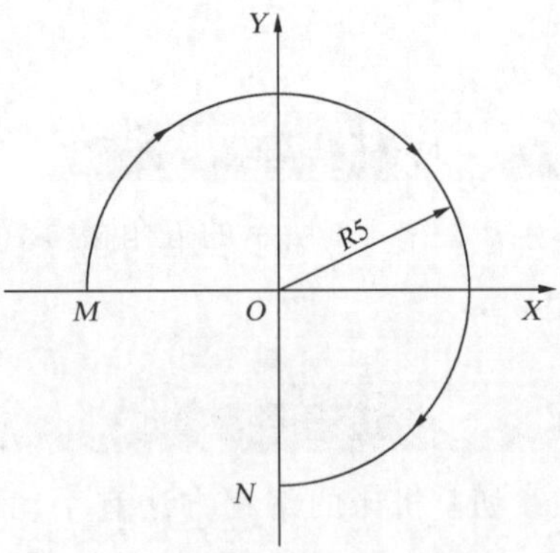

图 8-2-2　加工圆弧时计数方向的确定

加工线段和圆弧的计数方向的区域，如图 8-2-3 所示。

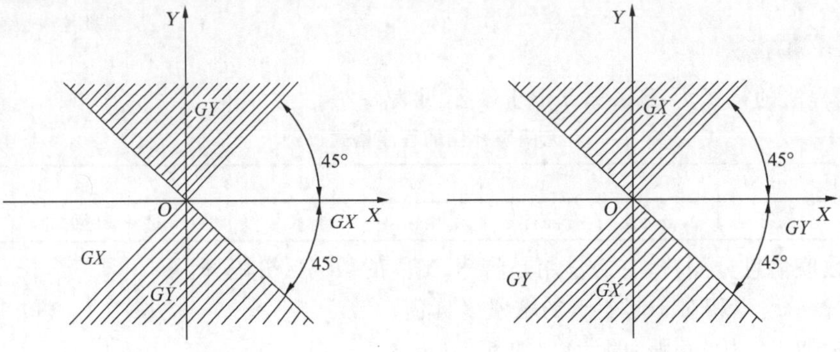

(a)加工线段　(b)加工圆弧

图 8-2-3　计数方向区域

(3)确定计数长度

计数长度是指被加工线段或圆弧在计数方向坐标轴上投影的绝对值之和。如图 8-2-1 中的线段 AB 的计数长度为 OB＝4 000 μm；图 8-2-2 中的圆弧 MN 的计数长度为三段 90°圆弧分别投影到 X 轴上的绝对值之和 5 000×3＝15 000 μm。

(4)确定加工指令

加工线段时，加工指令 Z 有四种：L_1、L_2、L_3、L_4，它们分别处在坐标系的第Ⅰ、第Ⅱ、第Ⅲ、第Ⅳ象限，如图 8-2-4(a)所示，当被加工线段落在第Ⅰ象限时，可记作 L_1，如图 8-2-1 中 AB 的加工指令即“L_1”。但应注意，L_1 不包括 Y 轴，L_2 不包括 X 轴，以此类推。

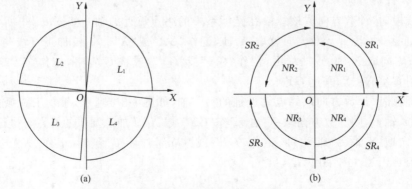

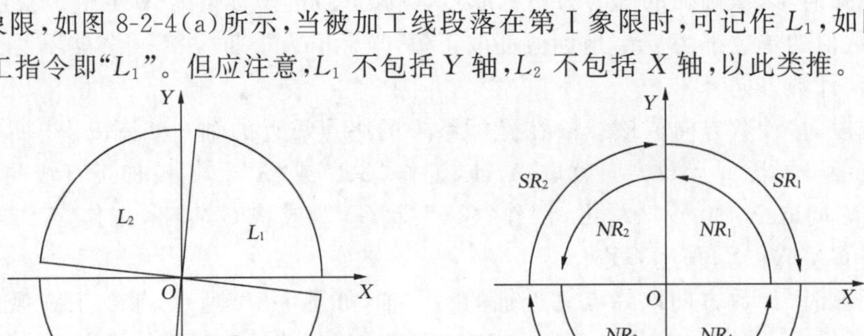

(a)　(b)

图 8-2-4　加工指令的确定范围

加工圆弧时，加工指令 Z 有八种，加工顺时针圆弧有 SR_1、SR_2、SR_3、SR_4 四种；加工逆时针圆弧有 NR_1、NR_2、NR_3、NR_4 四种，如图 8-2-4(b)所示。当被加工的顺时针圆弧的起点落在第Ⅱ象限时，记作“SR_2”；当被加工的逆时针圆弧起点落在第Ⅲ象限时，记作“NR_3”，以此类推。但应注意：SR_1 不包括 X 轴，SR_2 不包括 Y 轴，以此类推；而 NR_1 不包括 Y 轴，NR_2 不包括 X 轴，以此类推。

根据以上内容，图 8-2-1 中的被加工线段 AB 用 3B 编程法可表示为

B 4000 B 3000 B 4000 G X L1；

图 8-2-2 中的被加工圆弧 MN 用 3B 编程法可表示为

B 5000 B 0 B 15000 GX SR2；

2 线切割 ISO 编程法

线切割 ISO 编程法主要应用 G 指令（准备功能指令）、M 指令和 T 指令（辅助功能指令），具体见表 8-2-2。

表 8-2-2 线切割 ISO 编程法的指令

指令	功能	指令	功能
G00	快速移动定位	G84	自动取电极垂直
G01	直线插补	G90	绝对坐标
G02	顺时针圆弧插补	G91	增量坐标
G03	逆时针圆弧插补	G92	指定坐标原点
G04	暂停	M00	暂停
G17	*XOY* 平面选择	M02	程序结束
G18	*XOZ* 平面选择	M05	忽略接触感知
G19	*YOZ* 平面选择	M98	子程序调用
G20	英制	M99	子程序结束
G21	公制	T82	加工液保持 OFF
G40	取消电极丝半径补偿	T83	加工液保持 ON
G41	电极丝半径左补偿	T84	打开喷液
G42	电极丝半径右补偿	T85	关闭喷液
G50	取消锥度补偿	T86	送电极丝(阿奇公司)
G51	锥度左倾斜(沿电极丝进行方向，向左倾斜)	T87	停止送丝(阿奇公司)
G52	锥度右倾斜(沿电极丝进行方向，向右倾斜)	T80	送电极丝(沙迪克公司)
G54	选择工作坐标系 1	T81	停止送丝(沙迪克公司)
G55	选择工作坐标系 2	T90	AWTⅠ，剪断电极丝
G56	选择工作坐标系 3	T91	AWTⅡ，使剪断后的电极丝用管子通过下导轮送到接线处
G80	移动轴直到接触感知		
G81	移动到机床的极限	T96	送工作液 ON，向加工槽中加液体
G82	回到当前位置与零点的一半处	T97	送工作液 OFF，停止向加工槽中加液体
W	工作台面到下导轮高度	H	半径补偿
S	工作台面到上导轮高度		

能力平台

NENGLI PINGTAI

切割补偿是指数控线切割手工编程时，需要进行间隙补偿，其补偿量为($d/2+\delta$)，加工凹模时，加补偿量；加工凸模时，减补偿量。

任务实施

RENWU SHISHI

1 3B 编程法

B 4635 B	3368 B	4635 GX L1；	内引导线切割
B 0 B	10898 B	10898 GY L2；	内轮廓加工
B 6406 B	8817 B	8817 GY L3；	
B 10364 B	3368 B	10364 GX L2；	
B 6406 B	8817 B	8817 GY L4；	
B 6406 B	8817 B	8817 GY L3；	
B 10364 B	3368 B	10364 GX L1；	
B 6406 B	8817 B	8817 GY L4；	
B 0 B	10898 B	10898 GY L2；	
B 10365 B	3368 B	10365 GX L1；	
B 10365 B	3368 B	10365 GX L2；	内轮廓加工结束
B 4635 B	3368 B	4635 GX L3P；	回到起始点后加工暂停，拆丝
B 29252 B	0 B	29252 GX L3P；	空走到下一个穿丝点后暂停，穿丝
B 9027 B	0 B	9027 GX L1；	外引导线切割
B 0 B	14695 B	14695 GY L2；	外轮廓加工
B 27950 B	9081 B	27950 GX L1；	
B 17275 B	23776 B	23776 GY L4；	
B 17275 B	23776 B	23776 GY L3；	
B 27950 B	9081 B	27950 GX L2P；	外轮廓加工结束暂停，取出凸凹模
B 9027 B	0 B	9027 GX L3E；	回到外轮廓加工起始点，加工结束

产品如图 8-2-7 所示

2 ISO 编程法

(	=	ON	OFF	IP	HP	MA	SV	V	SF	C	WS	WT)	
C890	=	001	020	016	000	035	005	003	006	000	000	000	引导线加工条件号
C440	=	004	014	017	001	014	002	003	006	000	000	000	轮廓加工条件号

```
Number:1              (凹模加工)
G92 X0 Y0；           指定起始点坐标
G91 T84 T86；         相对坐标编程,开泵,走丝
C890；                调用 890 条件号进行放电加工
G01 X4635 Y3368；     直线加工
C440；                调用 440 条件号进行放电加工
G01 X0 Y10898；       内轮廓加工
G01 X－6406 Y－8817；
G01 X－10365 Y3368；
G01 X6406 Y－8817；
G01 X－6406 Y－8817；
G01 X10365 Y3368；
G01 X6406 Y－8817；
G01 X0 Y10898；
G01 X10365 Y3368；
G01 X－10365 Y3368；  内轮廓加工结束
C890；                调用 890 条件号进行放电加工
G01 X－4635 Y－3368； 回起始点(引导线返回)
T85 T87；             关泵,停止走丝
M00；                 程序暂停,拆丝
G00 X－29252 Y0；     快速定位到外起始点
M00；                 程序暂停,穿丝
C890；                调用 890 条件号进行放电加工
T84 T86               开泵,走丝
G01 X9027 Y0；        直线加工
C440；                调用 440 条件号进行放电加工
G01 X0 Y14695；       凸模加工
G01 X27951 Y9082；
G01 X17274 Y－23776；
G01 X－17275 Y－23777；
G01 X－27951 Y9082；
G01 X0 Y14695；       凸模加工结束
M00；                 暂停,取产品
C890；                调用 890 条件号进行放电加工
G01 X－9027 Y0；      引导线返回
M02；                 程序结束
```

任务三　五角模的数控加工

学习目标

1. 掌握数控线切割机床的组成与分类。
2. 掌握数控线切割机床的工作过程与工作原理。
3. 掌握数控线切割机床的操作面板。
4. 掌握数控线切割机床的控制系统。
5. 掌握数控线切割机床的电源的使用。

能力目标

1. 会根据加工零件选择机床。
2. 会操作生产型数控线切割机床。
3. 能完成工件、电极的找正。
4. 掌握数控线切割机床的自动加工。

RENWU DAORU 任务导入

现需生产图 8-1-1 所示的五角模零件 1 件，试完成该零件的数控加工任务。

ZHISHI PINGTAI 知识平台

电火花线切割机床是电火花加工机床的一种，根据走丝速度和加工精度不同，可分为快走丝和慢走丝两种。

数控线切割机床的发展

快走丝：以 ϕ0.08～ϕ0.22 mm 的钼丝为电极丝，往复循环使用，走丝速度为 8～10 m/s，加工精度为±0.01 mm，表面粗糙度为 Ra 1.6～6.3 μ m，工作液为乳化液，如 DX-1、TM-1、502 等。

慢走丝：走丝速度是 3～12 m/min，电极丝广泛使用铜丝，单向移动，电极丝只使用一次，不重复使用。能自动穿电极丝和自动卸除加工废料，实现无人操作。加工精度可达±0.001 mm，表面粗糙度为 Ra 1.6～6.3 μm，价格比快走丝高，工作液为去离子水。

表 8-3-1 列出了部分国内外生产的电火花线切割机床的型号、技术参数等，仅供参考。现举例说明国产电火花线切割机床的型号及含义如下：

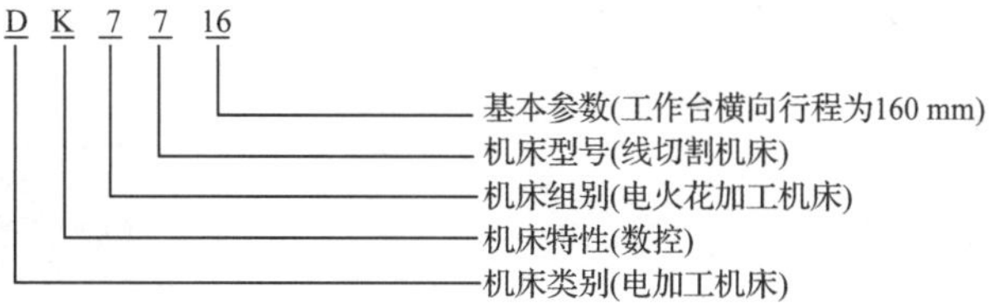

表 8-3-1　　数控电火花线切割机床的型号、技术参数及生产厂家

产品名称	型号	技术参数				生产厂家
		工作台行程/mm	尺寸精度/mm	$Ra/\mu m$	锥度/(°)	
数控电火花快走丝线切割机床	DK7720	320×420	0.015	≤2.5	±3	天津市天仪数控有限公司
	DK7725	350×250	0.01	≤2.5	±1.5	江南电子仪器厂
	DK7725-S	320×550	0.015	1.6	±3	苏州电加工机床研究所
	DK7740A	400×500	0.015	≤0.25	±3D	苏州新华机床厂
	DK7732	450×320	0.015	<0.25	±3	汉川机床厂
	ST120	350×320	0.015	<0.20	±3	北京阿奇公司
	DK7750	200×500	0.015	<0.25	±3	江南电子仪器厂
	DK7740	630×400	0.015	≤2.5	±3	桂林机床股份有限公司
	CKX-2A	120×150	0.015	≤2.5	±3	苏州长风机械总厂
	DK7716	160×240	0.015	2.5		北京电加工机床厂
	DK7725-A	320×250	0.015	2.5		泰州仪表机床厂
数控电火花慢走丝线切割机床	DWC90H	350×400		0.002	±12	日本三菱
	H-CUT3043	300×400			±10	日本沙迪克
	W1	250×350			±10	FANUC(日本)
	CC100	300×200		0.002	±10	AGIE(瑞士)
	Rofil2	320×200			30	CHARWILLE(瑞士)
	MODEH				5	苏州电加工研究所
	L3350	250×150	±0.005	0.001	7	上海无线电专用机械厂

NENGLI PINGTAI 能力平台

1 工件的安装与找正

(1)工件的安装

数控线切割加工时，工件一般采用压板螺钉法进行固定，如图 8-3-1 所示，装夹时，必须保证工件的切割部位在机床加工行程允许范围内，且保证工作台移动时，不会与丝架相碰。

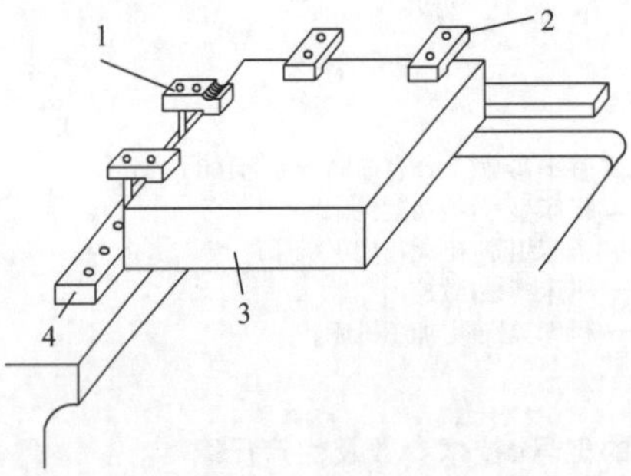

图 8-3-1　工件的固定

1—弹簧压板；2—工件压板；3—工件；4—工件挡板

线切割工件的装夹与找正

常用的数控线切割加工的装夹方式有悬臂支撑装夹法、两端支撑装夹法、桥式支撑装夹法、板式支撑装夹法和复式支撑装夹法等。

①悬臂支撑装夹法

如图 8-3-2 所示，该方法一端由压板螺钉固定，另一端悬伸，装夹比较方便，适用性强，但装夹时悬伸端易翘起，不易保证上、下平面与工作台平面的平行，从而造成切割平面与工件上、下平面的垂直度误差。一般适用于加工要求不高或悬伸部分较短的零件。

②两端支撑装夹法

如图 8-3-3 所示，该方法将工件两端都固定在通用夹具上，装夹非常方便、稳定，且其定位精度高，但不适用于装夹小零件的加工。

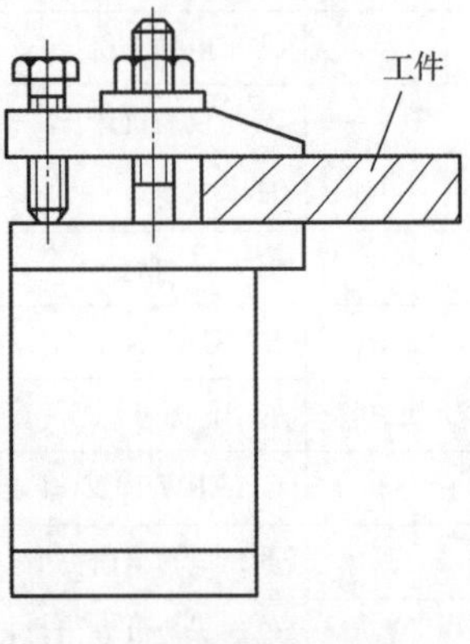

图 8-3-2　悬臂支撑装夹法

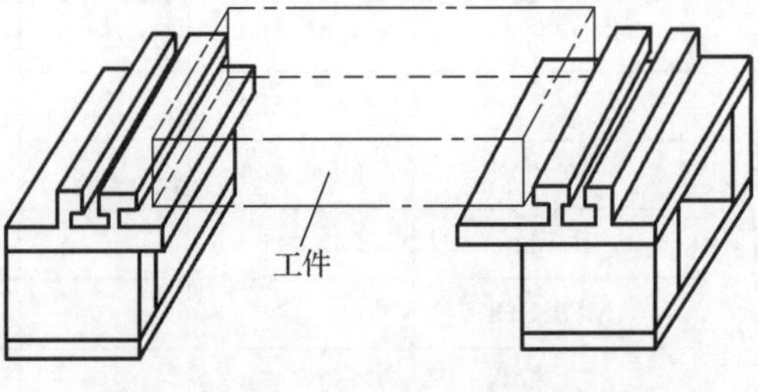

图 8-3-3　两端支撑装夹法

③桥式支撑装夹法

如图 8-3-4 所示，将两根支撑垫铁先架在夹具上，然后再将工件放置在支撑垫铁上夹紧，该方法装夹方便，通用性和适用性都很强，大、中、小型工件都可用。

④板式支撑装夹法

如图 8-3-5 所示，该方法根据工件的形状制成通孔装夹工件，装夹精度高，但通用性差，适用于常规与批量生产。

⑤复式支撑装夹法

如图 8-3-6 所示，该方法用桥式或通用夹具与专用夹具组合来装夹工件，装夹方便，效率高，适用于批量生产。

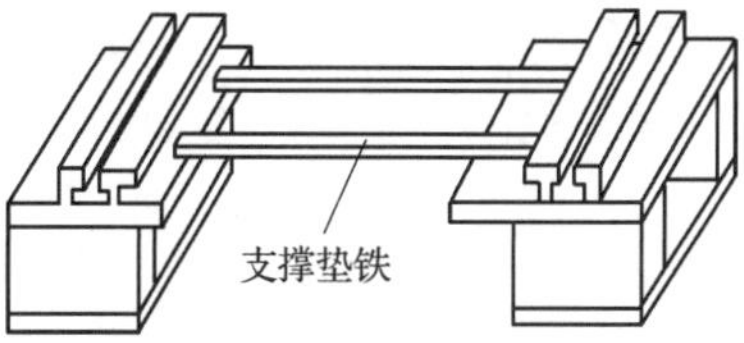

图 8-3-4　桥式支撑装夹法

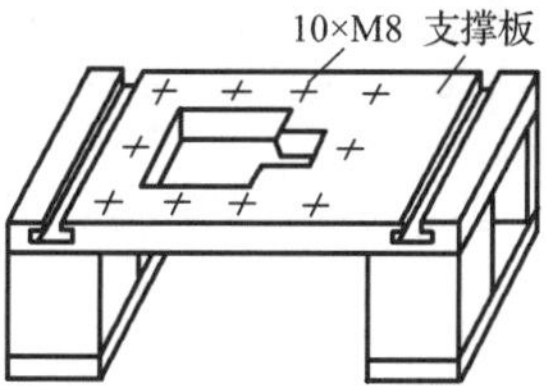

图 8-3-5　板式支撑装夹法

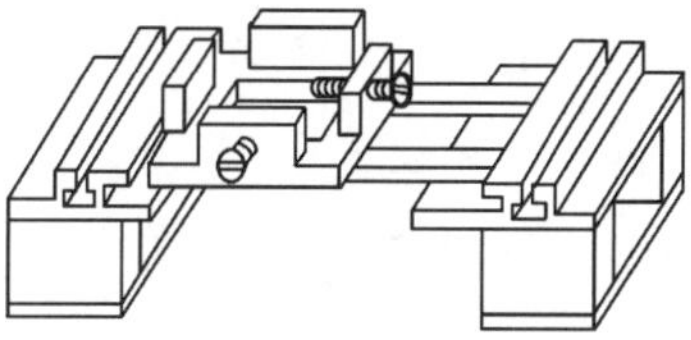

图 8-3-6　复式支撑装夹法

(2)工件的校正

工件的校正直接影响工件加工的位置精度。为此,在加工前必须先校正工件,确保其定位基准面分别与工作台面及工作台在水平面内的 X、Y 进给方向平行。

在数控线切割加工中,常用的工件校正方法有百分表校正法、划线校正法、固定基准面校正法等。

①百分表校正法

如图 8-3-7 所示,将装有百分表的磁性表架吸附在丝架上,调整表架位置,使百分表测量头与工件基准面垂直,并预压接触,然后分别沿工作台的 X、Y 进给方向往复移动工件,观察百分表示值,调整工件位置,直至符合要求。以此类推,将工件三个相互垂直的基准面都调整到位。

②划线校正法

如图 8-3-8 所示,将划针固定在丝架上,划针针尖指向预先划好的工件图形的基准线或基准面固定,沿工作台的 X、Y 进给方向移动工件,目测划针与基准线或基准面重合的程度,调整工件到位,该方法一般用于工件的切割图形与定位基准相互位置要求不高或基准面粗糙度较差的场合。

③固定基准面校正法

在批量生产时,为节约时间,可利用通用或专用夹具的纵、横向基准面按加工要求先校正好,然后将相同加工基准面的工件直接靠定夹紧即可,如图 8-3-9 所示。

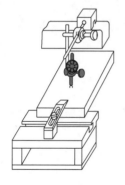

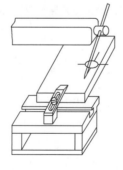

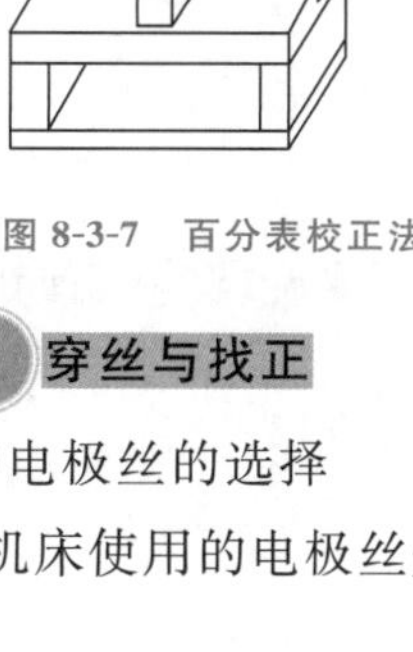

图 8-3-7　百分表校正法

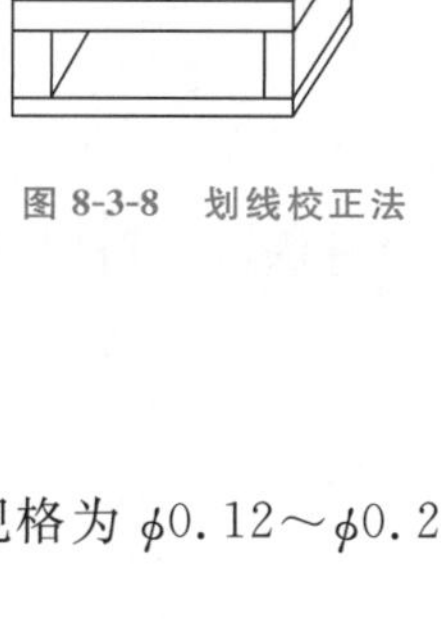

图 8-3-8　划线校正法

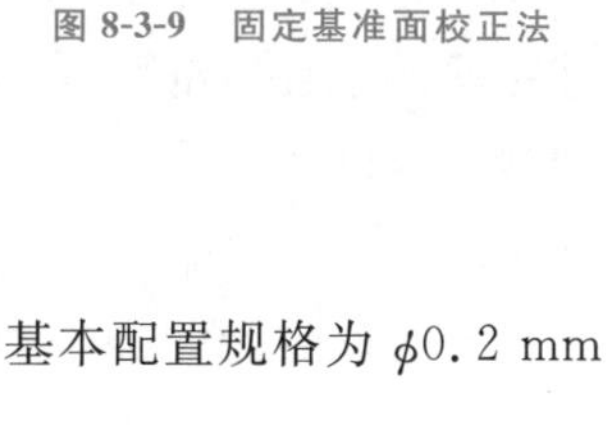

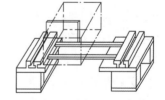

图 8-3-9　固定基准面校正法

2 穿丝与找正

(1)电极丝的选择

本机床使用的电极丝是钼丝,规格为 $\phi0.12\sim\phi0.2$ mm,基本配置规格为 $\phi0.2$ mm。准

备好 ϕ0.2 mm 的钼丝，检查储丝筒是否转动正常，限位开关是否正常，断丝保护开关是否有效。

(2)穿丝

穿丝有两种基本方法：

①右穿丝过程

● 如图 8-3-10 所示，将储丝筒移至右限位。

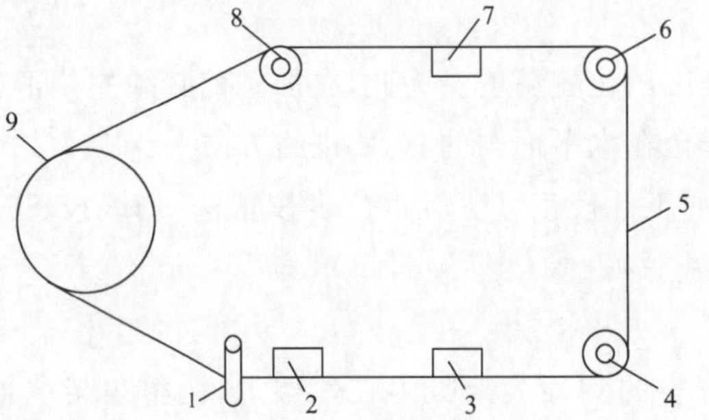

图 8-3-10 穿丝

1—挡丝棒；2—断丝保护开关；3—下导电块；4—下导轮；5—钼丝；6—上导轮；7—上导电块；8—排丝轮；9—储丝筒

线切割穿丝与调试

● 将电极丝(钼丝)右端穿过挡丝棒向前，经下、上导轮拐弯向后，再经过排丝轮回到储丝筒，用螺钉将钼丝右端固定。

● 将钼丝摆放在上、下导电块上。

● 用摇把将钼丝向左移动 5 圈左右。

● 把左、右行程开关向中间各移 5～8 mm，取下摇把，机动操作储丝筒往复运行 2 次，使张力均匀即可。

②左穿丝过程

● 将储丝筒移至左限位。

● 将钼丝左端先经过排丝轮，向前经上、下导轮拐弯向后，穿过挡丝棒再回到储丝筒，用螺钉将钼丝左端固定。

● 将钼丝摆放在上、下导电块上。

● 用摇把将钼丝向右移动 5 圈左右。

● 把左、右行程开关向中间各移 5～8 mm，取下摇把，机动操作储丝筒往复运行 2 次，使张力均匀即可。

(3)穿丝的注意事项

①穿丝前检查导轨滑块移动是否灵活。

②穿丝前检查导电块，若其上切缝过深，则可松掉螺钉将导电块旋转 90°，使用中要保持其清洁，接触导电良好。

③手动上丝后，应随即将摇把取下。

④机动运丝前，须将储丝筒上罩壳盖上，防止工作液甩出。

⑤使用操作面板上的运丝保护开关运丝，断丝保护开关不起作用。用遥控盒上的运丝按钮来运丝，断丝保护开关将起保护作用。

⑥工具不要放在储丝筒周围。

(4)电极丝的找正

线切割加工前，电极丝(钼丝)必须找正。找正的作用是使电极丝垂直于被加工工件，目前有三种基本找正方法：目测找正法、火花找正法、校正仪找正法。目测找正法在使用过程中比较简单，找正结果不可靠，在这里不予讲解，下面重点介绍其余两种找正法。

①火花找正法

用火花找正法校正电极丝垂直度的操作方法是：利用简易工具(规则的六面体，一般机床生产厂家会随机提供)或者直接以工件的工作面(或放置于其上的夹具工作台)为校正基准。启动机床使电极丝空运行放电，通过移动机床的 X 或 Y 轴使电极丝与工件接触来产生火花，目测电极丝与工具表面的火花是否上下一致。X 轴方向的垂直度通过移动 U 轴来调整，Y 轴方向的垂直度通过移动 V 轴来调整，直至火花上下一致，如图 8-3-11 所示。调整过程中要避免电极丝断丝；碰火花的放电能量不要太大，否则会蚀伤工件表面。

②校正仪找正法

使用校正仪找正法对电极丝进行校正，应在不放电、不走丝的情况下进行。该方法的操作步骤为：

- 擦干净校正仪的底面、测试面及工作台面。把图 8-3-12 所示校正仪放置在台面与桥式夹具的刃口上，使测量头探出工件夹具，且 a、b 面分别与 X、Y 轴平行。

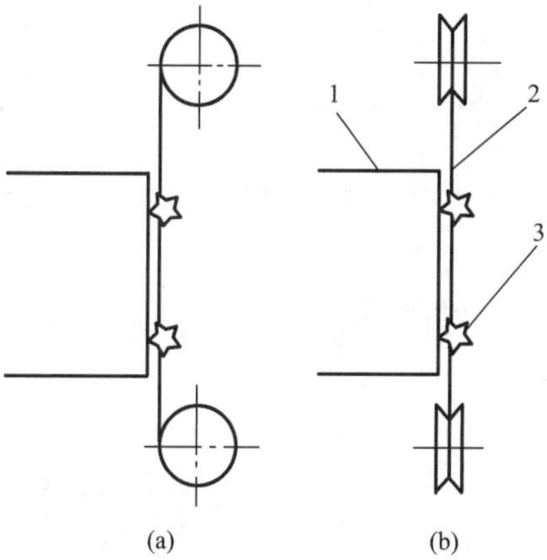

图 8-3-11 用火花找正法调整电极丝的垂直度

1—工作台；2—电极丝；3—简易工具

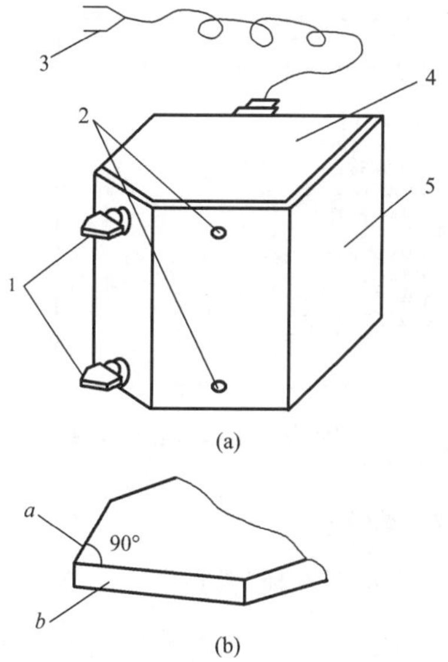

图 8-3-12 校正仪

1—测量头；2—显示灯；3—鳄鱼夹及插头座；4—盖板；5—支座

- 把校正仪连线上的鳄鱼夹夹在导电块固定螺钉头上。
- 使用手控盒来移动工作台，使电极丝与校正仪的测量头接触，观察指示灯，如果 X 轴方向的灯亮，则要按“U＋”，反之亦然，直到两个指示灯同时亮，说明电极丝已找正。Y 方向的找正方法同 X 方向的。

RENWU SHISHI 任务实施

1 开机

本书采用 DK7740B 电火花线切割机床，其开机操作步骤如下：①电源总开关；②抽屉（内装键盘和鼠标）；③脉间开关；④高频开关；⑤脉宽开关；⑥显示屏；⑦钥匙开关；⑧电压表；⑨电流表；⑩急停开关；⑪软驱；⑫电源指示灯；⑬复位开关；⑭步进电动机指示灯；⑮功率开关。

线切割机床操作

2 程序的输入

(1)在显示屏上选择“[3B]程序输入”菜单，按“Enter”键进入该菜单，如图 8-3-13 所示。

(2)输入程序。

(3)按“F3”键保存，屏幕会出现“Name：NON. B”的提示，原始文件名为 NON. B，必须要修改它，否则文件会被覆盖。即将原始文件名删除，输入新的文件名，但必须给新文件名加后缀 .B。

(4)按“Esc”键退出，返回主菜单，如图 8-3-14 所示。

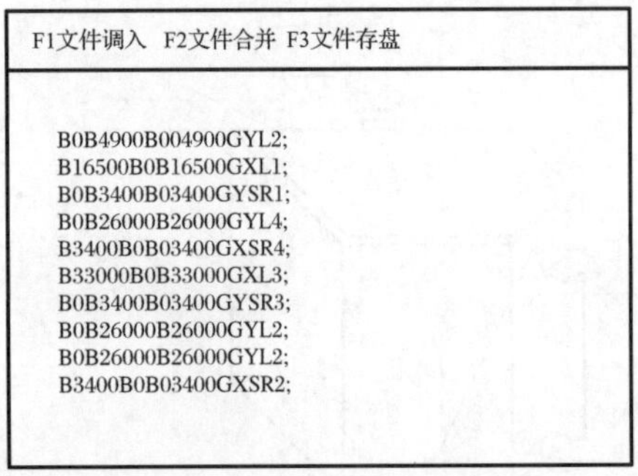

图 8-3-13 [3B]程序输入菜单

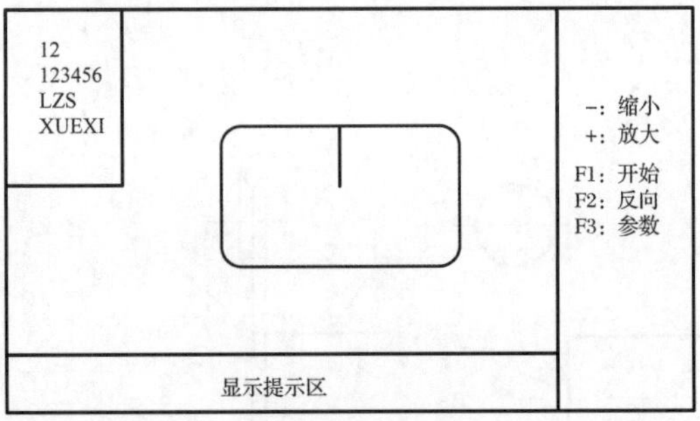

图 8-3-14 模拟切割菜单

3 模拟加工

(1)在主菜单上选择“模拟切割”，按“Enter”键进入该菜单。

(2)在“模拟切割”菜单左上角程序名显示区找到要加工的程序名，按“Enter”键，屏幕上显示待加工的轮廓。

(3)按“F1”键空走刀加工，观察程序有无错误。程序走完后，如果没有错误，则按“Esc”键返回主菜单。

(4)在任何情况按空格键将停止程序空运行。

线切割程序校验

(5)若发现程序错误，则必须返回“[3B]程序输入”菜单，按“F1”键调入原文件进行修改。

4 自动加工

(1)加工准备

加工前需进行综合检查。

①开机前检查电源电压值是否为(380±10%)V。

②检查 X、Y、Z、U、V 轴移动是否正常，限位开关是否可靠。

③检查机床放电是否正常。

④检查运丝机构是否正常。

(2)配制工作液

在工作液箱内，用自来水配制 12%～20%的工作液 40～50 L，即 12%～20%的乳化剂加 80%～88%的水，使之成为乳化液。开泵检查供液系统，并调整供液量，使之能包容电极丝即可，不必太大。

(3)工件装夹

(4)调入加工程序

(5)对刀

根据加工图形的特征以及引导线的位置将钼丝移动至适当的位置。需要注意的是，屏幕图形坐标系与工作台坐标系不一致，二者相差 90°，具体坐标系的确定如下：面对机床以及屏幕，坐标系如图 8-3-15 所示。

(6)设置加工参数

在开始加工前，必须根据图纸尺寸和精度要求，确定加工参数。初学者可采用如下加工参数：

①脉冲宽度为 20～32 ms。

②脉冲间隔为 8 ms。

③加工电流为 4 A。

④变频：根据加工稳定情况调整，一般控制在 90%左右。

注意：初学者在改变上述参数前应征求指导教师的意见，在指导教师的指导下才能对加工参数进行适当修改；否则，在任意修改的加工参数下进行加工，会出现无法预料的事故，对机床以及人身构成伤害。

(7)加工

①选择“加工 WORK1”，按“Enter”键，屏幕会进入加工菜单，如图 8-3-16 所示，同时有相应的提示。

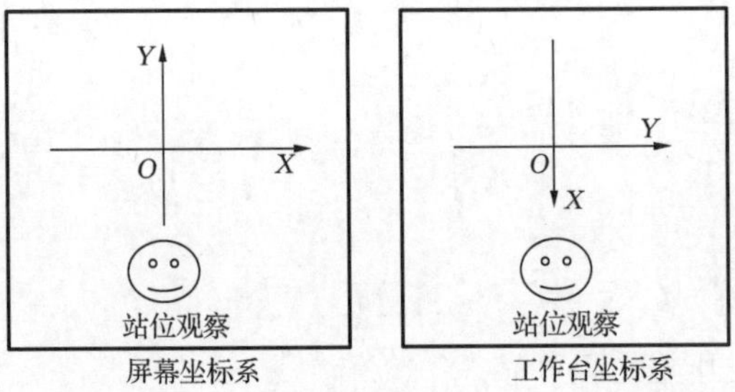

图 8-3-15　坐标系的确定

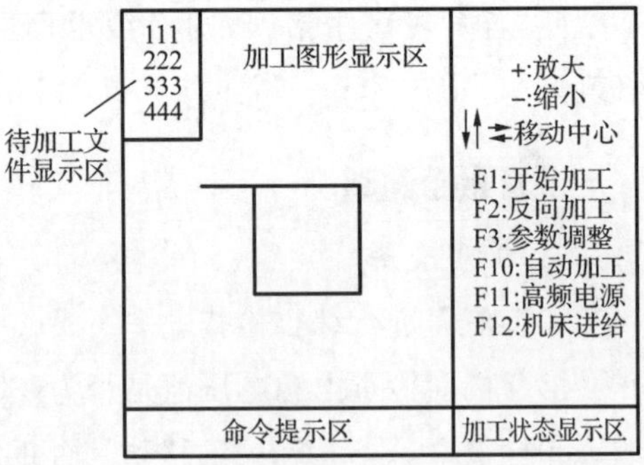

图 8-3-16　加工菜单

②选择“切割”，按“Enter”键，系统进入加工菜单。

● ＋和－：可放大和缩小屏幕显示的加工图形。

● 箭头：移动 X、Y 中心坐标。

● F1：开始加工。当所有准备工作做完之后，最后按它开始加工。按下“F1”键后，在屏幕的命令提示区会出现提示：

a. From：1(从第 1 道工序开始加工)，按“Enter”键确认。

b. End：N(加工到最后 1 道工序)，按“Enter”键确认。

● F2：反向加工。选择它将从程序最后 1 道工序开始加工到第 1 道工序。一般在断丝之后重新加工时，为节约加工时间才使用。

● F3：参数调整。在加工过程中用该指令可以随时修改加工参数，以保持加工过程的稳定。

注意：有些参数必须在加工开始前修改才有效。

● F10：自动加工。它有两种状态：自动和手动。机床默认为自动加工状态。一般情况下该软开关不进行操作，即不使用手动加工。

● F11：高频电源。加工电源软开关，在加工前该开关显示为灰色。如要加工必须按下 F11，使它变成红色。

● F12：机床进给。它有两种状态。当机床通电时，该开关自动显示为红色，在这种状态下，工作台 X、Y 轴进给机构锁住，不能移动。如要移动工作台，则按“F12”，使它变成灰色；如要加工，F12 必须是红色的。

③在待加工文件显示区选择要加工的文件，按“Enter”键，将在加工图形显示区显示待加工图形，根据待加工图形显示的加工路径对刀。

④在机床穿丝部位下的机床加工控制面板如图 8-3-17 所示。

● HL1：电源指示灯。此灯亮才可以进行加工操作；若此灯不亮，则按下其侧面开关。

● SB1：急停开关。当有险情发生时，按下此开关，机床立即停止加工，工作台和钼丝将失去电流、电压，但机床内部有些元件继续带电。

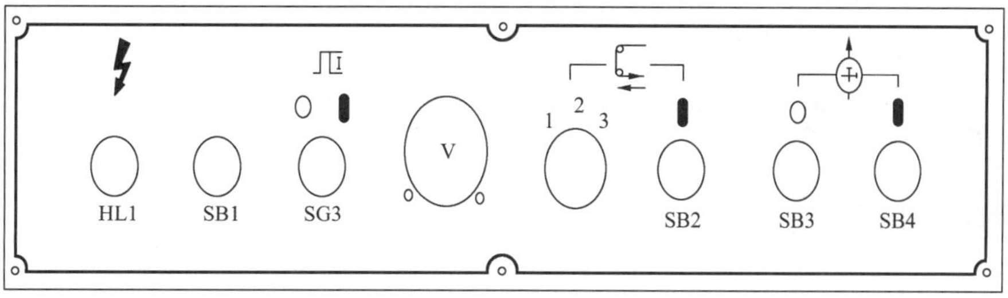

图 8-3-17 机床加工控制面板

- SG3:高频电源开关。要实现加工,必须将此开关由“0”位拨至“1”位。

严重警告:按下此开关前必须确认机床无人在装卸工件。

- “V”:加工电压指示表。
- “123”:钼丝停止(红色)。
- SB2:走丝(绿色)。
- SB3:冷却液关(红色)。
- SB4:冷却液开(绿色)。

注意:刚按下此开关时,由于空气压力,可能会出现冷却液飞溅现象。

若要开始加工,则依次打开“SG3”—“SB2”—“SB4”;若要停止加工,则依次关闭“SB3”—“123”—“SG3”。

⑤上述开关打开后,机床还不能进行加工,必须对图 8-3-16 所示加工屏幕进行相关操作后才能进行加工。具体操作如下:按“F10”“F11”“F12”软开关,使它们的颜色由灰色变成红色。若它本身为红色,则无须再进行操作。

⑥最后按“F1”键开始加工,再连按两次“Enter”键,确认从第 1 道工序加工到最后 1 道工序。

⑦加工结束后,屏幕上显示“加工结束”,这时按空格键,屏幕上显示选择“加工停止”,机床停止加工,按要求打扫机床,进行常规保养。

按任务二编制的程序加工零件,产品如图 8-3-18 所示。

图 8-3-18 五角模产品

ZHISHI TUOZHAN 知识拓展

1 引导线的选择

图形绘制完成后，还必须根据加工工件的具体情况合理选择加工引导线。确定加工切入点时应遵循以下原则：

(1)从加工起始点至切入点的路径要短。

(2)从工艺角度考虑，切入点宜选在棱边处。

(3)切入点应避开有尺寸精度要求之处。

(4)切入线应避免与程序第一段、最后一段重合或构成小夹角，如图 8-3-19 所示。

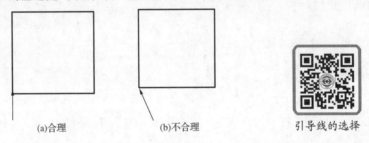

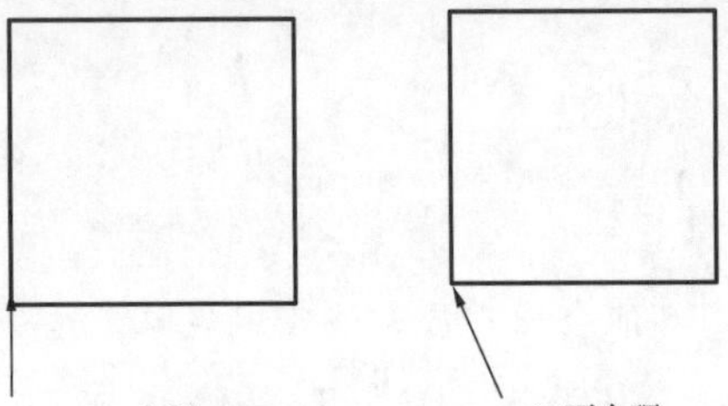

(a)合理　　(b)不合理

引导线的选择

图 8-3-19　切入线的选择

(5)建议初学者刚开始练习外形加工时，引导线的长度设定为 5 mm 左右；内孔加工时引导线的起始点尽量设定在图形的中心。

2 锥度加工

(1)锥度加工原理

锥度加工是指电极丝向指定方向倾斜指定角度的加工，是通过驱动 U、V 工作台(轴)实现的。U、V 工作台通常安装在上导轮部位，在进行锥度加工时，控制系统驱动 U、V 工作台，使上导轮相对于 X、Y 工作台平移，带动电极丝按照所要求的锥度移动。

加工带锥度的工件时要正确使用锥度加工指令，沿顺时针方向加工时，锥度左偏加工出来的工件为上大下小(使用 G51 指令)，锥度右偏加工出来的工件为上小下大(使用 G52 指令)；沿逆时针方向加工时，锥度左偏加工出来的工件为上小下大(使用 G51 指令)，锥度右偏加工出来的工件为上大下小(使用 G52 指令)。

(2)锥度加工参数及其设定

①程序中用于锥度加工的指令

G50：取消锥度。

G51：锥度左倾斜(沿走丝方向，电极丝向左倾斜)。

G52：锥度右倾斜(沿走丝方向，电极丝向右倾斜)。

A：指定锥度角(°)。

②锥度加工中所用的参数

锥度加工如图 8-3-20 所示。图中参数的说明：

H_1：工作台面至下导轮的距离。

H_2：工件厚度。

H_3：工作台面至上导轮的距离。

在锥度加工前，这三个高度参数必须设定，否则将产生错误。

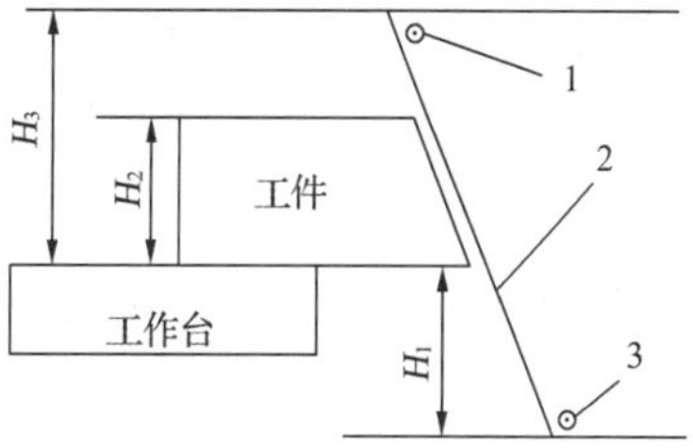

图 8-3-20　锥度加工

1—上导轮；2—钼丝；3—下导轮

③锥度参数的设定

● 手动移动 Z 轴，使上导轮接近工件上表面，并将 Z 轴定位。

● 用游标卡尺测量 Z 轴的数值(H_3)并记录。

● 进入手动模式，按"F6"键进入参数设定屏幕：设置"工件厚度"参数，即 H_2 值；设置"工作台面至下导轮"参数，即 H_1 值，本机床默认为 60 mm；设置"工作台面至上导轮"参数，即 H_3 值，为已记录的 Z 轴读数。

④注意事项

当装夹工件出现如图 8-3-21 所示情况时，H_1 必须在原来的读数基础上加上垫块的厚度，H_3 必须在原来的读数基础上减去垫块的厚度。

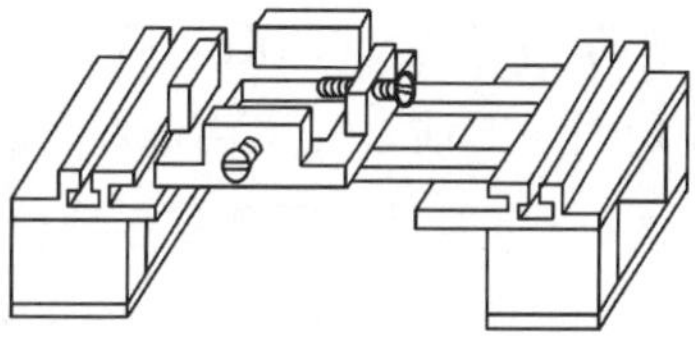

图 8-3-21　垫块装夹工件

3 线切割加工断丝的原因及处理方法

(1)断丝原因

①电参数选择方面

电参数选择不当是引起断丝的一个重要原因，应根据不同的加工情况选择合理的电参数，避免断丝现象的发生。

一般来说，断丝的概率随着放电能量的增大而加大。这是因为加工中的脉冲能量靠电极丝来传递，如果电极丝载流量太大，本身的电阻发热会使它固有的抗拉强度减小很多，所以很容易造成断丝。可将脉冲间隙参数设置大些，以利于熔化金属微粒的排出。同时，峰值电流和空载电压不宜过高，否则容易产生集中放电和拉弧。电弧放电是造成电极丝(负极)腐蚀损坏的主要因素，只要电弧放电集中于某一段，就会引起断丝。

②运丝机构方面

机床的运丝机构精度变差，会增加电极丝的抖动，破坏火花放电的正常间隙，从而增加断丝的机会。这种现象一般发生在机床使用时间较长、加工工件较厚、运丝机构不易清理的情况下。因此，在机床使用中应定期检查运丝机构的精度，及时更换易磨损件。上丝后应空载走丝检查电极丝是否抖动。若发生抖动，则要分析原因。

③电极丝方面

对于数控高速走丝电火花线切割加工，广泛采用钼丝。钼丝耐损耗，抗拉强度高，丝质不易变脆，不易断丝。常用的电极丝直径为 $\phi 0.12 \sim \phi 0.25$ mm。通常应尽可能在满足加工要求的条件下，选择较粗的电极丝。电极丝直径越小，能承受的电流越小，切缝也窄，不利于排屑和稳定加工，容易发生断丝。粗的电极丝可增大电极丝的张力，减小电极丝的抖动，不易断丝。此外，电极丝在加工中反复使用会由粗变细，这时在加工中也容易发生断丝。一般来说，在测量丝径比新丝减小 $\phi0.03\sim\phi0.05$ mm 时，应及时更换新丝。

电极丝在切割过程中，其张力大小要适当。储丝筒上的电极丝在正/反运动时的张力不一样，工作一段时间后电极丝会伸长，致使张力减小，张力减小的后果是电极丝抖动加剧，极易断丝。增大电极丝的张力可减少因抖动影响造成的断丝。需要注意的是，电极丝的张力也不能增大得太大，否则电极丝内应力增大，也会造成断丝。新安装的电极丝，要先紧丝再进行加工，紧丝时用力要适当。电极丝在加工一段时间后，应经常检查其松紧程度，如果存在松弛现象，要及时紧丝。

④工件方面

未经锻打、淬火、回火处理的材料，钢材中所含碳化物颗粒大，聚集成团，且分布不均匀，存在较大的内应力。如果工件的内应力没有得到消除，在切割时，有的工件会开裂，把电极丝碰断；有的会使间隙变形、切缝变窄而卡断电极丝。为减少因材料引起的断丝，在电火花线切割加工前最好采用低温回火以消除内应力。应选择锻造性能好、淬透性好、热处理变形小的材料，钢材中所含碳化物分布均匀，从而使加工稳定性增强。例如以电火花线切割加工为主要工艺的冷冲模具，应尽量选用 CrWMn、Cr12Mo、GCr15 等合金工具钢，并要正确选择热加工方法，严格执行热处理规范。

⑤工作液方面

工作液在使用较长时间后，变得脏污、综合性能变差，这些是引起断丝的主要原因。根据加工经验，新换的工作液每天工作 8 h，使用 2 d 后效果最好，继续使用 8～10 d 则易断丝，需要更换新的工作液。

对切割速度要求高或比较厚的工件，其工作液的浓度可适当低一些，以 5%～8%为宜，这样加工比较稳定，不易断丝。用纯净水配置的工作液比用自来水配置的工作液在加工中更稳定，较少断丝。

⑥操作方面

在数控电火花线切割加工上丝、穿丝操作中，如果不小心使电极丝局部打了折，则打折之处抗拉强度和承受热能载荷的能力下降，极易发生断裂。为了避免电极丝打折，在上丝、穿丝操作时应仔细、认真，规范操作。

(2)断丝后的处理

①断丝后储丝筒上剩余电极丝的处理

若电极丝断点接近两端，则剩余的电极丝还可以利用。先把电极丝多的一边断头找出并固定，抽掉另一边的电极丝，然后手摇储丝筒让断丝处位于立柱背面过电极丝槽中心(配重块上导轮槽中心右边一点)，重新穿丝，定好限位，即可继续加工。

②断丝后原地穿丝

如果选用的工作液在加工后切缝中不是很窄，则可以原地穿丝。若是新丝，则用中粗砂纸打磨其头部一段，使其变细、变直，以便于穿丝。

③回加工起始点

若原地穿丝失败，则只能回加工起始点，反方向切割对接。由于机床定位误差、工件变形等，对接处会有误差。若工件还有后续抛光、锉修工序，而又不希望在工件中间留下接刀痕，则可沿原路切割。由于二次放电等因素，已切割的表面会受影响，但对尺寸不会产生太大影响。

4 线切割加工中发生短路的主要原因以及处理方法

(1)排屑不良

短路回退太长会引起停机，若不排除短路，则无法继续加工。此时可原地运丝，并向切缝处滴些煤油清洗切缝，一般短路即可排除。但应注意重新启动后，可能会出现不放电进给现象，这与煤油在工件切割部分形成绝缘膜，改变了间隙状态有关，此时应立即减小电极丝的伺服速度，等放电正常后再恢复正常切割的伺服速度。

(2)工件应力变形夹丝

热处理变形大或薄件叠加切割时会出现夹丝现象。对热处理变形大的工件，在加工后期快切断前变形会反映出来，此时应提前在切缝中穿入电极丝或与切缝厚度一致的塞尺以防夹丝。薄板叠加切割，应先用螺钉连接紧固，或装夹时多压几点并压紧、压平，防止加工中夹丝。

任务四 五角模的测量与评估

学习目标

1. 掌握光学投影仪的类型、读数方法、使用方法及测量步骤。
2. 掌握光学投影仪的使用注意事项及维护方法。

能力目标

1. 能正确使用量具测量零件的外形尺寸。
2. 能根据零件要求选用测量器具。

RENWU DAORU 任务导入

现需生产图 8-1-1 所示五角模零件 1 件，试完成五角模的测量和质量控制任务。

ZHISHI PINGTAI

知识平台

1 认识光学投影仪

(1)工作原理

光学投影仪的工作原理如图 8-4-1 所示，被测工件 Y 置于工作台上，在透射或反射照明下，它由物镜 O 成放大实像 Y′(倒像)并经反光镜 M_1 与 M_2 反射于投影屏的磨砂面上。当反光镜 M_1 换成反像系统后，Y′即成为反像(一个与工件完全反向的影像)，CM-300-C/D 光学投影仪在屏上可用标准玻璃工作尺对 Y′进行测量，也可以用预先绘制好的标准放大图对它进行比较测量，测得的数值除以物镜的放大倍数即工件的测量尺寸，还可以利用工作台上的数位测量系统对工件 Y 进行坐标测量，也可利用投影屏旋转角度数显系统对工件的角度进行测量。

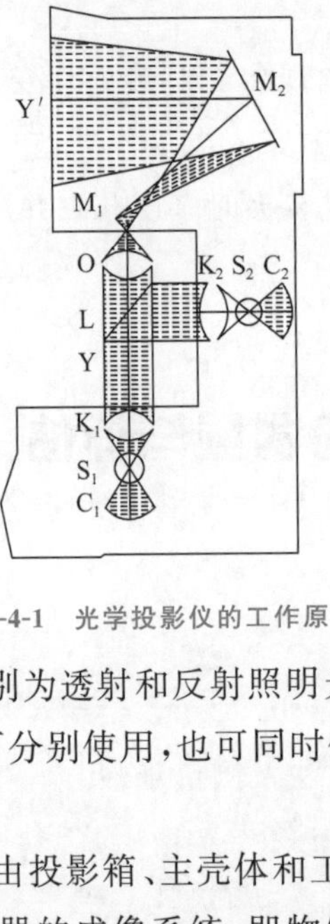

图 8-4-1　光学投影仪的工作原理

认识光学仪器检测设备

图中 S_1 与 S_2 分别为透射和反射照明光源，K_1 与 K_2 分别为透射和反射聚光镜。视工件的性质，两种照明可分别使用，也可同时使用。半反半透镜 L 仅在反射照明时才使用。

(2)总体结构

光学投影仪主要由投影箱、主壳体和工作台三大部分构成。

①投影箱包括仪器的成像系统，即物镜、反光镜、投影屏和 SDS5-3PJ 多功能数据处理系统，投影屏旋转机构上装有角度感测器。

②主壳体除支撑投影箱和工作台外，仪器的照明系统、电气控制系统以及冷却风扇等均装上面。

③工作台包括纵横向(X、Y 轴)运动(坐标测量用)和垂向(Z 轴)运动(调焦用)，X 轴与 Y 轴配有解析度为 0.001 mm 的光栅线位移感测器。

(3)测量方法

光学投影仪的测量方法可分为两类：轮廓测量和坐标测量。

①轮廓测量

用标准放大图进行比较测量。此法适用于形状复杂、批量大的零件检验。具体步骤如下：

● 按零件大小确定物镜倍率，再按零件设计图纸制作与物镜放大倍率相同比例的标准放大图，材料选用伸缩性较小的透明塑胶片。在图上还可以标注允许的公差带，如零件尺寸为 ϕ30 mm 左右，则制 10∶1 的标准放大图，选用 10× 物镜进行测量，标准圆弧、角度、螺纹、齿形、网格等放大图也有现成的可购买。

● 将标准放大图用 4 个弹性压板固定在投影屏上。

● 将工件放在工作台上，调好焦距。移动 X、Y 工作台，使零件影像与放大图套准。

● 若工作影像与标准放大图的偏差在公差带范围内，则为合格；若超出范围，则为不合格，偏差数值可以用 X、Y 坐标测量出来。

● 用格值为 0.5 mm 标准玻璃工作尺（选购附件）在投影屏上直接测量工件影像的大小（小于格值部分也可用 X、Y 坐标数显测出），除以物镜放大倍数即工件的测量尺寸。

②坐标测量

坐标测量可分为单坐标测量和数据处理器功能测量。

● 单坐标测量

a. 工件置于工作台上，选用倍率较高的物镜，调好焦距。

b. 投影屏旋转零位对准，即屏框上的短白线对准零位。

c. 调整工件被测方向与测量轴平行。

d. 移动工作台，将被测长度的一个端面对准屏幕上的垂直刻线，X 坐标值清零。

e. 移动 X 轴，使工件另一端面对准垂直刻线，X 轴显示值即所测尺寸。

● 数据处理器功能测量

利用数据处理器的多功能资料处理电箱上坐标旋转功能（SKEW），工件可以任意摆放，无须精确调整，只需移动工作台，使各测量点依次对准十字线中点采样，就可测出相应长度，这样可以节省调整时间、提高测量效率。

（4）角度测量方法

光学投影仪测量角度有两种方法：投影屏测角度法和条线夹角法。

①投影屏测角度法

把被测工件放置在工作台上，调焦至清晰，把被测角度放置在投影屏米字线处，此时投影屏上的选择编码器就开始计数，这样就可以直接从数据处理器上得到被测工件的角度。

②条线夹角法

条线夹角法是通过对被测角度的两条边来测量的，就是先用两点确定一条直线，分别找到构成这个角度的两条线，通过数据处理器就直接得出该角度的数值。

2 表面粗糙度及其主要影响因素

数控电火花切割加工利用放电能量的热作用，使工件材料熔化，蒸发达到尺寸加工的目的。由于线切割的工作液采用具有介电作用的液体，因此在加工过程中还伴有一定的电解作用和切割热作用，使加工表面产生变质层。例如微裂纹或表层硬度降低等，致使电火花线切割加工的模具产生早期磨损，缩短了模具的使用寿命。

(1)表面质量层

电火花线切割加工的表面，从宏观上看还带有切割裂纹和机械切削那样明显切痕的表面，切割条纹的深度和条纹之间的距离主要与放电能量、线电极的定丝方式、张力和振动的大小及工作液、机床精度、进给方式和进给速度等因素有关。快走丝的条纹一般较慢走丝的条纹明显，使用乳化油的水溶液还容易形成黑白相间的条纹。

从微观来看，加工表面是由许多放电痕重叠而成的，因此在加工中每次脉冲放电都在工件表面形成一个放电痕。连续放电使放电痕相互重叠，就形成了无明显切痕的面。放电痕的深度和直径主要由单个脉冲放电能量和脉冲参数决定。

(2)表面变质层

电火花线切割表面变质层与工件材料、工作液和脉冲参数有关。

①金相组织及元素成分

火花放电的热作用使材料急剧加热熔化，放电停止后立即在工作液的冲洗下急剧冷却。因此工件表面层的金相组织发生了明显的变化，形成不连续的、厚薄不均匀的变质层，通常称为白层。金相分析发现该层残留了大量的奥氏体。在使用钼丝线电极和含碳工作液时，光学分析和电子探针分析表明，在白层内，钼和碳的含量大幅度增大，而使用钼丝线电极和去离子水工作时，发现变质层内铜的含量增大，而无渗碳现象。

②显微硬度

变质层金相组织和元素含量的变化使显微硬度明显下降，在距离十几微米的深度内出现了线切割的软化层。

③变质层厚度

变质层厚度是指白层的厚度。因放电的随机性，在相同加工条件下，白层的厚度明显不均匀。

④显微裂纹和应力

电火花线切割加工表面变质层一般存在拉应力，甚至出现显微裂纹。在加工硬质合金时，在一定的电参数条件下，更容易出现裂纹，并存在空洞，这是要注意的。

对于电火花线切割加工表面的缺陷，可采用多次切割方法，尽量减少其缺陷，对要求较高的工件，可采用各种措施抛除变质层。

NENGLI PINGTAI 能力平台

数控电火花线切割加工的加工精度主要包括加工面的尺寸精度、间距尺寸精度、定位精度和角部形状精度。影响电火花线切割加工精度的因素很多，主要有脉冲电源、线电极、工作液、工件材料、进给方式、机床和加工环境等，见表 8-4-1。

表 8-4-1　　影响电火花线切割加工精度的主要因素

因素	影响
脉冲电源	类别、电源电压的波动、波形对电极的损耗
线电极	线电极线径精度、张力大小及稳定性、线电极损耗、走丝速度及稳定性
工作液	工作液流量、压力、液温、电阻率、供液方式(喷液、浸入)、过滤精度
工件材料	材质、残余应力
进给方式	恒速进给、伺服进给、自适应控制
机床	刚性、热变形、传动精度
加工环境	电网电压的波动、振动、室温变化

RENWU SHISHI

任务实施

光学仪器设备的操作

零件加工中的测量

根据实际测量结果填写表 8-4-2。测量过程如图 8-4-2 所示。

表 8-4-2　　五角模测量结果记录单

测量部位	尺寸	测量记录			平均值	测量结果
长度/mm	$28.53_{-0.04}^{0}$	28.50	28.52	28.53	28.52	合格
	$29.39_{0}^{+0.06}$	29.40	29.42	29.41	29.41	合格
角度(°)	36	36.2	35.9	36	36.1	合格
	108	107.9	108.1	108.2	108.1	合格
高度/mm	60	60.03	60.02	60.05	60.03	合格

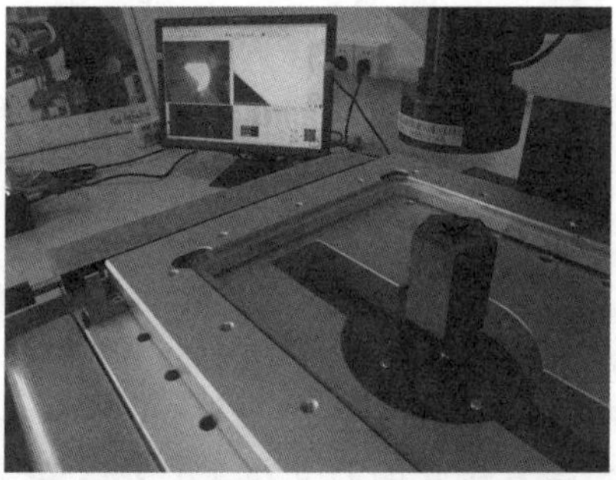

(a)

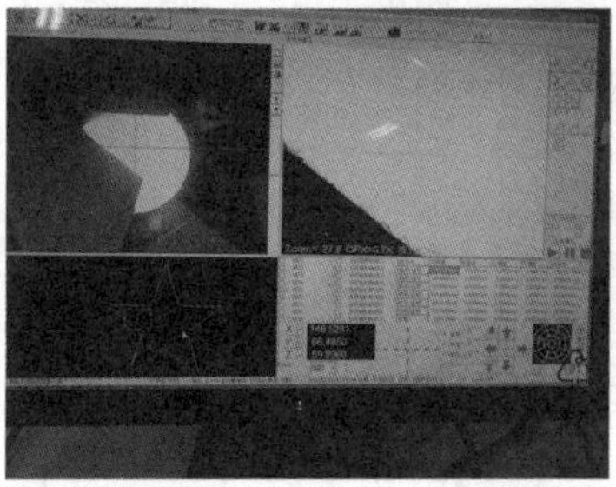

(b)

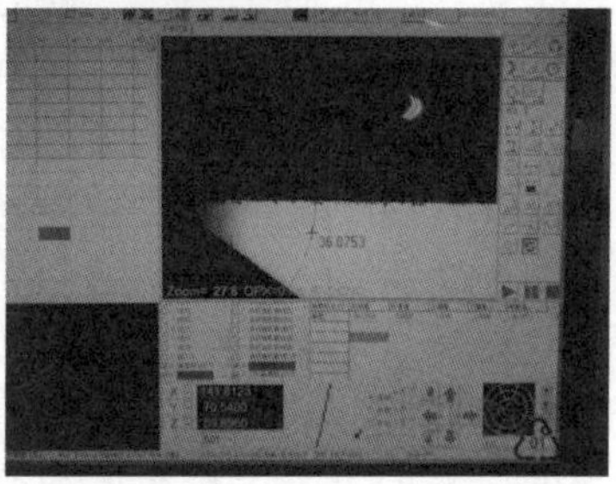

(c)

图 8-4-2　五角模的测量过程

ZHISHI TUOZHAN

知识拓展

1 坐标位移误差的产生

单轴直线度、X 及 Y 轴垂直度和系统回差是造成误差的主要原因。

快走丝线切割机都未实现闭环控制，机械传动系统的回差已成为整机精度的重要指标，回差大体来自以下五个方面：

(1)齿轮间隙：主要是步进电动机与丝杠间的传动齿轮。

(2)连接键的间隙：特别是丝杠上的大齿轮，微小的间隙在回差上的影响都是不可忽视的。

(3)电动机轴键间隙的影响不仅有回差，还有噪声。

(4)丝杠与丝母间的间隙：出厂后丝杠副的轴向传动间隙通常在 0.003 mm 以下，质量不好的产品则不太有保证。

(5)丝杠轴承间隙：这个间隙是靠轴承的内、外环的轴向调整消除的，但如果轴承质量不好，则会在消除间隙后转动极不灵活。一旦转动轻快了就又有间隙了，所以该处的轴承是不可马虎的。

以上五个方面共同造成了系统回差。在实际加工中，即使是最简单的封闭图形，也至少有两次排除回差，所以实际加工精度一般为不可消除的回差的两倍左右。如果系统的回差是 0.006 mm，那么加工精度为 0.012 mm 是有可能的。

两轴的垂直度和各轴的直线度是造成位移失真、失准的另一个主要原因。位移失真、失准就是误差，只是这个误差的量是随机的、难以估算的。

2 换向条纹的去除

由电蚀原理可知，放电电离产生高温，液体内的碳氢化合物被热分解产生大量的炭黑，在电场的作用下，镀覆于阳极。这一现象在电火花成形加工中被用于电极的补偿。而在线切割中，一部分被电极丝带出缝隙，一部分镀覆于工件表面，其特点是电极丝的入口处少，而电极丝的出口处多。这就是产生犬牙状黑白交错条纹的原因。这种镀层的附着度随工件主体与放电通道间的温差变化，也与极间电场强度有关。即镀覆炭黑的现象是电蚀加工的伴生物，只要有加工就会有条纹。炭黑附着层的厚度通常是 0.01～2 μm，因放电凹坑的峰、谷间都有，所以擦掉它是很困难的，要随着表面的抛光和凹坑的去除才能彻底打磨干净。只要不是伴随着切割面的搓板状，没有形状的凸凹仅是炭黑的附着，可不必烦恼。因为切割效率、尺寸精度、金属基体的光洁度才是我们所追求的。为使视觉效果好一些，可设法使条纹浅一点，可以从以下方面同时着手，即冷却液稍稀、稍旧一些，加工电压降低一点，变频跟踪更紧一点等。若要彻底消除条纹，则要把产生条纹的条件全部消除，即电极丝不换向，液体内无乳化的碳氢化合物改用纯水，但快走丝线切割的优势也就没有了。

目前去掉换向条纹的有效办法是多次切割，即沿轮廓线留 0.005～0.02 mm 余量，切割轨迹修正后再切一遍，不留余量沿上次轨迹再重复一遍，这样的重复切割伴随脉冲加工参数的调整，会把换向的条纹完全去除干净，且把加工精度和光洁度都提高一等。重复切割的基本条件是机床有足够的重复定位精度和操作的可重复性，以及操作者的明确思路和准确操作。

3 搓板纹的产生

随着电极丝的一次换向，切割面产生一次凸凹，在切割面上出现有规律的搓板纹。如果不仅有黑白颜色的换向条纹，还有凸凹尺寸差异，则是不允许的。应在以下方面寻找原因：

(1)电极丝松或储丝筒两端电极丝松紧有明显差异，造成了运行中的电极丝大幅抖摆，换向瞬间明显的挠性弯曲，也必然出现超进给和短路停进给。

(2)导轮轴承运转不够灵活、平稳，造成正/反转时阻力不同或轴向窜动。

(3)导电块或一个导轮给电极丝的阻力太大，造成电极丝在工作区内正/反张力出现严重差异。

(4)导轮或丝架造成的导轮工作位置不正，V 形面不对称，两 V 形面延长线分离或交叉。

(5)与走丝换向相关的进给不匀造成的超前或滞后会在斜线和圆弧上形成台阶状，也类似于搓板纹。

总之，出现搓板纹的主要原因是电极丝在工作区(两导轮间称为工作区)上下走的不是一条道，两条道的差值就造成了搓板凸凹的幅度，机械原因是搓板纹的根本原因。导轮、轴承、导电块和电极丝运行轨迹是主要成因。进给不匀造成的超前或滞后也是成因之一。

还有一种搓板纹，它的规律不是按电极丝换向的，而是根据 X、Y 丝杠的周期变化，即丝杠推动拖板运动的那个台阶或轴承运转不够稳定产生了端面跳动或间隙较大，存在异物出现了端面跳动的现象。总之，只要证实是以丝杠的周期而变化的切割缺陷，就应到那里去寻找原因。断定这一成因的办法是切 45°斜线，其周期和造成缺陷的原因一目了然。

搓板纹造成光洁度差仅是其一，同时会带来效率变低。频繁短路或开路会造成断丝，瞬间的超进给会使短路严重甚至停止加工。

TONGBU XUNLIAN 同步训练

根据图 8-5-1 所示顶板模零件，编制工件的电火花线切割加工程序(ISO 格式)，暂不考虑间隙补偿。

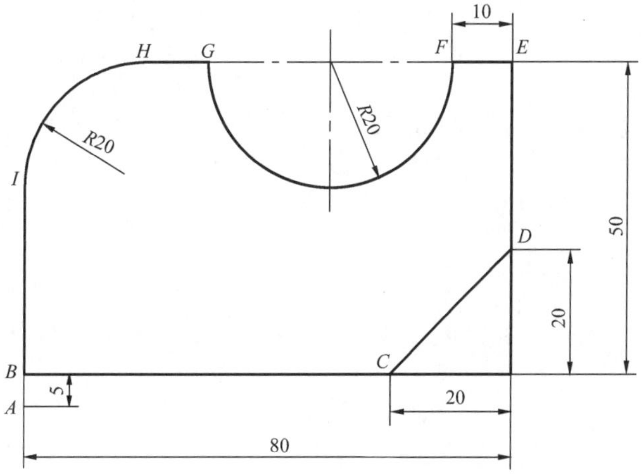

图 8-5-1　顶板模零件图

1. 在图 8-5-1 中画出编程坐标系。

2. 写出图 8-5-1 中的基点坐标，填入表 8-5-1 中。

表 8-5-1　　顶板模基点坐标

基点	*A*	*B*	*C*	*D*	*E*	*F*	*G*	*H*	*I*
X	0	0		80	80	70	30	15	
Y	−5	0	0		50		50		35

3. 编写程序(表 8-5-2)

表 8-5-2　　顶板模参考程序

程序	说明
Aaa. iso	程序名
G90；	设置工件编程坐标系，初始化
G92 X0 Y−5000；	以 *A* 点为加工起点
G1 X0 Y0；	*B*
G0 X(　　) Y0；	*C*
G1 X80000 Y(　　　)；	*D*
G1 X80000 Y50000；	*E*
G1 X70000 Y50000；	*F*
G2 X30000 Y50000 I(　　) J0；	*G*
G1 X(　　) Y50000；	*H*
G3 X0 Y35000 I0 J(　　)；	*I*
G1 X0 Y0；	*B*
G1 X0 Y5000；	*A*
M02；	主轴停

思考：在团队中如何培养乐于助人，赏识他人的能力？

参考文献

[1] 孙敬文.数控铣床与加工中心项目教程[M].天津:天津大学出版社,2016.

[2] 徐峰,苏本杰.数控加工实用手册[M].北京:安徽科学技术出版社,2015.

[3] FANUC 0i Mate TC 系统车床编程详解. BEIJING-FANUC,2006.

[4] SINUMERIK 802D 数控系统操作编程手册(车床).西门子股份公司,2003.

[5] BEIJING-FANUC 0i-MA 系统操作说明书. BEIJING-FANUC,2006.

[6] SINUMERIK 802D 数控系统操作编程手册(铣床).西门子股份公司,2003.

[7] 于久清.数控车床/加工中心编程方法、技巧与实例[M].北京:机械工业出版社,2013.

[8] 李锋,朱亮亮.数控加工工艺与编程[M].北京:化学工业出版社,2019.

[9]《数控加工技师手册》编委会.数控加工技师手册[M].北京:机械工业出版社,2005.

[10] 田林红.数控机床故障诊断与维修[M].北京:西安电子科技大学出版社,2016.

[11] 王朝琴,王小荣.数控电火花线切割加工实用技术[M].北京:化学工业出版社,2019.

[12] 丁晖.电火花加工技术[M].北京:机械工业出版社,2015.

[13] 刘蔡保.数控编程从入门到精通[M].北京:化学工业出版社,2019.

[14] 张俊良.数控机床操作与编程[M].武汉:华中科技大学出版社,2018.